普通高等教育“十三五”规划教材

食品化学

第二版

冯凤琴　主编
张希　倪莉　副主编

化学工业出版社
·北京·

内 容 提 要

本书全面介绍了食品化学的基础理论，主要内容包括食品六大营养成分（水分、糖类、蛋白质、脂类、维生素、矿物质）和食品色、香、味成分的结构、性质、在食品加工和保藏中的变化及其对食品品质及安全性的影响，酶和食品添加剂在食品工业中的应用，以及食品中的嫌忌成分。

本书可作为高等院校食品科学与工程和食品质量与安全专业的教材，也可供食品工程相近专业及从事农产品生产与加工的相关专业科研人员、管理人员参考。

图书在版编目（CIP）数据

食品化学/冯凤琴主编. —2版. —北京：化学工业出版社，2020.7（2022.11重印）
普通高等教育“十三五”规划教材
ISBN 978-7-122-36846-1

Ⅰ.①食… Ⅱ.①冯… Ⅲ.①食品化学-高等学校-教材 Ⅳ.①TS201.2

中国版本图书馆CIP数据核字（2020）第080260号

责任编辑：赵玉清　　文字编辑：周　倜
责任校对：刘曦阳　　装帧设计：韩　飞

出版发行：化学工业出版社（北京市东城区青年湖南街13号　邮政编码100011）
印　　装：三河市双峰印刷装订有限公司
787mm×1092mm　1/16　印张15¼　字数362千字　2022年11月北京第2版第3次印刷

购书咨询：010-64518888　　售后服务：010-64518899
网　　址：http://www.cip.com.cn
凡购买本书，如有缺损质量问题，本社销售中心负责调换。

定　价：39.00元

版权所有　违者必究

《食品化学》编写人员名单

主　编　冯凤琴　浙江大学

副主编　张　希　云南中医药大学

　　　　倪　莉　福州大学

其他参编人员（按姓名笔画排序）：

韦　伟　江南大学

邓伶俐　湖北民族大学

李　阳　浙江大学

李　杨　青岛农业大学

张　晨　福州大学

张　辉　浙江大学

袁婷兰　江南大学

曹　茜　西华大学

蒋增良　西湖大学

傅小伟　中国计量大学

蔡海莺　浙江科技学院

前言

食品化学是食品科学与工程各专业的重要专业基础课，也是本专业的核心课程之一。食品化学涵盖的范围和内容较广泛，它从化学角度和分子水平上研究食品的组成、结构、理化性质、营养和安全性质以及它们在生产、加工、储存和运销过程中发生的变化和这些变化对食品品质和安全性的影响。

《食品化学》（第一版）自2005年由化学工业出版社出版发行以来，累计印刷8次，销量26000余册，受到了使用学校学生和老师的欢迎，这也是激励编者不断前行的动力源泉。

《食品化学》（第二版）编写的指导思想立足于立德树人，引导学生坚定道路自信、理论自信、制度自信、文化自信。第二版的知识框架体系与第一版基本一致，配合新时期课程建设“创新性、高阶性、挑战度”的要求，在充分考虑知识体系的完整性、系统性和先进性的同时，兼具实用性，强调内容科普、易理解。在编排上按照化学成分进行归类：首先是六大营养素，共分为五章系统描述；接着是影响食品品质的重要因素——酶，在食品加工、贮藏和安全性等多方面进行介绍；然后是食品的色、香、味和食品添加剂，分为三章进行介绍；最后一章内容与食品安全有关，介绍影响食品安全性的内源性和外源性的有毒有害物质。新版教材增加了近几年本专业的最新研究成果，对于知识体系进行了扩展，力求知识点覆盖更全面。

全书由冯凤琴教授担任主编，并负责修订第一章，张辉副教授和邓伶俐博士修订第二章，倪莉教授和张晨副教授修订第三章，张希副教授修订第四章，韦伟副研究员和袁婷兰修订第五章，蔡海莺副教授修订第六章，冯凤琴教授和李阳修订第七章，李杨博士修订第八章，蒋增良博士修订第九章，曹茜博士修订第十章，傅小伟副教授修订第十一章。新版教材在修订和审稿的过程中得到了化学工业出版社和浙江大学、福州大学及其他高校同行的支持。

本书各章节的执笔人都有食品化学的教学经验以及此方向的研究基础，由于科技发展速度较快，编者水平有限，书中难免有疏漏和不妥之处，欢迎广大读者批评指正。

冯凤琴

2020年5月

前言

目录

第五章　食品中的脂类　84

第一章

绪 论

第一节 食品化学概述

食品化学是从化学角度和在分子水平上研究食品的组成、结构、理化性质、营养和安全特性，以及在生产、加工、贮藏和运销过程中的化学和生物化学变化及其对食品品质和安全影响的科学，食品化学研究成果可为开发食品新资源、创新食品加工工艺和技术、提高食品品质和安全性、改进食品贮运及包装、科学调整膳食结构、加强食品质量控制及提高食品原料加工和综合利用水平奠定理论基础。

一、食品的组成与特征

食品是安全无毒且有营养的物质，其组成成分复杂并含有非营养成分。食品的主要来源是植物和动物，还有部分微生物。食品的主要成分是碳水化合物、蛋白质和脂肪三大类营养素以及它们的衍生物。此外，食品中还存在矿物质、维生素、色素、风味物质以及大量的水。

食品的主要特征是：①具有良好的每种食品特有的色、香、味和形；②易被微生物和有害物质污染而进一步发生变质；③易受环境条件（如气体组成、温度、湿度等）影响，而发生变质；④食品内部各组分之间不断发生反应和变化。

高质量的食品应具有代表其重要特征的性质，如色泽、风味、质构和营养，并符合高规格的质量标准。

二、食品化学与其他学科的关系

作为食品科学的一个重要部分，食品化学与化学（包括有机化学、无机化学、高分子化学）、生物化学、植物学、动物学、营养学、食品安全、环境化学、毒理学、分子生物学、生理学、预防医学、临床医学等学科有着密切和广泛的联系，食品化学依赖上述这些学科的知识有效地研究和有目的地控制作为人类食品来源的生物物质。

尽管食品化学和生物科学所要研究和解决的问题有一些共同点，然而，食品化学有它自己需要研究和解决的特殊问题，而这些问题对于食品加工和保藏是至关重要的。与生物科学家相比，食品化学家更感兴趣的是：

① 生物物质所固有的特征及它们的研究方法。

② 采收后的植物和屠宰后的动物暴露在各种环境条件之中后发生的变化。

③ 新鲜水果和蔬菜在贮藏、运输和销售过程中，适宜于维持其新鲜度的条件。

④ 在热处理、冷冻、浓缩、脱水、辐照处理和使用食品添加剂这些加工和保藏条件下，食品（包括食品原料）中各种组分可能发生的物理、化学和生物化学变化及这些变化对食品质量和安全性的影响。

而生物科学家的主要兴趣则是在与生命相适应或几乎相适应的环境条件下，生物物质所进行的繁殖、生长和变化。

第二节 食品化学的历史

尽管食品化学的起源从某种意义上讲可以追溯到远古时代，然而与食品化学有关的最主要的发现始于18世纪末期。第一本有关食品化学方面的书于1847年出版，书名为《食品化学的研究》，作者是Justus Von liebig（1803—1873）。在这本书中叙述了作者对肌肉和水溶性成分（肌酸、肌酸酐、肌氨酸、肌苷酸和乳酸等）的研究。直到20世纪食品化学才成为一门独立的学科。

一、促进食品化学发展的最初原因

从19世纪早期开始，由于现代化学的兴起，以及食品加工和分配越来越趋于集中化，出现了日益普遍和严重的食品掺假现象。当公众清楚地了解到食品掺假的严重性时，要求制止这种状况的呼声就日益增强。除了采取法律措施外，化学家们花费了大量精力来了解食品的天然特性，研究常被当作掺假物使用的化学制品以及检测它们的手段，这也推动了分析化学和食品化学的发展。

20世纪上半叶已发现了大部分基本的食用物质，并对它们的性质进行了鉴定，这些物质包括维生素、矿物质、脂肪酸和一些氨基酸。有助于食品的制造、保藏和销售的化学制剂（食品添加剂）的开发和广泛使用也始于20世纪中期。这些均构成了食品化学的基础。

20世纪初的色谱分析和20世纪90年代以后色谱和质谱联用等现代分析技术的出现，以及结构化学理论的发展，使食品化学在理论和应用研究方面都获得显著的进展。

近几十年来，在食品加工和贮藏过程中引入了大量的高新技术，如微胶囊技术、膜分离技术、分子蒸馏技术、超临界萃取技术、非热杀菌技术、微波技术、超微粉碎技术、可食用膜技术及复合材料包装技术等，这些都为食品科学技术和食品工业的发展创造了有利条件，也对食品化学的研究方法提出了更高的要求，为食品化学提供了新的研究方向和更多研究课题，有力地促进了食品化学的发展。例如，在微胶囊技术中，壁材中各个组分的结构和性质，各组分之间的相互作用以及它们对微胶囊产品超微结构的影响，都是食品化学研究的课题。食品工作者们需要应用更先进的研究、分析和测试手段，从宏观、微观及分子水平多方面着手，将这些高新技术正确地应用于食品工业。

二、食品化学的发展动态及近况

近年来，食品化学的研究领域进一步拓宽，研究手段日趋现代化，研究成果的应用周期越来越短。现在食品化学的研究正向反应机理、风味物的结构和性质研究，特殊营养成分的结构和功能性质研究，食品材料的改性研究，食品现代和快速分析方法的研究，高新分离技术的研究，未来食品包装技术的化学研究，现代化贮藏保鲜技术和生理生化研究，新食源、新工艺和新食品添加剂的研究等方向发展。

现代科学技术的发展，特别是各种新型分离技术、色谱和质谱联用技术以及光谱分析和鉴定技术等的不断发展和完善，不断为食品化学提供新的研究方法和技术手段；现代食品工业的飞速发展，使得食品的种类处于不断更新和增加中，生产规模越来越大，运销和保藏要求也越来越多，这对食品化学提出了更多的研究课题；现代人对食品安全和营养、健康食品的渴望和需求，对食品中有益和有害微量成分的分析和控制提出了更多和更高的要求，这些也构成了食品化学研究和发展的不竭动力。因此，食品化学不像其他经典学科那样完善及系统化，而是一直处于不断的发展过程中。

第三节 食品化学在食品科学中的地位

一、食品科学的定义

食品科学可以定义为将基础学科和工程学的理论，用于研究食品基本的物理、化学和生物化学性质以及食品加工原理的一门学科。食品科学也可被定义为食品体系的化学、结构、营养、毒理、微生物和感官性质以及食品体系在处理、转化、制作和保藏中发生变化这两方面科学知识的综合。由此可见，食品科学是一门涉及范围很广的学科。

从食品学科发展的历史来看，食品科学的前身是食品工艺（食品技术）。由于食品工业的发展，新的技术和设备不断地被应用于食品加工和保藏，加之相关学科的渗透，促使食品学科更加注重于食品体系的科学方面，更多地研究食品加工、保藏中的机理问题，从而能更有效地指导食品生产，研制新的食品产品，以及解决新的问题。

在这样的背景下，世界主要国家的大学都逐渐建立食品科学系以取代食品工业或食品工艺（技术）系，或采用食品科学与技术和食品科学与营养作为食品类院系的名称。食品工艺或食品技术也发展为食品科学或食品科学与技术。

二、食品科学的学科范畴

食品科学包括5个专门化的学科，即5个分支：

（1）食品加工学　通过物理、化学和微生物（生物技术）方法实现食品转化、制作和保藏的原理。

（2）食品化学　食品组分的化学和物理化学性质，这些组分在食品加工和保藏中的变化，以及化学分析。

（3）环境食品学　微生物的侵入和食品体系的腐败、食品保护，包括食品微生物学的部分内容和食品包装学。食品微生物学：是微生物学的分支学科，主要研究微生物与食品制造、保藏等方面内容的一门科学。食品包装学：食品包装原理、食品包装材料与选材、食品包装技术原理。

（4）物理食品学　食品体系的流变和物理性质。

（5）结构食品学　食品体系的宏观和微观结构。

三、食品化学在食品科学中的地位

食品化学是食品科学学科中发展很快的一个领域，也是食品科学学科中涉及范围最宽的一个专门化的学科，其内容还包括食品毒理学、食品营养化学、食品营养成分和污染物的检验技术，还涉及味觉和嗅觉原理。了解食品化学原理和掌握食品化学应用技术是从事食品科技工作必不可少的条件之一，食品化学已成为高校食品科学与工程类专业或相关专业必修的核心课程。

第四节 食品化学的研究内容、重点和范畴

一、食品化学的研究内容

① 研究营养成分，呈色、香、味成分和有害成分的化学组成、性质、结构和功能特性。

② 研究食品成分之间在生产、加工、储藏、运销中的各类化学和生物化学反应的步骤和机理以及反应历程、中间产物和最终产物及其对食品的品质和安全性的影响。

③ 研究食品中化学和生物化学反应的动力学行为及环境因素的影响。

④ 研究食品中各种功能活性物质及其在不同条件下的反应机理，从而达到有效地控制它们的目的。

⑤ 基于食品化学的基础，研究食品加工和储藏的新技术，开发新的食品产品或新的食品资源以及新的食品添加剂等。

二、食品化学的研究重点

在研究大方向和目的方面，食品化学与食品加工和贮藏相一致。但作为新兴的应用型综合学科，选题更多集中在研究加工和贮藏关键环节里所包含的物质组成、功能性质及其变化。

由于食品组成成分复杂，在加工和储藏中变化亦复杂化。食品化学研究中重点抓住重要环节中主要的化学成分，在模拟加工或储藏条件的试验基础上，研究各种成分的食用功能性，探讨组成和含量的变化机理及影响条件。由于食品体系庞杂，有时食品化学家会寻找实际化学成分的模拟物，在背景尽量简化的试验条件下从事研究，得出结论再推论复杂真实体系中的情况。然后，用实际的化学成分在更接近食品加工和储藏实际条件的复杂体系中，验证这些推论的合理性并得出更合理的结论。

在研究中，特别是对新食品资源的研究时常会遇到不常见的特殊成分或未知的成分。在这种情况下，首先还要致力于它们的分离、纯化、定性、定量、结构分析及其与性质关系的研究，然后才能从事上述的主要研究。

在以上研究的基础上，食品化学致力于研究如何改变配方或加工和储藏条件以更好发挥食品成分功能属性。研究对来源丰富、经济易得的成分进行物理或化学改性也是热门课题。最后，在对食品成分变化的深刻认识基础上，改变传统的调色、调香和调味加工工艺，形成产色、产香和产味的新加工工艺，也是食品化学当今和未来研究的一个重点。

三、食品化学的研究范畴

食品化学主要包括食品营养成分化学、食品色香味化学、食品工艺化学、食品物理化学和食品有害成分化学。根据被研究的物质分类，食品化学主要包括：食品碳水化合物化学、

食品油脂化学、食品蛋白质化学、食品酶学、食品添加剂化学、维生素化学、食品矿物质元素化学、食品风味化学、食品色素化学、食品有害成分化学、食品保健成分化学。另外，在生活饮用水处理，食品生产环境保护，活性成分的分离提取，农产品资源的深加工和综合利用，生物技术的应用，绿色食品和有机食品以及保健食品的开发，食品加工、包装、储藏和运销等领域中还包含着丰富的其他食品化学内容。

第五节　食品化学的研究方法

高质量的食品应具有能代表它们重要特征的性质。食品配制、加工和贮藏过程中的化学和生物化学反应对食品特性有着重要的影响。因此，确定关键的化学和生物化学反应是如何影响食品的质量和安全，并将这些知识用于指导食品配制、加工和贮藏以及分析和解决过程中可能遇到的各种情况，是食品化学的基本研究方法。即通过阐明食品成分之间化学反应的历程、中间产物和最终产物的化学结构，以及其对食品的营养、质量和安全的影响，主动有效控制食品中各种物质的组成及其在加工和储藏过程中的化学和生物化学变化，从而得到高质量的食品。

食品化学的研究方法区别于一般化学的研究方法，是把食品的化学组成、理化性质及变化的研究同食品的品质和安全联系起来。因此，从试验设计开始，食品化学的研究就带有揭示食品品质或安全性变化的目的，并且把实际的食品体系和主要食品加工工艺条件作为试验设计的重要依据。

食品化学的试验应包括理化试验和感官试验。理化试验主要是对食品进行成分分析和结构分析，即分析试验系统中的营养成分、有害成分、色素和风味物的存在、分解、生成量和性质及其化学结构；感官试验是通过人的直观检评来分析试验系统的质构、风味和颜色等感官性质的变化。

食品化学研究成果最终将转化为合理的原料配比，有效的反应物接触屏障的建立，适当的保护或催化措施的应用，最佳反应时间和温度的设定，光照、氧含量、水分活度和 pH 等的确定，从而得出最佳的食品配方、加工及贮藏方法和条件。

一、食品的主要化学成分

1. 蛋白质

蛋白质是食品中的重要营养成分，并具有许多重要生理功能。蛋白质分子体积较大并具有能产生多种反应的复杂结构，所以在生物物质中占有特殊的地位。蛋白质的许多不可逆反应可导致食品变质，或产生有害的化合物，使蛋白质的营养价值降低。酶是具有催化特性的蛋白质，在食品加工制造和稳定性方面发挥着重要作用。

2. 碳水化合物

碳水化合物简称糖类，是人类食品中热量的主要来源，在食品加工中必须重视糖类的结构和加工特性。近 30 年来，碳水化合物方面的研究非常活跃，例如淀粉糊化和淀粉的化学修饰、多糖的空间结构对其性能的影响、非消化性糖的益生作用等。

3. 脂类

脂类是一大类溶于有机溶剂而不溶于水的化合物，99%的动物和植物脂类是脂肪酸甘油酯，习惯上称为脂肪或油脂。食品脂类具有重要的营养价值，它们不仅提供热量和必需脂肪酸，而且能影响食品的风味和口感。食品脂类有两种存在形式：一种是从动物和植物中分离出来的奶油、猪油、豆油、花生油以及棕榈油等；另一种是存在于食品中的，如肉、乳、大豆、花生、菜籽以及棉籽中均含有脂类。

4. 水

水是最普遍存在的组分，往往占植物、动物质量或食品质量的 50%～90%。由于水为必需的生物化学反应提供一个物理环境，因此它对所有已知的生命形式是绝对重要的。水作为代谢所需的成分决定着市场上食品的特性、质构、可口程度、消费者可接受性、品质管理水平和保藏期，因而它是许多食品的法定标准中的重要指标。

5. 维生素

维生素是由多种不同结构的有机化合物构成的一类营养素。目前，对大多维生素的结构、一般稳定性和生理功能已经了解，但是对于一些复杂食品体系中维生素保存的影响因素尚不完全清楚。例如，维生素降解反应与其浓度和温度的关系，食品贮藏加工的时间和温度、氧浓度、金属离子、氧化剂和还原剂等对维生素稳定性的影响等都需要给予特别的关注和研究。

6. 矿物质

微量矿物质元素无法在人体内合成，缺少会出现健康问题，过量则有毒或致病，所以对于实际食品体系中微量矿物质元素的含量和行为仍是食品化学研究的重点。

7. 色素

色素是植物或动物细胞与组织内的天然有色物质，了解食品色素和着色剂的种类、特性及其在加工和储藏过程中的变化及其影响因素，保持食品的天然色泽，防止颜色劣变，是食品化学中值得重视的问题。

8. 风味物质

除新鲜水果、蔬菜外，食品的风味一般是在加工过程中由糖类、蛋白质、脂类、维生素等分解或相互结合或相互反应所产生的需宜或非需宜的特征。新鲜水果和蔬菜的风味也多来自脂类氧化和降解形成的小分子化合物如醇、醛和酮类。与此同时，多酚类天然色素也可以使食品产生异味，色泽变坏。因此，控制食品的加工储藏条件，使之产生需宜的风味，防止非需宜风味的形成，进一步对风味化合物的组成、结构、性质及其反应机理进行研究，并在此基础上控制天然风味化合物形成或合成风味化合物加以利用，这些构成了食品化学中风味化学的内容。

9. 食品添加剂

食品添加剂是为改善食品品质和色、香、味，以及为防腐保鲜和加工工艺的需要而加入食品中的人工合成或者天然物质。食品用香料、胶基糖果中基础剂物质、食品工业用加工助剂也包括在内。现代食品工业离不开食品添加剂，现代人的生活也躲不开食品添加剂，因此研究开发安全、天然食品添加剂及科学合理的食品添加剂应用方案，是食品化学的重要方向之一。

二、食品的品质和安全特性

需要强调的是，安全性是任何食品的基本特性，是指食品在消费时没有受到有害化学物质及有害微生物的污染，不会对消费者造成伤害的一种保证。在安全基础上，食品的主要品质特性包括色泽、风味、质构和营养。色泽显而易见是由天然色素及食用合成色素赋予食品的颜色特性，风味是口腔尝到的味道和鼻腔嗅到的气味的综合，质构是通过手、眼及口腔感知的与食品的组织结构及状态有关的物理性质，营养则是指食品所含营养素和能量能满足人体营养需要的程度。在加工和储藏过程中，食品的品质特性可能发生的不良变化见表 1-1，除了营养相关特性外，其他变化都是消费者容易感知的。

表 1-1 食品品质特性可能发生的不良变化

特性	不良变化	特性	不良变化
颜色	变黑 褪色 产生其他不正常颜色	质构	溶解性丧失 分散性丧失 持水能力消失 硬化 软化
风味	产生恶臭 产生酸败味 产生烧煮的或焦糖的风味 产生其他异味	营养价值	维生素损失或降解 矿物质损失或降解 蛋白质损失或降解 脂类损失或降解 其他具有生物功能的物质的损失或降解

三、食品中重要的化学反应和生物化学反应

食品中许多化学反应或生物化学反应会导致食品品质或安全性的变化，这些反应中较重要的几类包括：非酶褐变和酶促褐变；脂类的水解、氧化及聚合；蛋白质变性、交联和水解；寡糖和多糖的水解、多糖的合成和化学修饰；特定天然色素的降解等。每类反应可以包括不同的反应物或底物，这取决于食品种类和加工储藏的条件。同一类反应在不同的食品体系中导致的结果可以是期望或不期望的，例如，非酶褐变在面包、咖啡、牛奶、巧克力等加工中可帮助形成食品特有的风味和色泽，而在脱水马铃薯、奶粉、蛋粉等食品中则可引起不期望的色泽和风味变化。

四、反应对食品品质和安全的影响

在加工和储藏过程中，食品主要成分或它们相互之间发生的反应会对食品品质及安全产生重要的影响，见图 1-1 及表 1-2。

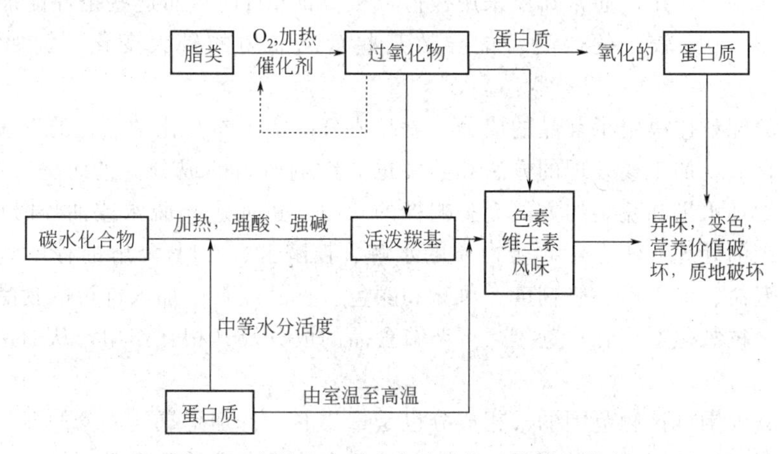

图 1-1 食品中主要成分及其相互作用和影响

表 1-2 食品中重要的反应及其对食品品质和安全的影响

反应类型	举例	影响的食品特性
非酶褐变	焙烤食品，咖啡，蛋白酶解液，肉味香精	色泽、风味、营养
酶促褐变	鲜切水果，去皮苹果、马铃薯、香蕉，虾	色泽
氧化	油脂，含油脂食品，部分天然色素，维生素 C，维生素 E	风味、色泽、营养、安全
水解	油脂，蛋白质，寡糖和多糖	质构、风味、营养
与金属相互作用	叶绿素(镁)，血色素(铁)	色泽、营养
脂类异构	脂肪酸：顺式→反式，非共轭→共轭	营养、安全
脂类聚合	高温煎炸油中的脂肪酸	质构、风味、色泽
蛋白质变性	加热的鸡蛋和肉类，酶失活	质构、营养、色泽
蛋白质交联	加热的肉类和鸡蛋、谷氨酰胺酶催化的蛋白质	质构、营养
多糖合成	采后的茭白、竹笋	质构、风味
多糖降解	软化过程中的猕猴桃、放置后的红薯	风味、质构

五、食品加工和储藏中重要的可变因素

在了解了优质安全食品的特性、导致食品特性变化的重要反应以及它们两者之间的关系基础上，就可以将这些知识应用于分析解决食品加工和储藏中遇到的问题，并通过控制食品加工和储藏中重要的可变因素，最终获得符合预期的优质食品。

食品加工和储藏中的可变因素既包括食品成分、pH、水分活度、氧气含量等食品本身的因素，也包括温度、加热或存放时间、湿度、光线、食品外围可接触的气体成分、是否有污染物等环境因素，还包括食品是否经过了物理、化学或生物处理，是否有人为的物理损伤。

温度或许是最重要的可变因素，这是因为它对所有类型的化学反应都有广泛和重要的影响，每种食品都有其特定的经过测试的适宜加工或储藏温度范围，过高或过低温度可引起：①酶失活；②反应路线改变或受到影响；③体系的物理状态可能发生变化；④一个或多个反应物缺失，从而引起食品品质的变化。

时间是第二个可变因素，同时必须将时间和温度一起考虑。例如，加热灭酶灭菌是食品加工上常采用的方法，而达到预期的效果，可以有不同的温度和时间组合，通常温度高时时间可以适当缩短，反之亦然。储藏食品也同样，常温下食品的保质期一般短于冷藏。

另一个可变因素是食品的 pH 也会影响很多化学反应和酶催化反应的速度。为了有效地抑制微生物生长和酶作用，通常需要采用极低或极高的 pH，然而这些条件能加速酸或碱的催化反应。相反，pH 较小的改变可能导致某些食品品质的较大变化，例如肌肉的品质变化。

加工食品的配料比决定了食品的成分，食品成分决定了参与化学变化的反应物。对动植物来源的天然食品，加工或处理的方法和条件也会影响原料的成分，进而决定成品的品质。例如，收获后处理水果和蔬菜的方式会影响糖的含量，进而影响脱水或油炸时的褐变程度；屠宰后动物组织的处理方法会影响蛋白质的水解、糖酵解、ATP 降解的程度和速度，进而影响肉的贮存寿命、保水性、坚韧度、风味和颜色。食品配料中加入许可的食品添加剂如酸化剂、螯合剂、抗氧化剂、乳化剂等，可调节食品的成分及其相互作用，从而达到预期的食品品质要求。

食品中及其外围可接触范围的气相成分也是重要的，特别是氧气成分的多少。在食品加工中物料接触氧或储藏期间接触到氧气，一般情况会造成有害的后果，例如，油脂的氧化及

褐变的发生。

另一重要的控制食品中反应速度的可变因素是水分活度，大量研究表明，水分活度在酶催化、脂类氧化、非酶褐变、叶绿素和花色苷降解以及许多其他反应中是一个重要的影响因素。在水分活度低于中等水分活度范围（0.75～0.85）时，多数反应倾向于减慢速度，而脂类氧化和类胡萝卜素脱色不符合此规则。

此外，暴露于日光中较长时间可损害食品的品质，主要由于光可诱导启动脂类氧化，并引起部分天然色素的降解。因此，选用不透光的包装材料，并存放于避光处是一些食品保持良好品质的储藏要求。

第六节 食品化学在食品工业技术发展中的作用

随着经济社会的发展，传统食品已不能满足消费者的需求，现代食品正向着安全、营养和健康方向发展。食品化学的基础理论和应用研究成果，正在并继续指导人们依靠科技进步，健康而持续地发展食品工业，食品化学指导下现代食品工业的发展（见表1-3）及食品化学对各食品行业技术进步的影响（表1-4）体现在越来越多的方面。没有食品化学的理论指导就不可能有日益发展的现代食品工业。

表1-3 食品化学指导下现代食品工业的发展

领域	过去	现在
食品配方	依靠经验确定	依据原料组成、性质分析和理性设计
工艺	依据传统、经验和粗放小试	依据原料及同类产品组成、特性的分析，根据优化理论设计
开发食品	依据传统和感觉盲目开发	依据科学研究资料，目的明确地开发，并大大增加了功能性食品的开发
控制加工和贮藏变化	依据经验，尝试性简单控制	依据变化机理，科学地控制
开发食品资源	盲目甚至破坏性地开发	科学地、综合地开发现有的新资源
深加工	规模小、浪费大、效益低	规模增大、范围加宽、浪费少、效益高

表1-4 食品化学对各食品行业技术进步的影响

食品工业	影响方面
果蔬加工贮藏	化学去皮，护色，质构控制，维生素保留，脱涩脱苦，打蜡涂膜，化学保鲜，气调贮藏，活性包装，酶法榨汁，过滤和澄清及化学防腐等
肉品加工贮藏	宰后处理，保汁和嫩化，护色和发色，提高肉糜乳化力、凝胶性和黏弹性，超市鲜肉包装，烟熏剂的生产和应用，人造肉的生产，内脏的综合利用(制药)等
饮料工业	速溶，克服上浮下沉，稳定蛋白饮料，水质处理，稳定带肉果汁，果汁护色，控制澄清度，提高风味，白酒降度，啤酒澄清，啤酒泡沫和苦味改善，防止啤酒异味，果汁脱涩，大豆饮料脱腥等
乳品工业	稳定酸乳和果汁乳，开发凝乳酶代用品及再制乳酪，乳清的利用，乳品的营养强化等
焙烤工业	生产高效膨松剂，增加酥脆性，改善面包呈色和质构，防止产品老化和霉变等
食用油脂工业	精炼，冬化，调温，油脂改性，DHA、EPA及MCT的开发利用，食用乳化剂生产，抗氧化剂，减少油炸食品吸油量等
调味品工业	生产肉味汤料、核苷酸鲜味剂、碘盐和有机硒盐等
发酵食品工业	发酵产品的后处理，后发酵期间的风味变化，菌体和残渣的综合利用等
基础食品工业	面粉改良，精谷制品营养强化，水解纤维素和半纤维素，生产高果糖浆，改性淀粉，氢化植物油，生产新型甜味料，生产新型低聚糖，改性油脂，分离植物蛋白质，生产功能性肽，开发微生物多糖和单细胞蛋白质，食品添加剂生产和应用，野生、海洋和药食两用资源的开发利用等
食品检验	检验标准的制定，快速分析，生物传感器的研制等

由于食品化学的发展，对美拉德反应、焦糖化反应、自动氧化反应、酶促褐变、淀粉的糊化与老化、多糖的水解、蛋白质水解反应、蛋白质变性反应、色素变色与褪色反应、维生素降解反应、金属催化反应、酶的催化反应、脂肪水解与酯交换反应、脂肪热氧化分解与聚合反应、风味物的变化反应和其他成分转变为风味物的反应及食品原料采后生理生化反应等的认识逐步加深，这对现代食品加工和贮藏技术的发展产生了深刻的影响。

农业和食品工业是生物工程最广阔的应用领域之一，生物工程的发展为食用农产品的品质改造、新食品和食品添加剂以及酶制剂的开发拓宽了道路，但生物工程在食品中应用的成功与否依赖于食品化学。首先，必须通过食品化学的研究来指明原有生物原料的物性有哪些需要改造和改造的关键在何处，指明何种食品添加剂和酶制剂是急需的以及它们的结构和性质如何；其次，生物工程产品的结构和性质有时并不和食品中的应用要求完全相同，需要进一步分离、纯化、复配、化学改性和修饰，在这些工作中，食品化学具有最直接的指导意义；最后，生物工程可能生产出传统食品中没有用过的材料，需由食品化学研究其在食品中利用的可能性、安全性和有效性。

近三十多年来，食品科学与工程领域发展了许多高新技术，并正在逐步把它们推向食品工业的应用。这些新技术实际应用的成功关键依然是对物质结构、物性和变化的把握，因此它们的发展速度也紧紧依赖于食品化学在这一新领域内的发展速度。

总之，食品工业中的技术进步，大都是由于食品化学发展的结果，因此食品化学的继续发展必将继续推动食品工业以及与之密切相关的农、牧、渔、副等各行各业的发展。

第七节　食品化学的发展前景和研究方向

一、食品化学发展前景

三十多年来，我国的食品工业在改革开放中一直快速向前发展，并初步走过了初级发展阶段。为了满足人民生活水平日益提高的需要，今后的食品工业必将会更快和更健康地发展。这从客观上要求食品工业更加依赖科技进步，把食品科研投资的重点转向高、深、新的理论和技术方向，这将为食品化学的发展创造极有利的机会。同时，由于新的现代分析手段、分析方法和技术的应用，以及生物学理论和应用化学理论的进展，使得我们对食品成分的微观结构和反应机理有了更进一步的了解。采用生物技术和现代化工业技术改变食品的成分、结构与营养功能特性，从分子水平上对功能食品中的功能因子所具有的生理活性及保健作用进行深入研究等将使得今后食品化学的理论和应用产生新的突破和飞跃。

二、食品化学学科今后的研究方向

① 我国幅员辽阔、食品资源丰富而复杂、加工技术多样。因此，继续研究不同原料和不同食品的组成、性质和在食品加工储藏中的变化依然是今后食品化学的主要课题。

② 开发新食源，特别是新的食用蛋白质资源，发现并脱除新食源中有害成分同时保护有益成分的营养与功能性是今后食品化学学科的另一重要任务。

③ 现有的食品工业生产中还存在各种各样的问题，如变色变味、质地粗糙、货架期短、风味不自然等，这些问题有待食品化学家与工厂技术人员相结合从理论和实践上加以解决。

④ 运用现代化科学与技术手段对功能性食品中有效成分的含量、结构、生理活性、保健作用、提取方法及食品应用加以深入研究，强化食品开发的科学性。

⑤ 现代贮藏保鲜技术中辅助性的化学处理剂或被膜剂的研究和应用仍将是食品化学家义不容辞的责任。

⑥ 风味化学和工艺学的研究将逐渐深入，并因为有现代分析与工艺技术的运用达到新的深度。

⑦ 食品添加剂的开发、生产和应用研究任务将加大。生物技术和化学改性技术将成为食品化学家担此重任的有力手段。

⑧ 快速分析和检验食品的方法或技术研究规模和范围将扩大。

⑨ 资源深加工和综合利用虽然是整个食品科学与工程学科的重大任务，但重中之重的经济价值成分的确立、资源转化中的化学变化及有价值成分或转化产物的提取任务将由食品化学家承担。

可以肯定，尽管目前的食品化学学科基础还比较薄弱，未来的前进道路也不平坦，但随着经济和社会的发展，食品化学的蓬勃发展之势必然到来。

思考题

1. 食品的组成和特征是什么？
2. 食品化学与其他学科的关系是什么？
3. 食品化学在食品科学中的地位怎样？
4. 食品化学研究的内容、重点和范畴是什么？
5. 食品的主要化学成分有哪些？
6. 食品的品质和安全特性是什么？
7. 食品中重要的化学反应和生物化学反应包括哪些？
8. 食品中的重要反应对食品品质和安全的影响如何？
9. 食品加工和储藏中重要的可变因素有哪些？
10. 食品化学的基本研究方法是什么？
11. 食品化学在食品工业技术发展中的作用有哪些？
12. 食品化学的发展前景和发展方向怎样？

参考文献

[1] 韩雅珊. 食品化学. 2版. 北京：中国农业大学出版社，1998.
[2] 刘邻渭. 食品化学. 郑州：郑州大学出版社，2011.
[3] 王璋，许时婴，汤坚. 食品化学. 北京：中国轻工业出版社，2016.
[4] 阚建全. 食品化学. 3版. 北京：中国农业大学出版社，2016.
[5] 黄梅丽，江小梅. 食品化学. 北京：中国人民大学出版社，1991.
[6] Potter N N，Hotchkiss J H. 食品科学. 王璋，等译. 5版. 北京：中国轻工业出版社，2001.
[7] 江波，杨瑞金. 食品化学. 2版. 北京：中国轻工业出版社，2018.
[8] Damodaran S，等. 食品化学. 江波，等译. 4版. 北京：中国轻工业出版社，2013.
[9] 汪东风，徐莹. 食品化学. 3版. 北京：化学工业出版社，2019.

第二章

食品中的水分

第一节　引　言

一、水在食品中的作用

1. 水作为食品的溶剂

水作为一种极性溶剂可以溶解很多物质，这些物质的分子也往往具有一定的极性，溶于水后成为水溶液。这些物质包括营养物质和风味物质，还有异味和有害物质等，统称为水溶性物质。它们有的存在于食品的细胞内或结构组织中间，有的在加工贮藏过程中产生。例如畜肉中含有低肽、氨基酸、低分子有机物、单糖、双糖、低级有机酸、维生素、无机盐等水溶性物质。烹制肉时，其细胞破裂，结构松散，水溶性成分溶出，与加热过程中产生的水溶性风味物质和调味品中的水溶性物质混合在一起，构成特有的肉香味。水在这里主要作为溶剂，起着综合风味的作用。

2. 水作为食品中的反应物或反应介质

食品加工过程中，发生的大部分物理化学变化，都是在水溶液中进行或者在水的参与下发生，这时水作为介质能加快反应速率。如发酵面团中的酵母等微生物，需要适宜的水和温度才能很好地发挥作用，将面团中的糖类代谢生成二氧化碳，从而使面团变得膨松。另外，水还作为反应物质参加反应，如水解反应、羰氨反应，须在有水参与下才能完成。

3. 水能去除食品加工过程中的有害物质

有些苦味物质和有害物质，可在水中溶解除去或者被水解破坏。利用这个原理，常用浸泡、焯水等方法去除异味和有害物质。例如，核桃中单宁物质是造成苦涩味的主要成分，可以通过热水浸泡并去皮除去大部分单宁。又如鲜黄花菜中含有对人体有害的秋水仙碱，它可溶于水，如将鲜黄花菜浸泡两小时以上或用热水烫后，挤去水分，漂洗干净，即可去除秋水仙碱以供食用。

水在食品加工中除具有上述积极作用外，还具有某些消极作用，即会使有益物质流失。一些水溶性的营养物质和风味物质，如单糖和某些低聚糖、水溶性维生素、水溶性含氮化合物、某些醇类、氨基酸等易溶于水，如加工方法不当，会造成流失，食品加工中应充分注意这个问题。

4. 水作为食品的浸胀剂

食品中干货制品中的高分子物质，例如淀粉、蛋白质、果胶、琼脂、藻酸等干凝胶都可以吸水发生浸胀。浸胀是高分子化合物干凝胶在水中浸泡引起体积增大的现象。

被高分子物质吸收的水，贮存于它们的凝胶结构网络中，使其体积膨大；由于分子体积大，不能形成水溶液，而是以凝胶状态存在。浸胀后的物质比其在浸胀前更易受热、酸、碱和酶的作用，所以容易被人体消化吸收，但也容易被细菌或其他不正常环境因素破坏而腐败变质，故干货原料应随发随用。

5. 水作为食品的传热介质

水是液体，具有较大的流动性，传热比原料快得多，同时水的黏性小，沸点相对较低，渗透力强，又是反应介质，因此是食品理想的传热介质。水主要以对流的形式进行热传导。在加热时，水分子的运动是很剧烈的，由于上下的水温不同，形成了对流。通过水分子的运动和对原料的撞击传递热量。

当然，在各种加工方法中，水的多种作用不是截然分开的，不论是以溶剂作用为主，还是以传热为主，总的来说传热和综合风味的作用、反应介质的作用等都是同时存在的。

6. 水是生物大分子化合物构象的稳定剂

水是生物大分子化合物构象的稳定剂，以及包括酶催化在内的大分子动力学行为的促进剂。此外，水也是植物进行光合作用过程中合成碳水化合物所必需的物质。

二、食品中水的含量

水是食品的主要组成成分，食品中水的含量、分布和状态对食品的结构、外观、质地、风味、新鲜程度有极大的影响。食品中的水分是引起食品化学性及生物性变质的重要原因之一，因而直接关系到食品的贮藏特性。水还是食品生产中的重要原料，食品加工用水的水质直接影响到食品的加工工艺和品质。因此，全面了解食品中水的特性及其对食品品质和保藏性的影响，对食品加工具有重要意义。

不同种类的各种食品含水量是不同的，都有能显示其品质特性的含水量，见表 2-1。

表 2-1 主要食品及食品原料的含水量

食品	水分含量/%	食品	水分含量/%
乳制品		豆类(干)	10～12
奶油	15	甜瓜	92～94
乳酪(广宽范围的水分含量取决于品种)	40～75	成熟橄榄	72～75
切达乳酪	40	白皮马铃薯	78
酪农乳酪	75	红薯	69
鲜奶油	60～70	小萝卜	93
乳粉	4	萝卜	79
液体乳制品	87～91	高脂食品	
冰淇淋和冰糕	65	人造奶油	15
水果和蔬菜		蛋黄酱	15
鳄梨	65	纯油和脂肪	0
豆(青刀豆、利马豆)	67	沙拉酱	40
浆果	81～90	谷物和谷物产品	
柑橘	86～89	早餐谷物	<4
黄瓜	96	通心粉	9
干水果	$\leqslant 25$	面粉、粗燕麦粉、粗面粉	10～13
新鲜水果(可食部分)	90	全粒谷物	10～12
果汁和果蜜	85～93	面包	35～45
番石榴	81	饼干和椒盐卷饼	5～8

续表

食品	水分含量/%	食品	水分含量/%
馅饼	43～59	鲜蛋	74
面包卷	28	干蛋	5
坚果		鸡肉	75
成熟生坚果	3～5	糖和以糖为基本原料的产品	
新鲜栗子	53	果冻、果酱和柑皮果冻	≤35
肉、水产和家禽产品		白糖（蔗糖或甜菜糖）、硬糖、纯巧克力	≤1
动物肉和水产品（广宽范围，取决于脂肪含量和年龄）	50～85		

从表 2-1 中知，水在动、植物食品中的分布是不均匀的。对动物来说，肌肉、脏器、血液中的含水量最高（70%～80%），皮肤次之（60%～70%），骨骼的含水量最低（12%～15%）；对植物来说，不同品种之间，同种植物的不同组织之间、不同的成熟度之间，水分含量也不相同。一般来说，叶菜类较根茎类含水量要高得多，营养器官含水量较高（70%～90%），而繁殖器官含水量较低（12%～15%）。

三、食品中水的结构

水分子的构成是两个氢原子与一个氧原子的两个 sp^3 成键轨道相互作用，形成两个具有40%离子特性的共价 σ 键，其中每一个 σ 键的解离能为 4.6×10^2kJ/mol。定域分子轨道绕着原有轨道轴保持对称定向，形成一个近似四面体的结构。单个水分子的结构如图 2-1 所示。蒸汽状态下单个水分子的键角为 104.5°，接近完美四面体角 109.5°，氧和氢的范德华半径分别为 0.14nm 和 0.12nm。

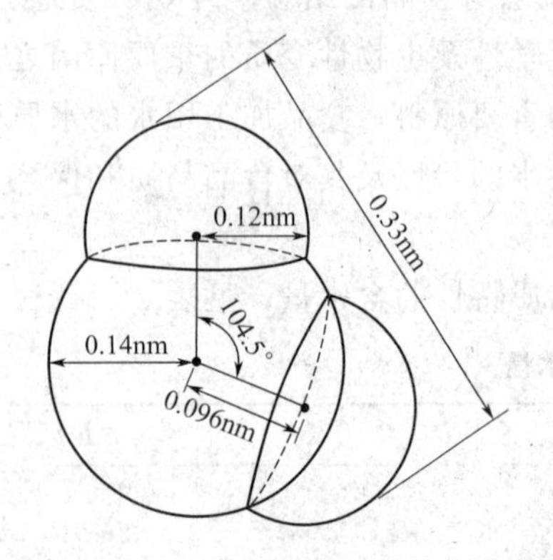

图 2-1 单个水分子的结构示意图

从水分子的结构可以看出水是典型的极性分子。靠水分子自身的极性，水分子解离成氢离子（以 H^+ 存在）和羟基离子（OH^-），在实际体系中它们是以水合离子的形式存在的。在 298K 时纯水的解离常数为 $K_w=10^{-14}$，pH=7。其解离与温度相关，相应的 pH 也具有温度依赖性。

水分子具有强烈的缔合作用，这种强缔合作用的具体解释主要是由于 O—H 的强极性，共用电子对强烈地偏向氧原子一端，氢原子几乎成为裸露的带正电荷的质子，这个半径很小且带正电荷的质子，能够和带相对负电荷的另一水分子中的氧原子之间产生静电引力，这种作用力所产生的能量一般在 2～40kJ/mol 的范围，比化学键弱，但比纯分子间力强，称为氢键。

由于水分子呈 V 字形，且水分子中的氧原子最外层有两对未成键电子，所以，每个水分子最多能与另外 4 个水分子形成氢键，即它们可以形成三维氢键，得到四面体结构。水分子通过氢键形成的四面体结构见图 2-2。

在液态水中，水分子通过氢键而缔合，在温度恒定的条件下，整个体系的氢键和结构形式保持不变。在实际情况中，由于一个水分子可以和几个水分子相互靠近形成各种不同结构和大小的“水分子团”，当有其他物质存在时，水分子团就会受到各种各样的影响，这就直接影响到水的口感和作用。

HOH分子呈V字样的形状，同时O—H键具有极性，这就造成不对称的电荷分布和纯水在蒸汽状态时具有1.84D的偶极矩。水分子的极性产生了分子间吸引力，因而水分子具有强烈的缔合倾向。

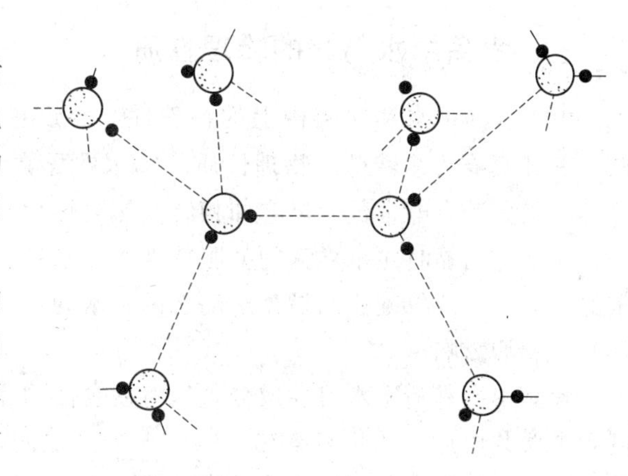

图2-2　水分子通过氢键形成的四面体结构
大圈和小圈分别代表氧原子和氢原子，虚线代表氢键

根据水分子参与三维空间多重氢键的能力，可以解释存在于分子间的大吸引力，同时也可以解释它的一些不寻常的性质。通过氢键结合的水分子簇产生多分子偶极，有效地提高了水的介电常数。

液态水的结构，虽然不足以使它在长距离内具有刚性，然而比起蒸汽状态的水分子，结构程度要高得多。因此，一个水分子的定向运动受它邻近水分子的影响。

阐明纯水的结构是一个非常复杂的问题。虽然曾经提出过许多有关水结构的理论，但是它们都是不完全或者比较简单。目前，几乎没有一种有关水结构的观点能保证在不久的将来不会被修正，因此这里仅简略地讨论这个问题。

四、食品中冰的结构

冰结晶是由水分子按一定的排列方式靠氢键连接在一起的晶体结构。普通冰的扩展结构见图2-3。

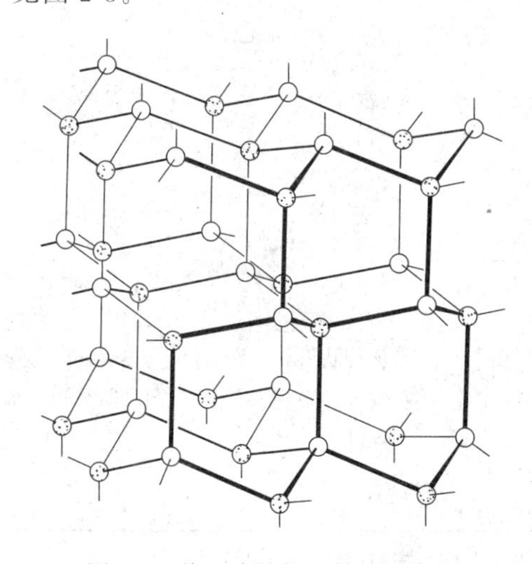

图2-3　普通冰的扩展结构示意图

可以看出，冰中的每个水分子都与其相邻的4个水分子形成四面体结构，每个水分子都位于四面体的顶点（晶格结点），这样就构成了水分子的分子晶体。冰并不是静止或均一的体系，它的性质还取决于温度，当温度接近－180℃或更低时，所有的氢键才是完整的，随着温度的升高，就会有部分氢键断裂，使冰晶体变得不完整。

冰晶的晶形、数量、大小、结构、位置和取向，受水中溶质的种类、数量、冻结速度的影响。当冻结速度较慢，并且水中溶质（如蔗糖、甘油、蛋白质）的性质与浓度对水分子的流动干扰不大时，就产生六方晶形，随着冷冻速度的加快或亲水胶体（如明胶、琼脂等）浓度的增加，立方形和玻璃态的冰晶形较占优势。冻结温度越低，冻结速度越快，越能限制水分子的活动范围使其不易形成大的冰晶，甚至完全成为玻璃态结构。

冰的结构主要有4种类型：六方形；不规则树状；粗糙球状；易消失的球晶。而食品中冰通常是以六方形存在，但高浓度明胶存在时或其他特殊情况会导致形成较无序的冰结晶形式。

五、食品中水与冰的物理性质

由于食品中水和冰结构上的特殊性，导致它们与结构相近的化合物，如CH_4、NH_3、H_2S相比具有许多特殊的物理性质：①水在异常高的温度下熔化和沸腾；②水具有异常高的表面张力、介电常数、热容和相转变热（熔化热、蒸发热和升华热）；③水具有较低的密度；④水在结晶时显示异常的膨胀特性；⑤水具有低的黏度。水的低黏度是由其特殊结构决定的。水分子的氢键排列是高度动态的。水的这些热学性质对于食品加工中冷冻和干燥过程都有重大的影响。

食品中含有一定水溶性成分，这将使食品的完全结冰温度持续下降到更低，直到食品温度到了低共熔点。低共熔点在－65～－55℃之间，而我国冻藏食品的温度常为－18℃，因此，冻藏食品的水分实际上并未完全凝结固化。尽管如此，在这种温度下绝大部分水已冻结，并且是在－4～－1℃之间完成了大部分冰的形成过程。

在纳秒至皮秒时间范围仍有个别水分子可以改变与它邻近的水分子间的氢键关系，因此增加了水的运动和流动。

食品中水与冰的某些物理性质见表 2-2。

表 2-2 食品中水与冰的某些物理性质

物理量名称	物理量数值			
分子量	18.01534			
相变性质				
熔点(在 0.1MPa)	0.000℃			
沸点(在 0.1MPa)	100.000℃			
临界温度	374.15℃			
临界压力	22.14MPa(218.6atm)			
三相点	0.0099℃和 610.4kPa			
熔融热(0℃)	6.012kJ/mol			
蒸发热(100℃)	40.63kJ/mol			
升华热(0℃)	50.91kJ/mol			
其他性质	20℃	0℃	0℃(冰)	－20℃(冰)
密度/(kg/L)	0.998203	0.999841	0.9168	0.9193
黏度/(Pa·s)	1.002×10^{-3}	1.787×10^{-2}	—	—
界面张力(相对于空气)/(N/m)	72.75×10^{-3}	75.6×10^{-3}	—	—
蒸汽压/Pa	2.337×10^{3}	6.104×10^{2}	6.104×10^{2}	1.034×10^{2}
热容/[J/(kg·K)]	4.1819	4.1819	2.1009	1.9544
导热系数/[J/(m·s·K)]	5.983×10^{2}	22.40×10^{2}	24.33×10^{2}	
热扩散系数/(m^2/s)	1.4×10^{-5}	1.1×10^{-4}	1.1×10^{-4}	
介电常数(静态)	80.36	80.00	91①	98①

① 与冰的 C 轴平行；如果垂直于 C 轴则介电常数值比平行于 C 轴的大 15%左右。

第二节 食品中水与溶质的相互作用

向食品中水添加各种不同的溶质，不仅会改变被添加溶质的性质，水本身的性质也会发生明显的变化。亲水溶质会改变邻近水的结构和流动性，水会改变亲水溶质的反应性，有时甚至改变其结构。

一、食品中水与离子和离子基团的相互作用

与离子或离子基团相互作用的水是食品中结合得最紧密的一部分水，它们的相互作用是极性结合。实际上，从水的正常结构来看，所有的离子对水的结构都起破坏作用，因为它们能阻止水在0℃下结冰。

二、食品中水与极性基团的相互作用

在生物材料和食品中，水可以与食品中蛋白质、淀粉、果胶物质和纤维素等成分通过氢键而结合。水还能与某些基团，例如羟基、氨基、羰基、酰氨基和亚氨基等极性基团发生氢键键合。食品中水与溶质之间的氢键键合，比食品中水与离子之间的相互作用弱。

三、食品中水与非极性物质的相互作用

向食品中加入疏水性物质，例如烃、稀有气体及引入脂肪酸、氨基酸、蛋白质的非极性基团，由于它们与水分子产生斥力，从而使疏水基团附近的水分子之间的氢键键合增强。处于这种状态的水与纯水的结构相似。疏水基团还具有两种特殊的性质，即它们能和水形成笼形水合物，以及与蛋白质分子产生疏水相互作用。

笼形水合物是像冰一样的包含化合物，水是这类化合物的“宿主”，它们靠氢键键合形成像笼一样的结构，通过物理作用方式将非极性物质截留在笼中，被截留的物质称为“客体”。

第三节　食品中水的存在状态

食品中的水分，根据连接水分子的作用力形式和水分子与非水成分的远近不同，可分为两类。

一、食品中的体相水

这类水也称自由水，主要是指食品中容易结冰也能溶解溶质的水。它们主要是靠毛细管力维系着，大致可以分为三类：不可移动水或滞化水、毛细管水和自由流动水。

1. 滞化水

例如一块重100g的肉，总含水量为70～75g，含蛋白质20g，在总含水量中有60～65g被组织中的显微和亚显微结构与膜所阻留住的水，不能自由流动，所以称为不可移动水或滞化水。

2. 毛细管水

在生物组织的细胞间隙和制成食品的结构组织中，还存在着一种由毛细管力所截留的水分，称为毛细管水，在生物组织中又称为细胞间水。它在物理和化学性质上与滞化水是一样的。

3. 自由流动水

动物的血浆、淋巴和尿液，植物导管和细胞内液泡中的水分都是可以自由流动的水分，

也称游离水。

二、食品中的结合水

结合水也称束缚水。它是存在于溶质和其他非水成分相邻处，并与同一体系中的体相水具有显著不同性质的那部分水。它与溶质和其他非水成分主要靠氢键结合力维系。

结合水主要以构成水、邻近水、多层水三种状态存在。

1. 构成水

构成水是指与食品中其他亲水物质（或亲水基团）结合最紧密的那部分水，它与非水物质构成一个整体。

2. 邻近水

邻近水是指亲水物质的强亲水基团周围缔合的单层水分子膜。它与非水物质主要依靠水-离子、水-偶极强氢键缔合作用结合在一起。

3. 多层水

单分子水化膜外围绕亲水基团形成的另外几层水，主要依靠水-水氢键缔合在一起。虽然多层水中亲水基团强度不如邻近水，但由于水与亲水物质靠得足够近，以至于性质也和纯水大不相同。

除了上述化学结合水外，存在于一些细胞中的微毛细管水（毛细管半径小于0.1μm），由于受微毛细管的物理限制作用，被强烈束缚，也属于结合水的范畴。大部分的结合水是和蛋白质、糖等相结合。据测定，每100g蛋白质可系着的水分平均达50g之多。在动物的器官组织中，蛋白质约占20%，所以在100g组织中由蛋白质系着的水可达10g。植物材料的情况也与此相类似，每100g淀粉的持水力在30～40g之间。

虽然在结合水和体相水之间难以做定量的划分，但是可以根据其物理、化学性质做定性的区分。结合水有两个特点：不易结冰（冰点−40℃）；不能作为溶剂。结合水不易结冰这一点有很重要的生物学意义。由于这种性质，使植物的种子和微生物的孢子（都是几乎没有自由水的材料）得以在很低的温度下保持其生命力，而多汁的组织（新鲜水果、蔬菜、肉等）在冰冻后细胞结构被冰晶所破坏，解冻后组织立即崩溃。此外，与体相水相比较，应考虑结合水虽然具有“被严重阻碍的流动性”，但却不是“被彻底固定化的”。在一种典型的高水分含量食品中，结合水仅占总水量的很小比例。

第四节　水分活度和相对蒸汽压

食品存放过程中，经常有腐败的现象发生，发生的原因与食品中水分的含量有关。浓缩和脱水的主要目的，是降低食品的水分含量，同时提高溶质的浓度和降低食品的腐败性。但发现不同类型的食品虽然水分含量相同，但是它们的腐败性显著不同。因此，食品中水分含量不是一个腐败性的可靠指标。在此情况下，引入水分活度（A_w）的概念，能反映水与各种非水成分缔合的强度，比水分含量能更可靠地预示食品的稳定性、安全和其他性质，更能说明食品发生腐败难易问题。

尽管水分活度（A_w）也并非是一个完全可靠的指标，然而它与微生物生长和许多降解反应具有很好的相关性，因此它成为一个产品稳定性和微生物安全的有效指标。

一、水分活度的定义

水分活度（A_w）是溶液中溶剂水的逸度 f 与纯水逸度 f_0 之比。

$$A_w = f/f_0$$

从上式可以看出，溶液中作为溶剂的体相水越多，f/f_0就越大，A_w 就越大。

在室温低压下，f/f_0 与溶液或食品中的水蒸气分压 p 和纯水的蒸汽压 p_0 之比［相对蒸汽压（RVP)］很近似，所以，水分活度（A_w）也可用下式表示：

$$A_w = p/p_0$$

对于纯水来说，因 $p=p_0$，故 $A_w=1$。由于食品中还溶有小分子盐类及有机物，因此其饱和蒸汽压要下降，所以 A_w 总是小于 1。

由上可见，食品的水分活度与其组成有关。食品中的含水量越大，体相水越多，水分活度越大；反之，非水物质（亲水物质）越多，结合水越多，其水分活度越小。

食品与它的环境达到平衡时（既不吸湿也不散湿），A_w 与食品环境的百分平衡相对湿度（ERH）在数值上相等。

$$A_w = \text{ERH}$$

A_w 是食品的内在品质，而 ERH 是与食品平衡的大气的性质；平衡的建立是要有时间的，对于大的试样，尤其是温度低于 50℃时，平衡几乎是不可能的。

二、水分活度与温度关系

A_w 与温度有关，在冰点以上温度，A_w 是试样成分和温度的函数，随着温度的升高，水分活度也升高，一般来说，温度每变化 10℃，A_w 变化 0.03～0.2。温度在冰点以下时，其对 A_w 的影响较冰点以上更大，A_w 与试样成分无关，仅取决于温度，即冰相存在时 A_w 不受溶质的种类或比例的影响。

经分析，样品冻结后的 A_w 值，按下面公式计算为宜：

$$A_w = p_{(\text{纯冰})}/p_{0(\text{过冷水})}$$

例如在－15℃时，由上式得到的 A_w 为 0.86，此时产品中微生物不再生长，而且化学反应缓慢进行，但是，在同样水分活度的 20℃情况下，一些化学反应将快速进行，一些微生物将以中等速度生长。因此，在冰点以下，A_w 数值已失去了预见某些与水分活度相关问题的价值。

三、水分活度与食品含水量关系

一般情况下，食品中的含水量越高，水分活度越大，见图 2-4。

但是，从图 2-4 中可以看出两者之间并不是正比关系。为了确切地研究水分活度（A_w）与含水量的关系，可以在恒定温度下，用食品水分含量（单位质量的干食品中水的质量）对 A_w 作图，这样得到的曲线，称水分吸附等温线，见图 2-5。

大多数食品具有 S 形等温线，为了更好地理解其意义和用途，通常把它分成三个部分。存在于等温线区域Ⅰ中的水可以被认定为吸附最牢固和最少流动的水。对高水分含量的食品而言，区域Ⅰ的水仅占总水分含量的极小部分。由于水分子被束缚，所以这部分水很难发生物理、化学变化，仅含此水分的食品的劣变速度也很慢。因此，构成水可作为干燥食品品质稳定所必需的水分含量的最高标准。区域Ⅱ这段曲线比较平缓，这部分水属于结合水中的多

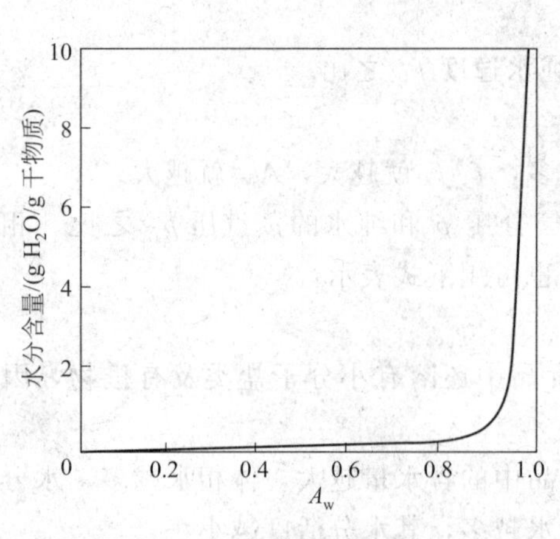

图 2-4　A_w 与食品含水量关系

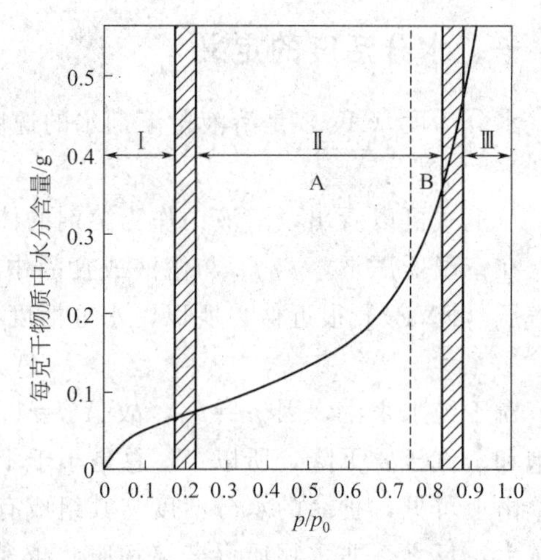

图 2-5　水分吸附等温线示意图

层水，对食品固形物有增塑作用，并促使固体骨架开始膨胀，引起溶解过程的发生，使大多数反应速度加快。区域Ⅰ和区域Ⅱ的水都属于结合水，在高水分含量食品中这部分水最多占总水分含量的5%左右。区域Ⅲ部分的曲线很陡，说明水分活度的微小变化会导致食品含水量很大的变化。这部分水是食品中结合最弱、流动性最大、运动能力最强的水，即体相水。由于区域Ⅲ这部分水是食品中结合最弱的水，所以在这个区域，绝大多数的化学、生物化学反应速度及微生物的生长繁殖速度都达到最大，这部分水决定了食品的稳定性。在高水分含量食品中，这部分水水分活度与温度的关系的测量或报告样品的水分活度时，必须标明温度，因为温度是水分活度的函数。

第五节　水分活度与食品稳定性的关系

从以上的分析可以看出，虽然食品水分含量相同，但如果体相水与结合水所占比例不同，那么水与各种非水组分的缔合程度也就不同，从而导致水分活度（A_w）不同，食品的稳定性也就不同。在此从以下几方面讨论这个问题。

一、水分活度与微生物生长繁殖的关系

就水与微生物的关系而言，食品中各种微生物的生长繁殖，是由其水分活度而不是由其含水量所决定，即食品的水分活度决定了微生物在食品中萌发的时间、生长速率及死亡率。不同的微生物在食品中繁殖时对水分活度的要求不同。一般来说，细菌对低水分活度最敏感，酵母菌次之，霉菌的敏感性最差，见表 2-3。当水分活度低于某种微生物生长所需的最低水分活度时，这种微生物就不能生长。

表 2-3　食品中水分活度与微生物生长

A_w 范围	微生物	在此水分活度范围内的食品
1.00～0.95	假单胞菌、大肠杆菌、变形杆菌、志贺氏菌属、克霍伯氏菌属、芽孢杆菌、产气荚膜梭状芽孢杆菌、一些酵母	极易腐败变质(新鲜)食品，罐头水果、蔬菜、肉、鱼以及牛乳，熟香肠和面包，含有约40%(质量分数)蔗糖或7%氯化钠的食品

续表

A_w 范围	微生物	在此水分活度范围内的食品
0.95～0.91	沙门氏杆菌属、溶副血红蛋白弧菌、肉毒梭状芽孢杆菌、沙雷氏杆菌、乳酸杆菌属、足球菌、一些霉菌、酵母	一些干酪、腌制肉、一些水果汁浓缩物、含有55%(质量分数)蔗糖(饱和)或12%氯化钠的食品
0.91～0.87	许多酵母、小球菌	发酵香肠、松蛋糕、干的干酪、人造奶油、含有65%(质量分数)蔗糖(饱和)或15%氯化钠的食品
0.87～0.80	大多数霉菌、金黄色葡萄球菌、大多数酵母菌属	大多数浓缩水果汁、甜炼乳、巧克力糖浆、槭糖浆和水果糖浆、面粉、米、含有15%～17%水分的豆类食品、水果蛋糕、家庭自制火腿、微晶糖膏、重油蛋糕
0.80～0.75	大多数嗜盐细菌、产真菌毒素的曲霉	果浆、加柑橘皮丝的果冻、杏仁酥糖、糖渍水果、一些棉花糖
0.75～0.65	嗜旱霉菌、二孢酵母	含约10%水分的燕麦片、砂性软糖、棉花糖、果冻、糖蜜、粗蔗糖、一些干果、坚果
0.65～0.60	耐渗透压酵母、少数霉菌	含15%～20%水分的果干、一些太妃糖与焦糖、蜂蜜
0.60～0.50	微生物不增殖	含约12%水分的酱、含约10%水分的调味料
0.50～0.40	微生物不增殖	含约5%水分的全蛋粉
0.40～0.30	微生物不增殖	含3%～5%水分的曲奇饼、脆饼干、面包硬皮等
0.30～0.20	微生物不增殖	含2%～3%水分的全脂奶粉，含约5%水分的脱水蔬菜，含约5%水分的玉米片、家庭自制的曲奇饼、脆饼干

水分活度在0.91以上时，食品变质以细菌为主。水分活度降至0.91以下时，就可以抑制一般细菌的生长。当在食品原料中加入食盐、糖后，水分活度下降，一般细菌不能生长，嗜盐菌却能生长，也会造成食品的腐败。有效的抑制方法是在低温贮藏，以抑制嗜盐菌的生长。水分活度在0.9以下时，食品的腐败主要是由酵母菌和霉菌引起，其中水分活度0.80以下的糖浆、蜂蜜和浓缩果汁的败坏主要是由酵母菌引起的。

在研究微生物引起食品变质与水分活度的关系时，了解食品中有害微生物生长的最低水分活度很重要。研究表明，食品中有害微生物生长的最低水分活度在0.86～0.97之间，所以，真空包装的水产和畜产加工制品，流通标准规定其水分活度要在0.94以下。

需要说明的是：同一种微生物在不同溶质的水溶液中生长所需的 A_w 是不同的，如金黄色葡萄球菌生长的最低 A_w 在乳粉中是0.861，在酒精中则是0.973。

二、水分活度与酶作用的关系

当水分活度小于0.85时，导致食品原料腐败的大部分酶失活。如酚氧化酶和过氧化物酶、维生素C氧化酶、淀粉酶等。然而，即使在0.1～0.3这样的低水分活度下，脂肪氧化酶仍能保持较强活力。如 $A_w=0.15$，脂肪氧化酶就能分解油脂。水解酶也有此现象。

三、水分活度与化学反应的关系

1. 水分活度对淀粉老化的影响

在含水量达30%～60%时，淀粉老化的速度最快，如果降低含水量则淀粉老化速度减慢，若含水量降至10%～15%时，则水分基本上以结合水的状态存在，淀粉不会发生老化。

2. 水分活度对脂肪氧化酸败的影响

从极低的 A_w 值开始，氧化速度随着水分的增加而降低。这是因为，在非常干燥的样品中加入水会明显地干扰氧化，这部分水能与脂肪氧化的自由基反应中的氢过氧化物形成氢键，此氢键可以保护过氧化物的分解，因此可降低过氧化物分解时的初速度，最终阻碍了氧化的进行。微量的金属也可催化氧化作用的初期反应，但当这些金属水合以后，其催化活性就会降低。

3. 水分活度对蛋白质变性的影响

蛋白质变性是改变了蛋白质分子多肽链特有的有规律的高级结构，使蛋白质的许多性质发生改变。因为水能使多孔蛋白质膨润，暴露出长链中可能被氧化的基团，氧就很容易转移到反应位置。所以，水分活度增大会加速蛋白质的氧化作用，破坏保持蛋白质高级结构的键，导致蛋白质变性。

4. 水分活度对酶促褐变的影响

当 A_w 值降低到 0.25～0.30 的范围，就能有效地减慢或阻止酶促褐变的进行。

5. 水分活度对非酶褐变的影响

当食品的水分活度在一定的范围内时，非酶褐变随着水分活度的增大而加速，A_w 值在 0.6～0.7 之间时，褐变最为严重。随着水分活度的下降，非酶褐变就会受到抑制而减弱。当水分活度降低到 0.2 以下时，褐变就难以发生。但如果水分活度大于褐变高峰的 A_w 值，则由于溶质的浓度下降而导致褐变速度减慢。在一般情况下，浓缩的液态食品和中等湿度食品位于非酶褐变的最适水分含量的范围内。

6. 水分活度对水溶性色素分解的影响

葡萄、杏、草莓等水果的色素是水溶性花青素，花青素溶于水时是很不稳定的，1～2 周后其特有的色泽就会消失。但花青素在这些水果的干制品中则十分稳定，经过数年贮藏也仅仅是轻微的分解。一般而言，若 A_w 增大，则水溶性色素分解的速度就会加快。

综上所述，降低食品的 A_w，可以延缓酶促褐变和非酶褐变的进行，减少食品营养成分的破坏，防止水溶性色素的分解。但 A_w 过低，则会加速脂肪的氧化酸败，还能引起非酶褐变。要使食品具有最高的稳定性，最好将 A_w 保持在结合水范围内。这样，既使化学变化难以发生，同时又不会使食品丧失吸水性和复原性。

四、水分活度与食品质构的关系

水分活度对干燥和半干燥食品的质构有较大的影响。当水分活度从 0.2～0.3 增加到 0.65 时，大多数半干或干燥食品的硬度及黏着性增加。研究表明，肉制品韧性的增加可能与交联作用及高水分活度下发生的化学反应有关，如胶凝及吸水基团水合能力的改变。水分活度为 0.4～0.5 时，肉干的硬度及耐嚼性最大。增加水分含量，肉干的硬度及耐嚼性都降低。另外，要想保持脆饼干、爆玉米花及油炸土豆片的脆性，避免糖粉、奶粉以及速溶咖啡结块、变硬发黏，都需要使产品具有相当低的水分活度。要保持干燥食品的理想性质，水分活度不能超过 0.3～0.5。对含水量较高的食品（蛋糕、面包等），为避免失水变硬，需要保持相当高的水分活度。有些研究认为，将一些食品（如火腿、牛肉、蛋奶冻、豌豆）的水分活度从 0.70 提高到 0.99 时，能获得更令人满意的食品质构。

五、食品在贮藏中水分活度的控制与应用

大多数食品腐败变质是由微生物的作用引起的。微生物的生长与繁殖必须有充足的水分。因此，为了防止食品的腐败变质，常采用控制水分的方法。具体的操作依据就是水分

活度。

由于低水分活度条件下食品的贮藏性较好，所以对那些季节性强、不宜存放的食品常采用降低水分活度的方法进行贮藏，如利用浓缩或脱水干燥法除去食品中的水分。常用的干燥方法有喷雾干燥、流化床干燥、泡沫干燥、冷冻干燥、日晒、烟熏等，以真空冷冻干燥效果最优。常用的浓缩方法有蒸发、冷冻浓缩、膜渗透等，或利用盐、糖等添加剂来调节食品的水分活度，如糖腌、盐渍。

对那些要求保持一定水分活度的食品，也可采用适当的包装材料来进行控制。吸附等温线在选择包装材料时起关键作用。高吸湿食品（吸附等温线较陡）吸湿速度快，夺取水分能力大，常常在与环境大气相对湿度相平衡前水分含量已超过了临界点，这类食品必须用玻璃瓶密封包装或用阻水塑料包装，如糖粉、速溶咖啡等。低吸湿食品（吸附等温线较平缓）吸湿性差，且在正常贮藏条件下不易变质，可以用聚乙烯来包装。

对于高水分活度的食品（它的水分活度数值一般高于大气相对湿度的数值），包装可防止水分散失，所以也应选择密封不透水的包装，且由于这类食品容易因微生物活动而败坏，所以应配合低温贮藏或罐藏。

当一个容器中同时存放几种不同食品时，还应注意由于各种食品间水分活度不同导致水分迁移而使某些食品劣变。要提醒的是，水分的迁移是从高水分活度一方向低水分活度（而非含水量）一方进行，结果平衡时的水分活度是食品各部分水分活度的平均值。

六、降低水分活度值，提高食品稳定性的机理

① 大多数化学反应都必须在水溶液中才能进行，如果降低食品的水分活度，则食品中水的存在状态发生了变化，结合水的比例增加了，自由水的比例少了，而结合水是不能作为反应物的溶剂的，所以降低水分活度，能使食品中许多可能发生的化学反应、酶促反应受到抑制。

② 很多化学反应是属于离子反应，该反应发生的条件是反应物首先必须进行离子化或水化作用，而发生离子化或水化作用的条件必须有足够的自由水才能进行。

③ 很多化学反应和生物化学反应都必须有水分子参加才能进行（如水解反应）。若降低水分活度，就减少了参加反应的自由水的数量，反应物（水）的浓度下降，化学反应的速度也就变慢。

④ 许多以酶为催化剂的酶促反应，水除了起着一种反应物的作用外，还能作为底物向酶扩散的输送介质，并且通过水化促使酶和底物活化。当 A_w 值低于 0.8 时，大多数酶的活力就受到抑制；若 A_w 值降到 0.25～0.30 的范围，则食品中的淀粉酶、多酚氧化酶和过氧化物酶就会受到强烈的抑制甚至丧失其活力。但脂肪酶在水分活度 0.5～0.1 时仍能保持其活性。

由此可见，食品化学反应的最大反应速度，一般发生在具有中等水分含量的食品中（A_w 为 0.7～0.9），这是人们不期望的。而最小反应速度一般首先出现在等温线的区域Ⅰ与Ⅱ之间的边界（A_w 为 0.2～0.3）附近，当进一步降低 A_w 时，除了氧化反应外，其他反应的反应速度全都保持在最小值，这时的水分含量是单层水分含量。因此用食品的单分子层水的值可以准确地预测干燥产品最大稳定性时的含水量，这具有很大的实用意义。利用吸附等温线数据按布化奥尔（Brunauer）等人提出的方程可以计算出食品的单分子层水值。

在食品及原料中还存在着氧化、褐变等化学反应。即使是在高水分活度的食品中，采用漂烫、蒸煮等热处理可避免微生物腐败的危险，而化学腐败仍是不可忽视的问题。

需要注意的是：化学反应速率与水分活度的关系是随着样品的组成、物理状态及其结构而改变的，也随大气组成（特别是氧的浓度）、温度等因素的改变而改变。事实上，在相等的 A_w 时，生物的生长也随温度的不同而不同。需要指出的是：在 0.7～0.9 这个水分活度范围内，食品的一些重要化学反应，如脂类的氧化、羰氨反应、维生素的分解等的反应速率都达到最大，这时，食品变质受化学变化的影响增大。当食品的含水量进一步增大到 A_w 大于 0.9 时，食品中的各种化学反应速率大都呈下降趋势。这可能是由于水是这些反应的产物，增加水分含量将造成产物的抑制作用；也可能是由于水产生的稀释效应减慢了反应速率。这时，食品变质主要受微生物和酶作用的影响。

第六节　水与食品品质和加工稳定性的关系

一、水对食品“嫩”的影响

食品的品质除了与它本身的组织结构和成分有关外，水是影响其品质的最主要因素之一。水是食品及其原料鲜嫩的重要标志。例如一般的蔬菜、水果，组织结构松脆、含水量多，就显得鲜嫩多汁，一旦失去一部分水分，组织细胞内的压力降低，蔬菜就会枯蔫、皱缩和失重，水果表面干瘪，其食用价值就会大大下降。又如鲜肉，由于蛋白质呈胶凝状，有很高的持水力和弹性，肉的胴体较柔软。

加工中为了保持原料中的水分，需要根据不同的原料选择合适的方法。一般来说老龄动物的含水量少，肌肉结构紧密，肉质硬实，结缔组织较多，宜用小火较长时间加热。但不适当的加热会使肌肉纤维组织彻底破坏，使本来可以保持住的部分不应流失的自由水和营养成分、风味物质丧失。年幼的禽畜肉含水量高，结构较疏松，肌肉显得细嫩，如仔鸭、小牛肉等，宜采用急火短时间加热方法，使原料内部的水分少受损失，达到鲜嫩的效果。

综上所述，水对原料的质量和成品的品质有很大影响，要使成品“嫩”，首先应该设法保持原料的水分，并在可能的情况下使原料吃水，这就需要根据不同原料的质地，采用不同的加工方法，使成品达到既鲜嫩又美味的要求。

二、食品的加热与脱水

食品加工中常利用高温烘烤、油炸、辐射加热等方法使食品成熟、脱水上色。下面以油炸为例来说明食品在成熟过程中水分的主要变化。

1. 自然水挥发阶段

当原料或加工过的生坯投入油中加热时，由于原料的投入致使油温下降，原料表面的温度在 100℃以下，这时表面的水分开始向空中蒸发，制品内部的水分向表面渗透，原料表面的高分子化合物完成吸水膨润阶段。继续加热，油温升高，由于原料中水分较多，原料表面的油温保持在 100℃左右，这时可见油面泛着含有水分的大气泡。原料表面的水分继续挥发，内部的水分仍向外渗透，外面的油向里扩散、渗透。当原料表面的体相水基本失去后，原料表面的高分子化合物的结构变化阶段基本完成，如淀粉的糊化、蛋白质变性凝固等，这时原料基本定型，随即淀粉和蛋白质开始水解成低分子物质。

2. 脱水分解阶段

原料表面的自由水基本失去后，再继续加热，油温升高，这时原料表面的温度在100℃以上，原料表面的高分子化合物中的结合水也开始失去，进入脱水分解阶段。分解产生的低分子物质有的挥发，有的相互间发生各种反应，这时处于初级和高级阶段，生成很多风味物质和中间产物，使食品发出香气。随着脱水过程的进行，原料表面形成干燥的外壳。与此同时，脱水过程逐渐向原料内部延伸。

3. 脱水缩合、聚合

在原料表面形成干燥的硬壳后，继续升高油温，当原料表面的温度升高至170℃以上时，脱水反应继续进行，聚合、缩合发生深度的羰氨反应及焦糖化反应，使食品表面形成悦目的黄色色泽和硬壳。同时，由于油的导热与渗透，前面两个阶段的反应向原料内部深入，并失水产生一定的风味。

以上三个失水阶段的反应与温度的高低和加热时间成正比，所以如果加热时控制好油温和时间，使失水反应和聚合反应控制得恰到好处，就可以得到既香又脆、原料内部失水不太多、仍能保持香嫩的成品。

应当说明的是：在用水作为传热介质的加工方法中，虽然食物中的液汁均为水溶液，沸点比纯水的沸点（100℃）略有上升，但上升的温度很小。在这些加工方法中最高温度在100℃左右，原料周围有大量的水，所以在原料表面不能发生失水反应，更不能发生生色反应，产生的香气也没有油炸制品和烘烤制品浓郁，但却保持有另一种特有的风味。

三、食品的冷藏与冻藏

1. 食品的冷藏

动物性食品一般采用冷藏和冻藏的方法加以保藏。通常新鲜禽畜肉的冰点为－2.5～－0.5℃，结冰时肉汁中的水形成冰晶，使肉质的浓度升高、冰点下降，当温度降低到－0.5～－10℃时，组织中的体积大约80%～90%已经结成冰，如冰点继续下降，剩余的肉汁全部冻结。

所谓冻结，就是细胞间隙形成冰而使细胞脱水，自由水从细胞中分离出来，但不破坏细胞胶体体系。然而，如果温度降低，一部分结合水也会分离出来，进入细胞间隙冻结成冰，细胞胶体系统会被破坏，形成不可逆过程。

2. 食品的冻藏

一般冻藏有慢冻和速冻两种方法。慢冻的肉，由于冻结的速率缓慢，形成的冰晶数量少而且比较大，冰晶膨胀作用大，破坏了肌肉纤维的组织结构。解冻时，融化后的水不能全部渗入肌肉内部，甚至由于组织结构的破坏，一部分肉汁从组织内部流出，使肉的营养和风味受到影响，肉的质量也随之下降。速冻的肉是将肉置于－33～－23℃的低温环境中，肉汁中的水迅速冻结。由于冻结速率快，形成的冰晶数量多，颗粒小，在肉组织中分布比较均匀，又由于小冰晶的膨胀力小，对肌肉组织的破坏很小，解冻融化后的水可以渗透到肌肉组织内部，所以基本上能保持原有的风味和营养价值。速冻的肉，解冻时一定要采取缓慢解冻的方法，使冻结肉中的冰晶逐渐融化成水，并基本上全部渗透到肌肉组织中去，尽量不使肉汁流失，以保持肉的营养和风味。如果高温快速融化，会使肉汁来不及向肌肉内部组织渗透而流失，使肉的品质下降。

四、冻藏对食品稳定性的影响

1. 冻藏对食品产生冻害

结构比较疏松、细胞间隙比较大、外皮薄、含体相水量大的水果蔬菜类，很容易遭受冻害。当周围的环境温度降到这些食品的冰点以下时，蔬菜水果中细胞间的部分自由水开始在细胞间隙形成冰晶，细胞内的游离水开始向细胞外渗透，使冰晶不断长大，长大到一定程度，由于冰晶膨胀（水转变成冰时体积增加9%）对细胞起机械破坏作用。解冻后细胞汁外流，失去了原有的品质。冻害不很严重的原料，细胞破坏程度不大，但解冻速率太快（如加热、放在热水中融化等），使融化的水来不及向细胞内渗透而流失，也会降低其品质。

2. 冻藏使食品中成分产生变化

食品冻结后，由于溶质的冷冻浓缩效应，未冻结相的pH、离子强度、黏度、表面张力等特性发生变化，这些变化对食品成分造成危害。如pH降低导致蛋白质变性及持水能力下降，使解冻后汁液流失；冻结导致体相水结冰、水分活度降低，油脂氧化速率相对提高。

在冻藏过程中冰结晶大小、数量、形状的改变也会导致食品劣变，而且可能是冷冻食品品质劣变最重要的原因。由于贮藏过程中温度出现波动，温度升高时，已冻结的冰融化，温度再次降低后，原先未冻结的水或先前小冰晶融化出来的水会扩散并附着在较大的冰晶表面，造成再结晶的冰晶体积增大，这样对组织结构的破坏性很大。所以在低温冷冻贮藏食品时，温度的稳定控制就显得相当重要。即使是在稳定的贮藏温度下，也会出现冰结晶成长的现象，但这种变化的影响比较小。

除以上情况外还应当注意，冷冻食品中仍含有相当多的未冻结水，它们可作为食品中各种劣变反应的反应介质。这样，即使是在冷冻条件下，食品中仍然发生着各种化学和生化变化。

五、玻璃化温度与食品稳定性的关系

近年来在低温冷冻食品中，往往用玻璃化温度作为评价其稳定性的指标。

食品在低温冷冻过程中，随着温度的下降，组织中不断地有水分冻结成冰，未冻结的水和非水物质构成未冻结相。随着水不断结冰，未冻结相的溶质的浓度不断提高，冰点不断下移，直到食品中的非水成分也开始结晶（此时的温度可称为共晶温度），形成所谓的共晶物后，冷冻浓缩也就终止。由于大多数食品的组成相当复杂，其共晶温度低于其起始冰冻温度，所以其未冻结相，随温度降低可维持较长时间的黏稠液体过饱和状态，而黏度又未见显著增加，这即是所谓的胶化状态。这时，物理、化学及生物化学反应依然存在，并导致食品腐败。继续降低温度，未冻结相的高浓度溶质的黏度开始显著增加，并限制了溶质晶核的分子移动与水分的扩散，则食品体系将从未冻结的胶化状态转变成所谓的玻璃化状态（即无定形固体存在的状态，简称玻璃化状态）。此时温度即是所谓的玻璃转化温度，简称玻璃化温度（T_g）。例如常以冷冻方式贮藏的水产类的玻璃化温度分别是鱼板−21℃、虾−33℃、鳕鱼排−35℃、鲑鱼排−37℃。

玻璃化状态下的未冻结的水不是按前述的氢键方式结合的，其分子的移动性被束缚在由极高溶质黏度所产生的具有极高黏度的玻璃化状态下，这样的水不具有反应活性，使整个食品系统以不具有反应活性的非结晶性固体形式存在。因此，在玻璃化温度下，食品可维持高度的稳定状态。现在的研究认为，低温冷冻食品的稳定性可以用该食品的贮藏温度（t）与玻璃化温度（T_g）的差（$t-T_g$）来决定，差值越大，食品的贮藏寿命就越短，稳定性越差。

第七节　食品中水分的转移

食品中水分的转移可分为两种情况：一种是水分在同一食品中的不同部位或在不同食品之间发生位移，导致了原来水分的分布状况的改变；另一种情况是食品水分的相移，特别是气相和液相的水互相转移，导致了食品含水量的改变，这对食品的贮藏性及加工性和商品价值都有极大的影响。

一、食品中水分的位移

由于温差引起的水分转移，是食品中水分从高温区域沿着化学势降落的方向运动，最后进入低温区域，这个过程较为缓慢。

由于水分活度不同引起的水分转移，水分从 A_w 高的地方自动地向 A_w 低的地方转移。如果把水分活度大的蛋糕与水分活度低的饼干放在同一环境中，则蛋糕里的水分就逐渐转移到饼干里，使两者的品质都受到不同程度的影响。

二、食品中水分的相移

如前所述，食品的含水量是指在一定温度、湿度等外界条件下食品的平衡水分含量。如果外界条件发生变化，则食品的水分含量也就发生变化。

空气湿度的变化就有可能引起食品水分的相转移，空气湿度变化的方式与食品水分相转移的方向和强度密切相关。

1. 空气湿度的表示法

（1）绝对湿度　是指空气中实际所含有的水蒸气的数量，即单位体积空气中所含水蒸气的质量或水蒸气所具有的压力。

（2）饱和湿度　饱和湿度是指在一定温度下，单位体积空气所能容纳的最大水蒸气量或水蒸气所能具有的最大压力。

（3）相对湿度　指空气绝对湿度与同温度下饱和湿度的比值，以%表示。相对湿度表明空气的绝对湿度接近饱和湿度的程度。若相对湿度越小，在其他条件相同时，则空气的干燥能力越大。

2. 食品中水分相移的主要形式

食品中水分的相移主要形式为水分蒸发和水蒸气凝结。

（1）食品中水分蒸发　食品中的水分由液相变为气相而散失的现象称为食品的水分蒸发。水分蒸发对食品质量有重要的影响。利用水分的蒸发进行食品的干燥或浓缩可制得低水分活度的干燥食品或中湿食品。但对新鲜的水果、蔬菜、肉禽、鱼贝及其他许多食品，水分蒸发对食品的品质会发生不良的影响，会导致外观萎蔫皱缩，原来的新鲜度和脆度受到很大的影响，严重的甚至会丧失其商品价值。同时，由于水分蒸发，还会促进食品中水解酶的活力增强，高分子物质水解，产品的货架寿命缩短。

水分蒸发主要与空气湿度与饱和湿度差有关，饱和湿度差是指空气的饱和湿度与同一温度下空气中的绝对湿度之差。若饱和湿度差越大，则空气要达到饱和状态所能再容纳的水蒸气量就越多，反之就越少。因此，饱和湿度差是决定食品水分蒸发量的一个极为重要的因素。饱和湿度差大，则食品水分蒸发量就大；反之，蒸发量就小。

影响饱和湿度差的因素主要有空气温度、绝对湿度、流速等。空气的饱和湿度随着温度的变化而改变，温度升高，空气的饱和湿度也升高。在相对湿度一定时，温度升高，饱和湿度差变大，食品水分的蒸发量增大。在绝对湿度一定时，若温度升高，饱和湿度随之增大，所以饱和湿度差也加大，相对湿度降低。同样，食品水分的蒸发量加大。若温度不变，绝对湿度改变，则饱和湿度差也随着发生变化；如果绝对湿度增大，温度不变，则相对湿度也增大，饱和湿度差减少，食品的水分蒸发量减少。空气的流动可以从食品周围的空气中带走较多的水蒸气，从而降低了这部分空气的水蒸气气压，加大了饱和湿度差，因而能加快食品水分的蒸发，使食品的表面干燥。

总之，环境的相对湿度越低，空气的饱和湿度差越大，食品水分蒸发将越强烈。

（2）食品中水蒸气的凝结　空气中的水蒸气在食品表面凝结成液体水的现象称为水蒸气凝结。

单位体积的空气所能容纳水蒸气的最大数量随着温度的下降而减少，当空气的温度下降一定数值时，就有可能使原来饱和的或不饱和的空气变为过饱和的状态，致使空气中的一部分水蒸气有可能在其物体上凝结成液态水。空气中的水蒸气与食品表面、食品包装容器表面等接触时，如果其表面的温度低于水蒸气饱和时的温度，则水蒸气也有可能在表面上凝结成液态水。在一般情况下，若食品为亲水性物质，则水蒸气凝聚后铺展开来并与之融合，如糕点、糖果等就容易被凝结水润湿，并可将其吸附；若食品为憎水性的物质，则水蒸气凝聚后收缩为小水珠，如蛋的表面和水果表面的蜡质层均为憎水性的物质，水蒸气在其上面凝结时不能扩展而收缩为小水珠。

可以说水不仅是食品中最丰富的组分，而且是决定食品品质的关键成分之一。水是食品腐败变质的主要影响因素，它决定了许多化学反应的速度，它在冻结时产生的一些副反应中起着作用，它以复杂的方式与非水组分相结合，这种结合一旦被某些方法，例如干燥或冷冻所破坏，就再也不能完全恢复原状。因此水的性质及作用极其复杂，对水的研究还需进一步深入。

思考题

1. 水在食品中起什么作用？
2. 食品中水与离子和离子基团的相互作用怎样？
3. 食品中水与中性基团的相互作用怎样？
4. 食品中水与非极性物质的相互作用怎样？
5. 食品中的水有几种存在状态？
6. 水对食品品质产生哪些影响？
7. 食品中水含量为什么要用水分活度（A_w）来表示？
8. 如何用水分活度（A_w）值来说明食品稳定性？
9. 如何降低食品中水分活度以提高食品稳定性？

10. 冻藏是如何影响食品稳定性的？
11. 食品中水分的转移形式有哪些类型？

参考文献

[1] 王璋，许时婴，汤坚. 食品化学. 北京：中国轻工业出版社，2016.
[2] 阚建全. 食品化学. 3版. 北京：中国农业大学出版社，2016.
[3] 谢笔钧. 食品化学. 北京：科学出版社，2010.
[4] 杜克生. 食品生物化学. 北京：化学工业出版社，2012.
[5] 宁正祥，赵谋明. 食品生物化学. 广州：华南理工大学出版社，2005.
[6] 夏延斌. 食品化学. 北京：中国轻工业出版社，2001.
[7] 汪凤东，徐莹. 食品化学. 3版. 北京：化学工业出版社，2019.
[8] 江波，杨瑞金. 食品化学. 2版. 北京：中国轻工业出版社，2018.
[9] Damodaran S, Parkin K L, Fennema O R. Fennema's Food Chemistry. Fourth Edition. New York: CRC Press, Taylor & Francis Group, 2007.

第三章

食品中的糖类

第一节　引　言

一、食品中糖类的定义

早期认为，糖类化合物是由碳和水组成的，可用通式 $C_n(H_2O)_m$ 来表示，统称为碳水化合物。但后来发现有些碳水化合物，如鼠李糖（$C_6H_{12}O_5$）和脱氧核糖（$C_5H_{10}O_4$）并不符合上述通式，并且有些碳水化合物还含有氮、硫、磷等成分。显然用碳水化合物的名称已经不恰当，但由于沿用已久，至今还在使用这个名词。根据化学结构特征，糖类的定义应是多羟基醛或酮及其衍生物和缩合物。

糖类存在于所有的谷物、蔬菜、水果以及其他人类能食用的植物中，占所有陆地植物和海藻干重的3/4。它为人类提供了主要的膳食热量，还提供了好的口感和大家喜爱的甜味。它包括单糖、低聚糖以及多糖。自然界中最丰富的多糖是纤维素，但食品中的主要糖类是淀粉和D-葡萄糖、D-果糖、乳糖以及蔗糖等。大多数天然的糖类是以单糖的低聚物（低聚糖）或高聚物（多糖）形式存在。

二、食品中糖类的种类

食品中糖类化合物按其组成分为单糖、低聚糖和多糖三类。

1. 食品中的单糖

食品中的单糖是一类结构最简单的糖，被认为是最小的糖单元，如果被分解就会失去糖的性质。根据单糖分子中碳的原子数多少分为丙糖、丁糖、戊糖和己糖等，含醛基官能团的糖称为醛糖，含酮基官能团的糖称为酮糖。自然界分布广、意义重要的是五碳糖和六碳糖，如核糖、脱氧核糖属戊糖，葡萄糖、果糖、半乳糖为己糖。

2. 食品中的低聚糖

食品中的低聚糖一般是由2～10个分子单糖缩合而成，水解后产生单糖。分子之间是通过糖苷键连接而成的。根据水解后生成的单糖分子数目不同，可将它分为二糖、三糖、四糖、五糖等。食品中的低聚糖主要是以二糖的形式存在，如蔗糖、麦芽糖、乳糖等。根据低聚糖的还原性质不同，还可将它分为有还原性和无还原性的低聚糖。

3. 食品中的多糖

食品中的多糖又称为多聚糖，它是由10个以上单糖分子缩合而成的糖类。由相同的单糖通过相同或不同的糖苷键连接而成的多糖称同聚多糖（也称均多糖、同型多糖），如纤维素、淀粉等，它们均由D-吡喃葡萄糖组成。由不相同的单糖组成的多糖称杂聚多糖，如木聚糖、果胶、黄原胶等。

按多糖分子中有无支链进行分类，可分为直链多糖和支链多糖；按其功能性不同进行分类，可分为结构多糖、贮存多糖和抗原多糖；按它的来源不同进行分类，可分为植物多糖、动物多糖和微生物多糖等。

糖类还与非糖物质共价结合组成复合糖，例如，糖与脂类结合成糖脂或脂多糖，与蛋白质结合成糖蛋白或蛋白聚糖。

三、食品中糖的来源

糖是生物界中分布较广、含量较高的一类有机物质。几乎所有的动物、植物和微生物体内都含有糖，某些植物中糖类的含量很高，约占其干重的80%，人类摄取食物的总能量中，大约70%～80%由糖类供给，因此糖是生物体维持生命活动所需能量的主要来源，也是合成其他化合物的基本原料。食品中各种游离糖的含量见表3-1和表3-2。

表3-1　水果中的游离糖（以新鲜水果计）　单位：%

水果	D-葡萄糖	D-果糖	蔗糖	水果	D-葡萄糖	D-果糖	蔗糖
苹果	1.17	6.04	3.78	生梨	0.95	6.77	1.61
葡萄	6.86	7.84	2.26	樱桃	6.49	7.38	0.22
桃子	0.91	1.18	6.92	草莓	2.09	2.40	1.03

表3-2　蔬菜中的游离糖（以新鲜蔬菜计）　单位：%

蔬菜	D-葡萄糖	D-果糖	蔗糖	蔬菜	D-葡萄糖	D-果糖	蔗糖
甜菜	0.18	0.16	6.11	洋葱	2.07	1.09	0.89
花椰菜	0.73	0.67	0.42	菠菜	0.09	0.04	0.06
胡萝卜	0.85	0.85	4.24	甜玉米	0.34	0.31	3.03
黄瓜	0.87	0.86	0.06	甘薯	0.33	0.30	3.37
莴苣	0.07	0.16	0.07	番茄	1.12	1.34	0.01

1. 植物来源

在植物中存在大量的不同品种的多糖，人类仅能消化的多糖是淀粉和某些葡聚糖，在食用天然植物时，不可避免地食用一些不可消化的多糖，如纤维素，它们主要存在于植物的细胞壁中，这些多糖对于小肠的健康是有益的。大多数植物只含少量的蔗糖，而大量的膳食蔗糖则来自加工的食品。蔗糖是从甜菜或甘蔗中分离得到的，但果实和蔬菜中也含有少量的蔗糖、D-葡萄糖和D-果糖。

谷类中的糖类主要是淀粉和纤维素，例如，一般玉米粒含有0.2%～0.5%的D-葡萄糖、0.1%～0.4%的D-果糖和1%～2%的蔗糖。但是甜玉米有甜味，是因为采摘时蔗糖尚未全部转变为淀粉，采摘后立即煮沸或冷冻，钝化转化蔗糖的酶，这样可保留大量的蔗糖成分。

水果一般是在完全成熟前采收的，有利于运输和贮藏，在贮藏和销售过程中，淀粉在酶的作用下，生成蔗糖或其他甜味糖，具有甜味。

2. 动物来源

动物产品中含有的糖类化合物比较少，肌肉和肝脏中的糖原是一种葡聚糖，结构与直链淀粉相似，与淀粉的代谢方式相同。

3. 微生物来源

微生物中糖类来源广泛，主要来自细菌和真菌。例如果聚糖可通过乳杆菌属（*Lactobacillus*）、明串珠菌菌（*Leuconostoc*）、链球菌属（*Streptococcus*）等一些被公认可安全食用的益生菌生产。到目前为止，产果聚糖菌株的覆盖面已达到了近 30 个属、40 余种。

第二节 食品中的单糖

单糖是最简单的碳水化合物。单糖根据碳原子数分为丙糖至庚糖，根据结构分为醛糖和酮糖。醛糖和酮糖还可分为 D-型和 L-型两类。单糖均无色，多呈结晶状，易溶于水，有不同程度的甜味。自然界存在的单糖及其衍生物有数百种之多，多数是作为聚糖的单糖单位存在，在食品及医药工业中常用作甜味剂、微生物的培养基料等。

一、单糖的结构

单糖按分子中所含官能团的不同，可分为醛糖和酮糖，官能团含醛基称醛糖，官能团含酮基称酮糖。按分子中碳原子的数目，单糖可分为丙糖、丁糖、戊糖及己糖等。单糖的这两种分类方法常结合使用，按所含碳原子的数目及羰基结构叫做某醛糖或某酮糖。例如，含五个碳原子的醛糖称戊醛糖，含六个碳原子的酮糖称己酮糖。

碳水化合物含有手性碳原子，即不对称碳原子，它连接 4 个不同的原子或功能基团。在空间上存在两种不同构型，即 D-型及 L-型两种构型。单糖分子中离羰基碳最远的手性碳原子上的羟基的取向与 D-甘油醛相同者，称为 D-型糖，反之称为 L-型糖。天然存在的单糖大多为 D-型。食物中只有两种天然存在的 L-糖，即 L-阿拉伯糖和 L-半乳糖。

1. 链状结构

单糖分子一般都是直链结构，无分支。单糖的直链状构型的写法，以费歇尔式（E. Fischer）最具代表性。常见的单糖可以看成是 D-甘油醛的衍生物，从 C_3～C_6 衍生出来的 D-醛糖的构型用费歇尔式表示，如图 3-1。

2. 环状结构

戊糖以上的单糖除了直链式外，还存在着环状结构，尤其在水溶液中多以环状结构——分子内半缩醛式或半缩酮式的构型存在，即单糖分子中的羰基与其本身的一个醇基反应，形成五元呋喃糖环（furanoses）和更为稳定的六元吡喃糖环（pyranoses）。由于环状结构中增加了一个手性碳原子，因此又多了两种构型，即 α-型和 β-型，见图 3-2。半缩醛羟基在右边的可在单糖名称前加“α-”，如 α-葡萄糖，表示葡萄糖分子中的半缩醛羟基在右边。半缩醛羟基在左边的可在单糖名称前加“β-”，如 β-葡萄糖，则表示半缩醛羟基在左边。

在室温下，从水溶液结晶析出的葡萄糖，是含有一分子结晶水的单斜晶系晶体，构型为 α-D-葡萄糖，在 50℃以上则变为无水葡萄糖。在 98℃以上的热水溶液或酒精溶液中析出的葡萄糖，是无水的斜方晶体，构型为 β-D-葡萄糖。

单糖环状结构的书写以哈武斯式（W. N. Haworth）最为常见，天然存在的糖环实际上并非平面结构，吡喃葡萄糖有两种不同的构象——椅式或船式，但大多数己糖是以椅式存在的，见图 3-3。

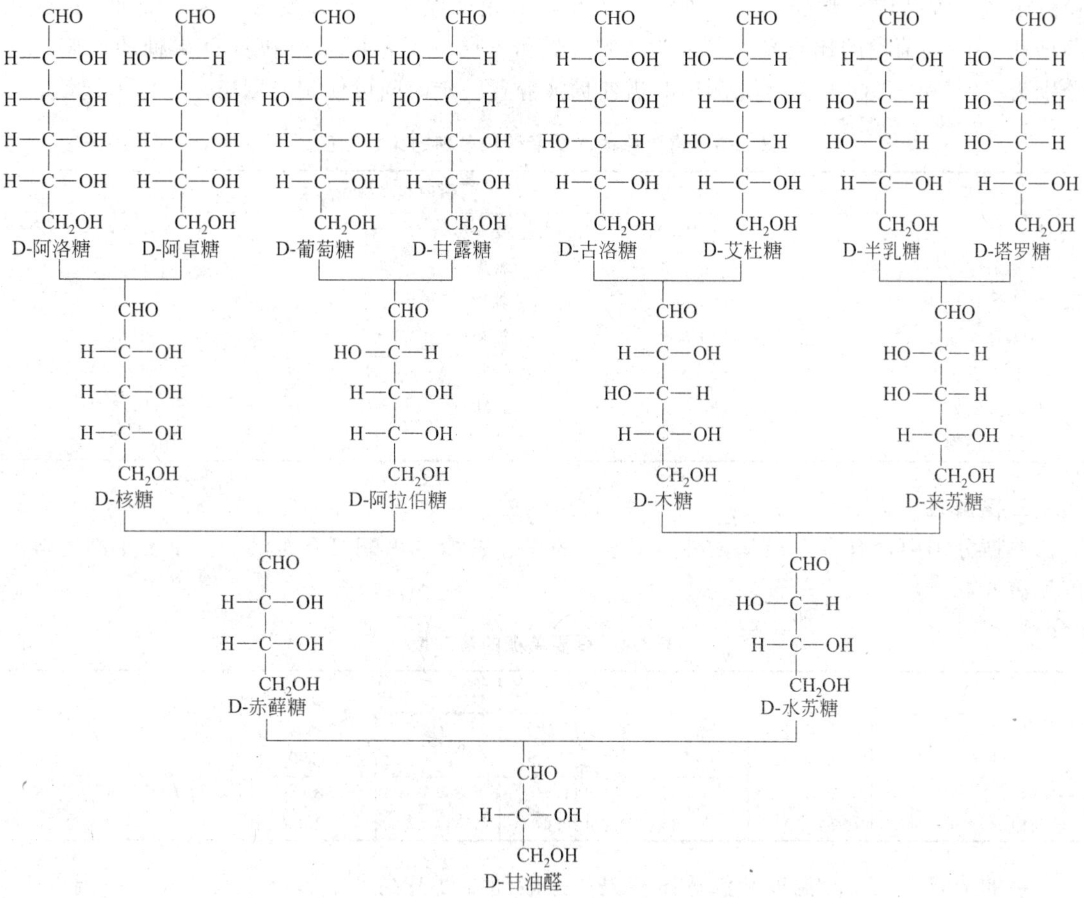

D-阿洛糖 D-阿卓糖 D-葡萄糖 D-甘露糖 D-古洛糖 D-艾杜糖 D-半乳糖 D-塔罗糖

D-核糖 D-阿拉伯糖 D-木糖 D-来苏糖

D-赤藓糖 D-水苏糖

D-甘油醛

图 3-1 D-醛糖的立体异构体

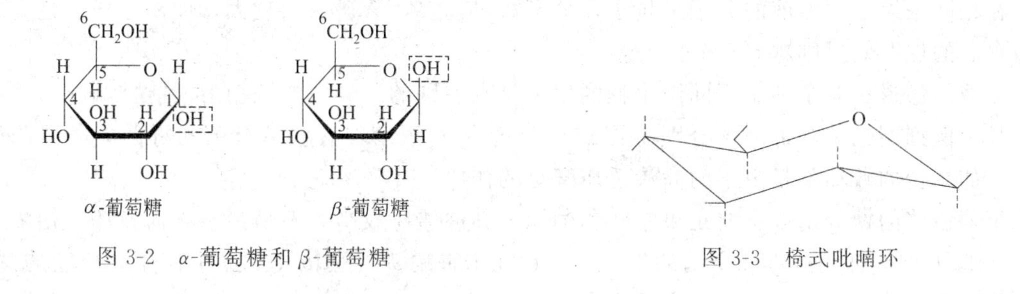

图 3-2 α-葡萄糖和 β-葡萄糖

图 3-3 椅式吡喃环

二、单糖的物理性质

1. 旋光性

旋光性是一种物质使直线偏振光的振动平面向左或向右发生旋转的特性。使偏振光平面向右旋转的称右旋糖，表示符号为D-或（+）；使偏振光平面向左旋转的称左旋糖，表示符号为L-或（-）。除丙酮糖外，单糖分子中都含有不对称碳原子，因此其溶液都具有旋光性。测定一定条件下一定浓度糖液的旋光度，可以用比旋光度表示。比旋光度是指1mL含有1g糖的溶液在其透光层为0.1m时使偏振光旋转的角度。

不同种糖的比旋光度不同，据此可鉴定糖的种类。各种糖的比旋光度，见表3-3。糖溶液具有变旋现象，即糖溶液放置一定时间后，其比旋光度发生改变。这是因为刚溶解于水的

糖分子从一种结构 α-型变成另一种结构 β-型，或相反地从 β-型转变为 α-型。例如，α-D-葡萄糖和 β-D-葡萄糖的比旋光度分别为＋112.2°和＋18.7°，α-D-果糖和 β-D-果糖的比旋光度分别为－21°和－133.5°，因此测定时需使糖液静置一定时间以使旋光度稳定在一恒定值。

表 3-3 重要单糖、低聚糖和多糖的比旋光度

单糖	$[\alpha]_D^{20}/(°)$	低聚糖和多糖	$[\alpha]_D^{20}/(°)$
D-果糖	－92.4	麦芽糖	＋130.4
D-葡萄糖	＋52.2	蔗糖	＋66.5
D-半乳糖	＋80.2	乳糖	＋55.4
D-木糖	＋8.8	糊精	＋195
D-甘露糖	＋14.2	淀粉	＞196
L-阿拉伯糖	＋104.5	转化糖	－19.8
D-阿拉伯糖	－105		

2. 溶解性

单糖分子中含有多个羟基，易溶于水，不溶于乙醚和丙酮等有机溶剂。重要单糖的溶解度见表 3-4。

表 3-4 重要单糖的溶解度

糖类	20℃		30℃		40℃		50℃	
	浓度/%	溶解度/(g/100g)	浓度/%	溶解度/(g/100g)	浓度/%	溶解度/(g/100g)	浓度/%	溶解度/(g/100g)
果糖	78.94	374.78	81.54	441.70	84.34	538.63	86.94	665.58
葡萄糖	46.71	87.67	54.64	120.46	61.89	162.38	70.91	243.76

糖的溶解度大小与温度和渗透压有关。一般随温度升高，溶解度增大。在同一温度下，果糖的溶解度最高，为蔗糖的 1.88～3.1 倍。一定浓度糖溶液的渗透压随着浓度增高而增大，在相同浓度下，溶液的分子量越小，分子数目越多，渗透压力越大，而渗透压力越高的糖对食品的保存效果则越好。

糖液的渗透压对于抑制不同微生物的生长是有差别的。50％的蔗糖溶液能抑制一般酵母的生长，但抑制细菌和霉菌则分别需要 65％和 80％的浓度，有些酵母菌和霉菌能耐高浓度糖液，如蜂蜜的败坏就是由于耐高渗透压酵母的作用。

果葡糖浆的糖分组成主要是果糖和葡萄糖，其渗透压较高，不易因感染而败坏。糖浓度在 70％以上即可抑制酵母和霉菌的生长，因此在水果罐头、蜜饯类产品中使用高浓度的糖，产品具有较好的保存性，可防止食品变劣。

3. 吸湿性与保湿性

吸湿性是指在较高空气湿度的情况下吸收水分的性质。保湿性是指在较低空气湿度下保持水分的性质。糖的这种性质对于保持食品弹柔性和贮存等有着重要的作用。果糖的吸湿性较强，葡萄糖次之，含有果糖和葡萄糖的转化糖浆、果葡糖浆和蜂蜜都具有较高的吸湿性。利用糖的吸湿性和保湿性，可使面包、蛋糕、软糖等食品保持柔软。

4. 结晶性

单糖中葡萄糖易结晶，相对易结晶的蔗糖其晶体较细小。果糖和转化糖则难结晶。淀粉糖浆是葡萄糖、低聚糖和糊精的混合物，不会结晶，并能防止蔗糖结晶。在生产糖果时，通常根据糖结晶性质的差别，来合理选用糖的种类。

5. 黏度

葡萄糖和果糖溶液的黏度低于蔗糖溶液，淀粉糖浆的黏度较高，淀粉糖浆的黏度随转化程度增高而降低。葡萄糖溶液的黏度随着温度升高而增大，而蔗糖溶液的黏度则随着温度升高而减小。

在水果罐头、果汁饮料和食用糖浆中，通常应用淀粉糖浆或果葡糖浆来增加黏稠感，提高食品的稠度和适口性。

6. 冰点降低作用

单糖的水溶液与其他溶液一样，具有冰点降低的特点。糖溶液冰点降低的程度取决于其浓度和分子量，溶液浓度高，分子量小，则冰点降低得多。葡萄糖冰点降低的程度大于蔗糖，淀粉糖浆冰点降低的程度取决于其转化程度，转化程度增高，冰点降低得多。在冰淇淋的生产中，使用冰点降低少的糖类，如低转化糖浆，混合使用淀粉糖浆和蔗糖都能使冰点降低得少，同时使用低转化度的淀粉糖浆还有促进冰晶颗粒细腻、黏稠度提高、甜味温和、可口等效果。

三、单糖的化学性质

单糖的化学性质与其分子结构有关，单糖分子中含有多羟基醛或多羟基酮，因此可发生醛基、酮基、醇基所具有的化学反应。在食品加工中比较重要的反应有以下几种：

1. 碱反应

单糖在碱性溶液中不稳定，随温度升高，易发生异构化和分解反应。影响反应程度的因素是：产物的比例、糖的种类和结构、碱的种类和浓度、作用的温度和时间等。如 D-葡萄糖在稀碱作用下，通过烯醇式中间体的转化得到 D-葡萄糖、D-甘露糖和 D-果糖三种差向异构体的平衡混合物，见图 3-4。果葡糖浆生产中酶解以后即利用此反应来处理葡萄糖溶液，使部分葡萄糖转化为果糖。

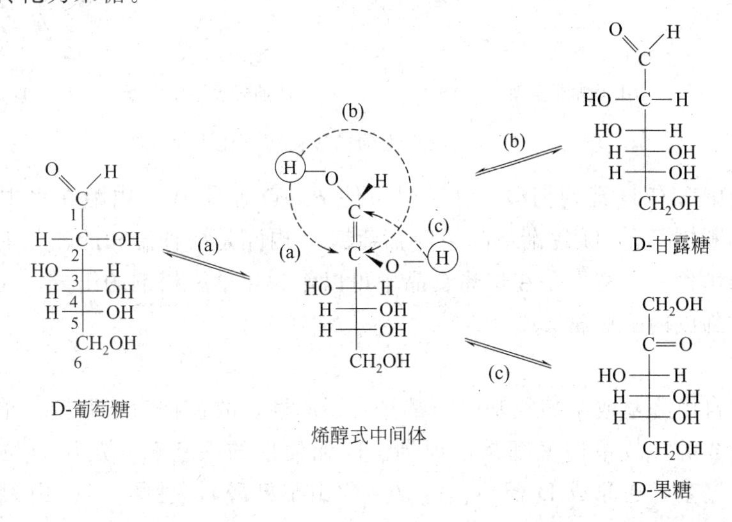

图 3-4 D-葡萄糖的烯醇化和异构化作用

2. 酸反应

在较高温度下，酸与糖发生复合反应生成低聚糖。糖与强酸共热则脱水生成糠醛，如戊糖生成糠醛，己糖生成 5-羟甲基糠醛。己酮糖较己醛糖更易发生此反应。糠醛与 5-羟甲基糠醛能与酚类作用生成有色的化合物，利用这个性质可以鉴定糖类。如间苯二酚加盐酸遇酮糖呈红色，遇醛糖则呈较浅的颜色，这种反应称为西利万诺夫试验，可用于鉴别食品中的酮糖和醛糖。

不同的酸种类、浓度和温度对糖的作用不同。弱酸能促进 α 和 β 异构体的转化。室温时，稀酸不影响糖的稳定性。

3. 氧化反应

单糖含有游离的羰基，具有醛的通性，既可被氧化成酸，又可被还原成醇。单糖在弱氧化剂，如在多伦试剂或费林试剂中，可被氧化成糖酸，反应见图 3-5。

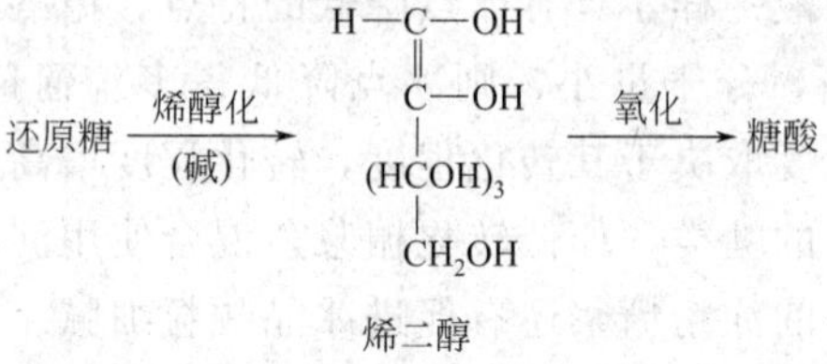

还原糖 —烯醇化（碱）→ 烯二醇 —氧化→ 糖酸

图 3-5 还原糖氧化为糖酸

在溴水中醛糖的醛基被氧化成糖酸，糖酸加热失去水而得到 γ-和 δ-内酯。酮糖与溴水不起作用，可利用该反应区别食品中酮糖和醛糖。

D-葡萄糖在葡萄糖氧化酶的作用下，氧化成 D-葡萄糖酸，氧化过程见图 3-6。利用此反应可以测定食品中的 D-葡萄糖含量，也可以测定血液中葡萄糖的含量。

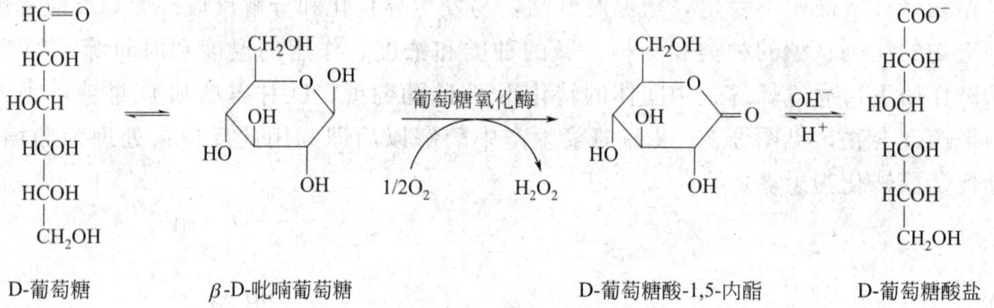

D-葡萄糖 ⇌ β-D-吡喃葡萄糖 —葡萄糖氧化酶（$1/2O_2$ → H_2O_2）→ D-葡萄糖酸-1,5-内酯 ⇌（OH^- / H^+）D-葡萄糖酸盐

图 3-6 D-葡萄糖在葡萄糖氧化酶催化下氧化

果汁和蜂蜜中含有 D-葡萄糖酸。在室温条件下，D-葡萄糖-γ-内酯在水中完全水解需要 3h，随着水解不断进行，pH 逐渐下降。D-葡萄糖-γ-内酯是一种温和的酸化剂，适用于肉制品、乳制品和焙烤食品，特别是在焙烤食品中可以作为化学膨松剂的组分，在豆腐的生产中可作为凝固剂，制成内酯豆腐。

4. 还原反应

分子中含有自由醛基或半缩醛基的糖都具有还原性，故被称为还原糖。单糖分子中的游离羰基易被还原成醇，故单糖又都是还原糖。D-葡萄糖的羰基在一定压力与催化剂镍作用下，加氢还原成羟基，还原成 D-葡萄糖醇（又称山梨糖醇），见图 3-7。山梨糖醇是生产抗坏血酸的原料，具有保湿性，同时又是一种功能性甜味剂，甜度仅是蔗糖的一半。果糖还原后可得到山梨糖醇与甘露糖醇的混合物，见图 3-8，因为果糖还原时，其第 2 碳原子上的—H和—OH 有两种可能的排列方式。其中，甘露糖醇的甜度是蔗糖的 65%，被广泛应用于糖果中。木糖经氢化后得到木糖醇，见图 3-9。木糖醇的甜度是蔗糖的 70%，在糖果中可替代蔗糖使用，以防止龋齿的发生。

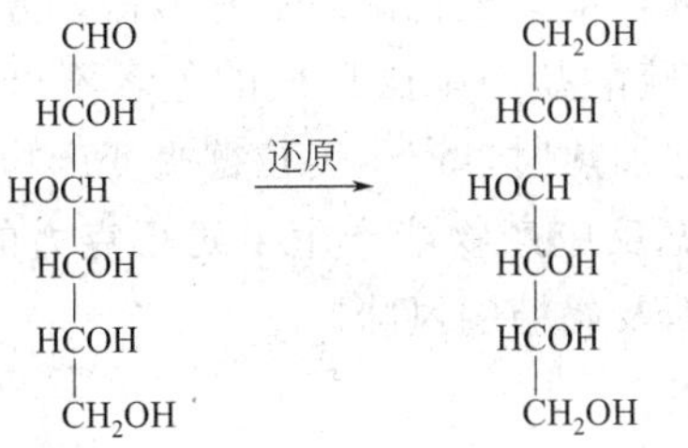

CHO—HCOH—HOCH—HCOH—HCOH—CH_2OH $\xrightarrow{还原}$ CH_2OH—HCOH—HOCH—HCOH—HCOH—CH_2OH

D-葡萄糖　　D-山梨糖醇

图 3-7　D-葡萄糖还原

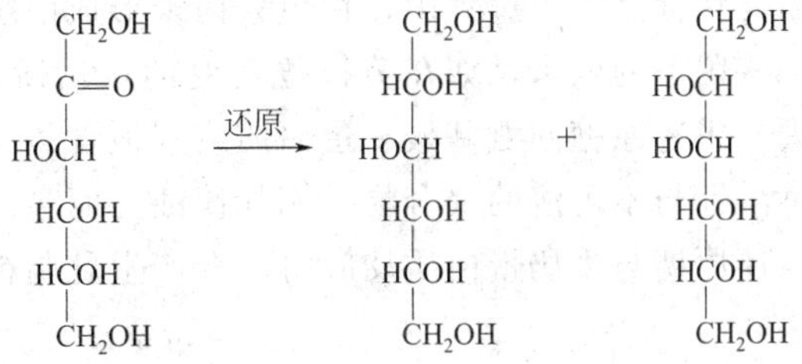

CH_2OH—C=O—HOCH—HCOH—HCOH—CH_2OH $\xrightarrow{还原}$ CH_2OH—HCOH—HOCH—HCOH—HCOH—CH_2OH + CH_2OH—HOCH—HOCH—HCOH—HCOH—CH_2OH

D-果糖　　D-山梨糖醇　　D-甘露糖醇

图 3-8　果糖还原

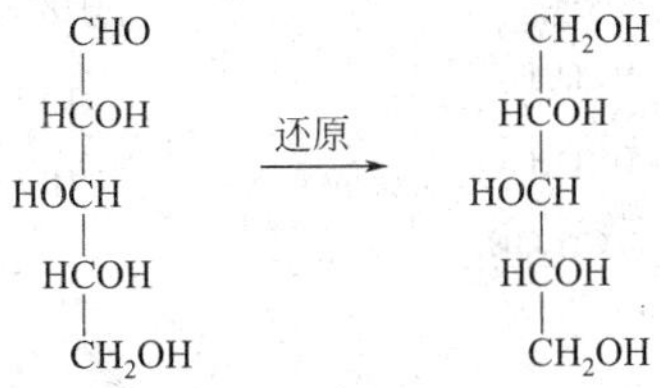

CHO—HCOH—HOCH—HCOH—CH_2OH $\xrightarrow{还原}$ CH_2OH—HCOH—HOCH—HCOH—CH_2OH

木糖　　木糖醇

图 3-9　木糖还原

5. 酯化与醚化

糖中羟基与醇的羟基相同，它与有机酸或无机酸相互作用生成酯。天然多糖中存在乙酸酯和其他羧酸酯，例如马铃薯淀粉中含有少量的磷酸酯基，卡拉胶中含有硫酸酯基。蔗糖脂肪酸酯是一种很好的乳化剂。

糖中羟基除了形成酯外，还能形成醚，但不如天然存在的酯类多。多糖醚化后，可以进一步改良其功能。例如，纤维素羟丙基醚和淀粉羟丙基醚，都已获得批准可以在食品中使用。

还有一种特殊类型的醚是内醚，如琼脂胶、κ-卡拉胶及 ι-卡拉胶中的 D-半乳糖基 C3 与 C6 间形成内醚，见图 3-10。这种内醚被称为 3,6-脱水环，它是经脱去水分子而形成的。

6. 非酶褐变

食品的褐变是由氧化和非氧化反应引起的。氧化或酶促褐变是氧与酚类物质在多酚氧化酶催化作用下发生的一种反应。例如，当苹果、梨、马铃薯或甜薯切片时，可见到褐变现象。另一类非氧化或非酶促褐变在食品中极具重要性，它包括焦糖化和美拉德反应。

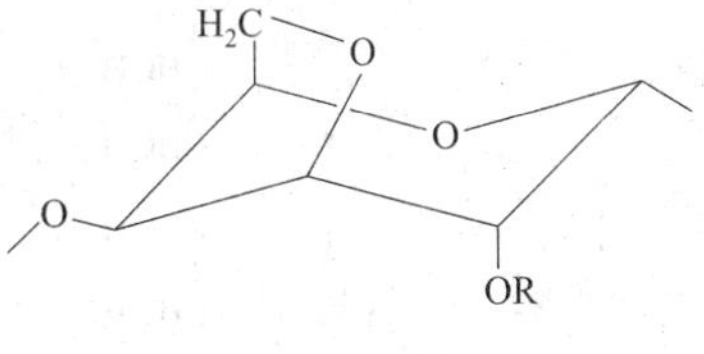

H_2C　O　O　OR

图 3-10　3,6-脱水-α-D-半乳糖吡喃基

食品在油炸、焙烤、烘焙等加工或贮藏过程中，还原糖（主要是葡萄糖）同游离氨基酸或蛋白质分子中氨基酸残基的游离氨基发生羰氨反应，这种反应被称为美拉德反应。美拉德反应可以产生许多风味与颜色，其中有些是期望的，有些是不希望的。通过美拉德反应有可能使营养损失，甚至产生有毒的或致突变的化合物。

美拉德反应包括许多反应，至今仍未得到非常透彻的了解。当还原糖（主要是葡萄糖）同氨基酸、蛋白质或其他含氮化合物一起加热时，还原糖与胺反应产生葡基胺，溶液呈无色，葡基胺经 Amadori 重排，得到 1-氨基-1-脱氧-D-果糖衍生物，见图 3-11。在 pH≤5 条件下继续反应，最终可以得到 5-羟甲基-2-呋喃甲醛（HMF），见图 3-12。在 pH>5 的条件下，此活性环状化合物（HMF 和氨基化合物）快速聚合，生成含氮的不溶性深暗色物质。

因此在食品加工过程中，在色素尚未形成前加入还原剂，如二氧化硫或亚硫酸盐，方能产生一些脱色的效果，如在美拉德褐变的最后阶段加入亚硫酸盐，则已形成的色素不可能被除去。当还原糖同氨基酸、蛋白质或其他含氮化合物一起加热时，产生美拉德褐变产物，包括可溶性与不可溶的聚合物，例如酱油与面包皮。美拉德反应产物能产生牛奶巧克力的风味，当还原糖与牛奶蛋白质反应时，会产生乳脂糖、太妃糖及奶糖的风味。

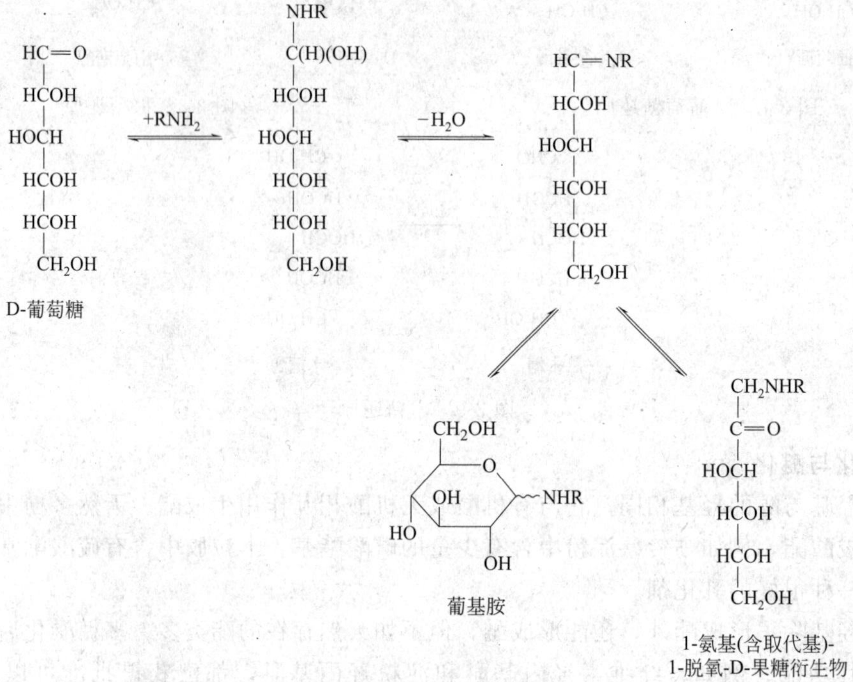

D-葡萄糖 $\xrightleftharpoons{+RNH_2}$ → $\xrightleftharpoons{-H_2O}$ → 葡基胺 / 1-氨基(含取代基)-1-脱氧-D-果糖衍生物

图 3-11 D-葡萄糖与胺（RNH_2）反应形成葡基胺和经 Amadori 重排

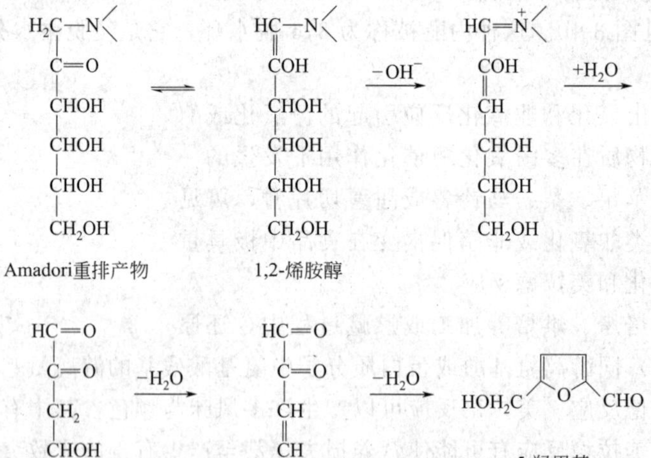

Amadori重排产物 ⇌ 1,2-烯胺醇 $\xrightarrow{-OH^-}$ $\xrightarrow{+H_2O}$ 3-脱氧-己糖醛酮 $\xrightarrow{-H_2O}$ $\xrightarrow{-H_2O}$ 5-羟甲基-2-呋喃甲醛

图 3-12 美拉德反应产物 5-羟甲基-2-呋喃甲醛（HMF）的形成过程

7. 焦糖化反应

糖和糖浆直接加热，在温度超过100℃时，随着糖的分解形成褐色，即发生焦糖化反应。在少量的酸、碱和某些盐催化下，这种反应会加速进行。大多数热解引起脱水，脱水后产生脱水糖，如葡萄糖加热产生葡聚糖（1,2-脱水-α-D-葡萄糖）和左旋葡聚糖（1,6-脱水-β-D-葡萄糖）。在反应过程中引起糖分子的烯醇化、脱水、断裂等一系列反应，产生不饱和环的中间产物，共轭双键吸收光，产生颜色。在不饱和环体系中发生缩合，使环体系聚合化，产生良好的颜色和风味。催化剂加速反应，使反应产物具有特定类型的焦糖色、溶解性和酸性。

蔗糖通常用来制造焦糖色素和风味物质，它可用于食品、糖果和饮料。蔗糖的焦糖化温度约在200℃，在160℃时产生葡萄糖和果聚糖。200℃时，随着时间变化会产生不同的产物，开始35min，每分子蔗糖失去一分子水，质量减少4.5%，此时产物是异多聚蔗糖，1,3′,2,2′-2-脱水-α-D-吡喃糖基-β-D-呋喃果糖，见图3-13。加热到55min，2分子蔗糖脱去4分子水，失重9%，生成易溶于水和乙醇的多聚糖，它的分子式为$C_{24}H_{36}O_{18}$，具有苦味，熔点138℃。继续加热55min，3分子蔗糖脱去8分子水，失重14%，生成只溶于水的聚糖烯，也称亚焦糖，分子式$C_{36}H_{50}O_{25}$，熔点154℃。若继续加热和没有缓冲盐存在时，就会产生颜色很深而不溶于水的腐黑质或焦黑素，平均分子式为$C_{125}H_{188}O_{80}$。

糖的热分解产物并不限于吡喃酮与呋喃，还包括呋喃酮、内酯、羰基、酸与酯。这些化合物的风味与气味的加和，使一些食品具有特殊的香味。蔗糖加热产生香气为环戊烯类，如1-甲基-2-羟基-3-酮基-环戊烯。

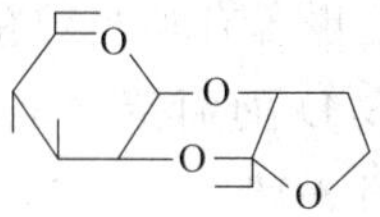

图3-13　异多聚蔗糖的结构

四、单糖衍生物

1. 氨基糖

单糖中一个或多个羟基被氨基取代而生成的化合物称为氨基糖。分子中氨基的位置由名称前面的数字来表示。重要的氨基糖有D-葡萄糖胺（2-氨基-2-脱氧-D-葡萄糖）和D-半乳糖胺（2-氨基-2-脱氧-D-半乳糖）。这两种氨基糖都存在于黏多糖、血型物质、软骨和糖蛋白中。天然物中氨基糖以*N*-乙酰基存在，而很少以*N*-磺酰基的衍生物存在，见图3-14。

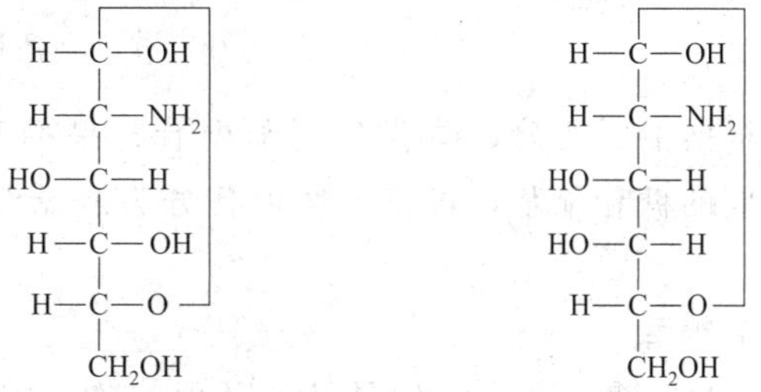

α-D-葡萄糖胺(壳糖胺)　　α-D-半乳糖胺(软骨糖胺)

图3-14　二种氨基糖的结构

2. 糖苷

单糖的羰基与同一糖分子上的醇基形成半缩醛或半缩酮，由于醛基和酮基的内酯化，生成一个新的羟基，这个羟基特别活泼，称为半缩醛羟基。它可以在酸性条件下与其他分子醇的羟基或酚羟基结合，脱去一分子水生成苷（类似醚）的化合物。糖苷一般以呋喃糖苷或吡喃糖苷的形式存在，见图

3-15。结合到糖分子上的物质称为糖苷配基。如果这个结合的物质本身也是糖，生成物不再为糖苷，而称为二糖。这种糖分子结合的扩展，就可以得到低聚糖和多聚糖。

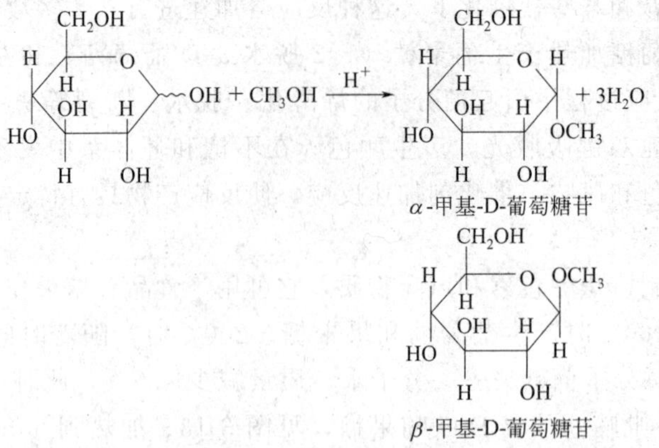

α-甲基-D-葡萄糖苷

β-甲基-D-葡萄糖苷

图 3-15 α-甲基-D-葡萄糖苷和 β-甲基-D-葡萄糖苷

糖苷是稳定的化合物，没有还原性，通常易溶于水，能被无机酸和糖苷酶水解，但在碱性中较为稳定。一般糖苷水解产物是糖和糖苷配基，但苦杏仁糖苷完全水解会产生氢氰酸、苯甲醛和 D-葡萄糖。除苦杏仁糖苷外，还有蜀黍苷、巢菜苷和野黑樱皮苷等，水解后也能产生氢氰酸，在自然界中这些糖苷存在于杏仁、木薯、高粱、竹和菜豆中。为防止氰化物中毒，最好不食用或少食用这类含氰化物含量高的食品，也可将这些食品在收获后短时期贮存，并经过蒸煮后充分洗涤除去氰化物，然后才可食用。

许多作为香料和兴奋剂的植物中，也含有相当数量的糖苷。在加工过程，它们会分解成特定的需要组分，如绿茶中的香草醛-β-D-葡萄糖苷是一种无臭的糖苷，当用 β-葡萄糖苷酶进行水解时，香草醛才游离出来，见图 3-16。

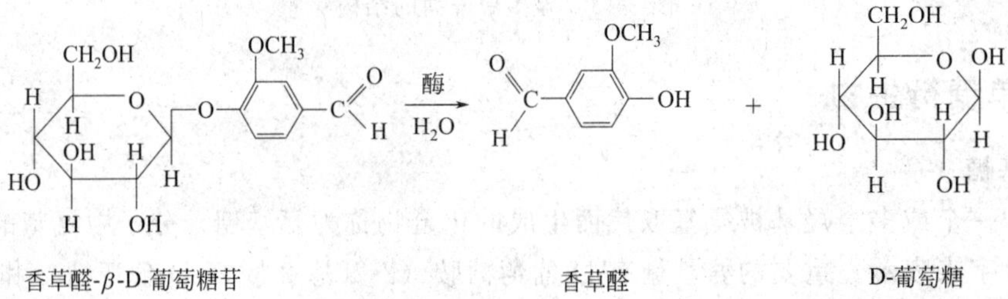

香草醛-β-D-葡萄糖苷　　香草醛　　D-葡萄糖

图 3-16 香草醛-β-D-葡萄糖苷的水解

根据不同的糖，糖苷有葡萄糖苷、果糖苷、阿拉伯糖苷、半乳糖苷、芸香糖苷等。按不同的糖苷配基，可将天然糖苷分为醇糖苷、酚糖苷、*N*-糖苷、芥子油糖苷和氰酸糖苷等。

3. 糖醇

糖醇是多元醇，它们是糖的还原产物。主要有 D-山梨糖醇、D-甘露糖醇、半乳糖醇、阿拉伯糖醇和木糖醇等。它与糖不同的是不含醛基，无还原性，见图 3-17。

山梨糖醇在低温时，对稀酸、稀碱和大气中的氧是稳定的。它不能还原费林试剂，也不被酵母发酵和细菌分解，能长期保存。但在酸催化剂存在下加热，会生成内醚同时脱去水分子，见图 3-18。它易溶于水，微溶于甲醇、乙醇和乙酸，其水溶液可以与甲醇、乙醇和甘油任意混溶。由于不易挥发，用它制成的糖果在受热或冷却时不会损耗。除了在糖果业中用于保鲜和保软外，还用于糖尿病患者。山梨糖醇在人体代谢中，首先被酶氧化转化为果糖，果糖对糖尿病患者的影响比葡萄糖和蔗糖要好得多，但不能无限制给患者食用，否则会影响胰岛素的平衡。

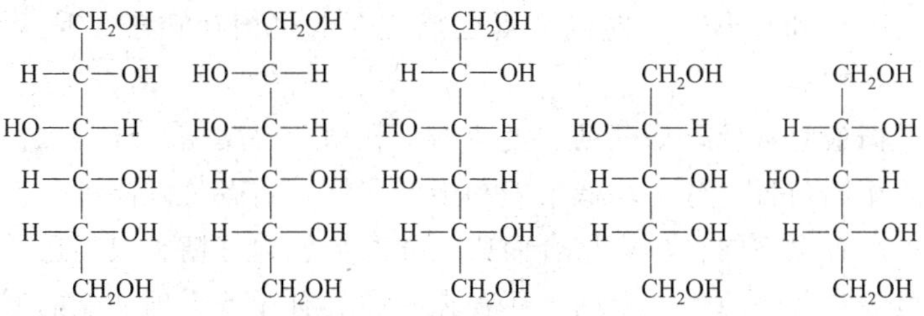

D-山梨糖醇　D-甘露糖醇　半乳糖醇　阿拉伯糖醇　木糖醇

图 3-17　糖醇结构

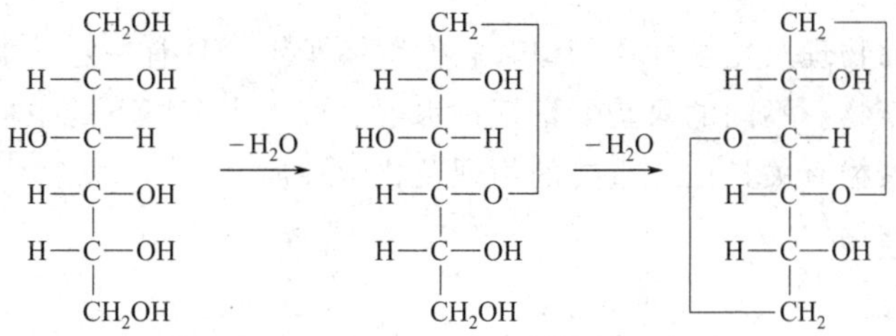

图 3-18　山梨糖醇的分子内脱水

由木糖还原而成的木糖醇，与蔗糖具有相同的甜度，是一种非旋光性的戊糖醇。用作糖尿病患者的食糖代用品，进入人体代谢循环时，类似山梨糖醇，能为人体充分利用而没有生理危害。

山梨糖醇与木糖醇都不参与美拉德反应，这对制备糖尿病患者的食物是重要的，不会产生营养的损失。

4. 脱氧糖

单糖分子中的一个或多个羟基被氢原子取代生成的化合物称为脱氧糖。自然界中存在最多的是 α-脱氧-D-核糖（脱氧核糖），它是脱氧核糖核酸的糖组分，还有 6-脱氧-L-甘露糖（L-鼠李糖）和 6-脱氧-L-半乳糖（L-岩藻糖），见图 3-19。L-鼠李糖存在于许多植物和绿藻的糖苷及多糖中。L-岩藻糖是人乳中低聚糖的组分，也是血型物质和许多糖蛋白的组分。

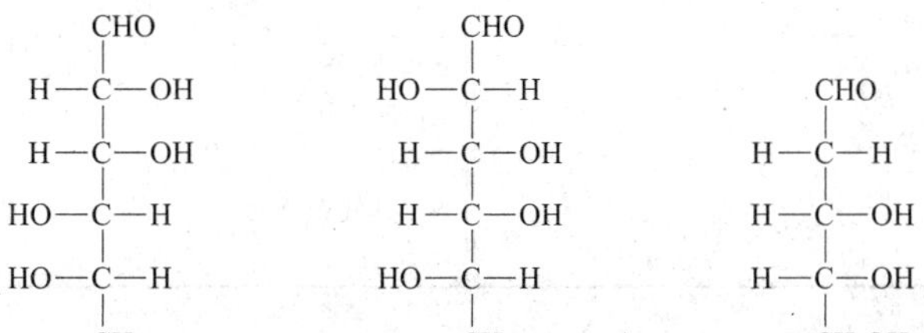

6-脱氧-L-甘露糖　6-脱氧-L-半乳糖　α-脱氧-D-核糖

图 3-19　脱氧糖结构

第三节 食品中的低聚糖

低聚糖是由2～10个单糖由糖苷键结合而成的化合物，又名寡糖。性质与单糖相似，可溶解于水，具有结晶性和吸湿性，能发生褐变反应。低聚糖存在于多种天然食物中，如牛奶、果蔬、豆类、谷物等。

低聚糖中以二糖最为常见，如蔗糖、麦芽糖、乳糖、海藻糖、纤维二糖等。根据组成低聚糖的单糖分子的相同与否，分为均低聚糖和杂低聚糖，前者是以同种单糖聚合而成，如麦芽糖、环糊精等；后者由不同种单糖聚合而成，如蔗糖、棉籽糖。根据还原性质，低聚糖又可分为还原性低聚糖与非还原性低聚糖。还存在一类具有显著生理功能的低聚糖，如低聚异麦芽糖、低聚果糖、低聚木糖、低聚半乳糖、大豆低聚糖、甲壳低聚糖等。

一、食品中低聚糖的性质

低聚糖与单糖的物理及化学性质相似，它们都溶于水，具有一定的黏度和结晶性质，可被氧化生成一定的产物。不同的只是低聚糖在水解后产生十个以下的单糖分子。这里主要介绍几种与食品中低聚糖有关且比较重要的物理及化学性质。

（一）物理性质

1. 黏度

低聚糖的黏度高于单糖，糖浆的黏度特性对糖果加工很重要，一定的黏度可使熬煮的糖膏具有良好的可塑性。

2. 结晶性和吸湿性

蔗糖易结晶，晶体粗大。淀粉糖浆是葡萄糖、低聚糖和糊精的混合物，不能结晶，并可防止蔗糖结晶。在生产硬糖时添加适量的淀粉糖浆，则糖果不易返砂，能增加糖果的黏性、韧性和强度，同时由于淀粉糖浆的吸湿性小，不易出现发黏的现象。大多数低聚糖的吸湿性较小，可作为糖衣材料。

3. 甜度

甜度是一个相对值，通常以蔗糖（非还原糖）作为基准物，一般以10%或15%的蔗糖水溶液在20℃时的甜度为1.0，其他糖的甜度则与之相比较得到。其中果糖甜度最高，蔗糖次之，功能性的低聚糖最低，通常是蔗糖甜度的0.5倍左右。表3-5列出了部分糖的甜度。

表3-5 部分糖的甜度

名称	甜度	名称	甜度
蔗糖	1.00	蔗糖	1.00
乳糖	0.4	乳糖	0.4
麦芽糖	0.5	棉籽糖	0.23
低聚异麦芽糖	0.4～0.5	大豆低聚糖	0.7
低聚果糖	0.6		

（二）化学性质

1. 褐变反应

低聚糖发生褐变的程度相对比单糖小，具有还原性的低聚糖如麦芽糖、异麦芽糖能发生美拉德褐变，其褐变的中间产物具有明显的抗氧化作用。在高温条件下低聚糖也能发生焦糖化反应。

2. 发酵性

在面包发酵、酿酒等食品生产中，酵母菌利用可发酵性糖发酵生成酒精和CO_2。各种糖的发酵速度不同，如在面团发酵中，当葡萄糖、果糖、蔗糖和乳糖共存时，酵母首先利用葡萄糖发酵，其次是利用蔗糖转化后的葡萄糖，其结果是蔗糖比最初存在于面团中的果糖先被发酵，麦芽糖在发酵的后期才能被利用。酵母不能利用乳糖，但乳糖对面包的着色起着良好的作用。乳酸菌除可发酵葡萄糖、果糖、蔗糖、麦芽糖外，还可发酵乳糖产生乳酸，经过乳酸菌的发酵可降低或消除牛乳中的乳糖，乳糖不耐症者可安心食用酸奶。

二、食品中常见的低聚糖

(一) 二糖

二糖是由两个单糖分子通过“糖苷键”连接在一起形成的糖。自然界最普遍的二糖是蔗糖、乳糖和麦芽糖，二糖在人体内必须分解为单糖后才能被吸收利用。自然界中还存在许多其他二糖，例如海藻糖、纤维二糖、龙胆二糖等。

1. 蔗糖

蔗糖是由一分子α-D-吡喃葡萄糖和一分子β-D-呋喃果糖通过α,β-1,2 糖苷键结合而成的，见图 3-20。由于分子中无游离半缩醛羟基，故无还原性。具有右旋光性，水解后生成等分子的 D-葡萄糖和 D-果糖，其比旋光度分别是$+52.2°$和$-92.4°$，最终平衡时，水解液的比旋光度为$-19.9°$，表现为左旋，与原来的蔗糖不同，因此，蔗糖的水解液被称为转化糖。

蔗糖易结晶，易溶于水，溶解度随温度上升而增加，较难溶于乙醇、氯仿、醚等有机溶剂，熔点为 160℃，加热到熔点时形成玻璃样晶体，加热到 200℃以上时，形成棕褐色的焦糖。蔗糖常用作食品甜味剂，工业上常利用甘蔗、甜菜为原料提取，自然界中广泛分布于植物的果实、根、茎、叶、花及种子内。

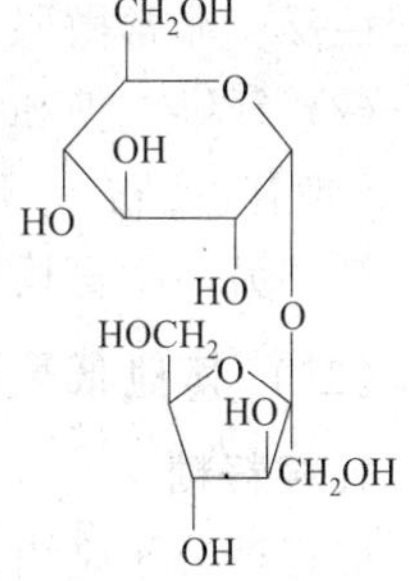

图 3-20 蔗糖的结构

2. 麦芽糖与异麦芽糖

麦芽糖是由两分子的吡喃葡萄糖通过α-1,4 糖苷键结合而成的双糖，见图 3-21。分子中有游离的半缩醛羟基存在，故属于还原性双糖。纯麦芽糖为透明针状晶体，易溶于水，微溶于酒精，不溶于醚。其熔点为 102～103℃，甜度为蔗糖的 1/3，甜味爽口，口感柔和，能被酵母发酵。

麦芽糖存在于麦芽、花粉、花蜜、树蜜及大豆植株的叶柄、茎和根部，是淀粉在β-淀粉酶作用下的最终产物。

异麦芽糖是由两分子的吡喃葡萄糖通过α-1,6 糖苷键结合而成的，不能被酵母发酵。

3. 乳糖

乳糖是由β-吡喃半乳糖和 D-吡喃葡萄糖以β-1,4 糖苷键结合而成的，见图 3-22。其溶解度小，甜度仅为蔗糖的 1/6，具有还原性，含有α和β两种立体异构体，α-乳糖的熔点为 223℃，β-乳糖的熔点为 252℃；其比旋光度为$+55.4°$，常温下为白色固体。

乳糖是哺乳动物乳汁中的主要糖成分。牛乳中含乳糖 4.6%～5.0%，人乳中含有 5%～7%，乳糖有利于肌体内钙的代谢和吸收，但对体内缺乳糖酶的人群，可导致乳糖不耐症。

乳糖在植物界较少见，工业上通常采取从乳清中结晶的方法制备乳糖。

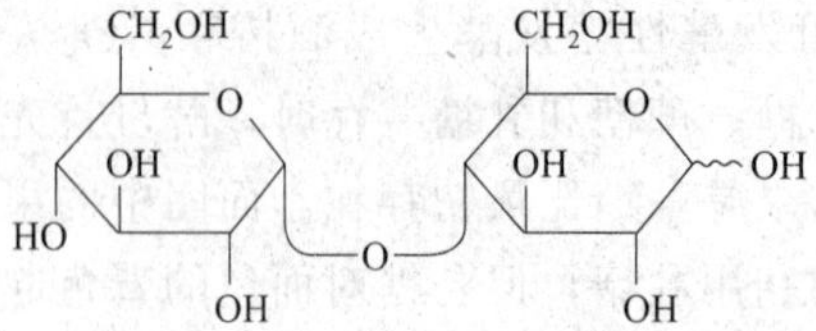

图 3-21　麦芽糖的结构

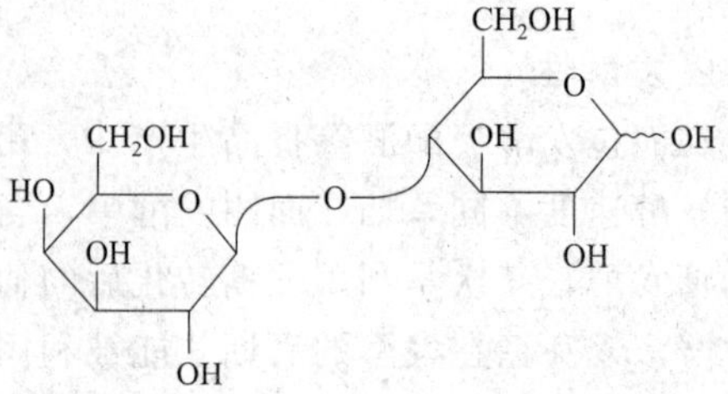

图 3-22　乳糖的结构

4. 其他二糖

(1) 海藻糖　海藻糖属于非还原性双糖，是由两个吡喃葡萄糖分子以 α,α-1,1 键连接而成的双糖。海藻糖作为贮存形式的糖类，广泛存在于海藻、真菌、蕨类、麦角等高等植物及酵母、无脊椎动物及昆虫的血液中。海藻糖有特殊的生物学功能，对生物体组织和生物大分子具有非特异性的保护作用，即可以保护蛋白质、生物膜及敏感细胞的细胞膜避免受干旱、冷冻、渗透压变化等造成的伤害，可用于工业上作不稳定药品、食品和化妆品的保护剂等。其中的机理有两种假设，一种称为“水替代”假说，认为当生物大分子失去维持其结构和功能特性的结构水膜时，海藻糖能在生物分子的失水部位以氢键形式连接，形成一层保护膜，以代替失去的水膜。另一种假说是“玻璃态”假说，这一假说认为通过海藻糖玻璃化转变的趋势，导致无定形连续相的形成，在结构上与玻璃状的冰相似，在这种结构中分子运动和分子变性反应非常微弱。

(2) 纤维二糖和龙胆二糖　纤维二糖是纤维素的基本组成单位，由两分子吡喃葡萄糖以 β-1,4 糖苷键结合，是典型的 β-型葡萄糖苷，有 α 和 β 两种立体异构体，其化学性质类似于麦芽糖。另一个异构体龙胆二糖是两个 D-葡萄糖以 β-1,6 糖苷键结合的。

(二) 其他低聚糖

1. 棉籽糖

棉籽糖分子是由 α-D-吡喃半乳糖、α-D-吡喃葡萄糖、β-D-呋喃果糖组成，见图 3-23。棉籽糖是非还原性糖，也是酵母不可发酵糖，经蔗糖酶或 α-半乳糖苷酶催化水解后，则生成可发酵性糖。棉籽糖是除蔗糖外在植物界广泛分布的另一种低聚糖，在棉籽、桉树干分泌物以及甜菜中含量较多。

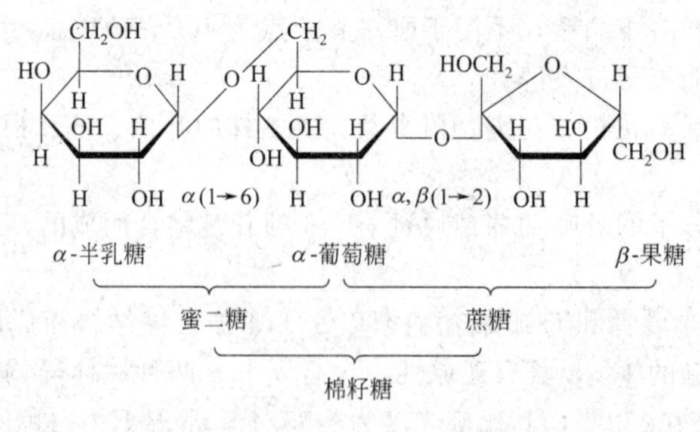

图 3-23　棉籽糖的结构

纯净的棉籽糖为白色或淡黄色结晶体，易溶于水，甜度为蔗糖的 20%～40%，微溶于乙醇，不溶于石油醚，吸湿性在所有低聚糖中是最低的。

2. 低聚果糖

低聚果糖又称寡果糖或蔗果三糖族低聚糖，是蔗糖分子中的D-果糖以β-2,1糖苷键连接1～3个果糖而成的蔗果三糖、蔗果四糖和蔗果五糖及其混合物，属于果糖和葡萄糖构成的直链杂低聚糖，其结构见图3-24。

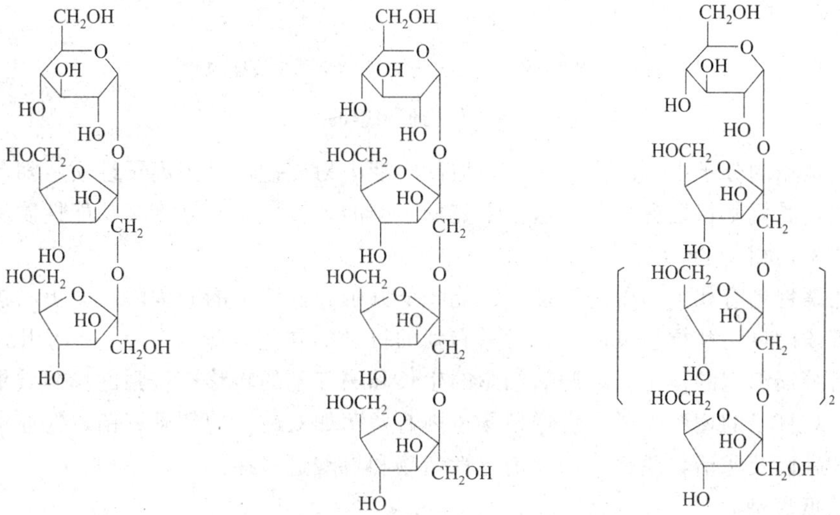

图3-24　低聚果糖的结构

低聚果糖的黏度、保湿性、吸湿性、甜味性及在中性条件下的热稳定性与蔗糖相似，甜度较蔗糖低。低聚果糖不具有还原性，但具有抑制淀粉老化的作用，可应用于淀粉食品、乳制品、乳酸饮料、焙烤食品、膨化食品及冷饮食品等，也可应用于医药和保健品。

低聚果糖具有优越的生理活性：①能被大肠内双歧杆菌选择性地利用，使体内双歧杆菌数量大幅度增加；②很难被人体消化道酶水解，是一种低热量糖；③可认为是一种水溶性食物纤维；④抑制肠内沙门氏菌和腐败菌的生长，促进肠胃功能；⑤防止龋齿。

3. 低聚木糖

低聚木糖分为木糖、木二糖、木三糖及少量木三糖以上的木聚糖，其中木二糖为主要有效成分，木二糖含量越高，则低聚木糖产品质量越高。木二糖是由两个木糖分子以β-1,4糖苷键相连构成的，甜度为蔗糖的40%，结构见图3-25。

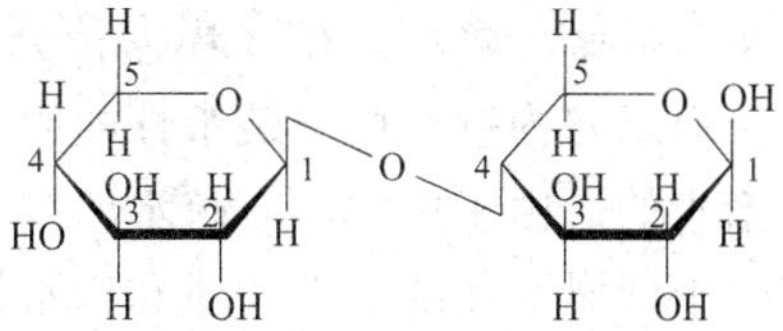

图3-25　木二糖的结构

低聚木糖的贮存稳定性较好，在pH2.5～8.0条件下，37℃存放两个月，几乎没有破坏和损失。

4. 甲壳低聚糖

甲壳低聚糖是一类由N-乙酰-D-氨基葡萄糖或D-氨基葡萄糖通过β-1,4糖苷键连接起来的低聚合度水溶性氨基葡萄糖，结构见图 3-26。

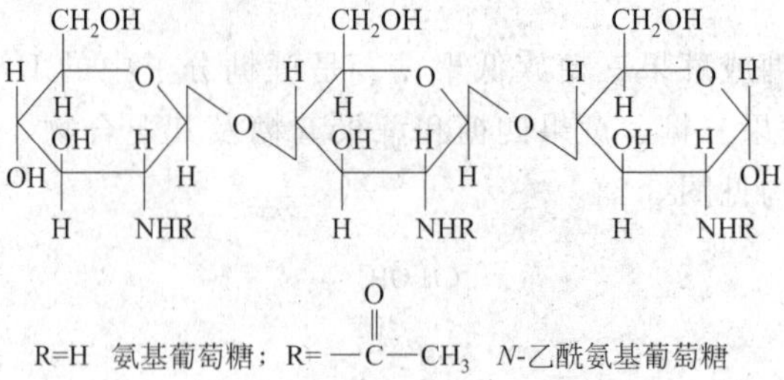

R=H 氨基葡萄糖；R= —C(=O)—CH_3 N-乙酰氨基葡萄糖

图 3-26 甲壳低聚糖的结构

甲壳低聚糖的分子中有游离氨基，在酸性溶液中易成盐，呈阳离子性质。随着游离氨基含量的增加，其氨基特性愈显著，这是甲壳低聚糖的独特性质，而许多功能性质和生物学特性都是与此密切相关的。

甲壳低聚糖具有如下的生理活性：①能降低肝脏和血清中的胆固醇；②提高机体免疫功能，增强机体的抗病和抗感染能力；③具有强的抗肿瘤作用，聚合度 5～7 的甲壳低聚糖具有直接攻击肿瘤细胞的作用，对肿瘤细胞的生长和癌细胞的转移有很强的抑制效果；④甲壳低聚糖是双歧杆菌的增殖因子，可增殖肠道内有益菌如双歧杆菌和乳杆菌；⑤亦可使乳糖分解酶活性升高以及防治胃溃疡，治疗消化性溃疡和胃酸过多症。

5. 环状低聚糖

环状低聚糖是一类比较独特的碳水化合物，它是由 D-吡喃葡萄糖通过 α-1,4 糖苷键连接而成的环糊精，分别是由 6、7、8 个糖单位组成，称为 α-环糊精、β-环糊精、γ-环糊精，其结构见图 3-27。

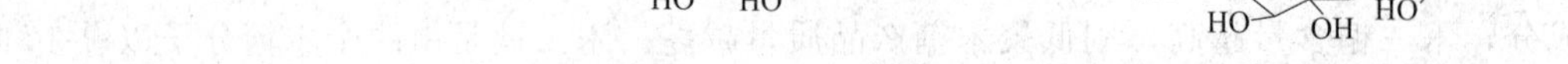

图 3-27 α-环糊精、β-环糊精及 γ-环糊精结构

β-环糊精为白色结晶性粉末，无臭、微甜。在 β-环糊精分子中，7 个葡萄糖基的 C6 上的伯醇羟基都排列在环的外侧，而空穴内壁则由呈疏水性的 C—H 键和环氧组成，使中间的空穴是疏水区域，环的外侧是亲水的。由于中间具有疏水的空穴，因此可以包合各种脂溶性物质，形成各种包合物。当溶液中同时存在疏水性物质和亲水性物质时，疏水物质能被环内侧疏水基吸附，由于环状糊精具有这种特性，对油脂能起乳化作用，对挥发性的芳香物质有防止挥发的作用，对易氧化和易光解物质有保护作用，对食品的色、香、味也具有保护作用，同时还可除去一些食品中的苦味和异味。

三、功能性低聚糖的生理作用

低聚糖中的功能性低聚糖，指的是不被人体消化酶酶解，因而在小肠中不被吸收的低聚糖，亦即不消化性的低聚糖。由于这种很难或不会被人体消化吸收的性质，功能性低聚糖具有许多生理功能。

1. 调节肠道菌群，改善肠道环境

双歧杆菌是人体肠道菌群中唯一一种既不产生内毒素又不产生外毒素、无致病性、具有生理功能的有益微生物，对人体有保健作用。由于在人体的唾液和胃肠道内不存在能够分解低聚糖的酶类物质，因此功能性低聚糖不被人体消化吸收，但进入肠道后优先被双歧杆菌利用，明显促进人体内双歧杆菌的增殖。

功能性低聚糖对肠道菌群的调节功能可以通过直接和间接作用实现。功能性低聚糖可直接与致病菌表面的植物凝集素结合，吸附致病菌。与功能性低聚糖结合后，致病菌失去了识别和结合肠内壁的能力，不能再结合到肠内壁上，也不能利用功能性低聚糖获得养分，最终导致死亡而被排出。功能性低聚糖还可以通过促进双歧杆菌等有益菌的增殖、抑制有害菌的途径，间接实现对肠道菌群的调节。这种调节作用不仅使得肠道菌群得到优化，而且使肠道微环境得到改善，促进肠道内有益微生物菌群的建立。

2. 生成营养物质，促进营养吸收

矿物质也称无机盐，只能通过饮食予以补充，其在人体内含量较少，不足体重的5%，也不能提供能量，但却是构成人体组织和维持正常生理功能必需的七大营养素之一。功能性低聚糖能促进人体对钙、铁等矿物质的吸收，从而提高骨密度，减少骨质疏松的危险，而且能够促进有益菌的增长。在双歧杆菌等有益菌作用下能够产生蛋白质、B族维生素等营养物质，另外，产生的乙酸、乳酸等脂肪酸使肠道pH降低，不仅抑制大肠杆菌、肠炎沙门氏菌的生长，还使一些通过小肠时形成的钙、磷酸盐、镁等构成的复合物发生溶解而容易被吸收。因此，功能性低聚糖还能促进钙、镁、锌、铁等矿物质元素的吸收。

3. 调节血糖、血脂及胆固醇的功效

功能性低聚糖具有不依赖胰岛素的特点，因此高血糖和糖尿病患者可以适量食用。功能性低聚糖通过降低自由基水平及提高抗氧化酶活性来发挥抗氧化作用，能清除脂溶性自由基二苯基苦基，抑制铜催化的低密度脂蛋白过氧化，降低机体自由基水平。

4. 低龋齿性

龋齿是我国儿童常见的一种口腔疾病，其发生与口腔微生物突变链球菌有关。研究发现，异麦芽低聚糖、低聚帕拉金糖等不能被突变链球菌利用，不会形成齿垢的不溶性葡聚糖。当它们与砂糖合用时，能强烈抑制非水溶性葡聚糖的合成和在牙齿上的附着，即不提供口腔微生物沉积、产酸、腐蚀的场所，从而阻止齿垢的形成，可广泛应用于婴幼儿食品。

5. 防止便秘

由于双歧杆菌发酵低聚糖产生大量的短链脂肪酸能刺激肠道蠕动，增加粪便的重量和含水量，从而防止便秘的发生。此外，低聚糖属于水溶性膳食纤维，可促进小肠蠕动，也能预防和减轻便秘。

6. 增强机体免疫能力

功能性低聚糖能顺利通过胃和小肠而不被降解利用，但大肠中的乳酸杆菌、双歧杆菌等有益菌可利用这些低聚糖，使自身得到养分而增殖。益生菌在肠道内大量繁殖可提高机体免疫能力。

第四节　食品中的多糖

多糖是糖单元连接在一起而形成的长链聚合物，超过10个单糖的聚合物称为多糖。在动物体内，葡萄糖的多糖贮存形式是糖原，而大多数植物葡萄糖的多糖贮存形式是淀粉，细菌和酵母葡萄糖的多糖贮存形式是葡聚糖。

多糖具有两种结构：一种是直链多糖，另一种是支链多糖。直链多糖和支链多糖都是由单糖分子通过糖苷键相互结合形成的高分子化合物，一般有1,4糖苷键和1,6糖苷键两种。由相同的糖组成的多糖称为均匀多糖，如纤维素、直链淀粉以及支链淀粉，它们均是由D-吡喃葡萄糖组成。具有两种或多种不同的单糖组成的多糖，称为非均匀多糖，或称为杂多糖。

一、食品中多糖的性质

1. 溶解性和稳定性

多糖具有大量羟基，因而具有较强亲水性，易于水合和溶解。在食品体系中多糖具有控制水分移动的能力，同时水分也是影响多糖的物理与功能性质的重要因素。因此，食品的许多功能性质和质构都跟多糖有关。

多糖是分子量较大的大分子，它不会显著降低水的冰点，是一种冷冻稳定剂，例如淀粉溶液冷冻时，形成两相体系，一相是结晶水（即冰），另一相是由70%淀粉分子与30%非冷冻水组成的玻璃体。非冷冻水是高度浓缩的多糖溶液的组成部分，由于黏度很高，因而水分子的运动受到限制。当大多数多糖处于冷冻浓缩状态时，水分子的运动受到了极大的限制，水分子不能吸附到晶核或晶体长大后的活性位置，因而抑制了冰晶的长大，能有效地保护食品的质构不受破坏，从而提高产品的质量与贮藏稳定性。

2. 凝胶性

具有形成水凝胶的能力是大多数多糖最重要的特性，也是多糖利用的一个最重要的方面。在许多食品产品中，多糖能形成海绵状的三维网状凝胶结构，见图3-28。连续的三维网状凝胶结构是由高聚物分子通过氢键、疏水相互作用、范德华引力、离子桥联、缠结或共价键形成连接区，网孔中充满了液相，液相是由低分子量溶质和部分高聚物组成的水溶液。

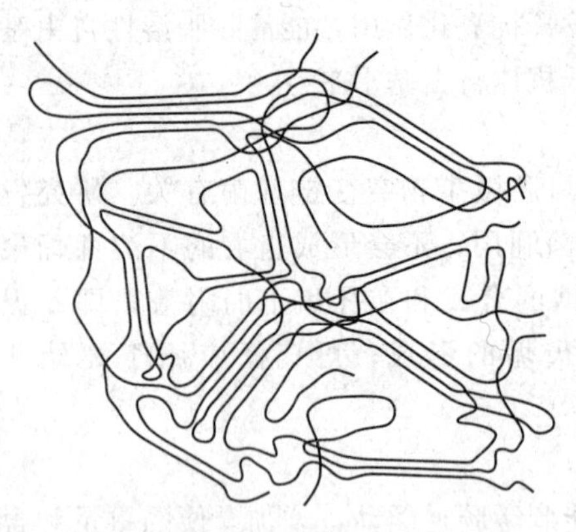

图3-28　典型的三维网状凝胶结构

凝胶的强弱依赖于多糖分子本身特性以及凝胶发生时的外部条件等因素。若分子间相互作用或交联足够强，多糖分子便可形成自支撑弹性类固凝胶；若分子间相互作用弱且短暂，则形成弱凝胶。此外，多糖分子的一些特殊结构特点也非常重要，它们避免了分子过于聚集形成沉淀或结构塌陷，从而不能形成凝胶的结果。例如对果胶来说，半乳糖醛酸主链上鼠李糖残基的插入以及中性糖侧链须状区的存在造成的结构不规整，有利于果胶水凝胶的形成。

不同的胶具有不同的用途，选择标准取决于所期望的黏度、凝胶强度、流变性质、体系的pH、加工温度、与其他配料的相互作用、质构以及价格等。此外，也必须考虑所期望的功能特性。多糖类亲水胶体具有多功能用途，可以作为增稠剂、结晶抑制剂、澄清剂、成膜剂、脂肪代用品、絮凝剂、泡沫稳定剂、缓释剂、悬浮稳定剂、吸水膨胀剂、乳状液稳定剂以及胶囊剂等。

3. 流变性

多糖水凝胶具有黏弹性，黏弹性是指物体对应力的响应兼有弹性固体和黏性流体的双重特性。流动与形变是物理质点之间相对运动的表现和结果，是自然界普遍存在的物质形态。在流变学中，流体的黏弹性一般用储能模量（G'，也称为弹性模量）和损耗模量（G''，也称为黏性模量），以及两者的相对大小（称为损耗角，数值上为 G'' 与 G' 的比值）和对振荡频率的依赖性来表述。简单地说，储能模量 G' 对应于所测流体的弹性，而损耗模量 G'' 则对应于流体的黏性。通过测定力学谱，在合理的可获得的频率范围内（通常 $10^{-3} \sim 10^{2}$ rad/s），根据储能模量 G' 和损耗模量 G'' 对于频率的依赖性，可以将高分子体系的流变学行为分为以下 4 种：

（1）高分子稀溶液行为（溶液浓度 $c <$ 临界交叠浓度 c^*）　在整个测试频率范围内，$G' < G''$，两个模量对于频率都有强烈的依赖性，且在低频区分别遵循幂律规律：$G' \sim \omega^2$，$G'' \sim \omega$（ω 为振荡频率）。

（2）高分子缠结溶液（半稀溶液）行为（$c > c^*$）　低频率时 $G' < G''$，两个模量均随着频率的增加而增加，至某一频率时发生交叉，高频率时 $G' > G''$。

（3）弹性凝胶（elastic gel）行为　$G' \gg G''$，且两个模量大小均不依赖于频率。

（4）弱凝胶（weak gel）行为　G' 略微大于 G''，两个模量略微依赖于频率。

图 3-29 反映了这几种流变行为，图中还显示了复数黏度（η^*）随频率的变化。

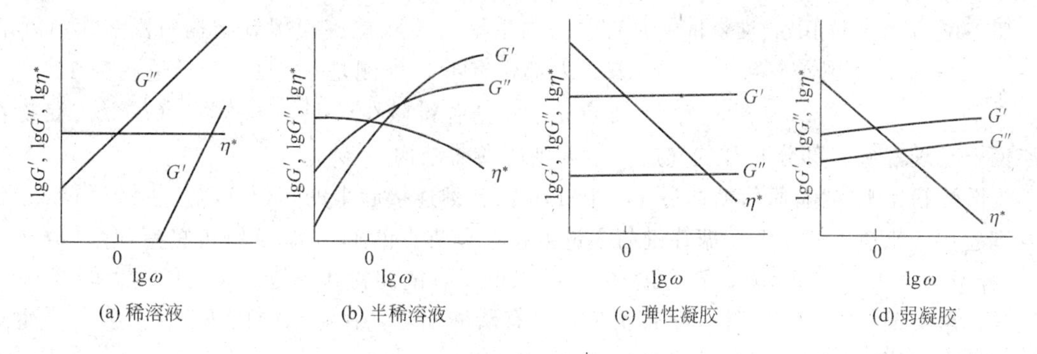

图 3-29　高分子体系的几种流变行为

4. 可水解性

在食品加工与贮藏过程中，多糖比蛋白质更易水解，因此往往添加相对高浓度的食用胶，以免由于水解导致食品体系黏度下降。

在酸或酶的催化下，低聚糖或多糖的糖苷键水解，伴随着黏度下降。水解程度取决于酸强度（或酶的活力）、时间、温度以及多糖的结构。在热加工过程中最容易发生水解，因为许多食品均是酸性的。另外，随着温度的提高，酸催化糖苷的水解速度也会大大增加。

二、食品中多糖的功能

1. 生理功能

目前，真菌多糖因具有某些独特的生理功能成为一个很热门、很活跃的研究课题。很多研究表明，存在于香菇、金针菇、银耳、灵芝、蘑菇、黑木耳、茯苓和猴头菇等食用药用真菌中的某些多糖成分，具有通过活化巨噬细胞刺激抗体产生，而达到提高人体免疫力的功能。

2. 风味结合功能

大分子糖类化合物，是一类很好的风味固定剂，应用最普通和最广泛的是阿拉伯胶。阿拉伯胶在风味物颗粒的周围形成一层厚膜，从而可以防止水分的吸收、蒸发和化学氧化造成的损失。阿拉伯胶和明胶的混合物用于微胶囊包埋技术，是固定风味物质的一大可能措施。

三、食品中的主要多糖

（一）植物多糖

1. 淀粉

（1）淀粉的结构　淀粉是大多数植物的重要贮藏物，植物的种子、根、茎中含量比较丰富，主要是以淀粉颗粒形式存在的，结构比较紧密，不溶于水，但在冷水中能少量分散于水中。

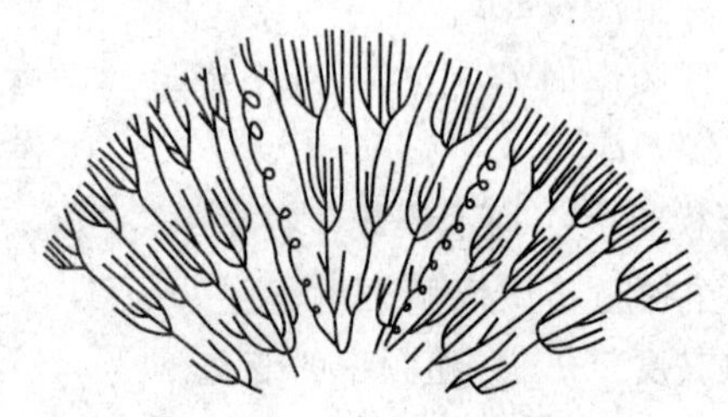

图 3-30　淀粉颗粒中支链淀粉和直链淀粉排列示意图

淀粉是由 D-葡萄糖缩聚成的，根据分子结构的特点，分为直链淀粉和支链淀粉。大多数植物淀粉含有约 25%的直链淀粉、75%的支链淀粉。在淀粉颗粒中，直链淀粉和支链淀粉分子呈径向有序排列，见图 3-30。

直链淀粉是 D-葡萄糖通过 α-1,4 糖苷键连接起来的线状大分子，链长为 250～300 个葡萄糖单位，分子的空间构象呈右手双螺旋，螺旋结构每圈包含 6 个糖基，内部含有 H，外侧是—OH，分子量约为 10^6，分支点 α-1,6 糖苷键较少，只占 0.3%～0.6%。淀粉在水溶液中呈现螺旋、部分断开的螺旋、不规则的卷曲结构。

支链淀粉是 D-吡喃葡萄糖通过 1,4 和 1,6 糖苷键连接起来的，似球状，主链通过 α-1,4 糖苷键连接，支链通过 α-1,6 糖苷键与主链连接，分支点的 1，6 糖苷键占总糖苷键的 4%～5%。分子量在 10^7～5×10^8，聚合度在 6000 以上。直链淀粉和支链淀粉的结构见图 3-31。

马铃薯支链淀粉比较特殊，略带负电，含有磷酸酯基，在温水中快速吸水膨胀，产生高黏度，具有透明度好以及老化速率慢的特性。

淀粉及改性后的淀粉，广泛应用于食品中，作为黏着剂、混浊剂、成膜剂、稳泡剂、保鲜剂、胶凝剂、持水剂以及增稠剂等使用。

（2）淀粉的糊化　天然淀粉分子间是通过氢键缔合形成结晶胶束区，因此在冷水中不溶解。经加热后，破坏了结晶胶束区中弱的氢键，一部分胶束被溶解形成空隙，使水分子进入内部，颗粒开始水合和吸水膨胀，结晶区消失，偏振光消失。大部分直链淀粉溶解到溶液中，溶液黏度增加，淀粉颗粒破裂，这个过程称为糊化，处于这种状态的淀粉称为 α-淀粉。

糊化作用是淀粉的溶胀和水合过程。淀粉糊化一般有一个温度范围，双折射开始消失的温度为糊化开始温度，双折射完全消失的温度为糊化完成温度。

糊化作用可分为三个阶段：①可逆吸水阶段，水分进入淀粉粒的非晶质部分，体积略有膨胀，此时冷却干燥，可以复原，双折射现象不变；②不可逆吸水阶段，随温度升高，水分进入淀粉微晶间隙，不可逆大量吸水，结晶“溶解”；③淀粉粒解体阶段，淀粉分子全部进

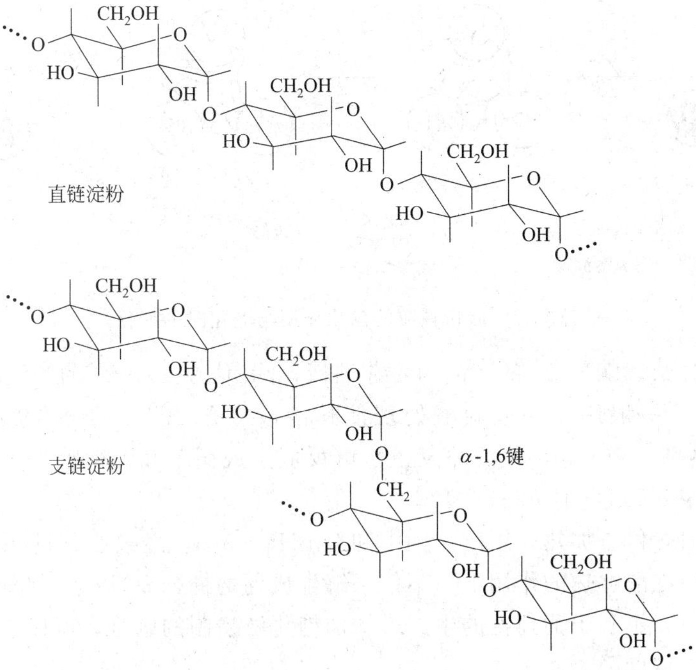

图 3-31 直链淀粉和支链淀粉的结构

入溶液。

各种淀粉的糊化温度不相同，即使同一种淀粉因颗粒大小不一，其糊化温度也不一致，通常用糊化开始的温度和糊化完成的温度表示淀粉糊化温度。几种淀粉的糊化温度见表 3-6。

表 3-6 几种淀粉的糊化温度

淀粉	糊化温度/℃	淀粉	糊化温度/℃
小麦	58～69	玉米	64～72
大麦	58～63	荞麦	69～71
糯米	58～63	马铃薯	59～67
粳米	59～61	甘薯	70～76

淀粉糊化度的高低影响着食品的质量。如方便面生产中，要求糊化度大于或等于 80%，若糊化度降低，则方便面的复水性能差。以小麦为主要原料加工的食品，在成熟时，淀粉的糊化度高，有利于其消化吸收。

(3) 淀粉的老化 经过糊化的 α-淀粉在室温或低于室温下放置后，会变得不透明甚至凝结而沉淀，这种现象称为老化。淀粉的老化，又称凝沉、回生、沉淀，见图 3-32。老化的淀粉其溶解度下降，可溶性淀粉含量降低，不易被淀粉酶水解，消化吸收率低。

淀粉的老化可看成是糊化过程的逆转，由无序的直链淀粉分子向有序排列转化，部分恢复结晶形状，由透明变成不透明，与原淀粉相比，结晶化程度低。影响淀粉老化的因素有：淀粉的种类、含水量、温度、表面活性剂和 pH 等。控制淀粉老化在食品加工与贮藏中有重要的意义。

(4) 淀粉的水解 目前淀粉水解方法有：酸水解法、酶水解法和酸酶水解法。工业上常用此反应生产淀粉糖浆。淀粉水解的程度通常用 DE 值表示，DE 是指还原糖（按葡萄糖计）

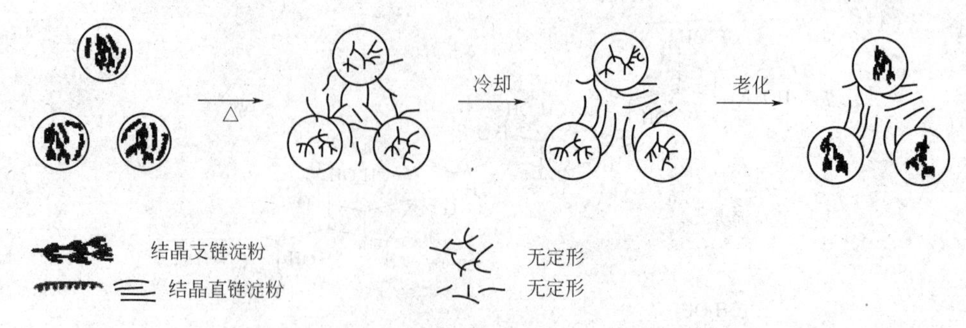

图 3-32 淀粉颗粒的糊化作用与老化时的变化

所占干物质的百分数。DE<20 的产品为麦芽糊精，DE 值在 20～60 的为淀粉糖浆。

① 酸水解法 一般用盐酸或硫酸处理淀粉溶液（含 30%～40%的淀粉），在 140～160℃条件下加热 15～20min，使淀粉发生水解反应生成糊精和葡萄糖等。工业上生产最多的是中等转化糖浆，其 DE 值为 38～42。

当水解结束时，停止加热，用碳酸钠中和至 pH4～5.5，经离心、过滤浓缩后获得纯的酸转化糖浆。淀粉在酸、热的作用下，不仅水解生成葡萄糖，而且有一部分葡萄糖会发生复合反应和分解反应，不利于葡萄糖的生产，增加糖化液精制的困难，所以工业生产上应尽可能降低这两种反应程度。

② 酶水解法 酶水解淀粉的最终生成物是葡萄糖。工业生产中常用玉米淀粉经 α-淀粉酶、葡萄糖淀粉酶在一定条件下水解，得到的糖化液纯度高，DE 值可达 95～100，颜色浅，再使用葡萄糖异构酶将葡萄糖异构成果糖，最后得到由果糖和葡萄糖组成的高果糖玉米糖浆（HFCS），其中的果糖含量达 55%。HFCS 是软饮料的甜味剂，甜味温和，口感好。相对酸法水解淀粉，酶法水解的条件温和，反应容易控制，反应速度也很快。

③ 酸酶水解法 酸酶水解法是把酸法和酶法水解相结合的一种淀粉水解法。先酸法液化，后酶法糖化，可应用于不易液化的某些淀粉。例如生产高麦芽糖浆，先用酸法将淀粉水解至 DE 值 20，然后用 β-淀粉酶水解到预定的 DE 值。

（5）淀粉的改性 天然淀粉通过改性可以增强其功能性质，例如改善烧煮性质，提高溶解度，提高或降低淀粉糊黏度，提高冷冻和解冻稳定性，提高透明度，抑制或有利于凝胶的形成，增加凝胶强度，减少凝胶脱水收缩，提高凝胶稳定性，增强与其他物质相互作用，提高成膜能力与膜的阻湿性以及耐酸、耐热、耐剪切等。这种经过处理的淀粉总称为改性淀粉。改性淀粉的种类很多，例如可溶性淀粉、漂白淀粉、交联淀粉、氧化淀粉、酯化淀粉、醚化淀粉、磷酸化淀粉等。

2. 纤维素

纤维素和真菌多糖等不被人体消化吸收的多糖和木质素，统称为膳食纤维。如糖蛋白、角质、蜡和多酚酯等，也包括于膳食纤维范围内。膳食纤维的化学组成包括三大部分：①纤维状碳水化合物（纤维素）；②基料碳水化合物（果胶类物质、半纤维素和糖蛋白等）；③填充类化合物（木质素）。

（1）纤维素的结构 纤维素是由葡萄糖通过 β-1,4 糖苷键连接而成的，其结构见图 3-33。它不溶于水，对稀酸和稀碱特别稳定，高浓度酸中加热会将其分解，最终产物是葡萄糖。

（2）纤维素的功能 纤维素不能被人体消化吸收，是一种膳食纤维，具有刺激肠道蠕动

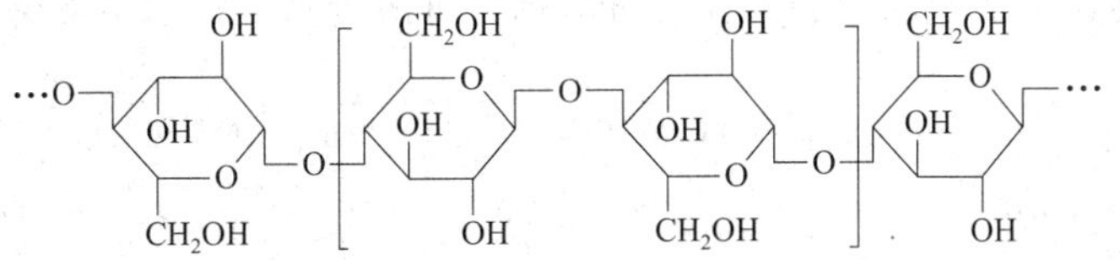

OH CH₂OH OH CH₂OH
…O— OH —O— OH —O— OH —O— OH —…
CH₂OH OH CH₂OH OH

图 3-33 纤维素的结构

的生理作用。膳食纤维的主要特性：①很高的持水力；②对阳离子有结合交换能力；③对有机化合物有吸附螯合作用；④具有类似填充的容积；⑤可改变肠道系统中的微生物群组成。纯化的纤维素粉末被用作食品配料。剧烈的化学改性后，能形成水溶性胶。

（3）改性纤维素 天然纤维素经过适当化学处理，改变其原有性质以适应特殊作用，得到具有特殊理化性能的纤维素衍生物，即改性纤维素，如甲基纤维素、羟丙基甲基纤维素和羧甲基纤维素等，其结构见图 3-34。

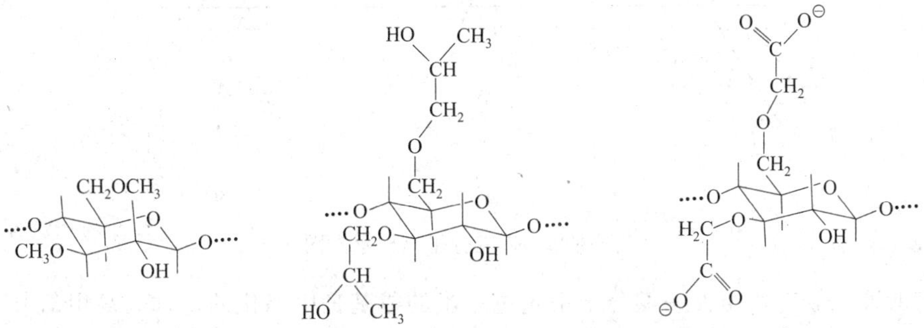

CH_2OCH_3, CH_3O, OH, O

HO, CH_3, CH, CH_2, O, CH_2, CH_2O, CH, HO, CH_3, OH

O, $O^{\ominus}$, C, CH_2, O, CH_2, H_2C, O, C, $^{\ominus}O$, O, OH

甲基纤维素　　羟丙基甲基纤维素　　羧甲基纤维素

图 3-34 改性纤维素的结构

① 羧甲基纤维素（CMC） 采用 18%的氢氧化钠-氯乙酸钠处理纤维素，就可得到羧甲基纤维素醚钠盐（CMC-Na）。CMC 是广泛使用的改性纤维素，主要用于增加食品的黏度。CMC 溶液的黏度随温度升高而降低，长时间加热会引起降解，在 pH5～10 时溶液是稳定的，pH7～9 时具有最高的稳定性。

CMC 能稳定蛋白质分散体系，特别是在接近等电点 pH 时，与明胶、酪蛋白和大豆蛋白等可形成 CMC-蛋白质复合物而增溶。

② 甲基纤维素（MC）和羟丙基甲基纤维素（HPMC） 纤维素经氢氧化钠处理得到碱性纤维素，碱性纤维素经一氯甲烷处理引入甲基可得到 MC，碱性纤维素与氧化丙烯和一氯甲烷反应制得羟丙基甲基纤维素。商品级 MC 的甲醚基取代度为 1.1～2.2，HPMC 的羟丙基醚基摩尔取代度为 0.02～0.3。

这两种纤维素，一般都简称为甲基纤维素，水溶性大大增加。利用甲基纤维素的热凝胶性质，用在油炸方便面中，能降低吸油量；用在冷冻食品时，能抑制脱水收缩；同时它能增加食品的吸水和持水力。

3. 果胶

果胶分子的主链是由 150～500 个 α-D-半乳糖醛酸基通过 1,4 糖苷键连接而成的，在主链中相隔一定距离含有 α-L-鼠李半乳糖醛酸，半乳糖醛酸链被部分酯化成甲酯。果胶的分子量为 30000～100000，相应的聚合度超过 1000 单位，见图 3-35、图 3-36。果胶为白色至黄褐色粉末，无臭，不溶于乙醇和其他有机溶剂，可溶于水，在水中溶解形成黏稠液体。

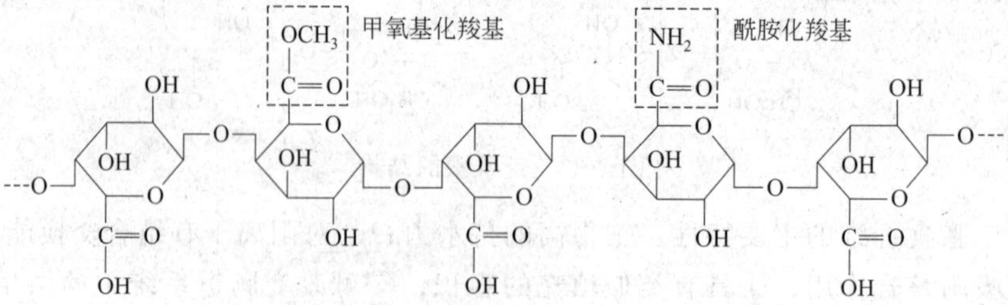

图 3-35　果胶的结构

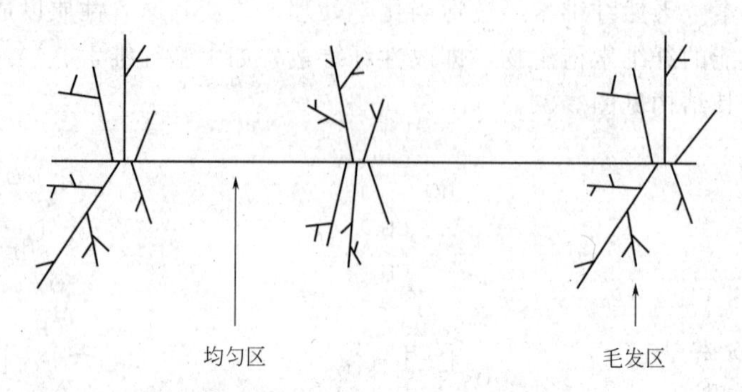

图 3-36　果胶分子结构示意图

天然果胶一般有两类：一类分子中超过一半的羧基是甲酯化的，称为高甲氧基果胶或高酯果胶，其余羧基是以游离酸的形式存在；另一类分子中低于一半的羧基是甲酯型的，称为低甲氧基果胶或低酯果胶。果胶的组成与性质随不同的来源有很大的差别，自然界果实中天然存在的果胶都是高酯果胶，经酸或碱处理高酯果胶降低酯化度后可得到低酯果胶。高酯果胶和低酯果胶在一定条件下都可形成凝胶，两者需要的凝胶条件不同，高酯果胶需要可溶性固形物含量大于 55%及 pH2.0～3.5 的酸性条件；而低酯果胶有 Ca^{2+} 存在，在 pH2.5～6.5 范围，不需要高浓度的糖即可形成凝胶，因此，适合用于低糖食品生产中。

果胶最普通的用途是：①作为果酱、果冻和软糖的胶凝剂；②作为酸性乳饮料的稳定剂，在 pH3.5～4.2 时果胶能阻止加热时的酪蛋白聚集，适用于巴氏杀菌或高温杀菌的酸奶、酸豆奶以及牛奶与果汁的混合物；③用于番茄酱、混浊型果汁、饮料以及冰淇淋等，一般用量小于 1%，凝胶软糖中用量可达 2%～5%。

4. 瓜尔胶

瓜尔胶也称瓜尔豆胶、古耳胶，是一种天然高分子亲水胶体，主要由半乳糖和甘露糖聚合而成。瓜尔胶是线性半乳甘露聚糖，属于非离子型高分子。瓜尔胶的结构是由 β-D-甘露糖以 1,4 糖苷键连接而成，在 C6 位连接 α-D-吡喃半乳糖侧链，其半乳糖与甘露糖之比为 1∶1.6，见图 3-37。

瓜尔胶能溶于冷水或热水中并迅速水化，与大多数高分子聚合物一样，瓜尔胶及其衍生物在一般情况下，具有搅拌变稀作用，与黄原胶一起使用有明显的协同增稠性，有助于稳定乳制品。

瓜尔胶具有良好的无机盐兼容性能，能耐受一价金属盐的存在。由于瓜尔胶的黏度较高，在食品工业上常用做增稠剂、稳定剂、持水剂等，通常单独或与其他食用胶复合使用。

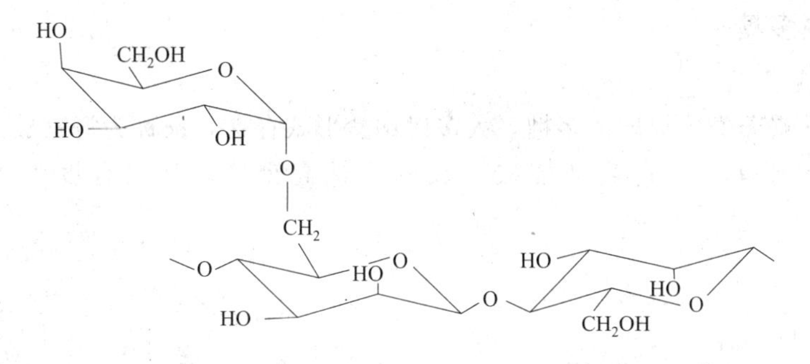

图 3-37 半乳甘露聚糖的重复单位结构

5. 阿拉伯胶

阿拉伯胶中约含有 98％的多糖和 2％的蛋白质，阿拉伯胶结构中具有以阿拉伯半乳聚糖为主的多支链的复杂分子结构，水解产物为 D-半乳糖、L-阿拉伯糖、L-鼠李糖、D-葡萄糖醛酸，其主链由 β-D-半乳糖通过 1,3 糖苷键相连接，侧链是通过 1,6 糖苷键相连接，分子量为 10 万至 30 万不等，其结构见图 3-38。

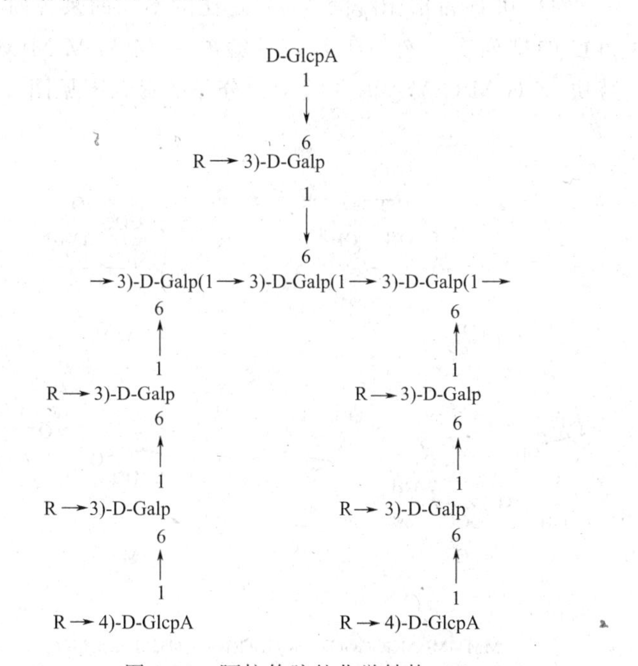

图 3-38 阿拉伯胶的化学结构

R＝L-Rhap（1→，L-Araf（1→，D-Galp（1→3)-L-Araf（1→，或 L-Arap（1→3)-L-Araf（1→

D-GlcpA＝D-吡喃葡萄糖醛酸；D-Galp＝D-吡喃半乳糖；L-Rhap＝L-吡喃鼠李糖；L-Arap＝L-吡喃阿拉伯糖；L-Araf＝L-呋喃阿拉伯糖

阿拉伯胶是一种含有钙、镁、钾等多种阳离子的弱酸性多糖大分子，极易溶于冷或热水中。不同于其他大多食品胶，阿拉伯胶在高浓度下仍具有较低黏度，50％的水溶液仍具有流动性。

阿拉伯胶具有良好的亲水亲油性，是非常好的天然水包油型乳化稳定剂。利用这个性质，阿拉伯胶广泛用于乳化香精中作乳化稳定剂。阿拉伯胶也具有良好的成膜特性，可作为微胶囊成膜剂，也能阻止糖果中糖晶体的形成，有效地乳化奶糖中的乳脂。

（二）海藻多糖

1. 海藻酸钠

海藻酸是从褐藻类中提取的多糖，大多以钠盐形式存在，被称为海藻酸钠，是由β-1,4-D-甘露糖醛酸和α-1,4-L-古洛糖醛酸组成的线性高聚物，其聚合度为100～1000，见图3-39。

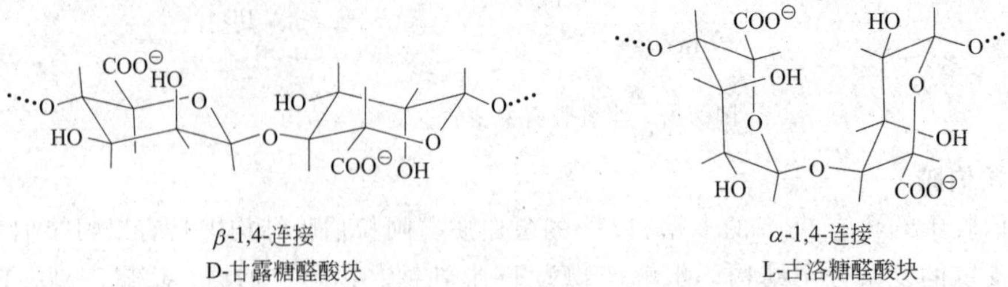

β-1,4-连接
D-甘露糖醛酸块

α-1,4-连接
L-古洛糖醛酸块

图 3-39 海藻酸的结构

D-甘露糖醛酸（M）和L-古洛糖醛酸（G）之比随不同的来源而不同，并影响海藻酸钠的溶液性质。M和G的排列次序有：①甘露糖醛酸块-M-M-M-M-M；②古洛糖醛酸块-G-G-G-G-G-；③交替块-M-G-M-G-M。海藻酸钠的分子链示意图见图3-40。

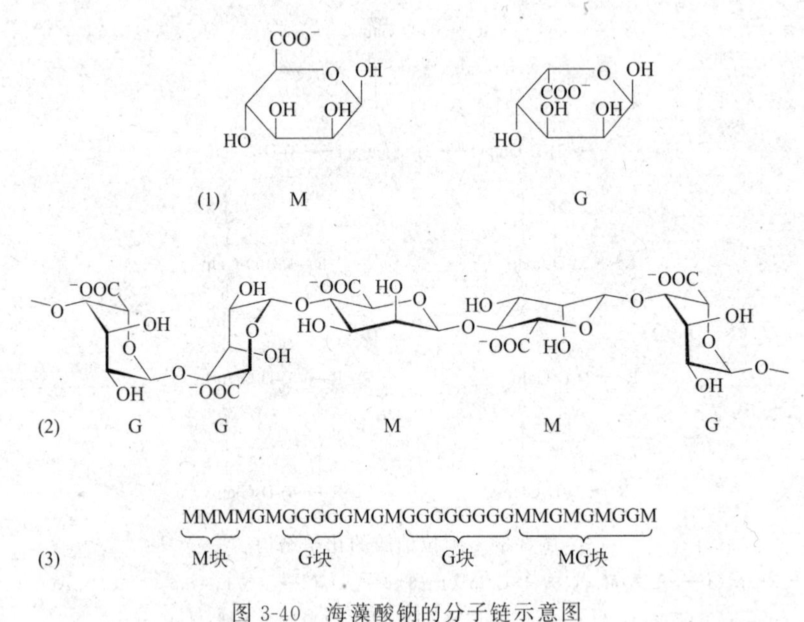

图 3-40 海藻酸钠的分子链示意图

海藻酸钠分子链中G块很易与Ca^{2+}作用，两条分子链G块间形成一个洞，结合Ca^{2+}形成“蛋盒”模型，见图3-41。

海藻酸钠与Ca^{2+}形成的凝胶是热不可逆凝胶，凝胶强度的大小与海藻酸盐分子中G块的含量以及Ca^{2+}浓度有关。当存在少量Ca^{2+}或其他的二价或三价金属离子时，在室温下可形成凝胶；当无金属离子时，则需在pH3或更低pH才能形成凝胶。海藻酸钠能与Ca^{2+}形成热不可逆凝胶，可应用于冰淇淋生产中，使冰淇淋具有良好的稠度和质构，并能阻止大的冰晶形成；也可作为汤料的增稠剂和啤酒泡沫的稳定剂。

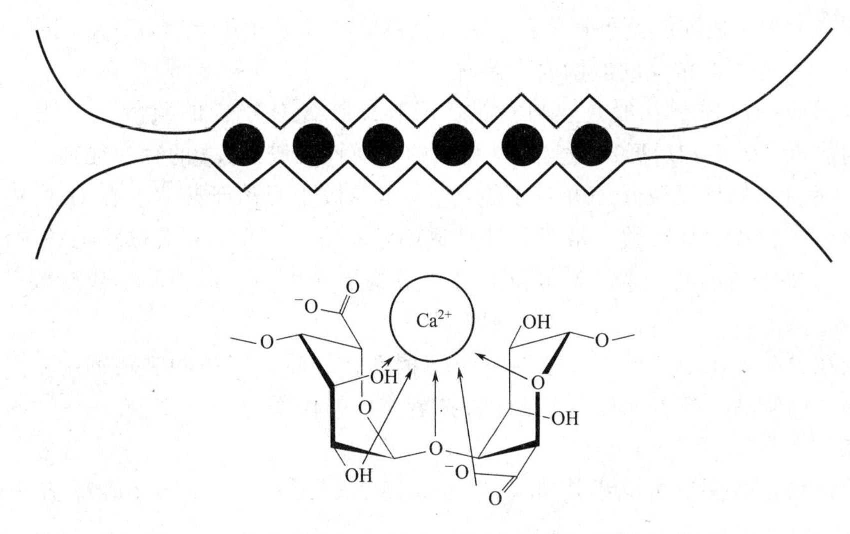

图 3-41　海藻酸钠与 Ca^{2+} 相互作用形成的“蛋盒”模型

2. 卡拉胶

卡拉胶是红藻之一的鹿角藻为代表的角叉菜、松藻和麒麟菜等属、杉藻属等海藻所含多糖的总称。卡拉胶是一种线性的半乳聚糖结构，其中的 D-半乳糖基由 α-1,3 和 β-1,4 键交替组成。卡拉胶主要有 κ 型、ι 型和 λ 型，κ-和 ι-卡拉胶通过双螺旋交联能形成热可逆凝胶，见图 3-42。

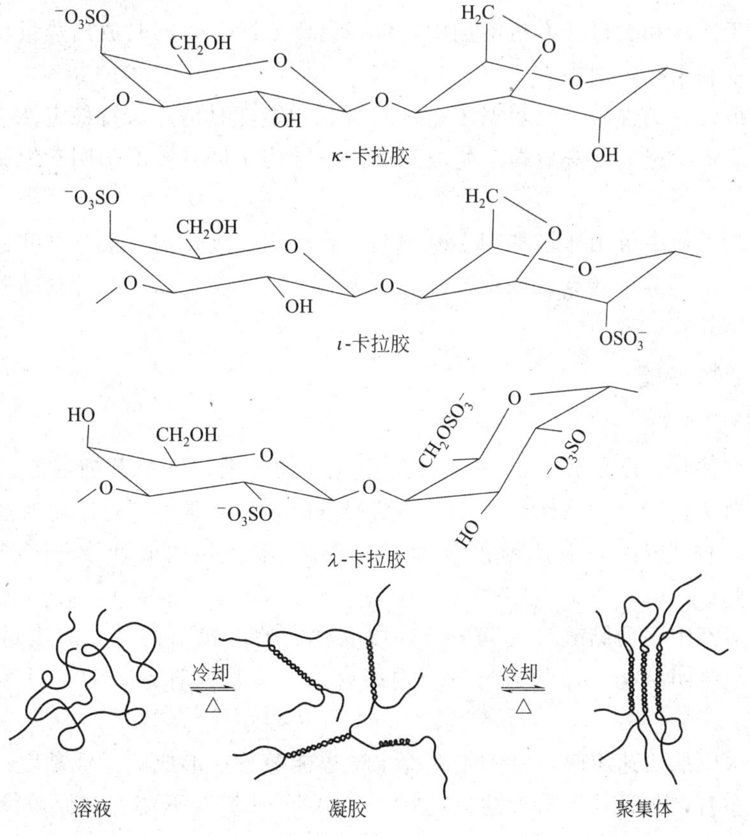

图 3-42　卡拉胶的分子结构与形成凝胶的机理

卡拉胶一般为白色或淡黄色粉末，无臭、无味，由于分子中含有硫酸盐阴离子，因此易溶于水，在 70℃开始溶解，80℃则完全溶解。

卡拉胶形成的凝胶，一般是热可逆的。κ-卡拉胶含有较少的硫酸盐，能完全溶解于 70℃以上的热水中，冷却后形成结实但又脆弱的可逆性凝胶。K^+ 的存在能使凝胶达到最大强度，Ca^{2+} 的加入则使凝胶收缩并趋于脆性。ι-卡拉胶也只溶于热水，在 Ca^{2+} 的存在下冷却后产生比 κ-卡拉胶更加柔软、富于弹性且透明性很好的凝胶。ι-卡拉胶是各种卡拉胶中，唯一能耐受冻结-解冻过程的胶。λ-卡拉胶可以溶解于冷水中，但并不形成凝胶，有高黏度的增稠作用。

卡拉胶在食品工业中主要用作凝胶剂、增稠剂、悬浮稳定剂和乳化剂，并在果冻、软糖、冰淇淋、肉制品、啤酒等食品工业中发挥着重要的作用。

3. 琼脂

琼脂的结构是由 β-D-吡喃半乳糖（1,4）连接 3,6-脱水 α-L-吡喃半乳糖基单位构成的，见图 3-43。

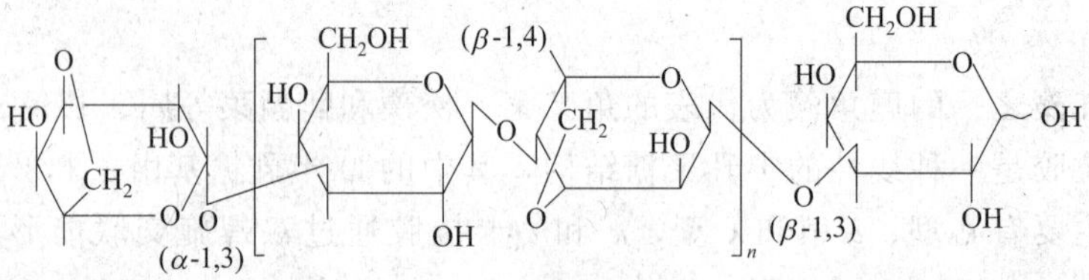

图 3-43 琼脂的结构

琼脂不溶于冷水和无机、有机溶剂中，但极易吸水膨胀，同时放出热量，在适当加热条件下，可溶于水和某些溶剂中。

琼脂凝胶最独特的性质，是当温度超过胶凝起始温度时仍然保持稳定性。琼脂凝胶冷却时，分子以螺旋形状组成双螺旋体，生成三维网络结构，进一步冷却则双螺旋体聚集形成较硬的凝胶。

琼脂在食品工业中可用作增稠剂、凝固剂、悬浮剂、乳化剂、保鲜剂和稳定剂，广泛应用于制造果冻、冰淇淋、糕点、软糖、罐头、肉制品、羹类食品、凉拌食品等，也是最广泛使用的微生物培养基。

（三）微生物多糖

1. 黄原胶

黄原胶又称黄胶、汉生胶，是由 D-葡萄糖、D-甘露糖、D-葡萄糖醛酸、乙酰基和丙酮酸构成的“五糖重复单元”结构聚合体，其结构是由 β-1,4 键连接的葡萄糖基主链与三糖单位的侧链组成，而侧链由 D-甘露糖和 D-葡萄糖醛酸交替连接而成，分子比例为 2∶1，其单元结构见图 3-44。

黄原胶在溶液中三糖侧链与主链平行，形成稳定的棒状结构，当加热到 100℃以上时，才能转变为无规线团结构，棒状通过分子内缔合以螺旋形式存在，并通过缠结形成网状结构，见图 3-45。

黄原胶在水中能快速溶解，特别是在冷水中也能溶解，形成的溶液黏度是同质量浓度下明胶的 100 倍左右，并且其水溶液的黏度在 0～100℃时基本不变。黄原胶溶液在－18℃冷冻 4h，冻融处理后黏度几乎没有损失，这种冻融的稳定性能保证冰淇淋产品的冻融稳定性。

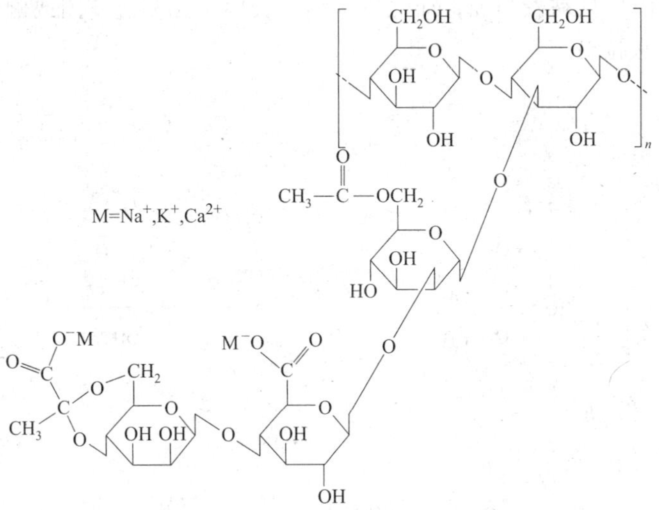

图 3-44 黄原胶的单元结构

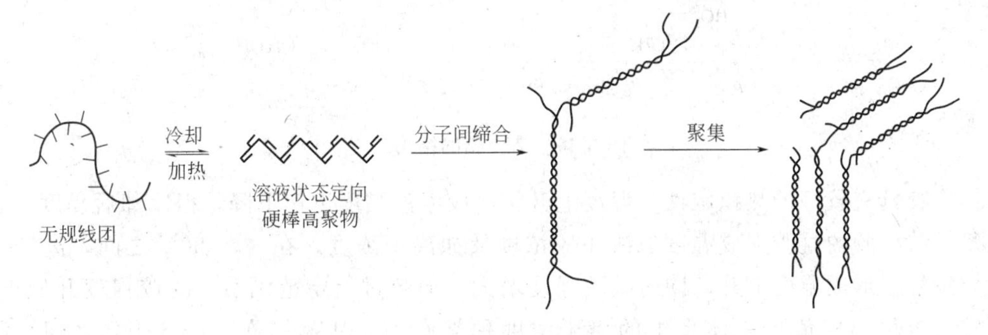

图 3-45 黄原胶的胶凝机理

黄原胶溶液对酸碱非常稳定，在 pH5～10 时其黏度不受影响，在 pH 小于 4 和大于 11 时其黏度只有轻微的变化，在 pH3～11 时其黏度的最大值与最小值相差不到 10%。黄原胶具有良好的配伍性，能与大多数食用胶共混起到增效作用，如黄原胶与魔芋胶共混所生成的凝胶是一种热可逆凝胶，加热可变成溶胶，溶胶室温放置冷却又能恢复凝胶。

黄原胶在食品工业中是理想的增稠剂、乳化剂和成型剂，用途极为广泛，可用于饮料、冷冻食品、肉制品、焙烤食品、乳制品、果酱和果冻、调味料和功能性食品中。

2. 结冷胶

结冷胶又称凯可胶或洁冷胶，是一种新型的微生物胞外多糖。结冷胶有两种存在形式：一种是天然结冷胶，另一种是低酰基结冷胶，其结构见图 3-46。这两种结冷胶的主体结构是相同的，都是由 β-D-葡萄糖、β-D-葡萄糖醛酸和 α-L-鼠李糖作为重复单元以 2∶1∶1 的摩尔比聚合而成的长链分子，其中第一个葡萄糖分子与它前一个鼠李糖分子以 1,3 键连接，而其余分子之间以 1,4 键连接。这两种类型的结冷胶区别在于乙酰基的数量。天然结冷胶每个重复单元上平均有一个酰基在 β-D-葡萄糖上，接在第六个碳原子上。低酰基结冷胶则是天然结冷胶分子上的酰基部分或全部被脱除。一般常说的结冷胶则是指脱除乙酰基的结冷胶。结冷胶多糖链平行排列形成交错的互相缠绕的双螺旋结构，每个多糖链形成一个左手三叠螺旋，两条螺旋通过氢键相互作用来稳定。天然结冷胶由于含有酰基侧链较多，所以形成的凝胶柔软，富有弹性且黏着力强；而低酰基结冷胶由于无侧链基团或侧链基团很少，所形成的凝胶强度大、易脆裂。

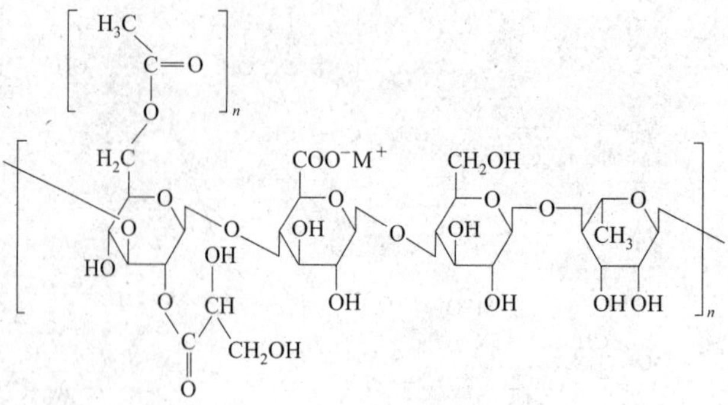

(a) 天然结冷胶

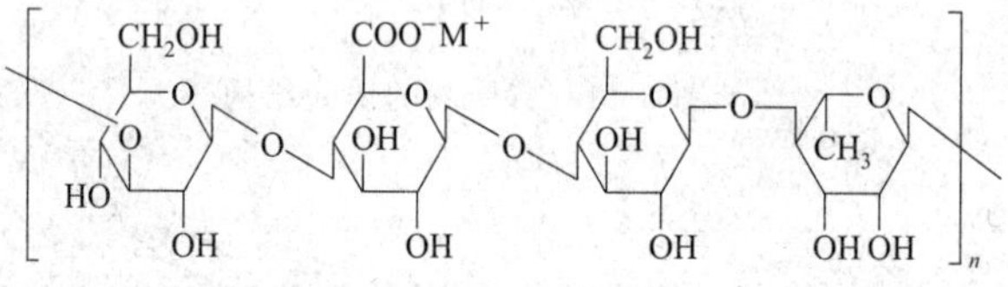

(b) 低酰基结冷胶

图 3-46 结冷胶的结构式

结冷胶具有较好的热稳定性，温度上升结冷胶溶液黏度迅速下降，但冷却后黏度又能完全恢复。结冷胶的凝胶形成温度取决于胶浓度及盐离子浓度。在 30～50℃之间，离子浓度增大导致凝胶形成温度上升，同时凝胶强度增大，但超过一定范围后，凝胶强度开始下降。结冷胶的熔化温度值也与体系中的离子浓度种类有关，其范围在 70～130℃之间，添加 0.03%钙离子的 0.2%结冷胶溶液，凝胶的熔化温度可高达 120℃以上。

结冷胶是一种多功能亲水胶体，其用途非常广泛。在食品领域主要用作增稠剂、胶凝剂、悬浮剂和成膜剂等。作为一种新型的食品添加剂，结冷胶具有用量少、性能稳定、凝胶度高、凝胶清亮和良好的呈味性能等优点，是继黄原胶之后微生物发酵生产的性能较理想的食品胶体。

思考题

1. 单糖的食品性质与功能有哪些？
2. 糖苷是什么？有哪些相关的性质？
3. 简述美拉德反应的机理、反应产物及其对食品品质的影响。
4. 简述美拉德反应在食品工业中的应用。
5. 单糖和低聚糖在结构和性质方面有什么异同？
6. 食品中有哪些常见的低聚糖？
7. 食品中的低聚糖有哪些物理和化学性质？
8. 列举你所知道的功能性低聚糖及其生理功能，以及功能性低聚糖在食品加工中有何应用。
9. 多糖的流变学行为有哪几种？

10. 淀粉的糊化包括哪几个阶段？
11. 食品胶有哪些性质及用途？

参考文献

[1] 韩雅珊. 食品化学. 2版. 北京：中国农业大学出版社，1998.
[2] 王璋，许时婴，汤坚. 食品化学. 北京：中国轻工业出版社，2016.
[3] 刘邻渭. 食品化学. 郑州：郑州大学出版社，2011.
[4] 黄梅丽，江小梅. 食品化学. 北京：中国人民大学出版社，1986.
[5] 胡慰望，谢笔钧. 食品化学. 北京：科学出版社，1992.
[6] 丁芳林. 食品化学. 武汉：华中科技大学出版社，2017.
[7] 阚建全. 食品化学. 3版. 北京：中国农业大学出版社，2016.
[8] 夏延斌. 食品化学. 北京：中国农业出版社，2015.
[9] 汪东风. 食品化学. 北京：化学工业出版社，2019.
[10] 宁正祥，赵谋明. 食品生物化学. 广州：华南理工大学出版社，2013.
[11] 杜克生. 食品生物化学. 北京：化学工业出版社，2018.
[12] 于国萍，邵美丽. 食品生物化学. 北京：科学出版社，2017.
[13] 贾东坡，冯林剑. 植物与植物生理. 重庆：重庆大学出版社，2015.
[14] 李永峰，刘雪梅，赵桃. 基础生物化学简明教程. 哈尔滨：哈尔滨工业大学出版社，2011.
[15] 孙明远，何志谦. 食品营养学. 北京：中国农业大学出版社，2010.
[16] 张洪斌. 多糖及其改性材料. 北京：化学工业出版社，2014.
[17] 郑建仙，耿立萍. 功能性低聚糖析论. 食品与发酵工业，1997(01)：39-46.
[18] 尤新. 功能性低聚糖发展动向及前景. 中国食品添加剂，2008(03)：45-49.
[19] Fennema O R. Food Chemistry. 3rd ed. New York，Basel，Hong Kong：Marcel Dekker Inc，1996.
[20] Peterson M S，Johnson A H. Encyclopedia of Food Science. AVI Westport，1978.
[21] 宫惠峰,刘学宁. 新型微生物多糖——结冷胶. 邢台职业技术学院学报,2009,26(01):37-40.
[22] 李懋鸣. 结冷胶流变行为研究. 浙江工商大学,2013.
[23] 储炬，李友荣. 现代生物工艺学. 上海：华东理工大学出版社，2008.
[24] 迟玉杰. 食品添加剂. 北京：中国轻工业出版社，2013.

第四章

食品中的蛋白质

第一节　引　言

一、食品中蛋白质的定义及化学组成

1. 食品中蛋白质的定义

食品中蛋白质是指人类从食物中摄取的对人体无毒副作用、易消化吸收且能满足人体生长发育及生命活动需求的蛋白质。蛋白质有以下特征：

（1）蛋白质是结构复杂而且多样的高分子，是组成细胞的基础物质之一。

（2）作为食品组分，蛋白质的营养功能主要是为人体提供必需氨基酸。如果糖和脂肪不足，蛋白质也可用作能源。正常情况下，食品提供的总热量中11%～13%是由蛋白质提供的。

（3）部分蛋白质可作为生物催化剂，即酶，在机体的消化、代谢、分泌、能量转化及生长等过程中以及食品加工中发挥重要作用。

（4）蛋白质还是人体的免疫作用所必需的物质，可以形成抗体预防疾病的感染。

（5）有些蛋白质还会导致食物过敏。

（6）常见蛋白质是由20种不同氨基酸通过肽键相互连接而成的。

2. 食品中蛋白质的化学组成

食品中大多蛋白质含有50%～55%碳、6%～7%氢、20%～23%氧、12%～19%氮和0.2%～3%硫等元素，有些蛋白质分子还含有铁、碘、磷或锌。大多数蛋白质是由20种不同氨基酸组成，由于其不同的氨基酸的排列顺序和高级结构，使蛋白质品种和功能多样化。蛋白质分子中的氨基酸残基靠肽键连接，形成含多达几百个氨基酸残基的多肽链，分子量大约在5000到几百万之间。

二、食品中蛋白质特性及分类

1. 根据食品蛋白质化学组成特性分类

可将蛋白质分为三大类，即单纯蛋白质、结合蛋白质和衍生蛋白质。

（1）单纯蛋白质　单纯蛋白质是仅含有氨基酸的蛋白质，水解后产物只有氨基酸。

（2）结合蛋白质　结合蛋白质是单纯蛋白质与非蛋白质成分如碳水化合物、脂类、核酸、金属离子或磷酸盐结合而成，后者也称为辅基。

（3）衍生蛋白质　衍生蛋白质是一种用化学或酶法得到的化合物，而且根据其改性程度可分为一级和二级衍生物。一级衍生物的改性程度较小，如凝乳酶凝结的酪蛋白；二级衍生物改性程度较大，包括脲（proteose）、胨（peptones）和肽（peptide）。这些降解产物的不同点是它们在分子量大小和溶解度上有所不同，它们都能溶于水中而且加热不凝聚，在许多食品加工过程中如干酪老熟时易生成肽这类降解产物。

2. 根据食品中单纯蛋白质溶解度不同分类

（1）清蛋白　一般来说，清蛋白分子量较低，含有丰富的含硫氨基酸，且能溶于中性无盐的水中。例如蛋清蛋白、乳清蛋白、血清蛋白、牛乳中的乳清蛋白以及谷物中的清蛋白和豆科种子中的豆白蛋白等。

（2）球蛋白　微溶于水，但可溶于中性盐溶液，亦可溶于稀酸及稀碱中，如牛乳中的β-乳球蛋白、血清球蛋白，肉中的肌球蛋白和肌动蛋白与大豆中的大豆球蛋白。

（3）谷蛋白　不溶于水、醇及中性盐溶液中，能溶于稀酸和稀碱溶液中。例如小麦中的谷蛋白和水稻中的米谷蛋白。

（4）醇溶谷蛋白　不溶于水及中性有机溶剂中，能溶于50%～90%乙醇中。这种蛋白质主要存在于谷物中，并含大量的脯氨酸和谷氨酰胺，例如玉米醇溶蛋白、小麦醇溶蛋白和大麦醇溶蛋白。

（5）硬蛋白　硬蛋白不溶于水、中性溶剂、稀酸或稀碱中，不易被消化酶水解。是一种具有结构功能和结合功能的纤维状蛋白。例如肌肉中的胶原、肌腱中的弹性蛋白、角蹄中的角蛋白和毛发蛋白。

（6）组蛋白　组蛋白是一种碱性蛋白质，因为它含有大量的组氨酸和赖氨酸，能溶于水，遇到氨水会沉淀出来。存在于动物细胞里，一般与其他成分结合，如核蛋白。

（7）精蛋白　可溶于水、稀酸和稀碱，主要以精氨酸为主，是最简单的蛋白质物质，仅约含8种氨基酸。大多存在于卵子、精子及脾中。

3. 根据结合蛋白质中辅基不同分类

（1）脂蛋白　脂蛋白为脂类（甘油三酯、磷脂、胆固醇及其衍生物）与蛋白质结合的复合物，具有极强的乳化能力，存在于牛乳与蛋黄之中。

（2）糖蛋白　糖蛋白是碳水化合物与蛋白质结合的复合物，可溶于碱性溶液。这些糖链常含氨基葡萄糖、氨基半乳糖、半乳糖、甘露糖和海藻糖单体等。哺乳动物的黏性分泌物、血浆蛋白、卵黏蛋白及大豆某些部位中的蛋白质都属于糖蛋白。

（3）核蛋白　核蛋白是由核酸与蛋白质结合而成。存在于细胞核及核糖体（含RNA）中，病毒中也有核蛋白存在。

（4）磷蛋白　磷蛋白是磷酸基团与蛋白质中丝氨酸和苏氨酸中的羟基结合而成。是一种很重要的蛋白质，如牛乳中的酪蛋白和鸡蛋黄中的磷蛋白。

（5）色蛋白　色蛋白是具有色泽的辅基基团（多为金属）与蛋白质结合而成。这种结合较不稳定且易于移去，但也有的结合十分牢固，例如，血红蛋白、肌红蛋白、叶绿素蛋白及黄素蛋白等。

4. 根据食品中蛋白质的功能特性分类

按食品中蛋白质的功能特性分为：①酶；②结构蛋白；③收缩蛋白（肌球蛋白、肌动蛋白、微管蛋白）；④激素（胰岛素、生长激素）；⑤传递蛋白（血清蛋白、铁传递蛋白、血红蛋白）；⑥抗体（免疫球蛋白）；⑦贮藏蛋白（蛋清蛋白、种子蛋白）；⑧保护蛋白（毒素和过敏素）。

第二节 食品中的氨基酸

一、食品中氨基酸的组成、结构与分类

氨基酸为蛋白质的构成单位，在氨基酸结构中至少含一个碱性的氨基（$—NH_2$）和一个酸性的羧基（—COOH）。在蛋白质的水解液中，通常存在 20 种氨基酸。氨基酸结构的基本通式见图 4-1。

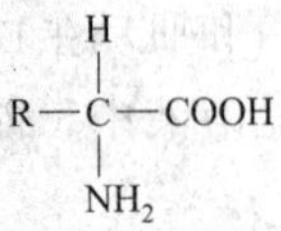

$$R-\underset{NH_2}{\overset{H}{C}}-COOH$$

图 4-1 氨基酸结构的基本通式（非解离形式）

其中 R 基团为氨基酸的侧链，每一种氨基酸的侧链均不同，见表 4-1。侧链性质对氨基酸及蛋白质的理化性质有重要影响。

表 4-1 食品中常见的 L-氨基酸

氨基酸				分子量	在中性 pH 条件下的结构
名称		缩写符号			
中文名称	英文名称	三位字母	一位字母		
丙氨酸	Alanine	Ala	A	89.1	$CH_3-\underset{^+NH_3}{CH}-COO^-$
精氨酸	Arginine	Arg	R	174.2	$H_2N-\underset{^+NH_2}{\overset{}{C}}-NH-(CH_2)_3-\underset{NH_2}{CH}-COO$
天冬酰胺	Asparagine	Asn	N	132.1	$H_2N-\underset{O}{C}-CH_2-\underset{^+NH_3}{CH}-COO^-$
天冬氨酸	Asparticacid	Asp	D	133.1	$^-O-\underset{O}{C}-CH_2-\underset{^+NH_3}{CH}-COO^-$
半胱氨酸	Cysteine	Cys	C	121.1	$HS-CH_2-\underset{^+NH_3}{CH}-COO^-$
谷氨酰胺	Glutamine	Gln	Q	146.1	$H_2N-\underset{O}{C}-(CH_2)_2-\underset{^+NH_3}{CH}-COO^-$
谷氨酸	Glutamicacid	Glu	E	147.1	$^-O-\underset{O}{C}-(CH_2)_2-\underset{^+NH_3}{CH}-COO^-$
甘氨酸	Glycine	Gly	G	75.1	$H-\underset{^+NH_3}{CH}-COO^-$
组氨酸	Histidine	His	H	155.2	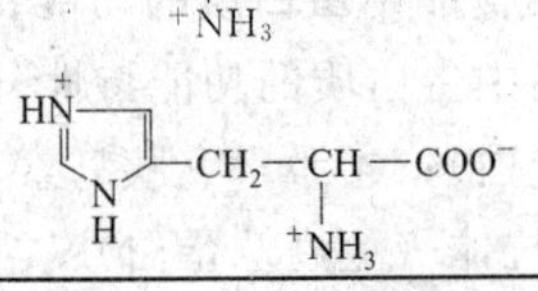 $\overset{+}{HN}\ \underset{H}{N}-CH_2-\underset{^+NH_3}{CH}-COO^-$

续表

氨基酸				分子量	在中性 pH 条件下的结构
名称		缩写符号			
中文名称	英文名称	三位字母	一位字母		
异亮氨酸	Isoleucine	Ile	I	131.2	$CH_3-CH_2-CH(CH_3)-CH(^+NH_3)-COO^-$
亮氨酸	Leucine	Leu	L	131.2	$CH_3-CH(CH_3)-CH_2-CH(^+NH_3)-COO^-$
赖氨酸	Lysine	Lys	K	146.2	$H_3\overset{+}{N}-(CH_2)_4-CH(^+NH_3)-COO^-$
蛋氨酸	Methionine	Met	M	149.2	$CH_3-S-(CH_2)_2-CH(^+NH_3)-COO^-$
苯丙氨酸	Phenylalanine	Phe	F	165.2	$C_6H_5-CH_2-CH(^+NH_3)-COO^-$
脯氨酸	Proline	Pro	P	115.1	环上 $\overset{+}{N}H_2$，$-COO^-$
丝氨酸	Serine	Ser	S	105.1	$HO-CH_2-CH(^+NH_3)-COO^-$
苏氨酸	Threonine	Thr	T	119.1	$CH_3-CH(OH)-CH(^+NH_3)-COO^-$
色氨酸	Trytophan	Trp	W	204.2	吲哚基(NH)$-CH_2-CH(^+NH_3)-COO^-$
酪氨酸	Tyrosine	Tyr	Y	181.2	$HO-C_6H_4-CH_2-CH(^+NH_3)-COO^-$
缬氨酸	Valine	Val	V	117.1	$CH_3-CH(CH_3)-CH(^+NH_3)-COO^-$

在构成蛋白质的 20 种氨基酸中，有 8 种是人体所必需的，称为必需氨基酸。这些氨基酸人体自身不能合成，也不能由别的氨基酸转化而来，必须由食物供给，如果食物中缺乏这些氨基酸，就会影响机体的正常生长和健康。这 8 种必需氨基酸是赖氨酸、苯丙氨酸、缬氨酸、甲硫氨酸、色氨酸、亮氨酸、异亮氨酸和苏氨酸。对于婴儿，组氨酸也是必需的。必需氨基酸在蛋白质中的数量及其有效性可用来评定蛋白质的营养价值。

二、食品中氨基酸的物理性质

1. 色泽与状态

各种常见氨基酸均为无色结晶，结晶形状因氨基酸的结构差异而不同，如 L-谷氨酸为四角柱形结晶，D-谷氨酸则为菱片状结晶。

2. 熔点

氨基酸结晶的熔点较高，一般在 200～300℃之间，许多氨基酸在达到或接近熔点时或多或少地发生分解。

3. 溶解度

氨基酸一般都能溶于水，微溶于醇，不溶于乙醚。不同的氨基酸在水中有不同的溶解度，如赖氨酸和精氨酸侧链带正电荷，溶解度很大，而氨基位于环内的脯氨酸与羟脯氨酸水溶性很小，只能溶于乙醇和乙醚中。所有氨基酸都能溶于强酸、强碱溶液中。

4. 味感

氨基酸及其某些衍生物具有一定的味感，味感与氨基酸的种类和立体结构有关，具有甜、苦、鲜和酸等四种不同味感。一般来讲，D-型氨基酸多数带有甜味，甜味最强的是D-色氨酸，可达到蔗糖的40倍。谷氨酸的单钠盐有鲜味，是味精的主要成分。

5. 旋光性

除甘氨酸外，其他氨基酸都有旋光性和一定的比旋光度，天然蛋白质的氨基酸属于L-型。

6. 酸碱性质

由于氨基酸同时含有羧基（酸性）和氨基（碱性），因此它们具有两性性质。具有代表性的甘氨酸（Gly）、天冬氨酸（Asp）和赖氨酸（Lys）在溶液中可能的解离状态见图4-2。

$$\underset{Gly^{+}}{H_3^+N-CH_2-COOH} \underset{H^+}{\overset{K'-COOH}{\rightleftharpoons}} \underset{\text{两性离子 } Gly^{\pm}}{H_3^+N-CH_2-COO^-} \underset{H^+}{\overset{K'-NH_3^+}{\rightleftharpoons}} \underset{Gly^{-}}{H_2N-CH_2COO^-}$$

(1)

$$\underset{Asp^{+}}{\begin{array}{c}COOH\\|\\CH-NH_3^+\\|\\CH_2\\|\\COOH\end{array}} \underset{H^+}{\overset{K'-COOH,\ OH^-}{\rightleftharpoons}} \underset{Asp^{\pm}\text{(两性离子)}}{\begin{array}{c}COO^-\\|\\CH-NH_3^+\\|\\CH_2\\|\\COOH\end{array}} \underset{H^+}{\overset{K'-R,\ OH^-}{\rightleftharpoons}} \underset{Asp^{-}}{\begin{array}{c}COO^-\\|\\CH-NH_3^+\\|\\CH_2\\|\\COO^-\end{array}} \underset{H^+}{\overset{K'-NH_3^+,\ OH^-}{\rightleftharpoons}} \underset{Asp^{--}}{\begin{array}{c}COO^-\\|\\CH-NH_2\\|\\CH_2\\|\\COO^-\end{array}}$$

(2)

$$\underset{Lys^{++}}{\begin{array}{c}COOH\\|\\CH-NH_3^+\\|\\(CH_2)_4\\|\\NH_3^+\end{array}} \underset{H^+}{\overset{K'-COOH,\ OH^-}{\rightleftharpoons}} \underset{Lys^{+}}{\begin{array}{c}COO^-\\|\\CH-NH_3^+\\|\\(CH_2)_4\\|\\NH_3^+\end{array}} \underset{H^+}{\overset{K'-NH_3^+,\ OH^-}{\rightleftharpoons}} \underset{Lys^{\pm}\text{(两性离子)}}{\begin{array}{c}COO^-\\|\\CH-NH_2\\|\\(CH_2)_4\\|\\NH_3^+\end{array}} \underset{H^+}{\overset{K'-R,\ OH^-}{\rightleftharpoons}} \underset{Lys^{-}}{\begin{array}{c}COO^-\\|\\CH-NH_2\\|\\(CH_2)_4\\|\\NH_2\end{array}}$$

(3)

图4-2 氨基酸的解离状态

(1) 甘氨酸的解离状态；(2) 天冬氨酸的解离状态；(3) 赖氨酸的解离状态

由此可见氨基酸的两性性质决定于介质的pH，氨基酸在溶液中净电荷为零时的pH称为氨基酸的等电点（pI）。

在等电点以上的任何pH溶液中，氨基酸带净负电荷；而在低于等电点的pH溶液中，氨基酸带净正电荷。在一定pH范围内，pH离等电点愈远，氨基酸所带的净电荷愈大。

三、食品中氨基酸的化学性质

氨基酸分子中的α-氨基、α-羧基和R基团能够分别或同时与物质发生多种化学反应。

1. 氨基酸分子中α-氨基参与的反应

（1）氨基酸分子的脱氨基反应　在强氧化剂或氧化酶的作用下，氨基酸分子会脱去氨基，放出氨气，氨基酸被氧化成酮酸，见图4-3。

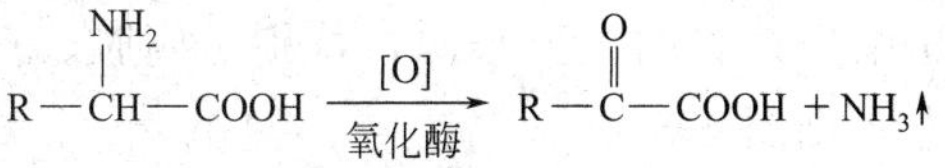

$$R-CH(NH_2)-COOH \xrightarrow[\text{氧化酶}]{[O]} R-C(=O)-COOH + NH_3\uparrow$$

图4-3　氨基酸被氧化成酮酸

（2）羰氨反应（又称美拉德反应）　氨基酸的α-氨基及侧链上的氨基与还原糖之间发生的羰氨反应，是食品中常见的反应，对食品的风味、色泽等产生重要的影响（详见第三章）。

（3）氨基酸分子中α-氨基与亚硝酸的反应　氨基酸中α-氨基都能与亚硝酸反应，产生相应的羟基化合物并放出氮气（N_2）（图4-4），根据N_2体积定量计算氨基酸含量。但是，ε-NH_2与HNO_2反应较慢，脯氨酸、精氨酸、组氨酸、色氨酸中的环结合氮不与HNO_2作用。

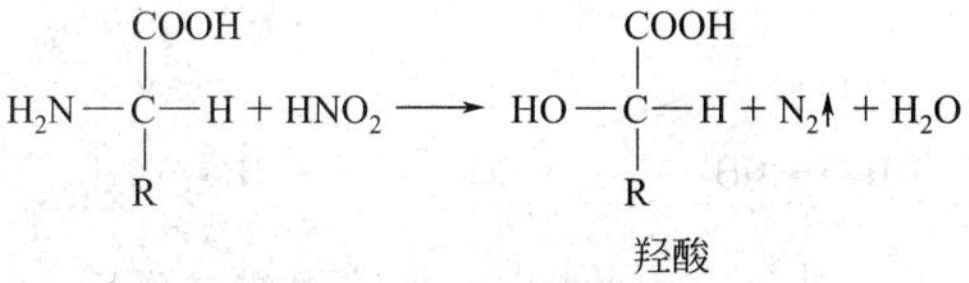

$$H_2N-CH(R)(COOH) + HNO_2 \longrightarrow HO-CH(R)(COOH) + N_2\uparrow + H_2O$$

羟酸

图4-4　氨基酸分子中α-氨基与亚硝酸的反应

（4）氨基酸分子中α-氨基与甲醛的反应　在中性pH条件下，氨基酸分子中α-氨基与甲醛反应生成羟甲基衍生物（见图4-5），使其碱性减弱。这时，氨基酸中的羧基就可以和普通脂肪酸的羧基一样解离，充分显示出它的酸性。在食品检测中常用氨基酸的这个性质，来定量测定食品中氨基酸的含量。

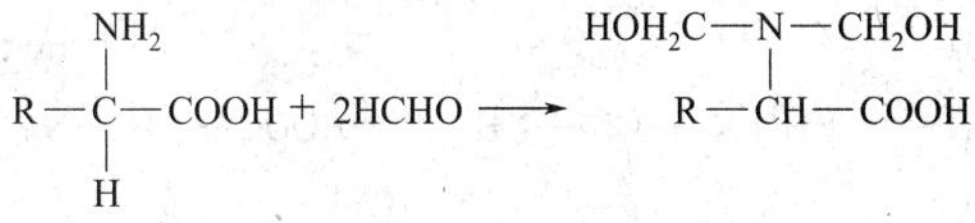

$$R-CH(NH_2)-COOH + 2HCHO \longrightarrow R-CH[N(CH_2OH)_2]-COOH$$

图4-5　氨基酸分子中α-氨基与甲醛的反应

（5）α-氨基与二硝基氟苯反应　氨基酸的α-氨基可以与二硝基氟苯（DNFB）反应生成稳定的黄色化合物2,4-二硝基氟苯氨基酸（DNP氨基酸），见图4-6。这个可以用于稳定多肽或者蛋白质N末端的氨基酸，又称为Sanger反应。

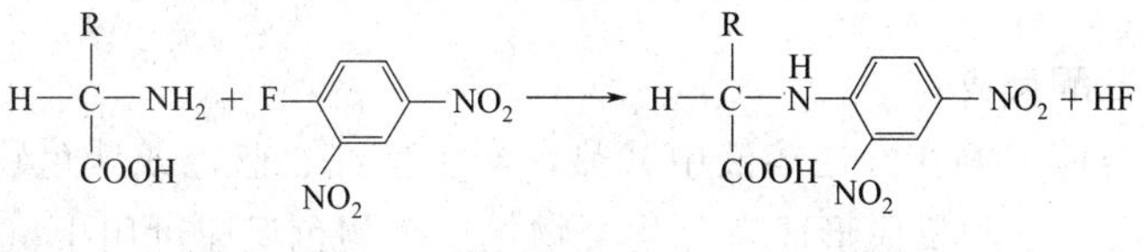

$$H-CH(R)(COOH)-NH_2 + F-C_6H_3(NO_2)-NO_2 \longrightarrow H-C(R)(COOH)-NH-C_6H_3(NO_2)-NO_2 + HF$$

图4-6　氨基酸分子中α-氨基与DNFB的反应

2. 氨基酸分子中羧基参与的反应

食品中的氨基酸经高温或细菌作用，发生脱羧反应而生成相应的胺，并放出二氧化碳，见图 4-7。许多微生物如大肠杆菌中含有一种谷氨酸脱羧酶，可使谷氨酸脱羧形成 γ-氨基丁酸（GABA）。

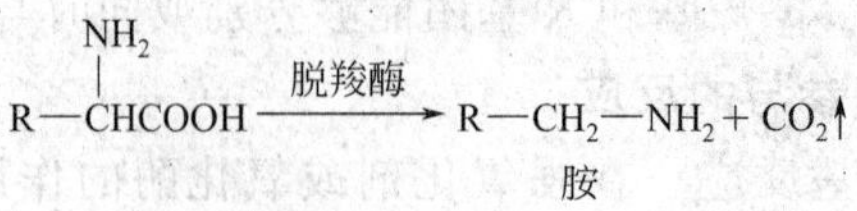

$$R-CH(NH_2)COOH \xrightarrow{\text{脱羧酶}} \underset{\text{胺}}{R-CH_2-NH_2} + CO_2\uparrow$$

图 4-7 食品中的氨基酸的脱羧反应

氨基酸脱羧反应是食品中生物胺的主要来源，特别是腐胺、尸胺等有毒性和臭味的胺类的产生，是食品腐败的标志，见图 4-8。

$$CH_2(NH_2)(CH_2)_3CH(NH_2)COOH \xrightarrow{\text{腐败菌}} CH_2(NH_2)(CH_2)_3-CH_2(NH_2) + CO_2\uparrow$$

图 4-8 氨基酸脱羧反应

3. 氨基酸分子中 α-氨基和 α-羧基都参加的反应

（1）氨基酸分子中 α-氨基、α-羧基与金属离子作用　重金属离子 Cu^{2+}、Co^{2+}、Mn^{2+} 和 Fe^{2+} 都能和氨基酸分子中 α-氨基、α-羧基作用，生成复杂的特殊配合物——螯合物，见图 4-9。

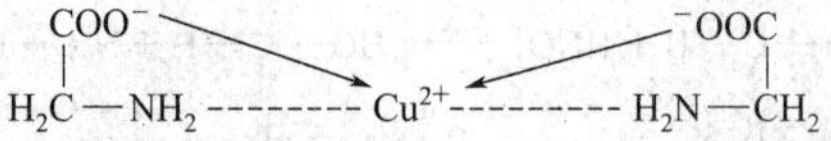

$$H_2C(COO^-)-NH_2 \cdots\cdots Cu^{2+} \cdots\cdots H_2N-CH_2(^-OOC)$$

图 4-9 氨基酸与 Cu^{2+} 形成螯合物

（2）不同氨基酸之间的成肽反应　氨基酸分子的 α-氨基与另一个氨基酸分子的 α-羧基脱水缩合，形成的化合物称为肽，见图 4-10。

由两个氨基酸分子缩合形成的肽称为二肽，3 个氨基酸分子缩合形成的肽称为三肽，依此类推。少于 10 个氨基酸分子缩合形成的肽统称为寡肽，超过 10 个氨基酸分子缩合形成的肽统称为多肽，当组成肽的氨基酸数目达到 50 个以上时称为蛋白质。

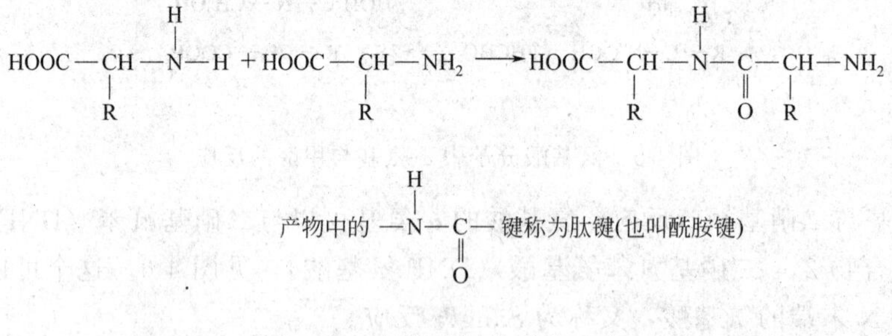

$$HOOC-CH(R)-NH-H + HOOC-CH(R)-NH_2 \longrightarrow HOOC-CH(R)-NH-C(=O)-CH(R)-NH_2$$

产物中的 $-NH-C(=O)-$ 键称为肽键(也叫酰胺键)

图 4-10 氨基酸间的成肽反应

4. 氨基酸与茚三酮反应

一般 α-氨基酸与茚三酮在酸性溶液中共热，产生紫红、蓝色或紫色物质（图 4-11）。但脯氨酸和羟脯氨酸与茚三酮反应形成黄色化合物。这个颜色反应可用于氨基酸的定性、定量分析，在波长 440nm，测定脯氨酸和羟脯氨酸，而在 570nm 测定其他氨基酸。

5. 氨基酸与荧光胺反应

α-氨基酸和荧光胺反应，生成强荧光的衍生物（激发波长 390nm，发射波长 475nm），可用于快速定量测定氨基酸、肽和蛋白质的含量，见图 4-12。

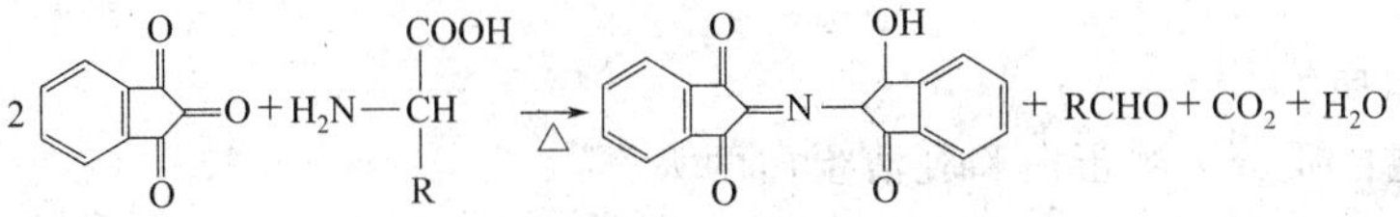

$$2\ (\text{茚三酮}) + H_2N-CH(R)-COOH \xrightarrow{\triangle} \text{呈色物质} + RCHO + CO_2 + H_2O$$

茚三酮　　呈色物质

图 4-11 α-氨基酸与茚三酮反应

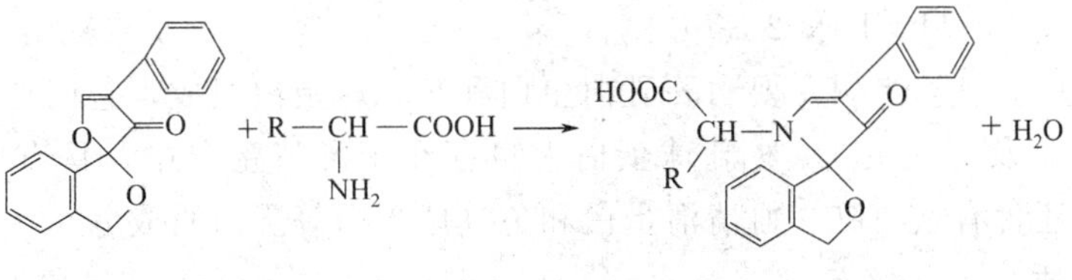

$$\text{荧光胺} + R-CH(NH_2)-COOH \longrightarrow \text{强荧光的衍生物}\ (HOOC-CH(R)-N\ldots) + H_2O$$

荧光胺　　强荧光的衍生物

图 4-12 α-氨基酸与荧光胺的反应

6. 氨基酸与 1,2-苯二甲醛反应

1,2-苯二甲醛与氨基酸反应，生成强荧光的异吲哚衍生物（激发波长 380nm，发射波长 450nm），也可用此反应来定量测定氨基酸、肽和蛋白质的含量，见图 4-13。

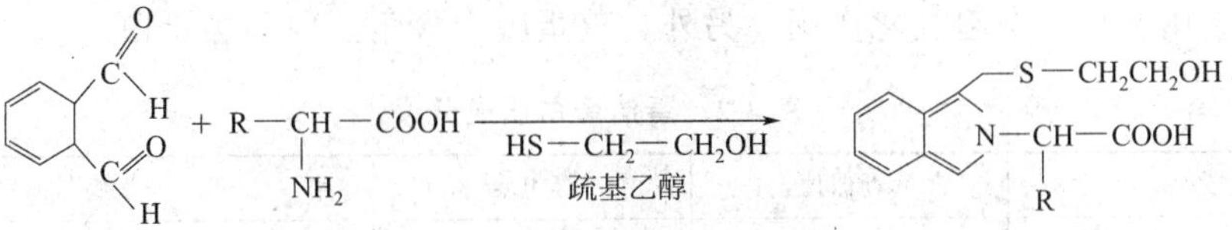

$$\text{1,2-苯二甲醛} + R-CH(NH_2)-COOH \xrightarrow[\text{巯基乙醇}]{HS-CH_2-CH_2OH} \text{异吲哚衍生物}\ (S-CH_2CH_2OH;\ N-CH(R)-COOH)$$

图 4-13 食品中的氨基酸与 1,2-苯二甲醛反应

第三节 各类食品中的蛋白质

一、动物食品中蛋白质

1. 肉类蛋白质

所谓肉类蛋白质一般是牛、羊、猪和鸡肉中的蛋白质，其蛋白质约占湿重的 16%～22%。肌肉蛋白质中约含有 70%的结构或纤维蛋白和 30%的水溶性蛋白。肉类蛋白质中的可溶性蛋白又可分为肌浆蛋白和肌清蛋白。肌浆蛋白中含有大量酶，还含有肌红蛋白和血红蛋白。用稀盐溶液除去肉类的可溶性蛋白后，剩下的就是纤维蛋白和基质蛋白。

哺乳动物骨骼肌中蛋白质约一半是肌纤维蛋白，它们在生理条件下，即在活体肌肉中是不溶解的。基质蛋白形成了肌肉的结缔组织骨架，包括胶原蛋白、网硬蛋白和弹性蛋白。所有基质蛋白都很难溶解。

具有收缩性能的肉蛋白被一层结缔组织包围并彼此隔离，这种结缔组织称胶原，属于纤维状蛋白质，是动物体内存在的一类最广泛的蛋白质。它的含量与特性会影响肉的嫩度和韧性，因而也关系到肉的品质。

将胶原加热到 80℃以上并持续一定时间，胶原便转化成明胶。明胶是一种由不溶性胶原衍生而成的可溶性蛋白，虽然它可由不同的动物副产品制成，但畜皮是生产明胶最常用的原料。

2. 牛乳蛋白质

牛乳中的蛋白质分为酪蛋白和乳清蛋白两大类：

（1）酪蛋白　酪蛋白是一种磷蛋白，磷含量0.86%，是一种非均相蛋白质，约占乳蛋白的80%。酪蛋白中绝大部分的磷是与丝氨酸的羟基形成磷酸单酯。酪蛋白有4种主要成分：α_{s1}-酪蛋白、α_{s2}-酪蛋白、β-酪蛋白和κ-酪蛋白。它们在脱脂牛乳中的含量分别为12～15g/L、3～4g/L、9～11g/L及2～4g/L。

（2）乳清蛋白　乳清蛋白主要由α-乳白蛋白和β-乳球蛋白组成，它们在脱脂乳中的含量分别为1～1.5g/L及2～4g/L。β-乳球蛋白大量存在于乳清蛋白中，具有球蛋白特性。此外，乳清蛋白中还含有蛋白胨、血清清蛋白和免疫球蛋白等蛋白质成分。

3. 鸡蛋蛋白质

鸡蛋蛋白质中有蛋清蛋白和蛋黄蛋白，均具有较高的生物学价值。蛋清蛋白中至少含有8种不同的蛋白质，见表4-2。蛋清蛋白中有些具有独特的性质，如溶菌酶具有抑菌性；卵糖蛋白为胰蛋白酶的抑制剂；卵黏蛋白能抑制血细胞凝集素；抗生物素能与生物素结合，伴清蛋白能与铁结合，具抗菌的能力，可保护鸡蛋不受细菌的侵染。

蛋黄蛋白中有卵黄蛋白、卵黄高磷蛋白和脂蛋白。由于脂蛋白具有很好的乳化性质，因此蛋黄广泛应用于食品中起乳化作用。另外，鸡蛋膜中含角蛋白和黏蛋白。

表4-2　蛋清蛋白质成分

组成	含量近似值/%	等电点	特性
卵清蛋白	54	4.6	易变性，含巯基
伴清蛋白	13	6.0	与铁复合，能抗微生物
卵糖蛋白	11	4.3	能抑制胰蛋白酶
溶菌酶	3.5	10.7	为分解多糖的酶，抗微生物
卵黏蛋白	1.5		具黏性，含唾液酸，能与病毒作用
黄素蛋白	0.8	4.1	与核黄素结合
蛋白酶抑制剂	0.1	5.2	抑制酶
抗生物素	0.05	9.5	与生物素结合，抗微生物
未确定的蛋白质成分	8	5.5,7.5	主要为球蛋白

4. 鱼蛋白质

鱼类可食部分中蛋白质含量为10%～21%，且含量随鱼的种类不同而异。鱼肉蛋白质在组成上与哺乳动物肉相似，包括肌浆蛋白、肌原纤维蛋白和肌基质蛋白，但稳定性稍差。例如在鱼肉加工时，蛋白质更容易发生分解、变性或凝固。

二、植物来源食品中蛋白质

1. 蔬菜蛋白

新鲜蔬菜并非蛋白质主要来源，其中含蛋白质最多的如豌豆含量为6.5%；胡萝卜、莴苣约为1%；马铃薯、芦笋为2%。豌豆蛋白富含赖氨酸，缺乏含硫氨基酸，具有良好的乳化性、起泡性、吸水性和吸油性。虽然马铃薯中蛋白质含量不高，但其中赖氨酸及色氨酸等必需氨基酸含量较高，因此马铃薯蛋白质品质较好。

2. 谷类蛋白

谷类蛋白质含量随种类不同而不同，含量在6%～20%之间。谷类胚中的蛋白质，主要是球蛋白或白蛋白。3种主要谷类蛋白小麦蛋白、玉米蛋白和稻米蛋白均有其各自不同的特性。

（1）小麦蛋白　小麦蛋白质含量13%左右，小麦蛋白中富含谷氨酰胺，但缺乏赖氨酸，不是一种良好的蛋白质来源，需配以牛乳或其他蛋白质，补其不足。

（2）玉米蛋白　玉米中蛋白质含量约为9%，其中80%的蛋白质存在于玉米胚乳中，玉米胚乳蛋白主要是基质蛋白和存在基质中的颗粒蛋白体两种。玉米蛋白中缺乏赖氨酸和色氨酸两种必需氨基酸。

（3）稻米蛋白　稻米中蛋白质含量大多为8%～9%，稻米蛋白主要存在于内胚乳的蛋白体中，在碾米过程中几乎全部保存，其中80%为碱溶性蛋白——谷蛋白。稻米是唯一具有高含量谷蛋白和低含量醇溶谷蛋白（5%）的谷类，因此其赖氨酸的含量（约占3.5%～4.0%）高于其他谷物，蛋白质品质几乎与肉类相等且过敏性低，非常适于开发婴幼儿食品。

3. 油料种子蛋白

油料种子蛋白主要存在于蛋白体或糊粉粒中，占总蛋白质量的70%以上。多数油料种子蛋白为球蛋白，能溶于水及pH4～5的盐溶液中。主要油料种子蛋白包括大豆蛋白、棉籽蛋白和花生蛋白。大豆蛋白含有足够的赖氨酸，但缺乏甲硫氨酸。棉籽蛋白缺乏赖氨酸，花生蛋白除缺甲硫氨酸、赖氨酸外，还缺乏苏氨酸。大豆浓缩蛋白和分离蛋白是商业上重要的大豆蛋白制品，它们的蛋白质含量分别高于70%和90%（按干基），并具有多种功能性。

4. 植物叶蛋白

叶蛋白是从绿色植物叶子提取的蛋白质，通常是一种复合物，含多种氨基酸和维生素，不含胆固醇，是畜、禽的优良饲料，也是人类膳食中蛋白质的重要补充物。绿色植物叶子中蛋白质有两类，一是固态叶蛋白，另一类是可溶性叶蛋白。

三、可食用的蛋白质新资源

1. 畜、禽动物蛋白新资源

（1）特禽类动物蛋白　主要有鸵鸟蛋白、鹌鹑蛋白、火鸡蛋白。

（2）畜、禽类动物血液蛋白　我国畜、禽类动物血液资源十分丰富，但利用很少，尤其是牛、马、羊的血液基本上未被利用，有些地区还造成严重的环境污染。

2. 水产动物蛋白新资源

水产品是人类消费的蛋白质的主要来源之一。除营养丰富外，有些水产品还含有某些特有的物质。目前，利用海洋生物研究和开发的海洋功能性食品已形成多个系列，如鱼油功能性食品、海洋蛋白功能性食品、海藻功能性食品、微藻功能性食品、贝类功能性食品等。水产品作为食品不仅具有高蛋白质、肉味鲜美、营养丰富，而且很多名、特、优水产品具有生理活性，在防治常见病、多发病、疑难病以及滋补强身方面具有特殊应用价值。例如，鳗鱼蛋白、泥鳅蛋白、牛蛙蛋白、鳖（甲鱼）蛋白、河蟹蛋白和蜗牛蛋白。

3. 昆虫蛋白新资源

主要昆虫蛋白有蜂蛹蛋白、蚕蛹蛋白、蝉蛋白和蚁蛋白，其他昆虫类蛋白还有蝎蛋白和蚯蚓蛋白。

4. 微生物蛋白新资源

目前开发的微生物蛋白有酵母蛋白、霉菌蛋白及微藻蛋白等。微藻蛋白中已商业化开发的有螺旋藻蛋白和鱼腥藻蛋白。

5. 种子、根茎类植物蛋白新资源

主要种子、根茎类植物蛋白新资源有棉籽蛋白、菜籽蛋白、油茶饼蛋白、马铃薯蛋白、野生豆类蛋白及向日葵种子蛋白等。

第四节 食品中蛋白质的性质

一、蛋白质的理化性质

1. 食品中蛋白质的变性

蛋白质分子的天然状态是最稳定的状态，其空间结构是通过氢键等次级键维持的，当蛋白质分子所处的环境，如温度、辐射、pH 等变化到一定程度时，次级键被破坏，会使蛋白质分子二级以上的结构发生变化，从而导致某些性质改变，这种现象称为蛋白质的变性；而变性后蛋白质分子就从原来有序的卷曲的紧密结构变为无序的松散的伸展状结构（但一级结构并未改变）。见图 4-14。

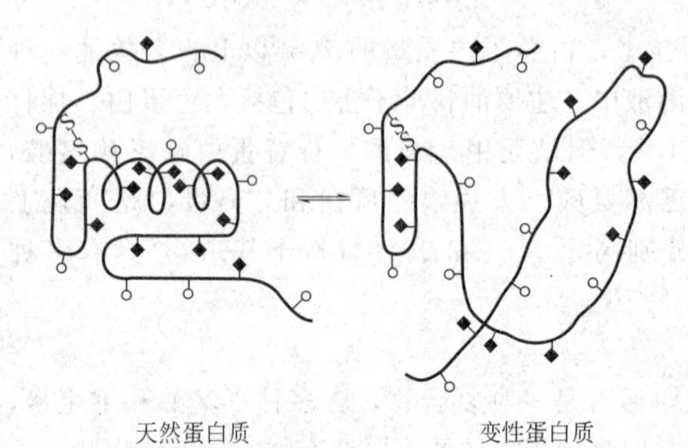

图 4-14 蛋白质变性示意图

(1) 影响变性的因素

① 影响蛋白质变性的物理因素

a. 热处理 在食品加工和保藏过程中，热处理是最常用的加工方法。热加工会引起食品中蛋白质结构发生变化，并且影响蛋白质的功能性质。通常认为，温度越低，蛋白质的稳定性愈高，然而实际情况并非总是如此，水能促进蛋白质的热变性。一些蛋白质的热变性温度见表 4-3。

表 4-3 一些蛋白质的热变性温度

蛋白质	热变性温度/℃	蛋白质	热变性温度/℃
牛血清蛋白	65	α-乳白蛋白	83
血红蛋白	67	β-乳球蛋白	83
鸡蛋白蛋白	76	大豆球蛋白	95
肌红蛋白	79	燕麦球蛋白	108

b. 辐射 当射线（如紫外线、γ 射线）的能量足够高时，能打断二硫键交联，也会导致蛋白质变性。研究分析证明，在许多适合的条件下，辐射不会对蛋白质的营养质量产生明显的损害作用。然而，有些食品对辐射非常敏感，例如在辐射剂量低于灭菌所需的水平时，就能导致牛乳产生不良风味。

c. 剪切 由振动、捏合、打擦产生的剪切力会破坏蛋白质分子的结构，从而使蛋白质变性。例如，在打蛋时，通过强烈快速的搅拌使空气泡并入鸡蛋蛋白中，其分子由复杂的空间结构变成多肽链，多肽链在继续搅拌下以多种次级键交联，形成球状小液滴，由于大量空气的充入，使鸡蛋蛋白体积大大增加。

d. 静水压 静水压诱导的蛋白质变性是可逆的，但是当压力达 200～1000MPa 的高静水压时，会破坏细胞膜和导致微生物细胞器的离解，导致微生物死亡，此时的蛋白质变性是不可逆的。因此超高压瞬时灭菌作为食品加工的一种新型技术，应用于灭菌和蛋白质的凝聚。

高压导致的蛋白质变性，不同于热加工和辐射的影响，它不会损害蛋白质中的营养成分、天然色泽和风味，也不会导致有毒化合物的形成。

② 影响蛋白质变性的化学因素

a. pH 蛋白质在等电点时比在任何其他 pH 时，都更加稳定，不易发生变性。在中性 pH，由于大多数蛋白质的等电点低于 7（见表 4-4），因此它们带有负电荷，此时净静电排斥能量小于其他稳定蛋白质的相互作用的能量，大多数蛋白质是稳定的。然而，在极端 pH 下高净电荷引起的强烈的分子静电排斥会导致蛋白质分子的肿胀和展开。蛋白质分子展开的程度，在极端碱性 pH 条件下高于在极端酸性 pH 条件下。由 pH 诱导的蛋白质变性多数是可逆的。但在某些情况下，由于肽键的水解而导致蛋白质变性是不可逆变性。

表 4-4 几种重要蛋白质的等电点（p*I*）

蛋白质	来源	等电点	蛋白质	来源	等电点
肌球蛋白	牛	4～5	α-乳白蛋白 B	牛	5.1
肌动蛋白	牛	4～5	卵清蛋白	鸡	4.6
胶原(原胶原)	牛	约 9	血清清蛋白	牛	4.8
α_{s1}-酪蛋白 B	牛	5.1	麦醇溶蛋白	小麦	6.4～7.1
β-酪蛋白 A	牛	5.3	麦清蛋白	小麦	4.5～4.6
κ-酪蛋白 B	牛	4.1～4.5	大豆球蛋白	大豆	4.6
β-乳球蛋白 A	牛	5.2	伴大豆球蛋白	大豆	4.6

b. 表面活性剂 表面活性剂如十二烷基硫酸钠（SDS），是强有力的蛋白质变性剂。十二烷基硫酸钠浓度为 3～8mol/L 时就能使大多数球状蛋白质发生不可逆变性。

c. 有机溶质 有机溶质如尿素和盐酸胍会诱导蛋白质变性。由于盐酸胍具有离子的性质，因此与尿素相比，它是更强的变性剂。许多球状蛋白质即使在 8mol/L 尿素中仍然不会完全变性，而在 8mol/L 盐酸胍中，球状蛋白质就已经完全变性。

d. 有机溶剂 大多数有机溶剂被认为是蛋白质的变性剂。与水互溶的有机溶剂，像乙醇和丙酮会改变介质（水）的介电常数，从而改变了稳定蛋白质结构的静电力。非极性溶剂能穿透到蛋白质疏水区，打断疏水相互作用，从而导致蛋白质变性。

e. 金属离子 碱金属（例如 Na^{+} 和 K^{+}）只能有限地对蛋白质起作用，而 Ca^{2+}、Mg^{2+} 略微活泼些，过渡金属例如 Cu^{2+}、Fe^{2+}、Ag^{+} 等离子很容易与蛋白质发生作用，其中许多离子能与蛋白质中巯基形成稳定的复合物。Ca^{2+}（还有 Fe^{2+}、Cu^{2+} 和 Mg^{2+}）可成为某些蛋白质分子或分子缔合物的组成部分，一般用透析法或螯合剂可从蛋白质分子中除去金属离子，但这将明显降低这类蛋白质对热和蛋白酶的稳定性。

f. 促溶盐 盐以两种不同的方式影响蛋白质的稳定性。在低浓度时，离子通过非特异性的静电相互作用与蛋白质作用。此类蛋白质电荷的静电中和作用可以稳定蛋白质的结构。完全的电荷中和出现在离子强度等于或低于 0.2，并且与盐的性质无关。在较高的浓度（>1mol/L），盐具有影响蛋白质结构稳定性的特异效应。阴离子对蛋白质结构的影响甚于

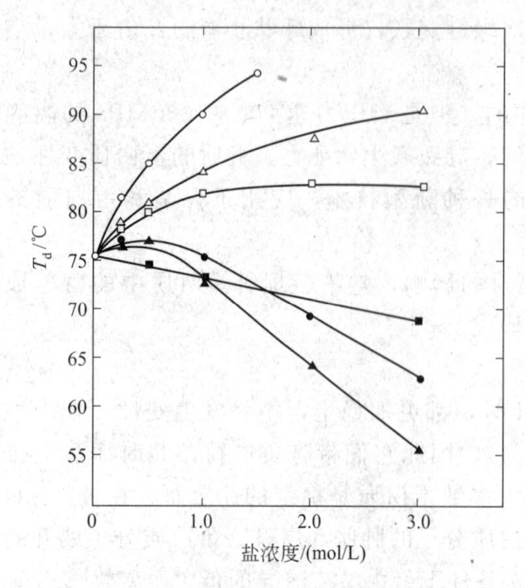

图 4-15 各种钠盐对β-乳球蛋白热变性温度（T_d）的影响

○ Na_2SO_4；△ NaCl；□ NaBr；● $NaClO_4$；▲ NaSCN；■尿素

阳离子。例如图 4-15 所示为各种钠盐对β-乳球蛋白热变性温度的影响。在相同的离子强度下，Na_2SO_4 和 NaCl 使变性温度提高，而 NaSCN 和 $NaClO_4$ 使变性温度降低。不管大分子（包括 DNA）的化学结构和构象的差别，高浓度的盐总是影响它们的结构稳定性。在等离子强度下，各种阴离子影响蛋白质（包括 DNA）结构稳定性的能力一般遵循下列顺序：$F^- < SO_4^{2-} < Cl^- < Br^- < I^- < ClO_4^- < SCN^- < Cl_3CCOO^-$。氟化物、氯化物和硫酸盐是结构稳定剂，而其他阴离子盐是结构去稳定剂。

（2）蛋白质的变性对其结构和功能的影响

蛋白质的变性使疏水基团暴露在分子表面，引起溶解度降低、结合水的能力改变并且失去生物活性（例如酶或免疫活性）。由于肽键的暴露，容易受到蛋白酶的攻击，增加了蛋白质对酶水解的敏感性。

2. 蛋白质的胶体性质

蛋白质在生物体内常以溶胶和凝胶两种状态存在，例如蛋清是蛋白质溶胶，蛋黄是蛋白质凝胶。又如动物体肌肉中肌肉纤维为蛋白质凝胶，而肉浆内的蛋白质为溶胶状态。

（1）蛋白质溶胶　蛋白质是天然高分子化合物，分子量很大，故而分子体积也大，在 1～100nm 之间。所以溶于水的蛋白质能形成稳定的亲水胶体并具有较强的吸附能力，统称为蛋白质溶胶。常见的豆浆、鸡蛋清、牛奶、肉冻汤等都是蛋白质溶胶。

（2）蛋白质凝胶　食品中许多蛋白质以凝胶状态存在，如新鲜的鱼肉、禽肉、畜瘦肉、动物皮和筋、水产动物、豆腐制品及面筋制品等，均可看成水分子分散在蛋白质凝胶的网络结构中，使它们有一定的弹性、韧性和可加工性。

新鲜的蛋白质可以失水干燥、体积缩小，成为具有弹性的干凝胶，如干海参、鱼翅、干贝等，它们可在碱性和加热的条件下吸水溶胀，逐渐回复原来的凝胶状态，使体积复原、变软，利于加工。

3. 蛋白质的沉淀作用

蛋白质胶体溶液的稳定性是有条件的、相对的。假若改变环境条件，破坏其水化膜和表面电荷，蛋白质亲水胶体便失去稳定性，就会发生蛋白质胶体絮结沉淀，具体影响因素见蛋白质变性。

4. 蛋白质的水解与分解

蛋白质能在酸、碱和酶的作用下发生水解作用。变性蛋白质更易发生水解反应，加热也能发生水解。蛋白质的水解产物，随着反应程度和蛋白质的组成不同而变化，水解生成的小分子肽和氨基酸增加了食品的风味。

蛋白质在高温下变性后易水解，也易发生分解，形成一定的风味物质。所以蛋白质的加热过程不仅是变性成熟过程，也是水解、分解产生风味的过程。但是过度地加热可使蛋白质分解产生有害的物质，甚至产生致癌物质，有害人体健康。

蛋白质还能在腐败菌作用下发生分解，产生对人体有害的 NH_3、H_2S、胺类、含氮杂环类化合物、含硫有机物及低级酸等物质，这些物质中有的有毒，有的具有强烈的臭味，使食物失去营养和食用价值。例如鸡蛋变臭、鱼肉的腐败，都是细菌作用于蛋白质造成的。

二、蛋白质的功能性质

蛋白质的功能性质，通常是指蛋白质的水合性、黏着性、胶凝作用、乳化性、起泡性等。

1. 蛋白质的水合作用

（1）蛋白质的水化性　蛋白质的水化取决于蛋白质与水的相互作用，包括水的吸收能力、持水能力、湿润性、溶胀、黏着性、分散性、溶解度和黏度等。

水分子同蛋白质分子的一些基团相结合，包括带电基团、主链肽基团、酰氨基、非极性残基、氨基酸残基的羟基，从而实现水化作用。见图 4-16。

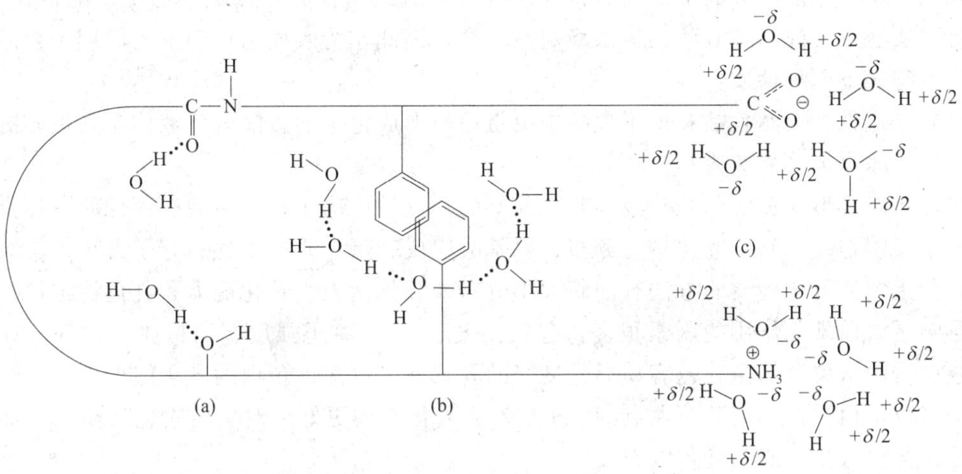

图 4-16　水同蛋白质相互作用的示意图

（a）氢键；（b）疏水相互作用；（c）离子相互作用

大多数的食品是蛋白质水化的固态体系，蛋白质中水的存在及存在方式直接影响着食物的质构、风味和口感。干燥的蛋白质原料并不能直接加工，须先将其水化。干燥蛋白质遇水逐步发生水合作用，在其不同的阶段，表现出不同的功能特性，具体过程见图 4-17。从中可以看出，蛋白质的水吸收、溶胀、润湿性、持水能力、黏着性与水化过程的前四步相关，而蛋白质的溶解度、速溶性、黏度还与蛋白质水化的第五步有关。蛋白质水化后，往往以水不溶性且充分溶胀的固态蛋白质存在。

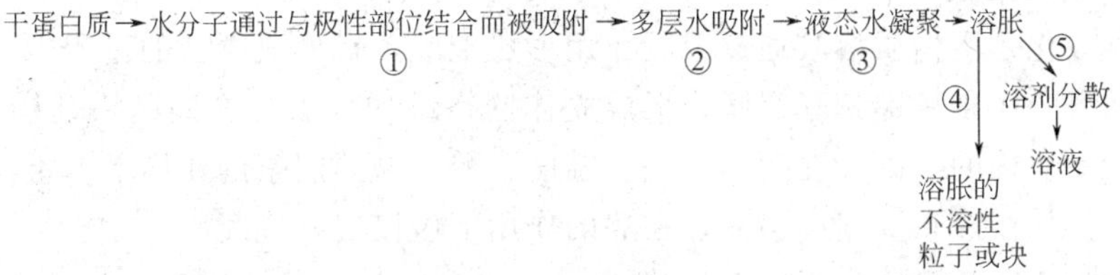

干蛋白质 →① 水分子通过与极性部位结合而被吸附 →② 多层水吸附 →③ 液态水凝聚 → 溶胀

溶胀 →④ 溶胀的不溶性粒子或块

溶胀 →⑤ 溶剂分散 → 溶液

图 4-17　蛋白质的水化过程

影响蛋白质水化的因素首先是蛋白质自身性质包括形状、表面积大小、蛋白质粒子表面极性基团数目和蛋白质粒子的微观结构是否多孔等。其次，蛋白质的环境因素会影响蛋白质的水化程度。

（2）蛋白质的持水性　在食品加工中，蛋白质的持水性非常重要，它是指水化了的蛋白质胶体牢固束缚住水不丢失的能力。蛋白质保留水的能力与许多食品（肉制品、焙烤食品和凝胶食品等）的质量有重要关系。加工过程中食品蛋白质持水性越好，意味着其中水的含量较高，制作出的食品口感越鲜嫩。

2. 蛋白质的膨润

蛋白质的膨润是指蛋白质吸水后不溶解，在保持水分的同时赋予制品以强度和黏度的一种重要功能特性。加工中有大量的蛋白质膨润的实例，如以干凝胶形式保存的干明胶、鱿鱼、海参、蹄筋的发制等。

3. 蛋白质的界面性质

蛋白质是天然的两亲分子，能自发地迁移至气-水或者油-水界面。与低分子量的表面活性剂相比，蛋白质能在界面形成高黏弹性薄膜，从而经受食品在保藏和加工中的机械冲击。由于蛋白质稳定的泡沫和乳状液体系稳定性较高，因此作为表面活性剂广泛应用于食品加工中。主要有如下两种性质：

（1）乳化性　天然食品和加工食品中由蛋白质形成稳定的食品乳状液体系是很多的，如乳、奶油、冰淇淋、蛋黄酱和肉糜等。

蛋白质能否形成良好的乳状液，非常重要的一点是取决于蛋白质的表面性质。如蛋白质表面亲水基团与疏水基团的比例与分布、氨基酸组成、蛋白质的柔性、分子大小、二级结构等。评价蛋白质乳化性质的方法有油滴大小分布、乳化活力、乳化能力和乳化稳定性。

影响蛋白质乳化作用的因素很多，包括温度、pH、离子强度、油相体积比等。一般来说，蛋白质的溶解度越高就越容易形成良好的乳状液。可溶性蛋白的乳化能力高于不溶性蛋白。大多数蛋白质在远离其等电点的pH条件下乳化作用更好。对蛋白质乳状液进行加热处理，通常会损害蛋白质的乳化能力。

（2）起泡性　食品中泡沫是指气泡（空气、二氧化碳气体）分散在含有可溶性表面活性剂的连续液态或半固体态中，表面活性剂起稳定泡沫的作用。常见的食品泡沫型产品如蛋糕、冰淇淋、啤酒泡沫、面包、果汁软糖等。

影响蛋白质起泡性质的因素包括内在因素（分子组成、柔性、溶解度、带电基团等）和外在因素（pH、盐、糖、脂、温度等）。蛋白质产生的泡沫不稳定，有自动聚集、气泡变大、破裂等倾向。要形成稳定的食品泡沫，可采用降低气-液界面张力、提高主体液相的黏度（如加糖或大分子亲水胶体）及在界面间形成牢固而有弹性的蛋白质膜等方法。

蛋清蛋白具有良好的起泡能力，常作为比较各种蛋白质起泡能力的参照物。

4. 蛋白质的凝胶化

蛋白质凝胶化是蛋白质溶胶通过胶凝作用形成凝胶，在形成凝胶的过程中，蛋白质分子的多肽链之间各基团以副键相互交联，形成立体网络结构，水分充满网络结构之间的空间，这也是许多食品质构的基础。在酶、氧气、温度、酸、碱等因素的作用下，蛋白质溶胶与凝胶可相互转化。如血液在空气中遇氧，在酶的作用下慢慢凝固成凝胶；豆浆蛋白在水中形成溶胶，加热后加入盐类又成为凝胶。

蛋白质凝胶网络结构的形成主要通过氢键、疏水相互作用和静电相互作用。如果凝胶网络结构的形成主要依靠氢键，那么该结构是热可逆的，即在加热时熔化成预凝胶状态，冷却时形成凝胶，如明胶形成凝胶。而主要是依靠疏水相互作用形成的凝胶网状结构是不可逆的，如蛋清形成凝胶，主要是因为疏水相互作用随温度的升高而增强。

三、蛋白质的营养性质

1. 蛋白质的质量

蛋白质的质量，主要取决于蛋白质中必需氨基酸的组成和消化率。高质量的蛋白质含有所有的必需氨基酸，并且高于 FAO/WHO 的参考值，而谷类和豆类中的蛋白质往往缺乏一种或一种以上的必需氨基酸，因此将它与富含此种必需氨基酸的另一种蛋白质食品混合就能提高它的营养质量，如谷类蛋白和豆类蛋白混合就能提供更完全和平衡的必需氨基酸。

2. 蛋白质的消化率

蛋白质消化率是指人体从蛋白质食品中吸收的氮占摄入的氮的比例。虽然必需氨基酸的含量是蛋白质质量的主要指标，然而蛋白质的真实质量也取决于这些氨基酸在体内被利用的程度。于是，蛋白质消化率影响着蛋白质的质量。通常动物性蛋白质比植物性蛋白质有更高的消化率。

第五节　蛋白质的功能性质在食品加工中的应用

蛋白质是食品的重要成分，它不仅能提高食品的营养价值，而且对食品的质量也起着重要的作用。这是因为各种蛋白质都有不同的功能性质，在食品加工过程中发挥出不同的功能。因此，根据产品需求，选定适宜的蛋白质，确定剂量，加入食品中，使之与其他成分如糖、脂肪和水等反应，可加工成理想的成品，这一做法在食品加工中得到广泛应用。

一、以乳蛋白作为功能性蛋白质在食品加工中的应用

在冰淇淋和发泡奶油点心生产过程中，乳蛋白起着起泡剂和泡沫稳定剂的作用，同时乳蛋白冰淇淋还有保香作用。乳清中的各种蛋白质，具有较强的耐搅打性，可用作西式点心的顶端配料稳定泡沫。

脱脂奶粉应用于焙烤食品中，可以改善面团的吸水能力，增大体积，阻止水分的蒸发，控制气体逸散速度；也可以加入肉糜中，乳化兼具保湿作用。

二、以卵类蛋白作为功能性蛋白质在食品加工中的应用

卵类蛋白主要由蛋清蛋白和蛋黄蛋白组成。蛋清蛋白的主要功能是促进食品的凝结、胶凝、发泡和成形。

在搅打适当黏度的卵类蛋白的水分散系时，其中的蛋清蛋白重叠的分子部分伸展开，捕捉并且滞留住气体，形成泡沫，对泡沫有稳定作用。在揉制糕饼面团中加入鸡蛋，蛋白质可在气-液界面上形成弹性膜，并且已有部分蛋白质凝结，把空气滞留在面团中，有利于发酵，防止气体逸散，面团体积加大，稳定蜂窝结构和外形，增加面包口感。

鸡蛋蛋白的主要功能是作为乳化剂和乳化稳定剂使用，它常常吸附在油水界面上，促进产生并稳定水包油的乳状液。鸡蛋蛋白在调味汁和牛奶糊中不仅起增稠作用，还可作为黏结剂把易碎食品粘连在一起，使得进一步加工时不致散裂。

三、以肌肉蛋白作为功能性蛋白质在食品加工中的应用

肌肉蛋白的保水性是影响鲜肉滋味、嫩度和颜色的重要功能性质，也是影响肉类加工质量的决定因素。肌肉中的水溶性肌浆蛋白和盐溶性肌纤蛋白的乳化性，以及肌肉蛋白的溶解性、溶胀性、黏着性和胶凝性，在食品加工中也起着很重要的作用，同时影响产品的质量。如肌肉蛋白的胶凝性可以提高食品产品强度、韧性和组织性；肌肉蛋白的吸水、保水和保油性能，使食品在加工时减少油水的流失量，阻止食品收缩；肌肉蛋白的黏着性能促进肉糜结合，免去使用黏着剂。

四、以大豆蛋白作为功能性蛋白质在食品加工中的应用

大豆蛋白具有溶解性、吸水和保水性、黏着性、胶凝性、弹性、乳化性和起泡性等特性。每一种性质都给食品加工过程带来特定的效果。如大豆蛋白，因其价廉且功能较多被广泛应用于食品加工中，利用它的乳化性，可加入咖啡乳内；利用其起泡性，涂在冰淇淋表面；在肉类加工中则是利用大豆蛋白的保水性、乳化性和胶凝性。

第六节 食品加工条件对蛋白质功能性与营养价值的影响

一、热处理对蛋白质功能性与营养价值的影响

食品的加工过程中，热处理对蛋白质的影响最大。加热对食品的营养价值有有利和有害两方面影响。大多数食品中的蛋白质，只在较窄的温度范围内才表现出其功能性质。从营养学的角度来看，温和的热处理所引起蛋白质变性能提高它们的消化率和必需氨基酸的利用率。同时食品加工如热烫或蒸煮可使酶（如蛋白酶、脂肪氧合酶、多酚氧化酶等）失去活性，从而能防止食品色泽、质地、气味的不利变化，以及降低纤维素含量。植物蛋白中存在的大多数天然蛋白质毒素或抗营养因子，都可通过加热使之变性或钝化。大豆、花生、菜豆、蚕豆等的种子和叶片中存在着蛋白酶抑制剂，能抑制人体内的蛋白质水解酶，从而影响蛋白质的利用率及营养价值，同时它还可能造成食物中毒。热加工可使抗营养因子变性失去活性。同时，适当的热处理，可明显提高植物蛋白的营养价值。热处理的益处还包括使蛋白质毒素失活，例如，可使金黄色葡萄球菌产生的肠毒素失活。但过度热处理也会发生一些不利营养的反应。如对蛋白质或蛋白质食品进行高强度热处理时，会引起氨基酸的脱硫、脱二氧化碳、脱氨等反应，从而降低干重、氮及含硫量。

总之，加热的影响是两方面的。在加工过程中，要掌握适当火候，减少蛋白质营养价值的损失，提高含蛋白质食品的营养价值和改善食品的口感。

二、低温处理对蛋白质功能性与营养价值的影响

食品的低温贮藏可延缓或阻止微生物的生长，并抑制酶的活性及化学反应。低温处理有两种方法：一是冷却，即将温度控制在稍高于冻结温度之上，蛋白质较稳定，微生物生长受到抑制；二是冷冻，这对食品的风味多少有些损害，若控制得好，蛋白质的营养价值不会降低。

鱼蛋白经过冷冻后，组织非常容易发生变化，此时肌球蛋白变性，持水性降低，风味破坏。而且鱼肉中的脂肪在冻藏期会自动氧化，生成过氧化物和自由基，再与肌肉作用，使蛋白质聚合，氨基酸破坏。

三、脱水对蛋白质功能性与营养价值的影响

蛋白质食品脱水的目的在于降低水分活度、增加食品稳定性，以便于保藏。脱水方法有以下几种：

1. 传统的脱水法

传统的脱水法是利用自然的温热空气来干燥食品，结果脱水后的肉类蛋白和鱼类蛋白会变得坚硬、萎缩且回复性差，成品后感觉坚韧而无其原有风味。

2. 真空干燥脱水法

真空干燥脱水法对肉的蛋白质功能性与营养价值的影响小，因无氧气，所以氧化反应较慢，而且在低温下还可减少非酶褐变及其他化学反应。

3. 冷冻干燥脱水法

冷冻干燥脱水法的食品可保持原形及大小，具有多孔性，有较好的回复性，它是肉类脱水最好的方法，经冷冻干燥的肉类，必需氨基酸含量及消化率和新鲜肉类的差异不大，但是仍会使部分蛋白质变性、肉质坚韧、保水性降低。

4. 喷雾干燥脱水法

喷雾干燥用的热风温度在200℃左右，但热量主要用于使水汽化，物料的实际受热温度一般不高于100℃，且物料的受热时间仅数秒，因此对蛋、乳的蛋白质功能性与营养价值的影响很小。

5. 薄膜干燥脱水法

薄膜干燥脱水法是将食品原料置于蒸汽加热的旋转鼓表面，脱水形成薄膜。这种方法往往不易控制，而使产品略有焦味，同时会使蛋白质的溶解度也降低。

四、碱处理对蛋白质功能性与营养价值的影响

食品加工中应用碱处理，会降低蛋白质功能性与营养价值，尤其在加热过程中更严重。例如以碱分离蛋白质时，会使蛋白质中某些氨基酸参与反应，同时还使得某些必需氨基酸损失，蛋白质就完全失去原有的功能性与营养价值。

一般来说，碱处理能提高蛋白质溶解性，增强蛋白质起泡性和乳化性等。

第七节　食品中的肽

现代医学及营养学公认，肽特别是分子质量＜1000Da的小肽（也称寡肽），在消化道中可直接吸收。短肽区别于氨基酸，拥有比氨基酸更好的吸收性质，也不同于蛋白质，不易发生生物反应引起过敏。此外，小肽还具有比较好的感官效应。科学研究还发现，有一些特殊结构（氨基酸组成和排列）的肽，不仅具有营养功能，而且还具有各种各样的生理活性，如促进矿物营养素的吸收、降低血压、提高免疫力等功能。由于食源性活性肽具有安全高效的特点，因而近年来越来越引起人们的关注，从食物蛋白质中分离生物活性肽，鉴定其结构并

验证其功能，进而将其用于保健食品或药品，是目前食品科学研究的热点之一。

一、食品中肽的理化性质

肽的性质和氨基酸有些相似，并受组成它的氨基酸的种类和数目的影响，使各肽的性质和生理功能有很大的区别。有的低分子肽也有味感，属于风味物质，在食品中起着一定的风味作用。

1. 肽的酸碱性质

多肽和氨基酸一样具有酸碱（两性）性质，在 pH 0～14 范围内，肽键中的亚氨基不能解离，因此肽的酸碱性质主要决定于肽链游离 N 末端的 α-氨基和游离 C 末端的 α-羧基以及侧链 R 上可解离的功能基团。肽中末端 α-羧基的 pK 值比游离氨基酸中的小一些，在不同 pH 溶液中，同一个肽的解离情况不同，净电荷不同。不同的肽，其等电点不同，解离情况亦不同，见表 4-5，因此可以选用适宜的 pH 缓冲液，用电泳的方法分离鉴别它们。

表 4-5　某些肽与氨基酸的 pK'值（25℃）

肽	pK'_1（α-COOH）	pK'_2（α-NH_2）	pK'_R（R 基）	pI
Gly	2.34	9.60	—	5.97
Gly—Asp	2.81	8.60	4.45	3.63
Gly—Gly	3.06	8.13	—	5.59
Ala	2.34	9.69	—	6.02
Ala—Gly	3.16	8.24	—	5.70
Gly—Ala	3.17	8.23	—	5.70
Gly—Gly—Gly	3.26	7.91	—	5.58
Ala—Ala—Ala—Ala	3.42	7.94	—	5.68
Ala—Ala—Lys—Ala	3.58	8.01	10.58	9.30

2. 食品中多肽的黏度与溶解度

蛋白质溶液的黏度随浓度的增加而显著增加，通常超过 13%就会形成凝胶且在酸性条件下易沉淀。而多肽即使在 50%的高浓度下和在较宽的 pH 范围内仍能保持溶解状态，同时还具有较强的吸湿性和保湿性，可用于高蛋白饮料和高蛋白果冻，此外在日化工业上还可作为毛发和皮肤的保湿剂使用。

多肽还具有抑制蛋白质形成凝胶的性能，可用于调整食品的质构，如水产品和肉禽蛋白质以及大豆蛋白，在加热时会形成凝胶使其质构变硬，这时添加百分之几的大豆肽，就会起到软化凝胶的作用。

3. 食品中肽的渗透压

多肽溶液渗透压的大小处于蛋白质与同一组成氨基酸混合物之间。当一种液体的渗透压比体液高时，易使人体周边组织细胞中的水分向胃肠移动而出现腹泻。多肽的渗透压比氨基酸低得多，食后也不会引起痢疾等不良反应，因此用多肽作为口服或肠道的蛋白源比氨基酸效果更好。

4. 食品中肽的化学反应

肽的化学反应和氨基酸一样，游离的 α-羧基、α-氨基和 R 基可以发生与氨基酸中相应基团的类似反应，如 N 末端的氨基酸残基能与茚三酮反应生成呈色物质，这也可用于肽的定性和定量。

双缩脲在碱性溶液中与硫酸铜反应生成红紫色络合物的反应叫双缩脲反应，见图 4-18。

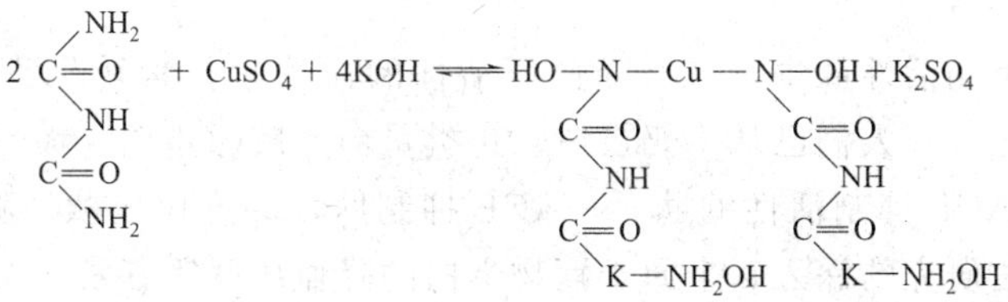

$$2\ \begin{matrix} NH_2 \\ | \\ C{=}O \\ | \\ NH \\ | \\ C{=}O \\ | \\ NH_2 \end{matrix} + CuSO_4 + 4KOH \rightleftharpoons HO{-}N{-}Cu{-}N{-}OH + K_2SO_4$$

（产物中两个 N 各连接：C=O—NH—C=O—K—NH_2OH）

双缩脲　　　　　　双缩脲铜钾氢氧化物

图 4-18 双缩脲反应

一般含有两个或两个以上肽键的化合物与 $CuSO_4$ 的碱性溶液都能发生双缩脲反应，可540nm 处测定，肽链越长显色越深，由粉红直到蓝紫色，该反应常用于蛋白质的定性、定量及水解进程的鉴定。

二、食品中的生物活性肽

1. 酪蛋白磷酸肽

乳蛋白是人类膳食蛋白质的重要来源，是优质的全价蛋白。自 1979 年以来，越来越多的研究不断揭示了乳蛋白的分子肽链中存在着具有多种生物活性的片段，它们经特定的蛋白酶水解释放，在人体内显示出不同的生物活性。现已证明来源于乳蛋白的生物活性肽包括类吗啡肽、免疫活性肽、降血压肽、抗血栓肽及矿物质吸收促进肽等，因其源于天然食物蛋白以及生理功能的多样性，已成为引人注目的研究热点，在膳食补充剂、保健食品及医药等领域显示出良好的发展趋势。

酪蛋白磷酸肽（CPP）是从牛奶酪蛋白中经蛋白酶水解后分离提纯而得到的富含磷酸丝氨酰簇的多肽。由于 CPP 可来源于不同的酪蛋白组分（α_{s1}-酪蛋白、α_{s2}-酪蛋白和 β-酪蛋白），因而不同来源的 CPP 的结构也不尽相同，见图 4-19。但都含有相同的功能区域-Ser（P)-Ser（P)-Ser（P)-Glu-Glu-，即 3 个连续的磷酸丝氨酸残基后续两个谷氨酸。

-(43)Asp-Ile-Gly-Ser(P)-Glu-Ser(P)-The-Glu-Asp-Gln-Ala-Met-Glu-Asp-Ile-Lys- Glu-Met-Glu

-Ala-Glu-Ser(P)-Ile-Ser(P)-Ser(P)-Ser(P)-Glu-Glu-Ile-Val-Pro-Asn-Ser(P)-Val-Glu-Glu-Lys(79)-

（来源于α_{s1}-酪蛋白磷酸肽）

-(2)Asn-Thr-Met-Glu-His-Val-Ser(P)-Ser(P)-Ser(P)-Glu-Glu-Ser-Ile-Ile-Ser(P)-Gln-Glu-Thr-Tyr

-Lys(21)-　　（来源于α_{s2}-酪蛋白磷酸肽）

-(46)Asn-Ala-Asn-Glu-Glu-Glu-Tyr-Ser-Ile-Gly-Ser(P)-Ser(P)-Ser(P)-Glu-Glu-Ser(P)-Ala-Glu-

Val-Ala-Tjr-Glu-Glu-Val-Lys(70)-　　（来源于α_{s2}-酪蛋白磷酸肽）

(1)Arg-Glu-Leu-Glu-Glu-Leu-Asn-Val-Pro-Gly-Glu-Ile-Val-Glu-Ser(P)-Leu-Ser(P)-Ser(P)-Ser

(P)-Glu-Glu-Ser-Ile-The-Arg(25)-　　（来源于β-酪蛋白磷酸肽）

图 4-19 不同来源的酪蛋白磷酸肽（CPP）的分子结构
（括号内的数字代表氨基酸在母体酪蛋白肽链中的定位）

CPP 对钙、铁、锌等二价矿物营养素具有中等强度的可交换的结合能力，因而能在小肠的弱碱性环境中有效地防止不溶性金属盐沉淀，有助于金属离子保持可溶状态，从而促进肠内钙、铁、锌等二价离子的吸收。同时，由于 CPP 分子带有高浓度负电荷，因此不易被消化酶水解，使其在肠道中能稳定发挥作用。

2. 降血压肽

在功能众多的生物活性肽中，具有降血压活性的血管紧张素转化酶（ACE）抑制剂成为最受关注的方向之一。人们已从牛奶蛋白、鱼类蛋白、胶原蛋白、大豆蛋白等食物蛋白酶解物中分离出具有ACE抑制活性的肽——ACE抑制肽，即降血压肽。随着对其作用机制、生理效果及制备方法研究的深入，来源于食物蛋白的降血压肽因其安全有效且副作用低等优点显示出良好的应用前景。

ACE抑制肽，是对ACE活性区域亲和力较强的竞争性抑制剂，阻碍ACE催化血管紧张素Ⅰ转化成血管紧张素Ⅱ，以及催化舒缓激肽成为失活片段，起降血压作用。

食物蛋白经发酵或酶解产生的ACE抑制肽，链长一般为3～20个氨基酸，其抑制活性与其特殊的肽链结构密切相关。虽然ACE抑制肽结构与ACE抑制活性的构效关系尚未建立，但这些肽显示了一些共同特征：活性较强的ACE抑制肽C端氨基酸一般为芳香族氨基酸（包括色氨酸、酪氨酸、苯丙氨酸）或脯氨酸；通常，序列中含有疏水性氨基酸（如亮氨酸、色氨酸、异亮氨酸）是维持其高活性所必需的；二肽的N端为芳香族氨基酸或C端为酪氨酸、色氨酸、脯氨酸有最强的抑制作用。

3. 高 F 值寡肽

20世纪70年代初，德国医学博士Fischer及其合作者提出“伪神经递质假说”：由于支链氨基酸（BCAA），如亮氨酸、异亮氨酸、缬氨酸等主要是由肌肉同化，而芳香族氨基酸（AAA），如苯丙氨酸、酪氨酸等则是在肝脏同化，当肝脏病变时，AAA的同化作用（合成代谢）受阻，而BCAA则因氧化加速而消耗速度更快，因此肝脏病人必然产生BCAA缺乏和AAA过多症。Fischer等人用实验证实了这一肝脏病血液模式并将BCAA的量（mol）对AAA的量（mol）之比命名为Fischer Ratio，即 F 值。同时还发现：口服或静滴高 F 值制品均可取得平衡血浆氨基酸组成的效果，且达到治疗效果。

F 值往往随所选用的蛋白质原料而异，高 F 值寡肽并不天然地存在于自然界，但是它完全可以从天然存在的各种蛋白质中提取而得，如含BCAA较多的玉米蛋白。高 F 值制品（如高支氨基酸等）也可以以氨基酸纯品配制而成，配制方便但价格昂贵。

玉米蛋白是制取高 F 值寡肽的原料，玉米蛋白经酶解，再经分离，除去芳香族氨基酸，精制后获得高 F 值寡肽。由于玉米蛋白价廉易得，由玉米蛋白制取的高 F 值寡肽价格相对也较低，因此具有商业开发前景，可作为改善肝功能、术后病人蛋白质营养补充、抗疲劳等功能性食品的配料。

4. 免疫调节肽

免疫调节肽是一类具有促进淋巴细胞分化成熟、转移免疫信息及增强机体免疫机能的生物活性肽，一般分子量较低且在体内含量较少。目前已经从乳、动物蛋白和植物蛋白中分离出各种具有免疫调节作用的肽，已作为一种新型食品原料被开发，它能够有效减少和调节与膳食相关的慢性疾病，提高机体免疫力。

思考题

1. 简述食品中蛋白质的定义及化学组成。
2. 食品蛋白质根据化学组成特性分为哪几类？
3. 食品中单纯蛋白质根据溶解度不同分为哪几类？

4. 食品中结合蛋白质根据辅基不同分为哪几类？
5. 食品中蛋白质的功能特性分为哪几类？
6. 食品中氨基酸的分类有哪些？有哪些必需氨基酸？
7. 食品中氨基酸有哪些物理和化学性质？
8. 食品中多肽有哪些物理和化学性质？
9. 食品中有哪些主要类型的蛋白质？
10. 可食用的蛋白质新资源有哪些？
11. 食品中蛋白质有哪些物理和化学性质？
12. 哪些物理及化学因素会影响蛋白质变性？
13. 哪些因素会影响蛋白质絮结沉淀？
14. 食品中蛋白质在什么条件下会发生水解？
15. 食品中蛋白质会发生哪些颜色反应？对鉴定蛋白质有什么作用？
16. 食品中蛋白质有哪些功能性质？
17. 蛋白质的乳化性质和起泡性质的影响因素有哪些？
18. 蛋白质的功能性质在食品加工中起了哪些作用？
19. 食品加工条件对蛋白质功能性与营养价值的影响如何？
20. 食源性生物活性肽的来源和功能有哪些？

参考文献

[1] 韩雅珊. 食品化学. 2版. 北京：中国农业大学出版社，1998.
[2] 王璋，许时婴，汤坚. 食品化学. 北京：中国轻工业出版社，2016.
[3] 刘邻渭. 食品化学. 郑州：郑州大学出版社，2011.
[4] 阚建全. 食品化学. 3版. 北京：中国农业大学出版社，2016.
[5] 黄梅丽，江小梅. 食品化学. 北京：中国人民大学出版社，1986.
[6] 胡慰望，谢笔钧. 食品化学. 北京：科学出版社，1992.
[7] 杜克生. 食品生物化学. 北京：化学工业出版社，2002.
[8] 宁正祥，赵谋明. 食品生物化学. 广州：华南理工大学出版社，1995.
[9] 尤新. 功能性发酵制品. 北京：中国轻工业出版社，2000.
[10] 江波，等. 食品化学. 4版. 北京：中国轻工业出版社，2013.
[11] 江波，杨瑞金. 食品化学. 北京：中国轻工业出版社，2018.
[12] 汪东风. 食品化学. 北京：化学工业出版社，2014.
[13] Damodaran S, Parkin K L, Fennema O R. Fennema's Food Chemistry. Fourth Edition. New York：CRC Press, Taylor & Francis Group, 2007.

第五章

食品中的脂类

第一节　引　言

脂类是生物体内一大类不溶于水，而溶于大部分有机溶剂的物质。从化学角度讲，95%以上的动植物脂类是甘油三酯，习惯上将在室温下呈固态的称为脂，呈液态的称为油。但脂类的固态和液态随温度变化而变化，因此脂和油这两个名词，通常是可以互换使用的，统称为油脂。

除甘油三酯外，脂类还包括种类繁多的类脂物质。类脂物质包含脂肪酸、甘油单酯、甘油二酯、磷脂、糖酯、蜡、甾醇及甾醇酯、脂溶性维生素及色素、萜烯类和脂肪醇等。

第二节　食用油脂的分类及其组成

一、脂的分类

脂类按其结构组成的不同可分成简单脂质、复合脂质及衍生脂质三大类，见表 5-1。

表 5-1　脂类的分类

主类	亚类	组成
简单脂质	酰基甘油酯类	甘油+脂肪酸
	蜡	长链脂肪醇+长链脂肪酸
复合脂质	磷酸酰基甘油磷脂类	甘油+脂肪酸+磷酸盐+含氮基团
	鞘磷脂类	鞘氨醇+脂肪酸+磷酸盐+胆碱
	脑苷脂类	鞘氨醇+脂肪酸+糖
	神经节苷脂类	鞘氨醇+脂肪酸+碳水化合物
衍生脂质		类胡萝卜素、类固醇、脂溶性维生素等

二、脂肪酸的命名法则

1. 系统命名法

选含羧基和双键最长的碳链为主链，从羧基端开始编号，并标出不饱和键的位置，例如，$CH_3(CH_2)_7CH=CH(CH_2)_7COOH$ 为 9-十八碳一烯酸。

2. 数字命名法

脂肪酸通常可用冒号分隔的两个数字 $n:m$（n 为碳原子数，m 为双键数）表示，例如，18:1、18:2、18:3。有时还需标出双键的顺反结构及位置，c 表示顺式，t 表示反式，位置可从羧基端编号，如 5t，9c-18:2。也可从甲基端开始编号记作 ω 数字或 n-数字，该数字为编号最小的双键的碳原子位次，例 18:1ω9 或 18:1n-9，18:3ω3 或 18:3n-3，但此法仅用于顺式双键结构和五碳双烯结构，即具有非共轭双键结构，其他结构的脂肪酸不能用 ω 法或 n 法表示。第一个双键定位后，其余双键的位置也随之而定，因此只需标出第一个双键碳的位置即可。

3. 俗名或普通名

许多脂肪酸最初是从某种天然产物中得到的，因此常常根据其来源命名。例如棕榈酸（16:0），花生酸（20:0）等。

4. 脂肪酸的英文缩写

常见脂肪酸的英文缩写见表 5-2。

表 5-2 一些常见脂肪酸的命名

数字命名	系统命名	俗名或普通名	英文缩写
4:0	丁酸	酪酸	B
6:0	己酸	己酸	H
8:0	辛酸	辛酸	Oc
10:0	癸酸	癸酸	D
12:0	十二酸	月桂酸	La
14:0	十四酸	肉豆蔻酸	M
16:0	十六酸	棕榈酸	P
16:1	9-十六碳一烯酸	棕榈油酸	Po
18:0	十八酸	硬脂酸	S
18:1n-9	9-十八碳一烯酸	油酸	O
18:2n-6	9,12-十八碳二烯酸	亚油酸	L
18:3n-3	9,12,15-十八碳三烯酸	α-亚麻酸	α-Ln
18:3n-6	6,9,12-十八碳三烯酸	γ-亚麻酸	γ-Ln
20:0	二十酸	花生酸	Ad
20:4n-6	5,8,11,14-二十碳四烯酸	花生四烯酸	An
20:5n-3	5,8,11,14,17-二十碳五烯酸	神经苷脂酸	EPA
22:1n-9	13-二十二碳一烯酸	芥酸	E
22:6n-3	4,7,10,13,16,19-二十二碳六烯酸		DHA

三、食用油脂的组成

大多数食用油脂的主要成分是甘油三酯，约占总量的 95%以上，其他还有游离脂肪酸、甘油单酯、甘油二酯、甘油磷脂、甾醇、脂肪醇、脂溶性维生素及色素等。

甘油三酯是甘油和脂肪酸生成的三酯，其结构如下式所示：

$$
\begin{array}{c} CH_2-OH \\ | \\ HO-C-H \\ | \\ CH_2-OH \end{array} + 3R_iCOOH \longrightarrow \begin{array}{c} CH_2OCOR_1 \\ | \\ R_2OCOCH \\ | \\ CH_2OCOR_3 \end{array}
$$

甘油　　　脂肪酸　　　甘油三酯

如果 $R_1=R_2=R_3$，则称为单纯甘油酯；当 R 不完全相同时，则称为混合甘油酯。天然油脂多为混合甘油酯。甘油的碳原子编号，自上而下为1～3，当 R_1 和 R_3 不同时，则C2原子具有手性，天然油脂多为L-型。

组成油脂的脂肪酸不同，决定了油脂性质不同，一些常见油脂脂肪酸组成见表5-3和表5-4。动物脂主要的脂肪酸是十六碳或十八碳链长的，其饱和度或是全饱和的，或含有一个或两个双键。动物脂比温带植物油脂含有更高比例的饱和脂肪酸。大多数植物油是高度不饱和的，一般含有较高十八碳不饱和脂肪酸（18:1和18:2）；而可可脂和热带植物油（如椰子油）含有大量饱和脂肪酸。

表5-3 常见食用动物油脂中脂肪酸组成（质量分数） 单位：%

脂肪酸	乳脂	猪脂	牛油	羊脂	鳕鱼油
6:0	1.4～3.0				
8:0	0.5～1.7				
10:0	1.7～3.2		0～0.1	0.1～2.0	
12:0	2.2～4.5	0.1	0.1	0.1～0.5	
14:0	5.4～14.6	1.0	2.7～4.8	2.8～4.9	2.4
16:0	26.0～41.0	26.0～32.0	20.9～28.9	19.5～21.3	11.9
16:1	2.8～5.7	2.0～5.0	2.3～9.1	1.4～2.3	7.8
18:0	6.1～11.2	12.0～16.0	7.0～26.5	17.6～28.9	2.8
18:1	18.7～33.4	41.0～51.0	30.4～48.0	33.2～40.4	26.3
18:2	0.9～3.7	3.0～14.0	0.6～1.8	1.2～3.4	1.5
18:3		0.0～1.0	0.3～0.7	1.4～1.9	0.6
18:4					1.3
20:1			0.3～1.7	0.2～0.3	10.9
20:4		0.0～1.0	0.0～0.1		1.5
20:5					6.2
22:1					6.9
22:6					12.4

表5-4 常见食用植物油脂中脂肪酸组成（质量分数） 单位：%

脂肪酸	可可脂	椰子油	玉米油	菜籽油	花生油	芝麻油	豆油	茶油	橄榄油
12:0		48.0							
14:0		17.0			0～1.0				
16:0	24.0	9.0	12.6	4.0	6.0～9.0	7.0～9.0	8.0	8.5	7.5～20.0
16:1			0.3	0.1	0.0～1.7				0.3～3.5
18:0	35.0	2.0	1.3	1.3	3.0～6.0	4.0～55.0	4.0	1.5	0.5～5.0
18:1	38.0	7.0	27.4	20.2	53.0～71.0	37.0～49.0	28.0	78.8	55.0～83.0
18:2	2.1	1.0	56.4	16.3	13.0～27.0	35.0～47.0	53.0	10.0	3.5～21.0
18:3			0.6	8.4			6.0	1.1	0.3～0.9
20:0			0.5		2.0～4.0				0.2～0.6
22:0			0.1	6.2					0.0～0.2
22:1				34.6					

第三节 食用油脂的物理性质

一、食用油脂的气味和色泽

纯净的食用油脂是无色无味的，天然油脂略带黄绿色，是其中含有一些脂溶性色素（如类胡萝卜素、叶绿素等）所致。食用油脂经精炼脱色后，色泽变浅。多数食用油脂无挥发性，少数食用油脂中含有短链脂肪酸，会引起臭味。油脂的气味大多是由非脂成分引起的，如芝麻油的香气是由乙酰吡嗪引起的，椰子油的香气是由壬基甲酮引起的，而菜籽油受热时产生的刺激性气味，则是由其中所含的黑芥子苷分解所致。

二、食用油脂的烟点、闪点和着火点

食用油脂的烟点、闪点和着火点，是油脂在接触空气加热时的热稳定性指标。烟点是指在不通风的情况下观察到试样发烟时的温度。闪点是试样挥发的物质能被点燃但不能维持燃烧的温度。着火点是试样挥发的物质能被点燃并能维持燃烧不少于5s的温度。

各种油脂的烟点的差异不大，精炼后的油脂烟点在240℃左右。未精炼的油脂，特别是游离脂肪酸含量高的油脂，其烟点、闪点和着火点都大大下降。如玉米油的烟点为240℃，但当它游离脂肪酸含量为100%时，则下降为100℃。

三、食用油脂的结晶特性及同质多晶现象

同一种物质具有不同的晶体形态叫同质多晶现象，不同形态的固体晶体称为同质多晶体。天然油脂一般都存在3～4种晶型，按照熔点增加的顺序，分别为玻璃质（亚α型或γ型）、α、β'和β晶型。其中α、β'和β是真正的晶体，γ型不是真正的晶体。α晶型油脂熔点低，密度小，不稳定。β'和β晶型油脂熔点高，密度大，稳定性好。X射线衍射分析结果表明：α晶型油脂中脂肪酸侧链为无序排列；β'和β晶型中均为有序排列，并且β晶型油脂的脂肪酸排列得更有序，朝着同一个方向倾斜，其结晶较β'晶型更粗大，见图5-1。

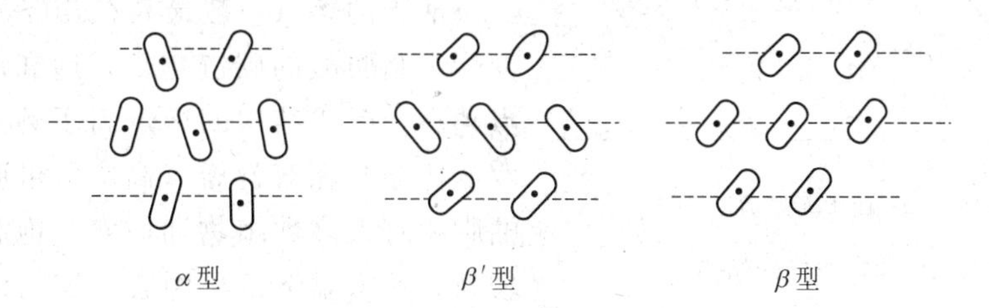

图5-1 甘油酯的结晶剖面图

一般由相同脂肪酸组成的甘油三酯易形成稳定的β结晶，而不同脂肪酸组成的甘油三酯，由于碳链长度不同，空间阻碍增大，则比较容易停留在稳定的β'结晶。除此之外，油脂的晶型还取决于熔化的油脂冷却时的温度和速度。油脂从熔化状态逐渐冷却时首先形成α晶型，再缓慢加热，α晶型冷却后即转变为β'晶型，β'晶型进一步缓慢加热和冷却后则可转变成β晶型。

在油脂加工中，通过精制过程以得到尽可能多的稳定晶型的做法称为调温。调温在巧克力生产中有重要的应用。准确控制可可脂的结晶温度和速度是保证巧克力质量的关键。巧克力要求表面光滑，35℃以下不变软而进入口腔时缓慢熔化，不产生油腻感。可可脂只有β晶体，熔点为35℃左右，因此加工中要求严格的条件，以使可可脂能形成稳定的晶型而又不使晶体颗粒过分粗大。具体做法是，首先将可可脂加热到55℃以上使其全部熔化，然后缓慢冷却，在27℃左右结晶将会很快地生成。在略微高出此温度（29℃）下停止冷却，而后再加热至33℃，使β型以外的晶型熔化。在29℃冷却和33℃加热重复操作多次，可使可可

脂完全转变为β型结晶，且晶体也不至于太粗大。

油脂的晶型还取决于油脂的种类。棉籽油、棕榈油、菜油、牛脂和改性猪油等易形成β′晶型。豆油、花生油、玉米油、橄榄油、椰子油、可可脂、猪油等易于形成β晶型。用棉籽油加工色拉油必须进行冷冻过滤，以除去固体脂。这一过程要求缓慢冷却，使有足够的时间产生晶粒粗大的β晶型，有利于过滤。如果冷却太快，则析出的晶粒细小，不易过滤。如果形成的是玻璃质固体则根本就无法过滤。这种将液态油冷却到一定温度以除去少量固体脂的方法，称为冬化或冷冻净化。

四、食用油脂的熔点

物质从固态转变为液态时的温度，称为该物质的熔点；反之从液态转变为固态时的温度，称为凝固点。熔化和凝固是可逆的物理过程。纯化合物的熔点和凝固点在理论上相等，但具有黏滞性和同质多晶体的物质其凝固点常低于其熔点。脂肪酸和甘油酯的凝固点常比其熔点低 1～5℃。

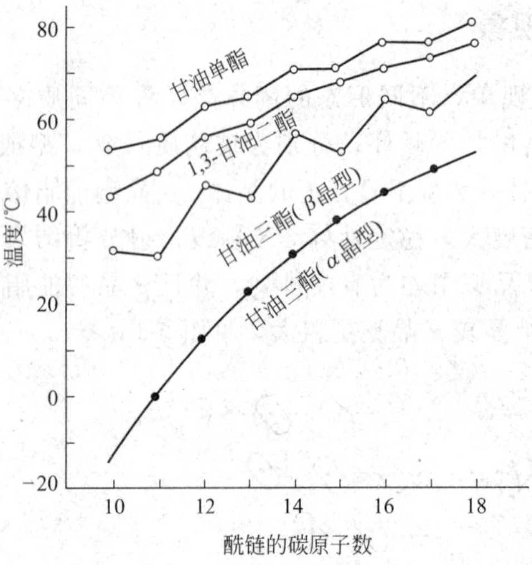

天然油脂是各种酰基甘油酯分子的混合物，所以没有确定的熔点，而仅有一定的熔点范围。此外，油脂的同质多晶现象，也是其油脂无确定熔点的原因之一。甘油单酯、甘油二酯、甘油三酯的熔点依次降低，见图 5-2，这是它们的极性依次降低，分子间的作用力依次减小的缘故。

图 5-2 酰基甘油酯的熔点

油脂的熔点一般最高在 40～45℃之间。甘油酯中脂肪酸的碳链越长，饱和度越高，则熔点越高。反式结构的熔点高于顺式结构，共轭双键比非共轭双键熔点高。可可脂及陆产动物油脂相对大多数植物油而言，饱和脂肪酸含量较高，在室温下常呈固态；植物油的不饱和脂肪酸含量高，因此大多数在室温下为液态；海产动物油脂富含 C_{20} 以上的不饱和脂肪酸，在室温下多呈液态。

一般油脂当熔点低于 37℃时，消化率达 96%以上；熔点高于 37℃越多，越不易消化。

五、食用油脂的塑性

塑性是指在一定外力下，表观固体物质具有抗变形的能力。在室温下表现为固体的脂肪，实际上是固体脂和液体油的混合物，两者交织在一起，用一般的方法无法分开，这种油脂具有塑性，可保持一定的外形。油脂的塑性取决于：

1. 固体脂肪指数

油脂中固液比适当时，塑性最好。固体脂过多，则过硬，塑性不好；液体油过多，则过软，易变形，塑性同样不好。

2. 油脂的晶型

当油脂为β′晶型时，塑性最强，因为β′型在结晶时将大量小气泡引入产品，赋予产品较好的塑性；而β型结晶所包含的气泡少且大，因而塑性较差。

3. 熔化温度范围

从熔化开始到熔化结束之间温差越大，则油脂的塑性越大。塑性油脂具有良好的涂抹性（涂抹黄油等）和可塑性（用于蛋糕的裱花），用在焙烤食品中，则具有起酥作用。在面团调制过程中加入塑性油脂，则形成较大面积的薄膜和细条，使面团的延展性增强，油膜的隔离作用使面筋粒彼此不能黏合成大块面筋，降低了面团的弹性和韧性，同时还降低了面团的吸水率，使制品起酥；塑性油脂的另一作用是在调制时能包含和保持一定数量的气泡，使面团体积增加。在饼干、糕点、面包生产中专用的塑性油脂称为起酥油，具有在 40℃不变软、在低温下不太硬、不易氧化的特性。

六、食用油脂的液晶态

油脂除了存在固态、液态外，还有一种物理特性介于固态和液态之间的相态，称为液晶态或介晶态。

油脂液晶态的存在是由油脂的结构决定的。油脂的分子结构包括极性基团（如酯基、羧基）和非极性基团（烃链）。非极性的烃链之间仅存在较弱的疏水作用力，而极性基团之间则以键能较高的氢键作用力为主。加热油脂时，在未达到真正的熔点之前，烃链区域便已熔化，而此时极性区还未熔化，即形成了液晶态。

乳化剂是典型的两亲性物质，故易形成液晶态。在脂类-水体系中，液晶结构主要有 3 种，即层状结构、六方结构及立方结构，见图 5-3。层状结构类似生物双层膜，排列有序的两层脂中夹一层水，当层状液晶加热时，可转变成立方或六方Ⅱ型液晶。在六方Ⅰ型结构中，非极性基团朝着六方柱内，极性基团朝外，水处在六方柱之间的空间中；而在六方Ⅱ型结构中，水被包裹在六方柱内部，油的极性端包围着水，非极性的烃区朝外。立方结构中也是如此。在生物体内，介晶态会影响细胞膜的可渗透性。

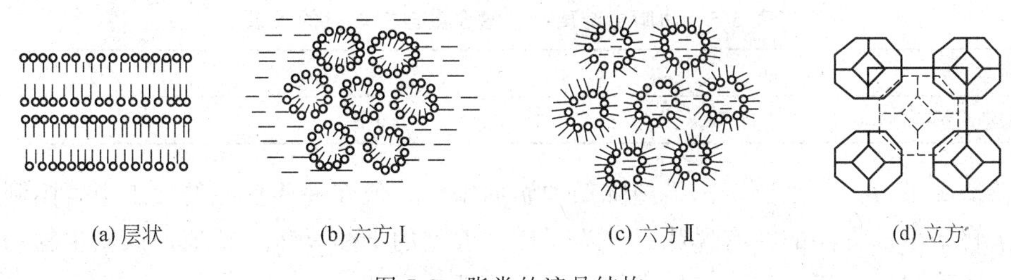

图 5-3 脂类的液晶结构

七、食用油脂的乳化及乳化剂

在一定条件下，互不相溶的油、水两相物质可以形成介稳态的乳浊液。其中一相以直径 0.1～50μm 的小滴分散在另一相中，前者被称为内相或分散相，后者被称为外相或连续相。乳浊液分为水包油型（O/W）和油包水型（W/O）。水包油型乳浊液中水为连续相，油包水型乳浊液的连续相则是油。牛乳是典型的 O/W 型乳浊液，而奶油则为 W/O 型乳浊液。

乳浊液是种热力学不稳定体系，在一定条件下会出现分层、絮凝，甚至聚结，主要因为：①重力作用导致分层，重力作用可导致密度不同的相分层或沉降；②分散相液滴表面静电荷不足导致絮凝，分散相液滴表面静电荷不足则液滴与液滴之间的斥力不足，液滴与液滴相互接近而絮凝，但液滴的界面膜尚未破裂；③两相间界面膜破裂导致聚结，两相间界面膜破裂，液滴与液滴结合，小液滴变为大液滴，严重时会完全分相。

乳化剂是分子中同时具有亲水基和亲油基的一类两亲性物质，可以在油水界面定向吸附，降低表面能，起到稳定乳状液的作用。许多亲水食用胶能使乳浊液连续相的黏度增大，蛋白质能在分散相周围形成有弹性的厚膜，同样可抑制分散相絮凝和聚结，因此均可适用于O/W型体系，起到稳定乳状液的作用。

食品中常用的脂类乳化剂种类有：①脂肪酸甘油单酯及其衍生物；②蔗糖脂肪酸酯；③山梨醇酐脂肪酸酯及其衍生物；④大豆磷脂等。

第四节 食用油脂在贮藏加工过程中的化学变化

一、油脂水解和酯交换反应

油脂在有水存在时，在加热、酸、碱或脂肪酶的作用下，可发生水解反应，生成游离脂肪酸。有生命的动物组织脂肪中不含游离脂肪酸，动物宰后，在组织内脂肪酶的作用下，部分油脂会水解形成游离脂肪酸。由于游离脂肪酸比甘油酯对氧更为敏感，会导致油脂更快氧化酸败，因此动物油脂要尽快熬炼，因为高温熬炼可使脂肪酶失活。植物油料种子中也存在脂肪酶，在制油前也会使油脂水解而生成游离脂肪酸。牛乳中存在的脂肪酶，能水解乳脂生成具有酸败味的短中链脂肪酸（C_4～C_{12}）。

食品在烹饪油炸过程中，油脂温度可达到160℃以上，同时被油炸的食品水分含量较高，油脂在水热情况下发生水解释放出游离脂肪酸，导致油的发烟点降低，并且随着脂肪酸含量增高，油的发烟点不断降低，见表5-5，因此水解导致油品质降低，油炸食品的风味变差。

表5-5 油脂中游离脂肪酸含量与发烟点的关系

游离脂肪酸/%	0.05	0.10	0.50	0.60
发烟点/℃	226.6	218.6	176.6	148.8～160.4

多数情况下，人们采取工艺措施降低油脂的水解。但在一些食品的加工中，则利用油脂的轻度水解来生成食品的特有风味。如为了产生典型的干酪风味，特地加入微生物和乳脂肪酶，在制造面包及酸奶时，也采用有控制和选择性的脂解。

油脂改性以及一些功能性油脂合成过程中常常用到酯交换反应，这些反应往往在非水相体系通过脂肪酶催化完成。

二、油脂在高温下的化学反应

在150℃以上的高温下，油脂会发生分解、聚合及缩合等化学反应，从而导致油的品质降低，如黏度增大，碘值降低，酸价升高，发烟点降低，泡沫量增多，还会产生刺激性气味。

1. 热分解

饱和脂肪和不饱和脂肪在高温下都会发生热分解反应。热分解反应根据有无氧参与，又可分为氧化热分解和非氧化热分解。金属离子（如Fe^{2+}）的存在，可催化热分解反应。饱和脂肪的非氧化热分解反应见图5-4。

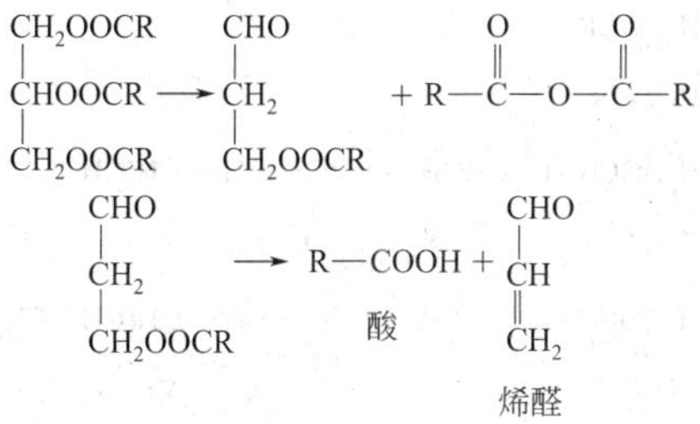

$$\begin{matrix}CH_2OOCR\\ |\\ CHOOCR\\ |\\ CH_2OOCR\end{matrix} \longrightarrow \begin{matrix}CHO\\ |\\ CH_2\\ |\\ CH_2OOCR\end{matrix} + R—\overset{O}{\overset{\|}{C}}—O—\overset{O}{\overset{\|}{C}}—R$$

$$\begin{matrix}CHO\\ |\\ CH_2\\ |\\ CH_2OOCR\end{matrix} \longrightarrow \underset{酸}{R—COOH} + \underset{烯醛}{\begin{matrix}CHO\\ |\\ CH\\ \|\\ CH_2\end{matrix}}$$

图 5-4 饱和脂肪的非氧化热分解反应

饱和脂肪在高温及有氧存在时将发生氧化热分解。反应首先在羧基或酯基的 α-或 β-或 γ-碳上形成氢过氧化物，氢过氧化物再进一步分解成烃、醛、酮等化合物，见图 5-5。

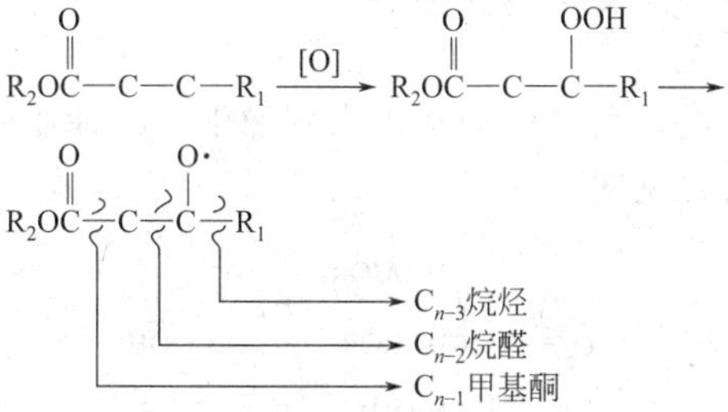

$$R_2O\overset{O}{\overset{\|}{C}}—C—C—R_1 \xrightarrow{[O]} R_2O\overset{O}{\overset{\|}{C}}—C—\overset{OOH}{\overset{|}{C}}—R_1 \longrightarrow$$

$$R_2O\overset{O}{\overset{\|}{C}}—C—\overset{O\cdot}{\overset{|}{C}}—R_1$$

$\longrightarrow C_{n-3}$烷烃

$\longrightarrow C_{n-2}$烷醛

$\longrightarrow C_{n-1}$甲基酮

图 5-5 饱和脂肪的氧化热分解反应

不饱和脂肪在隔氧条件下加热，主要生成二聚体，此外还生成一些低分子量的物质。不饱和脂肪的氧化热分解反应与低温下的自动氧化反应的主要途径是相同的，但高温下氢过氧化物的分解速率更快。

2. 热聚合

油脂在高温条件下，可发生非氧化热聚合和氧化热聚合，聚合反应导致油脂黏度增大，泡沫增多。隔氧条件下的非氧化热聚合，是多烯化合物之间发生 Diels-Alder 反应，生成环烯烃，该聚合反应可以发生在不同甘油酯分子间，见图 5-6。也可发生在同一个甘油酯分子内，见图 5-7。

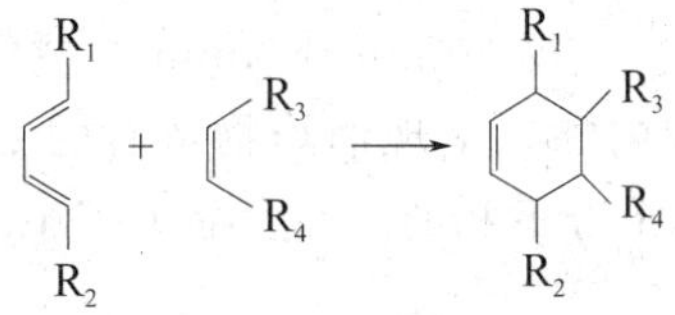

R_1, R_2 + R_3, R_4 ⟶ R_1, R_3, R_4, R_2

图 5-6 油脂分子间非氧化热聚合

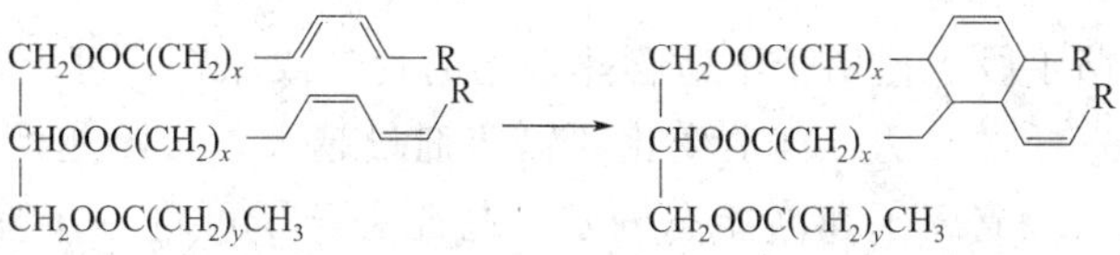

$CH_2OOC(CH_2)_x$—R, $CHOOC(CH_2)_x$—R, $CH_2OOC(CH_2)_yCH_3$ ⟶ $CH_2OOC(CH_2)_x$—R, $CHOOC(CH_2)_x$—R, $CH_2OOC(CH_2)_yCH_3$

图 5-7 油脂分子内非氧化热聚合

油脂的热氧化聚合反应是在 200～230℃条件下，甘油酯分子在双键的 α-碳上均裂产生自由基，自由基之间结合而聚合成二聚体，见图 5-8。

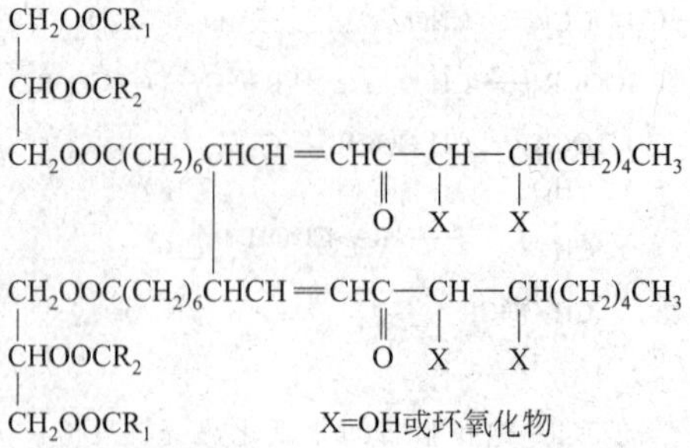

CH_2OOCR_1
$CHOOCR_2$
$CH_2OOC(CH_2)_6CHCH{=}CHC(=O)—CH(X)—CH(X)(CH_2)_4CH_3$
$CH_2OOC(CH_2)_6CHCH{=}CHC(=O)—CH(X)—CH(X)(CH_2)_4CH_3$
$CHOOCR_2$
CH_2OOCR_1

X=OH或环氧化物

图 5-8 油脂的热氧化聚合反应产物

有些二聚物有毒性，在体内被吸收后，与酶结合，使酶失活从而引起生理异常。油炸鱼虾时出现的细泡沫经分析发现，主要成分也是一种二聚物。

3. 缩合

高温特别是在油炸条件下，食品中的水进入到油中，使油脂发生部分水解，然后再缩合成分子量较大的环氧化合物，见图 5-9。

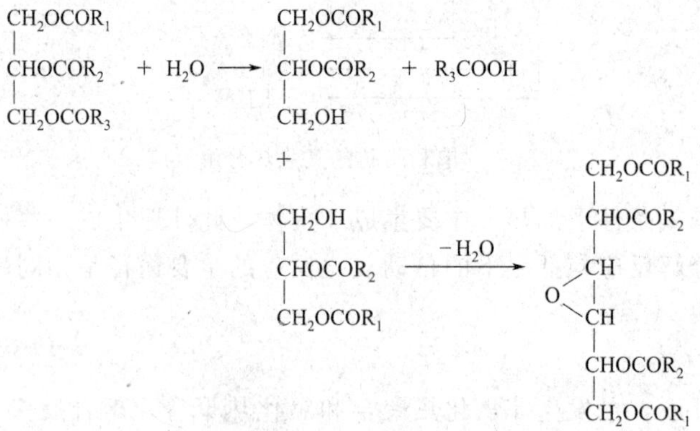

$$CH_2OCOR_1—CHOCOR_2—CH_2OCOR_3 + H_2O \longrightarrow CH_2OCOR_1—CHOCOR_2—CH_2OH + R_3COOH$$

$$CH_2OCOR_1—CHOCOR_2—CH_2OH + CH_2OH—CHOCOR_2—CH_2OCOR_1 \xrightarrow{-H_2O} CH_2OCOR_1—CHOCOR_2—CH(—O—)CH—CHOCOR_2—CH_2OCOR_1$$

图 5-9 油脂缩合生成环氧化合物的反应

油脂在高温下发生的化学反应，并不一定都是负面的，油炸食品中香气的形成与油脂在高温条件下的某些反应产物有关，通常油炸食品香气的主要成分是羰基化合物（烯醛类）。如将三亚油酸甘油酯加热到 185℃，每 30min 通 2min 水蒸气，前后加热 72h，从其挥发物中发现有五种直链 2,4-二烯醛和内酯，呈现油炸物特有的香气。然而油脂在高温下过度反应对于油的品质、营养价值均是十分不利的。在食品加工工艺中，一般宜将油脂的加热温度控制在 150℃以下。

三、辐照时食用油脂的化学反应

辐照作为一种杀菌手段，适用于不适合热杀菌的食品或原料，可延长产品的保质期，但其负面影响和热处理一样，可诱导化学变化，辐照剂量越大，影响越严重。在辐照过程中，油脂分子吸收辐射能，形成离子和高能态分子，高能态分子可进一步降解。以饱和脂肪酸三酰基甘油酯为例，辐解断裂首先发生在邻近羰基的 5 个部位（a、b、c、d、e），见图 5-10。生成的辐解产物有烃、醛、酸、酯等。辐解时可产生自由基，自由基之间可结合，生成非自由基化合物。在有氧时，辐照还可加速油脂的自动氧化，同时使抗氧化剂遭到破坏。

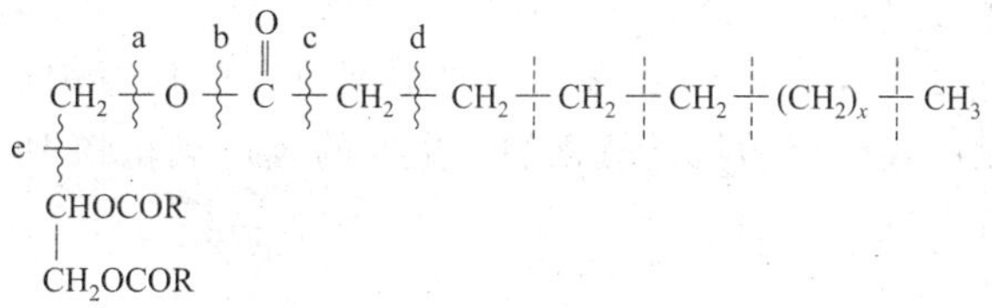

a b c d e

$$\begin{array}{l} CH_2 \overset{a}{\wr} O \overset{b}{\wr} \overset{O}{\overset{\|}{C}} \overset{c}{\wr} CH_2 \overset{d}{\wr} CH_2 \vdots CH_2 \vdots CH_2 \vdots (CH_2)_x \vdots CH_3 \\ \wr\, e \\ CHOCOR \\ | \\ CH_2OCOR \end{array}$$

图 5-10 辐照油脂引起的断裂

四、食用油脂的氧化及抗氧化

食用油脂氧化是油脂及含油脂食品败坏的主要原因之一。在食品加工和贮藏期间，油脂因温度的变化及氧气、光照、微生物、酶等的作用，产生令人不愉快的气味、苦涩味和一些有毒性的化合物，这些变化统称为酸败。但有时油脂的适度氧化，对于油炸食品香气的形成是必需的。

油脂氧化的初级产物是氢过氧化物，其形成途径有自动氧化、光氧化和酶促氧化 3 种。氢过氧化物不稳定，易进一步发生分解和聚合。

1. 自动氧化

油脂自动氧化是活化的含烯底物（如游离或酯化的不饱和脂肪酸）与基态氧发生的自由基反应，包括链引发、链传递和链终止 3 个阶段。在链引发阶段不饱和脂肪酸及其甘油酯（RH）在金属催化或光、热作用下，易使与双键相邻的 α-亚甲基脱氢，引发烷基自由基（R·），因为 α-亚甲基氢受到双键的活化易脱去；在链传递阶段，R·与空气中的氧结合形成过氧自由基（ROO·），ROO·又夺取另一分子 RH 中的 α-亚甲基氢，生成氢过氧化物（ROOH），同时产生新的 R·，如此循环下去。链终止阶段，自由基之间反应形成非自由基化合物。

（1）链引发（诱导期） 自由基的引发通常活化能较高，故这一步反应相对较慢。

$$RH \xrightarrow{\text{引发剂}} R\cdot + \cdot H$$

（2）链传递 链传递的活化能较低，故此步骤进行很快，并且反应可循环进行，产生大量氢过氧化物。

$$R\cdot + O_2 \longrightarrow ROO\cdot$$

$$ROO\cdot + RH \longrightarrow ROOH + R\cdot$$

（3）链终止 链传递反应中的氧是能量较低的基态氧，即所谓的三线态氧（$^3O_2$）。油脂直接与 $^3O_2$ 反应生成 ROOH 是很难的，因为该反应的活化能高达 146～273kJ/mol。所以自动氧化反应中最初自由基的产生，需引发剂的帮助。$^3O_2$ 受到激发（如光照）时，变成激发态氧，又称为单线态氧（singlet，$^1O_2$）。$^1O_2$ 反应活性高，可参与光敏氧化，生成氢过氧化物并引发自动氧化链反应中的自由基。此外，过渡金属离子、某些酶或加热等也可引发自动氧化链反应中的自由基。

$$R\cdot + R\cdot \longrightarrow R—R$$

$$R\cdot + ROO\cdot \longrightarrow R—O—O—R$$

$$ROO\cdot + ROO\cdot \longrightarrow R—O—O—R + O_2$$

2. 光敏氧化

光敏氧化是不饱和双键与单线态氧直接发生的氧化反应。食品中存在的某些天然色素如叶绿素、血红蛋白是光敏化剂，受到光照后可将基态氧（$^3O_2$）转变为激发态氧（$^1O_2$），高亲电性的单线态氧可直接进攻高电子云密度的双键部位上的任意碳原子，形成六元环过渡态，然后双键位移形成反式构型的氢过氧化物。生成的氢过氧化物种类数为2×双键数。亚油酸盐光敏氧化反应机理见图5-11。

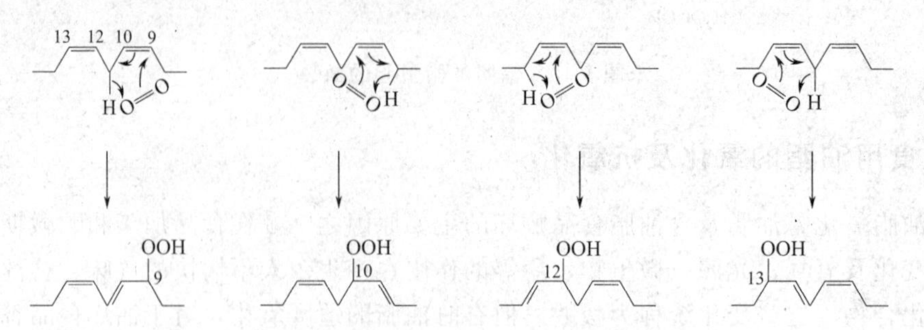

图5-11 亚油酸盐光敏氧化反应机理

由于激发态$^1O_2$的能量高，反应活性大，故光敏氧化反应的速度比自动氧化反应速度约快1500倍。光敏氧化反应产生的氢过氧化物再裂解，可引发自动氧化历程的自由基链反应。

3. 酶促氧化

脂肪在酶参与下所发生的氧化反应，称为酶促氧化。脂肪氧合酶（Lox）专一性地作用于具有1,4-顺、顺-戊二烯结构的多不饱和脂肪酸（如18:2，18:3，20:4），以亚油酸（18:2）为例，在1,4-戊二烯的中心亚甲基处（即ω8位）脱氢形成自由基，然后异构化使双键位置转移，同时转变成反式构型，形成具有共轭双键的ω6和ω10氢过氧化物，见图5-12。

ω6C　　　　　C
CH═CH　　CH═CH
　　　CH₂
　　　ω8
　　　↓ Lox
CH═CH　　CH═CH
　　　ĊH
　　　↓ 异构化

ω6　　　　C　　　　　　　　C　　　　ω10
ĊH—CH　CH═CH　　　CH═CH　CH—ĊH
　　t ╲ CH　　　　　　　　CH ╱ t
↓
CH—CH　　CH═CH　　　CH═CH　　CH—CH
|　　　╲ CH　　　　　　　CH ╱　　　|
OOH　　　　　　　　　　　　　　　OOH

图5-12 亚油酸异构化

在动物体内许多脂肪氧合酶选择性地氧化花生四烯酸而产生前列腺素、凝血素和白三烯，这些物质均具有很强的生理活性。大豆加工过程中产生的豆腥味，主要是亚油酸和亚麻酸在脂肪氧合酶（Lox）作用下氧化产生的六碳醛醇所致。

其他脂肪酸的酶促氧化，需要脱氢酶、水合酶和脱羧酶的参加，多发生在脂肪酸的α-和β-碳位之间的键上，因而称为β-氧化。氧化的最终产物是有不愉快气味的酮酸和甲基酮，所以又称为酮型酸败。这种酸败多数是污染微生物如灰绿青霉、曲霉等分泌的酶引起的。其反应过程见图5-13。

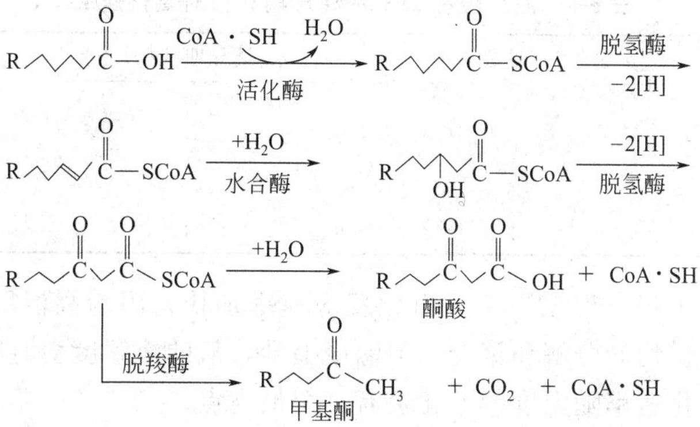

$$R\diagup\diagdown\diagup\diagdown\overset{O}{\overset{\|}{C}}-OH \xrightarrow[\text{活化酶}]{CoA\cdot SH\quad H_2O} R\diagup\diagdown\diagup\diagdown\overset{O}{\overset{\|}{C}}-SCoA \xrightarrow[-2[H]]{\text{脱氢酶}}$$

$$R\diagup\diagdown=\diagup\overset{O}{\overset{\|}{C}}-SCoA \xrightarrow[\text{水合酶}]{+H_2O} R\diagup\diagdown\underset{OH}{\diagup}\overset{O}{\overset{\|}{C}}-SCoA \xrightarrow[\text{脱氢酶}]{-2[H]}$$

$$R\diagup\diagdown\overset{O}{\overset{\|}{C}}\diagdown\diagup\overset{O}{\overset{\|}{C}}\diagdown SCoA \xrightarrow{+H_2O} \underset{\text{酮酸}}{R\diagup\diagdown\overset{O}{\overset{\|}{C}}\diagdown\diagup\overset{O}{\overset{\|}{C}}\diagdown OH} + CoA\cdot SH$$

$$\xrightarrow{\text{脱羧酶}} \underset{\text{甲基酮}}{R\diagup\diagdown\overset{O}{\overset{\|}{C}}\diagdown CH_3} + CO_2 + CoA\cdot SH$$

图 5-13 酶促氧化反应过程

4. 氢过氧化物的分解

氢过氧化物是油脂氧化的第一个中间产物，本身并无异味，因此，有些油脂可能在感官上尚未觉察到酸败的特征，但若过氧化值较高，则可预示油脂已经开始酸败。

各种途径生成的氢过氧化物均不稳定，可裂解产生许多小分子产物。

氢过氧化物分解的第一步是氢过氧化物的氧-氧键断裂，产生烷氧基自由基与羟基自由基。

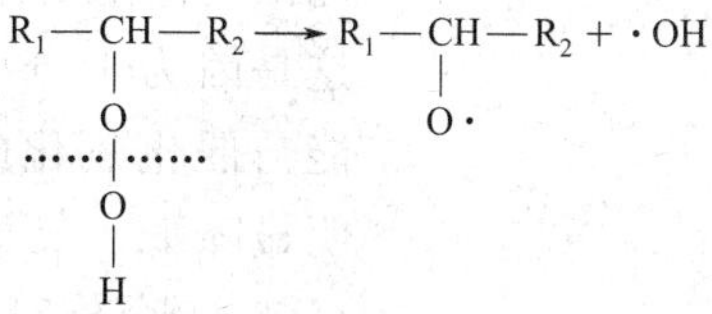

$$R_1-\underset{\substack{|\\O\\\cdots\cdots|\cdots\cdots\\O\\|\\H}}{CH}-R_2 \longrightarrow R_1-\underset{\substack{|\\O\cdot}}{CH}-R_2 + \cdot OH$$

氢过氧化物分解的第二步是在烷氧基两侧碳-碳键断裂生成醛。

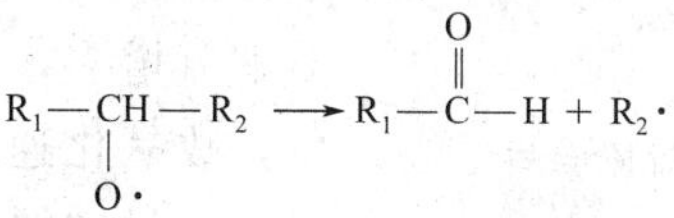

$$R_1-\underset{\substack{|\\O\cdot}}{CH}-R_2 \longrightarrow R_1-\overset{O}{\overset{\|}{C}}-H + R_2\cdot$$

醛是脂肪氧化的产物，饱和醛易氧化成相应的酸，并能参加二聚化和缩合反应。例如三分子已醛结合生成三戊基三蒽烷。

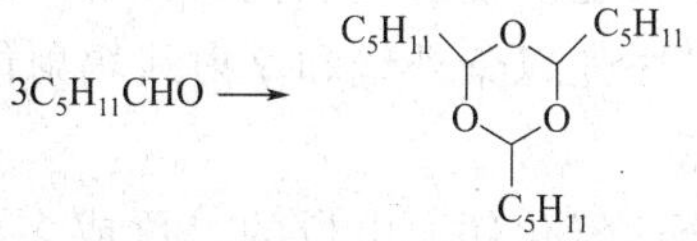

$$3C_5H_{11}CHO \longrightarrow \text{(三戊基三噁烷：六元环 O、C 交替，三个 C 上各连 } C_5H_{11})$$

三戊基三嗯烷是亚油酸的次级氧化产物，具有强烈的臭味。脂的自动氧化产物很多，除了饱和醛与不饱和醛类外，还有酮类、酸类以及其他双官能团氧化物，产生令人难以接受的臭味，这也是导致脂肪自动氧化产生的“酸败味”的原因。

5. 影响食品中油脂氧化速率的因素

（1）油脂的脂肪酸组成　油脂氧化速率与组成油脂的脂肪酸的不饱和度、双键位置、顺反构型有关。室温下饱和脂肪酸的链引发反应较难发生，当不饱和脂肪酸已开始酸败时，饱和脂肪酸仍可保持原状。而不饱和脂肪酸中，双键增多，氧化速率加快，见表 5-6。并且顺式构型比反式构型易氧化；共轭双键结构比非共轭双键结构易氧化；游离脂肪酸比甘油酯的氧化速率略高。当油脂中游离脂肪酸的含量大于 0.5%时，自动氧化速率会明显加快；而甘油酯中脂肪酸的无规则分布有利于降低氧化速率。

表 5-6 脂肪酸在 25℃的诱导期和相对氧化速率

脂肪酸	双键数	诱导期/h	相对氧化速率
18:0	0		1
18:1 *n*-9	1	82	100
18:2 *n*-6	2	19	1200
18:3 *n*-3	3	1.34	2500

(2) 温度 一般来说，温度上升，氧化反应速率加快，因为高温既能促进自由基的产生，又能促进氢过氧化物的分解和聚合，但温度上升，氧的溶解度会有所下降，因此在高温和高氧化条件下，氧化速率随温度的变化会有一个最高点。

(3) 氧 在非常低的氧分压下，氧化速率与氧压近似成正比，如果氧的供给不受限制，那么氧化速率与氧压力无关。同时氧化速率与油脂暴露于空气中的表面积成正比。因而可采取排除氧气，采用真空或充氮包装或使用透气性低的包装材料来防止含油脂食品的氧化变质。

(4) 水分 油脂氧化反应的相对速率与水分活度的关系，见图 5-14。水分活度为 0.33 时氧化速率最低；水分活度在 0～0.33 范围内，随着水分活度增加，氧化速率降低，这是因为十分干燥的样品中添加少量水，既能与催化氧化的金属离子水合，使催化效率明显降低，又能与氢过氧化物结合并阻止其分解；水分活度在 0.33～0.73 范围内，随着水分活度增大，催化剂的流动性提高，水中溶解氧增多，分子溶胀，暴露出更多催化点位，故氧化速率提高；当水分活度大于 0.73 后，水量增加，催化剂和反应物的浓度被稀释，导致氧化速率降低。

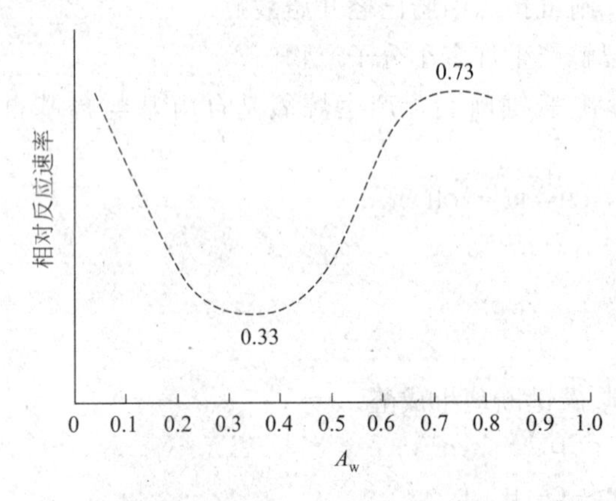

图 5-14 油脂氧化反应的相对速率与水分活度（A_w）的关系

(5) 光和射线 光和射线不仅能促使氢过氧化物分解，还能引发自由基。可见光、紫外线和高能射线均能促进氧化，其中尤以紫外线和γ射线辐射能量最强，因此，油脂和含油脂食品的包装宜用遮光容器。

(6) 助氧化剂 一些具有合适氧化还原电位的二价或多价过渡金属是有效的助氧化剂，即使浓度低至 0.1mg/kg，仍能缩短链引发期，使氧化速率加快。其催化机制可能如下：

① 促进氢过氧化物分解，见图 5-15。

$$M^{n+} + ROOH \nearrow M^{(n+1)+} + OH^- + RO\cdot$$
$$M^{n+} + ROOH \searrow M^{(n-1)+} + H^+ + ROO\cdot$$

图 5-15 氢过氧化物分解

② 直接与未氧化物质作用。

$$M^{n+} + RH \longrightarrow M^{(n-1)+} + H^+ + R\cdot$$

③ 使氧分子活化，产生单线态氧和过氧化氢自由基，见图 5-16。

$$M^{n+} + {}^3O_2 \longrightarrow M^{(n+1)+} + O_2^- \begin{cases} \xrightarrow{-e} {}^1O_2 \\ \xrightarrow{+H^+} HO_2\cdot \end{cases}$$

图 5-16 单线态氧和过氧化氢自由基的生成

食品中的过渡金属离子可能来源于加工贮藏过程中所用的设备或食品中天然存在的成分，其中最重要的天然成分是含金属的卟啉物质如血红素。熬炼猪油时若血红素未去除完全，则猪油酸败速率将加快。不同金属催化能力强弱排序如下：铅＞铜＞黄铜＞锡＞锌＞铁＞铝＞不锈钢＞银。

(7) 抗氧化剂 抗氧化剂能延缓和减慢油脂氧化速率，小剂量（一般小于 0.02%时）即可延缓油脂氧化的物质称为抗氧化剂。

抗氧化剂按抗氧化机理可分为自由基清除剂、单线态氧猝灭剂、氢过氧化物分解剂、酶抑制剂、抗氧化剂增效剂。

(8) 表面积 油脂与空气接触的表面积与油脂氧化速率成正比，故采用真空或充氮包装或使用低透气性材料包装，可防止含油食品的氧化变质。

第五节 油脂的特征值及质量评价

各种来源的油脂其组成、特征值及稳定性均有差异。在加工和贮藏过程中，油脂品质会因各种化学变化而逐渐降低。油脂的氧化是引起油脂酸败的主要因素，此外水解、辐照等反应均会导致油脂品质降低。

一、油脂的特征值

1. 酸值（酸价，AV）

酸值是中和 1g 油脂中游离脂肪酸所需的氢氧化钾质量（mg）。新鲜油脂的酸值很小，但随着贮藏期的延长和油脂的酸败，酸值增大。酸值的大小可直接说明油脂的新鲜度和质量的好坏，所以酸值是检验油脂质量的重要指标。根据我国食品卫生的国家标准规定：食用植物油的酸价不得超过 5。

2. 皂化值（SV）

1g 油脂完全皂化时所需要的氢氧化钾质量（mg）叫皂化值。皂化值的大小与油脂的平均分子量成反比，油脂的皂化值一般都在 200 左右。肥皂工业根据油脂的皂化值大小，可以确定合理的用碱量和配方。皂化值较大的食用油脂，熔点较低，消化率较高。

3. 碘值（IV）

100g 油脂吸收碘的质量（g）叫做碘值。碘值的测定利用了双键的加成反应。由于碘直接与双键加成反应很慢，故先将碘转化成溴化碘或氯化碘再进行加成反应。

$$I_2 + Br_2 \longrightarrow 2IBr$$

$$-CH{=}CH- + IBr \longrightarrow -\underset{I}{\underset{|}{C}H}-\underset{Br}{\underset{|}{C}H}-$$

过量的溴化碘在碘化钾存在下，析出 I_2，再用 $Na_2S_2O_3$ 溶液滴定，即可求得碘值。

$$IBr + KI \longrightarrow I_2 + KBr$$
$$I_2 + 2Na_2S_2O_3 \longrightarrow 2NaI + Na_2S_4O_6$$

碘值越高，说明油脂中双键越多；碘值降低，说明油脂发生了氧化。

4. 二烯值（DV）

丁烯二酸酐可与油脂中共轭双键发生 Diels-Alder 反应，二烯值是 100g 油脂中所需顺-丁烯二酸酐换算成碘的质量（g）。因此，二烯值是鉴定油脂不饱和脂肪酸中共轭体系的特征指标。天然存在的脂肪酸一般含非共轭双键，经化学反应后可转变为无营养的含共轭双键的脂肪酸。

二、油脂的氧化程度

脂类氧化反应十分复杂，氧化产物众多，且有些中间产物极不稳定，易分解，故对油脂氧化程度的评价指标的选择是十分重要的。目前仍没有一种简单的测试方法可立即测定所有的氧化产物，常常需要测定几种指标，方可正确评价油脂的氧化程度。

1. 过氧化值

过氧化值（POV）是指 1kg 油脂中所含氢过氧化物的物质的量（mmol）。氢过氧化物是油脂氧化的主要初级产物，在油脂氧化初期，POV 随氧化程度加深而增高。而当油脂深度氧化时，氢过氧化物的分解速率超过了氢过氧化物的生成速率，这时 POV 会降低，所以 POV 宜用于衡量油脂氧化初期的氧化程度。POV 常用碘量法测定：

$$ROOH + 2KI \longrightarrow ROH + I_2 + K_2O$$

生成的碘再用 $Na_2S_2O_3$ 溶液滴定，即可定量确定氢过氧化物的含量。

$$I_2 + Na_2S_2O_3 \longrightarrow 2NaI + Na_2S_4O_6$$

2. 硫代巴比妥酸（TBA）法

不饱和脂肪酸的氧化产物醛类可与 TBA 生成有色化合物，如丙二醛与 TBA 生成的有色物在 530nm 处有最大吸收，而其他的醛（烷醛、烯醛等）与 TBA 生成的有色物最大吸收在 450nm 处，故需要在这两个波长处测定有色物的吸光度值，以此来衡量油脂氧化程度。

此法的不足之处是并非所有脂类氧化体系都有丙二醛存在，且有些非氧化产物也可与 TBA 显色，TBA 还可与食品中共存的蛋白质反应，故此法不便于评价不同体系的氧化情况，但仍可用于比较单一物质在不同氧化阶段的氧化程度。

3. 茴香胺值（P-AnV）

茴香胺值表示油脂中不饱和醛的量，在乙酸存在的条件下，茴香胺与醛反应呈浅黄色，可在 350nm 处测定其吸光值，进行定量。

三、油脂的氧化稳定性

1. 活性氧法（AOM）

活性氧法是在 97.8℃下，连续以 2.33mL/s 的速度通入空气，测定 POV 达到 100（植物油脂）或 20（动物油脂）时所需的时间（小时）。该法可用于比较不同抗氧化剂的抗氧化性能，但它与油脂的实际货架寿命并不完全相对应。

2. 史卡尔法

史卡尔法是定期测定处于 60℃的油脂 POV 的变化，确定油脂出现氧化性酸败的时间，或用感官评定确定油脂出现酸败的时间。

第六节 油脂加工中的化学

一、油脂的精制

采用有机溶剂浸提、压榨、熬炼、机械分离等方法可从油料作物、动物脂肪得到粗油。粗油中含有磷脂、色素、蛋白质、纤维质、游离脂肪酸及有异味的杂质，甚至存在有毒成分（如花生油中的黄曲霉毒素，棉籽油中的棉酚）。无论是风味、外观，还是油的品质、稳定性，粗油都是不理想的。对粗油进行精制，可提高油的品质，改善风味，延长油的货架期。

1. 沉降

静置沉降，用过滤或离心等方法除去油中不溶性杂质。

2. 脱胶

术语“脱胶”或“脱胶黏性物”通常是指应用物理、化学或物理化学方法除去油中磷脂和一些其他难以定义的“黏性物”或“黏液质”的精炼处理。粗油中若磷脂含量高，加热时易起泡、冒烟、有臭味，且磷脂在高温下因氧化而使油脂呈焦褐色，影响煎炸食品的风味。脱胶是依据磷脂及部分蛋白质在无水状态下可溶于油，但与水形成水合物后则不溶于油的原理，向粗油中加入2%～3%的水或通水蒸气，加热至50℃，搅拌混合，然后静置分层，分离水相即可除去磷脂和部分蛋白质。

胶质再经过简单和花费不多的精制处理后，即可作为商品磷脂出售。

3. 脱酸（碱炼）

粗油中含有0.5%以上的游离脂肪酸，米糠油中游离脂肪酸含量高达10%。游离脂肪酸的存在影响油的稳定性和风味，可采用碱中和的方法除去，加入的碱量可通过测定酸价确定。中和反应生成的脂肪酸盐（皂脚）进入水相，分离水相后，再用热水洗涤中性油，接着静置离心除去残留的皂脚。该过程同时可使磷脂和有色物质显著地减少。

4. 脱色

粗油中含有叶绿素、类胡萝卜素等色素，叶绿素是光敏化剂，影响油脂的稳定性，同时色素也影响油脂的外观。油脂脱色加工更确切地说是一种吸附加工，吸附剂可用活性炭、白土等。吸附剂同时还可吸附磷脂、残留的皂脚及一些氧化产物，最后过滤除去吸附剂。

5. 脱臭

油脂中存在一些异味物质，主要源于油脂氧化和氢化产物。脱臭是基于油脂（甘油三酯）和影响油脂风味和气味的物质之间挥发度存在很大的差异，在低于油脂分解的温度下，在搅拌和汽提气（通常为水蒸气）的存在条件下，升高温度，减小残压完成的。在实际操作中，是将油脂的温度提高到200～275℃，系统的压力减至1kPa以下，通入水蒸气，并添加柠檬酸螯合过渡金属离子，抑制氧化作用。此法不仅可除去挥发性的异味物，还可使非挥发性的异味物热分解转为挥发物，被水蒸气夹带除去。

油脂精制后品质提高，但也有一些负面的影响，如损失了一些脂溶性维生素，如维生素A、维生素E和类胡萝卜素等。胡萝卜素是维生素A的前体物，胡萝卜素和维生素E也是天然抗氧化剂。

二、油脂的改性

大部分天然油脂，因为它们特有的化学组成使其应用十分有限，为了拓展天然油脂的用途，需要对这些油脂进行各种各样的改性，常用的改性方法有氢化、酯交换和分提。

氢化和酯交换反应均是以脂肪组成发生一种不可逆的化学变化为基础的改性方法。由于使用的催化剂的污染，以及不可避免会发生副反应，因此，经过化学改性的油脂通常需要通过精炼后才可以食用。

而分提是一种完全可逆的改性方法，在分提中，脂肪组成的改变是通过物理方法有选择地分离脂肪的不同组分而实现的。是将多组分的混合物物理分离成具有不同理化特性的两种或多种组分，这种分离是以不同组分在凝固性、溶解度或挥发性方面的差异为基础的。今天，油脂加工工业愈来愈多地使用分提来拓宽油脂各品种的用途，并且这种方法已全部或部分替代化学改性的方法。

1. 油脂的氢化

由于天然来源的固体脂很有限，可采用改性的办法将液体油转变为固体或半固体脂。甘油酯上不饱和脂肪酸的双键在 Ni、Pt 等的催化作用下，高温下与氢气发生加成反应，不饱和度降低，从而把在室温下呈液态的油变成固态的脂，这种过程称为油脂的氢化。氢化后的油脂，熔点提高，颜色变浅，稳定性提高。含有臭味的鱼油经氢化后，臭味消失。

当油脂中所有双键都被氢化后，得到的全氢化脂肪，可用于制肥皂工业；部分氢化产品可用在食品工业中制造起酥油、人造奶油等。全氢化可采用骨架镍作催化剂，在 8atm[1]、250℃下进行；而部分氢化可用镍粉，在 1.5～2.5atm、125～190℃下进行。

（1）油脂氢化的机理　氢化反应机理见图 5-17。液态油和气态氢均被固态催化剂吸附，

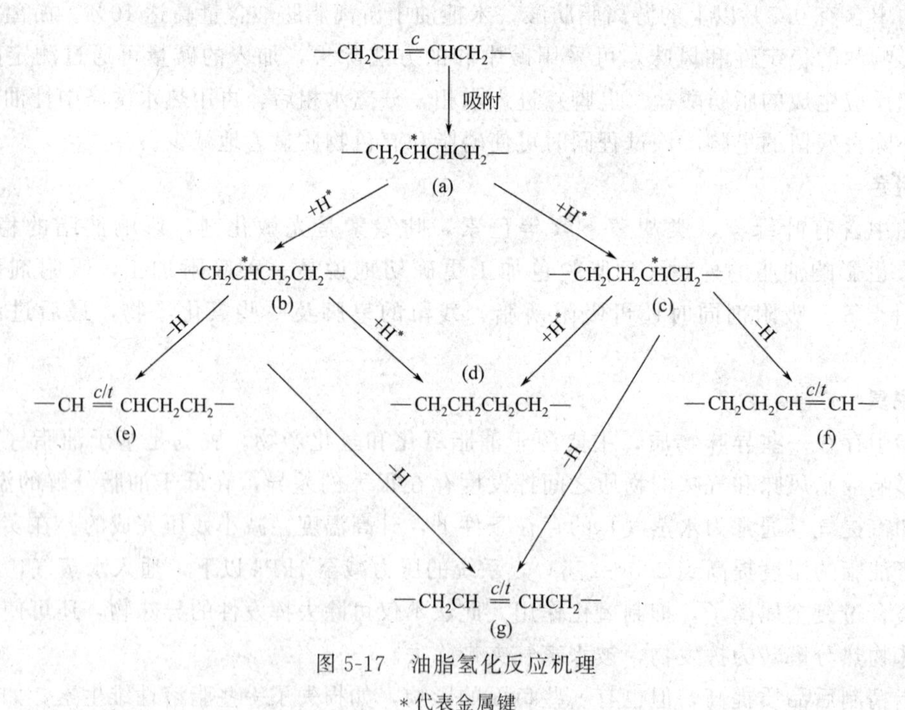

图 5-17　油脂氢化反应机理

*代表金属键

---

[1] 1atm＝101325Pa。

首先是油中的烯键两端任意一端与金属形成碳-金属复合物（a），（a）再与被催化剂吸附的氢原子相互作用，形成一个不稳定的半氢化状态［（b）或（c）］。由于此时只有一个烯键被接到催化剂上，故可自由旋转。（b）、（c）既可以再接受氢原子，生成饱和产品（d），也可失去一个氢原子重新生成双键，双键可处在原位如产品（g），也可发生位移，生成产品（e）和（f）。新生成的双键均有顺式和反式两种异构体。

氢化中最常用的催化剂是 Ni，虽然有些贵金属（如 Pt）的催化效率比 Ni 高得多，但由于价格因素，并不适用；Cu 催化剂对豆油中亚麻酸有较好的选择性，但缺点是 Cu 易中毒，反应完后不易除去。若油脂经过精炼后不含硫化物，则 Ni 催化剂可反复使用达 50 次。

（2）氢化的产物　氢化反应的产物十分复杂，反应物的双键越多，产物也越多，三烯可转变为二烯，二烯可转变为一烯，直至达到饱和。以 α-亚麻酸的氢化为例，可生成 7 种产物，见图 5-18。

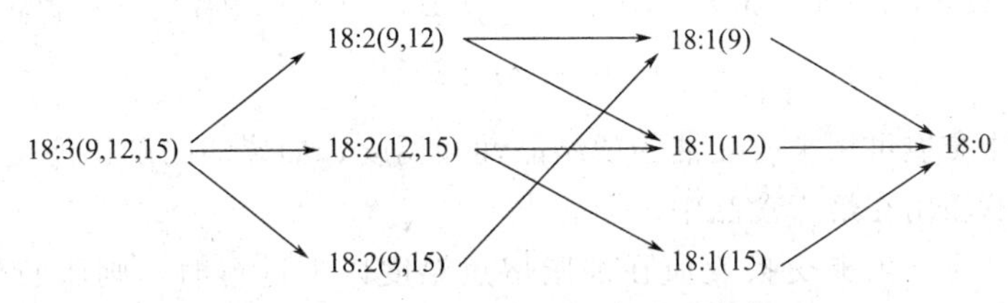

图 5-18　α-亚麻酸氢化后的 7 种产物

油脂氢化后，多不饱和脂肪酸含量下降，脂溶性维生素如维生素 A 及类胡萝卜素被破坏，而且氢化还伴随着双键的位移和反式异构体的产生，这些从营养学方面考虑，都是不利的因素。但如果必需脂肪酸能满足需要的话，从营养学和毒理学上讲，氢化前后的油脂无显著差别。

2. 油脂的酯交换

天然油脂中脂肪酸的分布模式，赋予了油脂特定的物理性质如结晶特性、熔点等。有时这种性质限制了它们在工业上的应用，但可以采用化学改性的方法如酯交换改变脂肪酸的分布模式，以适应特定的需要。例如猪油的结晶颗粒大，口感粗糙，不利于产品的稠度，也不利于用在糕点制品上，但经过酯交换后，改性猪油可结晶成细小颗粒，稠度改善，熔点和黏度降低，适合于作为人造奶油和糖果用油。酯交换可以在分子内进行，也可以在不同分子之间进行，见图 5-19。

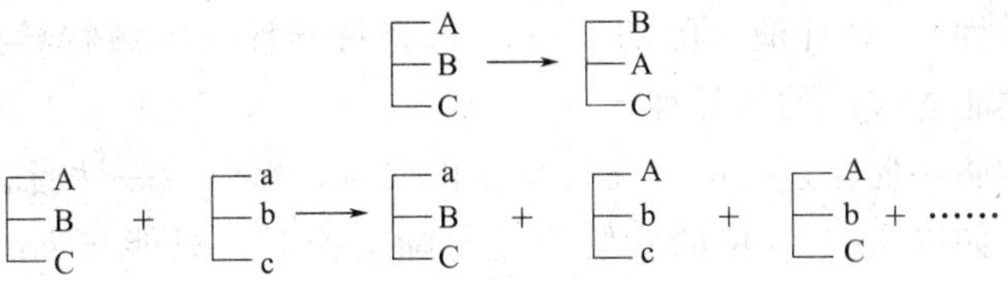

图 5-19　在分子内或不同分子之间进行酯交换

化学酯交换一般采用甲醇钠作催化剂，通常只需在 50～70℃下，较短的时间内就能完成。

（1）酯交换反应机理　以 S_3、U_3 分别表示三饱和甘油酯及三不饱和甘油酯。首先是甲醇钠与甘油三酯反应，生成甘油二酯钠盐。

$$U_3 + NaOCH_3 \longrightarrow U_2ONa + U\text{-}CH_3$$

这个中间产物再与另一分子甘油三酯反应，发生酯交换。

$$S_3 + U_2ONa \rightleftharpoons SU_2 + S_2ONa$$

生成的 S_2ONa 又可与另一甘油三酯分子发生酯交换，反应如此不断继续下去，直到所有脂肪酸酰基改变其位置，并随机化趋于完全为止。

（2）随机酯交换　当酯化反应在高于油脂熔点时进行，则脂肪酸的重排是随机的，产物很多，这种酯交换称为随机酯交换，如 50% 的三硬脂酸甘油酯（StStSt）和 50% 的三油酸甘油酯（OOO）发生随机酯交换反应，见图 5-20。

StStSt + OOO
(50%)　(50%)
↓ $NaOCH_3$
StStSt (12.5%)　StOtSt (12.5%)　OStSt (25%)　StOO (25%)　OStO (12.5%)　OOO (12.5%)

图 5-20　酯交换反应

油脂的随机酯交换可用来改变油脂的结晶性和稠度，如猪油的随机酯交换，增强了油脂的塑性，可作起酥油用在焙烤食品中。

（3）定向酯交换　当酯交换反应在油脂熔点温度以下进行时，则脂肪酸的重排是定向的。因反应中形成的高熔点的 S_3 结晶析出，不断移去 S_3，则能产生更多的 S_3，直至饱和脂肪酸全部生成 S_3，实现定向酯交换为止。混合甘油酯经定向酯交换后，生成高熔点的 S_3 产物和低熔点的 U_3 产物，见图 5-21。

OStO
↓ $NaOCH_3$
StStSt (33.3%)　OOO (66.7%)

图 5-21　油酯定向酯交换

近年来以酶作为催化剂进行酯交换的研究，已取得可喜进步。与化学酯交换相比，酶法酯交换有许多优势，比如，反应条件温和（能耗降低，且对反应物和产品的热破坏减少），脂肪酶对天然底物有特异性，以及催化效率高。与化学催化酯交换不同的是，根据所用脂肪酶的特异性，脂肪酶催化酯交换可产生不同类型的产物。脂肪酶基于其特异性可分为三类：随机性（非区域特异性），对甘油三酯的 sn-1,3 选择特异性（区域特异型），或对特定脂肪酸（或通常是对一类脂肪酸）的特异性。

以非专一性的脂肪酶催化进行的酯交换是随机反应，但以专一性脂肪解酶作催化剂，则反应是有方向性的，如以 sn-1,3 位的脂肪酶进行酯交换时，只能与 sn-1,3 位脂肪酸交换，而 sn-2 位脂肪酸不变：

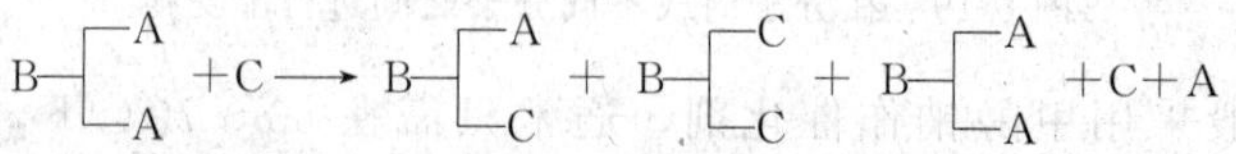

B(A,A) + C ⟶ B(A,C) + B(C,C) + B(A,A) + C + A

这个反应很重要，从此种酯交换可以得到天然油脂中所缺少的甘油三酯组分。在商业上已用于生产糖果用脂、低热量油脂和婴儿食品所需的改性油脂等。

应用酶法酯交换生产婴儿配方用途的人乳脂替代品，是通过酯交换将植物油改性成具有和乳脂极其类似的甘油三酯组成。如使用 sn-1,3-特异性脂肪酶作为催化剂，三棕榈酸甘油酯与不饱和脂肪酸混合物进行酸解酯交换反应，得到来自植物油改性的甘油三酯，在其 sn-2 位富含棕榈酸，而 sn-1 和 sn-3 位富含不饱和脂肪酸。这些甘油三酯（如 OPO、OPL）与人乳脂成分的脂肪酸分布非常相近，在婴儿配方食品中用其替代混合植物油时，甘油三酯的 sn-2 位存在的棕榈酸改善了脂肪消化性和钙等其他重要营养物质的吸收。

酶法酯交换也被用于糖果用油脂领域。如利用棕榈油馏分与硬脂酸或硬脂酸酯的酶法酯交换生产代可可脂，棕榈油中存在大量的 POP 组分，但加入硬脂酸或其甘油三酯，使用 sn-1,3 位专一性脂肪酶在无水条件下可催化得到 POS_t 和 S_tOS_t：

$$O\begin{cases}P\\P\end{cases} + S_t \xrightarrow{1,3\text{-脂水解酶}} O\begin{cases}P\\P\end{cases} + O\begin{cases}P\\S_t\end{cases} + O\begin{cases}S_t\\S_t\end{cases} + \cdots$$

POS_t 和 S_tOS_t 两种成分为可可脂的主要组分，这是人工合成代可可脂的方法。

这种可控重排还适用于含不饱和脂肪酸的液态油（如棉籽油、花生油）熔点的提高及稠度改善，无需氢化或向油中加入硬化脂肪，即可转变为具有起酥油特性的油脂产品，与油脂部分氢化具有相似的效果。表 5-7 为部分氢化的棕榈油经酯交换后，熔点及甘油三酯分布的变化。

表 5-7　部分氢化的棕榈油经酯交换后熔点及甘油三酯分布变化

项目	酯交换前	随机酯交换后	定向酯交换后
熔点/℃	41	47	52
甘油三酯的摩尔比			
S_3	7	13	32
S_2U①	49	38	13
SU_2	38	37	31
U_3	6	12	24

① S 表示饱和脂肪酸；U 表示不饱和脂肪酸。

3. 油脂的分提

油脂由各种熔点不同的甘油三酯分子组成。在一定温度下利用构成油脂的甘油三酯的熔点及溶解度的差异，可把油脂分成具有不同理化特性的两种或多种组分，这就是油脂分提。分提过程包括三个相继的阶段：①液体或熔化的甘油三酯冷却产生晶核；②晶体成长到形状及大小都可以有效分离的程度；③固相和液相分离、离析和分别提纯。固液分离工序，需要晶粒大、稳定性佳、过滤性好的晶体，为此必须控制分提工序，如缓慢冷却并不断轻缓地搅拌等。

分提已广泛用于棕榈油的生产，特别是从东南亚出口的大量棕榈软脂。以熔点范围21～27℃的棕榈油为原料，分提可得到固体脂（30%～35%棕榈硬脂，熔点 48～50℃）和液体油（65%～70%棕榈液油，熔点 18～20℃）。棕榈液油进一步分提，得到更高不饱和度的棕榈液油和中间分提物。棕榈液油是一种高质量、高稳定性的煎炸油。棕榈硬脂是价值较低的大宗商品，但可用于生产涂抹脂，以及作为油脂化学工业上牛油的植物替代脂。由此可扩大棕榈油的使用范围和用途。

分提可分为干法分提、表面活性剂分提及溶剂分提。

干法分提是指在无有机溶剂存在情况下，将处于溶解状态的油脂慢慢冷却到一定程度，析出固体脂，过滤分离结晶的方法。包括冬化、脱蜡、液压及分级等方法。冬化时要求冷却速度慢，并不断轻轻搅拌以保证生产体积大、易分离的 β' 或 β 型晶体。冷却油脂至 10℃左右使蜡结晶析出（24h)，这种方法称为油脂脱蜡。压榨法是一种古老的分提方法，用来除去固体脂（如猪油、牛油等）中少量的液态油。

溶剂分提法易形成容易过滤的稳定结晶，提高分离效果，尤其适用于组成脂肪酸的碳链长、黏度大的油脂分提。适用于油脂分提的溶剂主要有丙酮、己烷、甲乙酮、2-硝基丙烷等。己烷对油脂溶解度大，结晶析出温度低，结晶生成速率慢；甲乙酮分离性能优越，冷却时能耗低，但其成本高；丙酮分离性能好，但低温时对油脂溶解能力差，并且丙酮易吸水，从而使油脂的溶解度急剧变化，改变其分离性能。为克服在使用中单一溶剂的缺点，常使用混合丙酮-己烷为分提溶剂。

第七节　油脂中的功能性成分

食用油脂中除占总量95%以上的甘油三酯外，还有游离脂肪酸、甘油单酯、甘油二酯、磷脂、甾醇、脂肪醇、脂溶性维生素及色素等其他成分。这些成分中很多是人体营养、健康所必需，并对人体一些相应缺乏症和内源性疾病，特别是现今社会文明病如高血压、心脏病、癌症、糖尿病等有积极防治作用，因此被称为油脂中的功能性成分。

一、功能性脂肪酸

1. 多不饱和脂肪酸

多不饱和脂肪酸一般是指含两个或两个以上的双键、碳链长度在十八或十八个碳原子以上的脂肪酸，它们是功能性脂肪酸研究和开发的主体与核心，根据其结构又派分出 n-6 和 n-3 两大主要系列。这类脂肪酸受到广泛关注，不仅仅因为 n-6 系列的亚油酸和 n-3 系列的 α-亚麻酸是人体不可或缺的必需脂肪酸，更重要的是因为它们可以在体内代谢、转化成在特定食物资源中有相对丰富存在的几种多烯酸，在人体生理中起着极为重要的作用，与现代诸多文明病的发生与调控息息相关。这些脂肪酸的结构及在人体内的转化途径见图 5-22 和图 5-23。

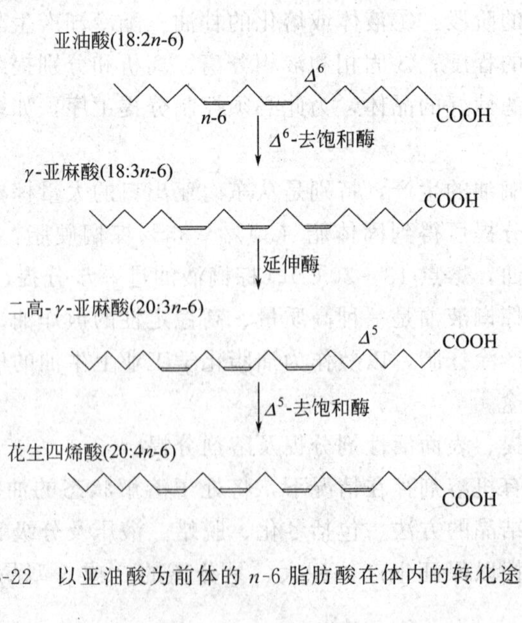

图 5-22　以亚油酸为前体的 n-6 脂肪酸在体内的转化途径

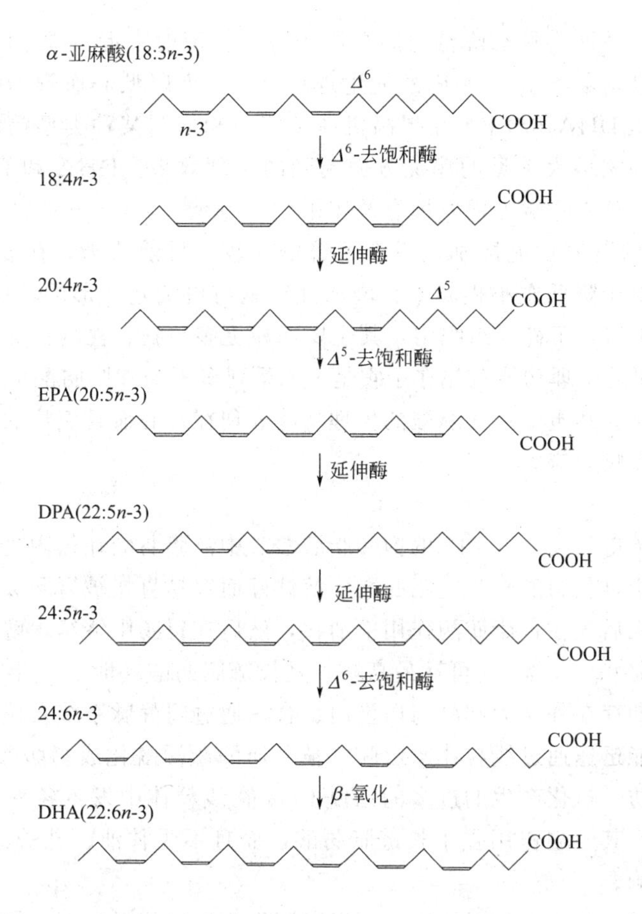

图 5-23 以 α-亚麻酸为前体的 n-3 脂肪酸在体内的转化途径

n-6 脂肪酸主要包括亚油酸、花生四烯酸、二高-γ-亚麻酸和 γ-亚麻酸。亚油酸有较强的降低低密度脂蛋白-胆固醇浓度的作用，在预防高血压及心肌梗死方面也有作用。花生四烯酸是神经组织和脑中占据绝对优势的多不饱和脂肪酸，它自身及其代谢产物对中枢神经系统有重要影响。从妊娠三个月到 2 岁婴儿的大脑内，花生四烯酸快速积累，在细胞分裂和信号传递方面起重要作用；对于成年人，膳食花生四烯酸的供给是否影响与脑代谢有关的花生四烯酸底物库尚不清楚。此外，花生四烯酸与 DHA 一起对维护视网膜的正常功能起决定作用。二高-γ-亚麻酸是前列腺素的前体，在正常人体血浆中，二高-γ-亚麻酸约占脂质总量的 20%，至于其生理功能的探讨，均归入 n-6 系列多不饱和脂肪酸共性之列。γ-亚麻酸则具有降血脂、防止血栓形成作用，因其在体内可刺激棕色脂肪组织中线粒体活性，使体内过多热量能得以释放，因而还具有防止肥胖作用。

膳食脂质中的 n-3 脂肪酸主要是 α-亚麻酸、二十二碳六烯酸（DHA）和二十碳五烯酸（EPA），它们与包括人在内的哺乳动物的正常生理功能息息相关。n-3 脂肪酸用作营养补充剂和治疗药物被认为是脂肪酸营养研究领域的重点。

从对包括人在内的动物的脑、视网膜和神经组织的分析得知，DHA 是其中主要的脂肪酸，是维持大脑及视网膜的正常发育及功能所必需的物质。DHA 和 EPA 被证明具有维持和改善视力，提高记忆、学习等能力，抑制中老年痴呆症的生理学效果。在与心血管疾病的关系上，EPA 和 DHA 在治疗心肌梗死、动脉硬化、高血压等心血管疾病的临床试验和动物饲养研究中已先后被证明具有降低血脂总胆固醇、低密度脂蛋白-胆固醇、血液黏度、血小板凝聚力及增加高密度脂蛋白-胆固醇的生理功能，从而降低心血管疾病发生的概率。流行病学研究还证明了 DHA 和 EPA 在提高机体免疫力和抑制某种类型癌症特别是乳腺癌和结肠癌这两种西方国家最为常见的癌症方面起到的生理效果。DHA 和 EPA 还在抗炎、预防脂肪肝发生及治疗气管哮喘方面发挥有益作用。

DHA 和 EPA 的营养功能区别还没有系统的比较，目前认为，在改善血清脂质方面，二者效价等同；而对于降低血小板凝聚、增加红细胞与白细胞变形的功能上，EPA 远优于 DHA。DHA 则由于富含于神经组织中，其主要功能更多与脑、视网膜等发育相关。

α-亚麻酸最重要的生理功能首先在于它是 n-3 系列多不饱和脂肪酸的母体，在体内代谢可生成 DHA 和 EPA。因此，α-亚麻酸的生理功能表现在对心血管疾病的防治上。其另一重要功能是增强机体免疫效应。

2. 中链脂肪酸

中链脂肪酸指碳链长度为 8～12 的饱和脂肪酸。中链脂肪酸在体内主要以游离形式被吸收。由于碳链短，中链脂肪酸较长链脂肪酸水溶性好而容易直接被胃肠吸收。含中链脂肪酸的油脂，被人体摄入后先在舌脂肪酶作用下消化，然后在胃肠中继续水解。中链脂肪酸从肠内水解吸收到血液需 0.5h，2.5h 可达最高峰，是长链脂肪酸耗时的一半。中链脂肪酸除少量在周围血液中短期存在外，大部分与白蛋白结合，通过门静脉系统较快地到达肝脏。在肝脏中，中链脂肪酸能迅速通过线粒体双层膜，被基质酶激活酰化成脂肪酸 CoA，并被氧化，而几乎不被合成脂肪。氧化产生的过多的乙酰 CoA 在线粒体中发生各种代谢作用，其中大部分趋向合成酮体，其生酮作用强于长链脂肪酸，而且不受甘油、乳酸盐、葡萄糖-胰岛素等抗生酮物质的影响。

由于中链脂肪酸生化代谢相对快速，所以它可作为快速能量来源，特别是对膳食油脂中长链脂肪酸难以消化或脂质代谢紊乱的个体，如无胆汁症、胰腺炎、原发性胆汁肝硬化、结肠病、小肠切除、缺乏脂肪酶的早产儿和纤维囊泡症病人等。中链脂肪酸的另一重要作用是酮体效应，所有肝外组织可利用它迅速氧化产生的大量酮体，手术后病人可利用它来提供热能，妊娠妇女可通过注射中链脂肪酸酯补充胎儿消耗酮体较多的需求。它还能节约慢性病患者肌肉中的肉碱，纠正与败血症或创伤有关的酮体血症的抑制状态。此外，中链脂肪酸生成的酮体具有麻醉和抗惊厥作用，在临床上已被用作无耐药性的癫痫治疗药物。

二、甾醇

甾族化合物广泛存在于生物体组织内，具有重要的生理功能。甾族化合物结构为四个稠合环上连接着三个侧链，属环戊多氢菲。甾醇是甾族化合物中的一类，其分子的结构通式见图 5-24，在 C3 位上有一取代羟基，R_1、R_2 表示甲基或氢原子，R_3 为 8～10 个碳原子构成的烃链，C3 位的羟基位于环平面上方为 β-型，下方则为 α-型。这些结构特点加之环之间的立体异构、菲环上有无双键及其位置、R_3 侧链的变化等而使得天然甾醇种类繁多，现已鉴别出的有约 160 种。

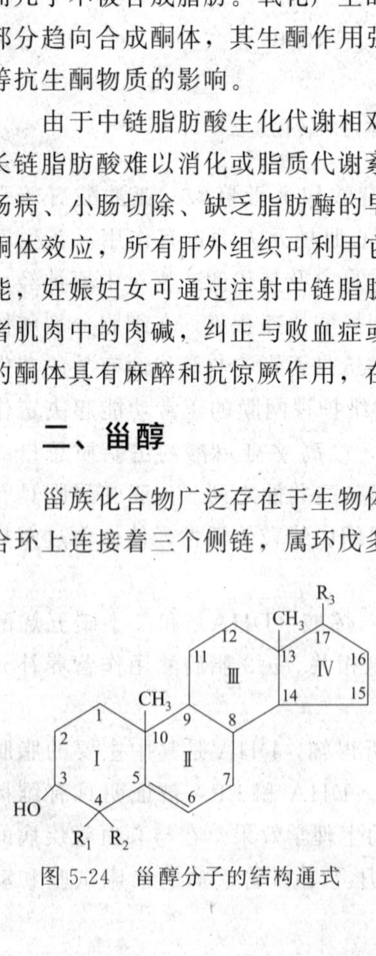

图 5-24　甾醇分子的结构通式

甾醇因呈固态又俗称固醇，依其来源不同可分为动物固（甾）醇和植物固（甾）醇。动物甾醇主要是胆固醇，植物固醇主要是谷甾醇、豆甾醇、菜油甾醇等。β-谷甾醇的分子结构见图 5-25。

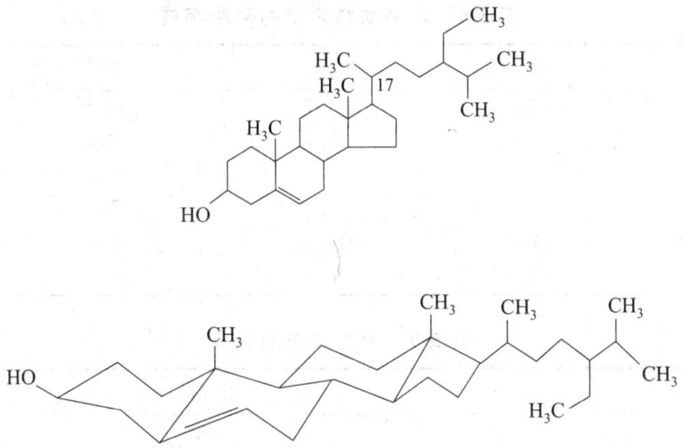

图 5-25 β-谷甾醇的分子结构

豆甾醇、菜油甾醇的母体结构与 β-谷甾醇完全相同，不同之处在于 C17 位上连接的烃链，豆甾醇为—$CH(CH_3)CH=CHCH(CH_2CH_3)CH(CH_3)_2$，菜油甾醇为—$CH(CH_3)CH_2CH_2CH(CH_3)CH(CH_3)_2$。

胆固醇是最早发现的甾类化合物之一，因其在营养卫生方面的重要性而备受重视。胆固醇以游离形式或者以与脂肪酸结合成酯的形式存在，分布于动物的血液、脂肪、脑、神经组织和卵黄中。胆固醇可在动物体内合成，可在胆道中沉积成结石，并在血管壁上沉积，引起动脉硬化。

胆固醇为无色蜡状固体，熔点 148.5℃，在高度真空下可升华，易溶于有机溶剂，不溶于水、稀酸及稀碱，不能皂化，在食品加工中不易被破坏。

植物甾醇是从植物油脂加工的下脚料中分离得到的一类不皂化物，现代医学研究表明植物甾醇具有重要的生理活性和广泛的应用。

人体内不能合成植物甾醇，而能合成胆固醇。在人体内的神经、脑、肝脏、脂肪组织和血液中，胆固醇作为细胞原生质膜不可或缺的成分，起着促进人体性激素和肾上腺皮质激素等合成的作用。其代谢产物胆汁酸以和甘氨酸、牛磺酸结合的形式存在，在脂肪的消化和吸收中起关键作用。但临床上通常表现为，因膳食中摄取胆固醇过多，或者是调节机能出现障碍或衰退出现的成人血清中胆固醇浓度过高，从而引发高血压及冠状动脉粥样硬化类心脏病。植物甾醇在人体内以与胆固醇相同的方式被吸收，但其吸收率低得多，一般只有 5%～10%，为胆固醇在人体内吸收率的十分之一到五分之一。更为重要的是，植物甾醇的摄入能阻碍胆固醇的吸收，从而能有效降低血清中胆固醇浓度。此外植物甾醇还具有抗炎、抗氧化及阻断致癌物诱发癌细胞形成的功能，在皮肤营养和保护方面也能发挥优良的生理效能。因此，植物甾醇在医药、保健食品及化妆品行业有广泛的用途。

三、磷脂

磷脂是含磷类脂的总称，分为甘油磷脂和非甘油磷脂。几乎所有的机体细胞都含有磷脂。磷脂主要存在于人体和动物体脑、肾及肝等重要器官以及植物的种子中，在蛋黄中含量丰富（8%～10%）。动物来源的磷脂主要是蛋黄、乳及大脑，见表 5-8。而商品化的磷脂主要来源于大豆。大豆磷脂或称大豆卵磷脂是油脂加工过程中的副产物，是磷脂酸衍生物的脂质混合物，其主要组成见表 5-9。

表 5-8 几种动物来源的磷脂组成 单位：%

磷脂	鸡蛋	人乳	牛乳	牛脑
磷脂酰胆碱	68～72	27.7	26.0	18.0
磷脂酰乙醇胺	12～16	20.1	31.5	36.0
磷脂酰肌醇	0～2	7.0	4.9	2.0
磷脂酸				2.0
磷脂酰丝氨酸	0～10	10.0	8.8	18.0
鞘磷脂	2～4	34.9	23.8	15.0

表 5-9 大豆磷脂的组成 单位：%

组分	组成范围		
	低	中	高
磷脂酰胆碱	12.0～21.0	29.0～39.0	41.0～46.0
磷脂酰乙醇胺	8.0～9.5	20.0～26.3	31.0～34.0
磷脂酰肌醇	1.7～7.0	13.0～17.5	19.0～21.0
磷脂酸	0.2～1.5	5.0～9.0	14.0
磷脂酰丝氨酸	0.2	5.9～6.3	

大豆磷脂的三种主要成分磷脂酰胆碱、磷脂酰乙醇胺和磷脂酰肌醇的结构见图 5-26。

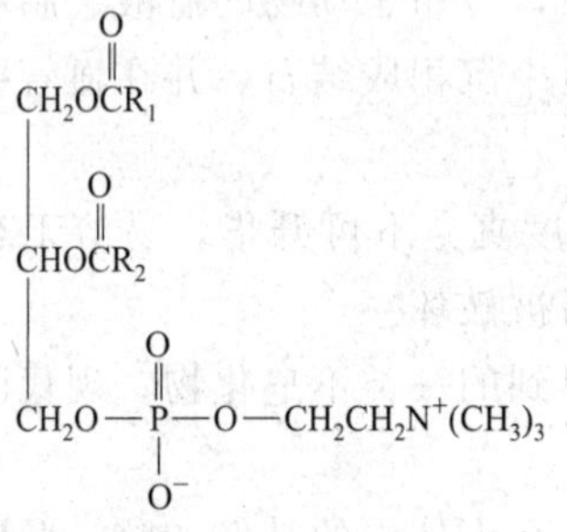

磷脂酰胆碱(PC)

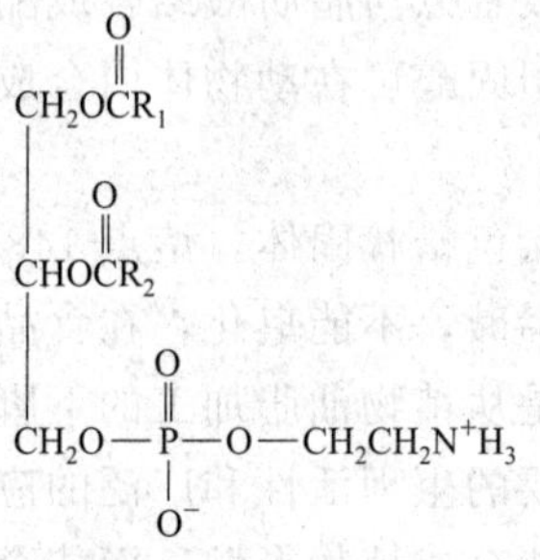

磷脂酰乙醇胺(PE)

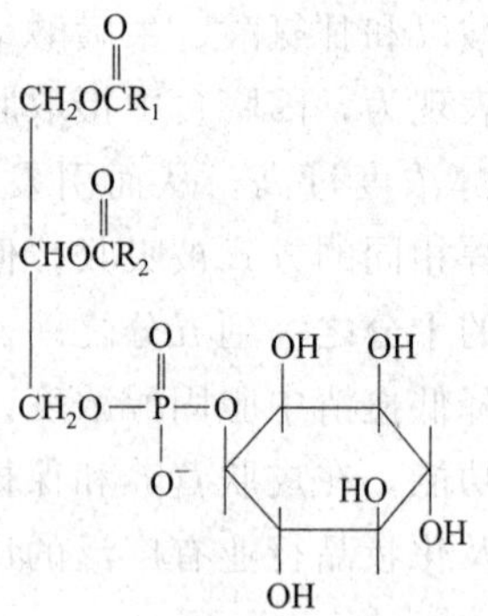

磷脂酰肌醇(PI)

图 5-26 大豆磷脂的三种主要成分

R_1 与 R_2 为 C_{15}～C_{17} 碳氢链

磷脂是生物膜的重要组成成分，承担生命现象中的多种功能，如参与体内脂肪的代谢，降低血液胆固醇，具有预防动脉粥样硬化、脂肪肝等作用，可用于治疗急慢性肝炎、肝硬化、神经衰弱、消瘦、贫血等疾病，且具有健脑和增强记忆力的作用。

磷脂在卵磷脂胆固醇酰基转移酶的作用下，可将其中的不饱和脂肪酸转移到胆固醇的羟基位置上，酯化后的胆固醇不易在血管壁上沉积，所以磷脂有软化血管、防止冠心病的作用。乙酰胆碱是神经系统传递信息必需的化合物，人的记忆力减退与乙酰胆碱不足有一定关系，人脑能直接从血液中摄取磷脂并很快转化为乙酰胆碱。在发达国家卵磷脂已成为人们广泛使用的保健品。

磷脂的结构中既含有长烃链的非极性基团，又含有极性基团磷酸基，因而具有两亲性，其在食品工业中的一种重要用途是作乳化剂，纯的卵磷脂属油包水型的乳化剂，亲水亲油平衡值（HLB）为3。

磷脂易溶于乙醚、乙醇，但不溶于丙酮，此性质可用于磷脂的分离。磷脂为白色，在空气中易氧化，氧化后呈黄色，甚至褐色，故磷脂也是一种抗氧化剂。

第八节　脂肪替代物

脂肪是人体必不可少的营养素，但摄入过多会导致肥胖和引起一些心血管疾病。我国膳食指南建议每人每日摄入源于脂肪的热量不宜超过30%，饱和脂肪酸不超过10%。开发低热量甚至无热量的脂肪替代物，能保持脂肪的口感和组织特性，部分替代脂肪以减少脂肪的摄入量，越来越受到食品企业和消费者的青睐。美国、日本及欧洲已开发出一些脂肪替代物产品，需求量逐年提到。按照组成来分，脂肪替代物可分为脂肪替代品和脂肪模拟品。

一、脂肪替代品

脂肪替代品以脂质、合成脂肪酸酯为基质，其理化性质与油脂类似，可部分或完全替代食品中的脂肪，但其热量则比脂肪低得多。脂肪的热量为39.58kJ/g，糖脂肪酸聚酯是蔗糖与6～8个脂肪酸通过酯基团转移或酯交换形成的蔗糖酯的混合物，其热量为0；山梨醇聚酯是山梨醇与脂肪酸形成的三、四及五酯，它的热量为4.2kJ/g；在甘油β位上接有长链脂肪酸，α位上接有短链或中链脂肪酸的结构脂质，热量为21kJ/g。它们均属脂肪替代品，可用于色拉调味料及焙烤食品。

二、脂肪模拟品

脂肪模拟品在感官和物理特性上模拟油脂，但不能完全替代油脂，常以蛋白质和碳水化合物为基质，高温时易引起变性和焦糖化，故不宜在高温下使用。

1. 以蛋白质为基质的脂肪模拟品

以鸡蛋、牛乳、乳清、大豆、明胶及小麦谷蛋白等天然蛋白质为原料，通过微粒化、高剪切处理，可制得具有似脂肪口感和组织特性的脂肪模拟品，能改善持水性及乳化性，但在高温下不甚稳定，可替代某些水包油型乳化体系食品配方中的油脂，多用于乳制品、色拉调味料、冷冻甜食等食品中。

许多食品由于除去脂肪或降低脂肪含量会引起组织、质构的变化，应用蛋白质为基质的脂肪模拟品时可改善食品的组织。

2. 以碳水化合物为基质的脂肪模拟品

多糖类植物胶、改性淀粉、改性纤维素、麦芽糊精、葡萄糖聚合物等可提供类似脂肪的口感、组织特性，多用于色拉调味料、甜食、冰淇淋、乳制品、沙司及焙烤食品中。用于替代脂肪的植物胶有瓜尔豆胶、黄原胶、卡拉胶、阿拉伯树胶、果胶及刺槐豆胶等。淀粉经酸或酶法水解、氧化、糊化、交联或取代后，添加于食品中可提供油脂似的滑爽口感，也可用作脂肪模拟品。

思考题

1. 食品中脂肪的定义及化学组成？有哪些种类？
2. 食用油脂中的脂肪酸种类？如何命名？
3. 食用油脂有哪些物理和化学性质？
4. 食用油脂在贮藏加工过程中发生哪些变化？
5. 辐照时食用油脂发生哪些变化？
6. 食用油脂会发生哪些氧化反应？
7. 影响脂肪氧化的因素有哪些？应如何防止？
8. 食用油脂氧化与水分活度的关系如何？
9. 食用油脂中过氧化值大小说明什么问题？测定方法有哪些？
10. 什么叫乳浊液？乳浊液失去稳定性的机制是什么？
11. 食用油脂的塑性及其影响因素如何？
12. 如何以植物油为原料通过化学改性获得塑性脂肪？
13. 食用油脂为什么需要精炼？应如何进行精炼？
14. 脂肪替代物有哪些种类？为什么要替代脂肪？

参考文献

[1] 韩雅珊. 食品化学. 2版. 北京：中国农业大学出版社，1998.
[2] 胡慰望，谢笔钧. 食品化学. 北京：科学出版社，1992.
[3] 王璋，许时婴，汤坚. 食品化学. 北京：中国轻工业出版社，2016.
[4] 刘邻渭. 食品化学. 郑州：郑州大学出版社，2011.
[5] 王兴国，金青哲. 贝雷油脂化学与工艺学. 北京：中国轻工业出版社，2016.
[6] 吴时敏. 功能性油脂. 北京：中国轻工业出版社，2001.
[7] 金时俊. 食品添加剂. 上海：华东化工学院出版社，1992.
[8] 屠用利. 食品中的脂肪替代物. 食品工业，2000 (3)：17-19.
[9] 杜克生. 食品生物化学. 北京：化学工业出版社，2002.
[10] Fennema O R, Dekker M. Food Chemistry. 4th ed. New York, Basel, Hong Kong: Marcel Dekker Inc, 2008.
[11] 王兴国. 人乳脂及人乳替代脂. 健康脂质功能与制造. 北京：科学出版社，2019.

第六章

食品中的酶

第一节　引言

一、酶的概况

酶是由活细胞合成的、对其底物具有高度特异性和高效催化性的蛋白质。迄今为止，自然界已发现酶的种类约4000多种，实现大规模工业化生产和使用的有60余种。近些年来，随着生物工程、基因工程、基因组学、宏基因组学和蛋白质组学等生命科学的不断发展，越来越多的新酶被挖掘或创造出来。到20世纪末，世界工业酶市场销售总额超过40亿美元，2015年这一数字约为80亿美元，其中，食品和饮料工业占比1/3以上；洗涤剂工业约占1/4；饲料工业约占1/5；生物燃料大幅提升至10%以上。

二、酶对食品和食品工业的影响

在生物体内，酶控制着所有重要的生物大分子（蛋白质、碳水化合物、脂类、核酸）和小分子（氨基酸、糖和维生素）的合成和分解。酶学是现代食品科学的重要基础。在食物成分的消化、吸收过程，食品的加工、保藏过程，食品原材料的开发和利用以及在食品的分析检测技术中，酶都有着重要的作用和影响。因此，食品工业非常重视酶的研究与开发。

食品中的重要酶类主要包括食品原料中的内源性酶和食品加工过程中添加的食用酶。对食品影响较大的内源性酶主要包括水解酶、氧化还原酶和异构酶等，而食品加工中使用最广泛的食用酶是水解酶，如淀粉酶、脂肪酶、蛋白酶等。

在食品加工的原料中许多都含有种类繁多的内源酶，这些内源酶对食品加工和保藏过程产生的作用，可能会带来有利的影响，如牛乳中的蛋白酶，在奶酪成熟过程中能催化酪蛋白水解而给予奶酪特殊风味；另外在果蔬汁加工过程中，果胶酶的作用改善了提汁过程及果蔬汁质量。但在食品贮藏与保鲜过程中，内源性酶引起的不利影响也备受关注，这些内源酶可能破坏或降低食品的质量和营养，如番茄中的果胶酶，在番茄酱加工中能催化果胶物质的降解而使番茄酱产品的黏度下降；另外在罐藏果蔬中的果胶酶会使得果蔬出现过度软化，降低产品品质。

食品加工过程中食用酶的使用可以改善加工条件、降低生产成本、取得环境效益及实现加工标准化。然而，不正确的操作方法和条件可能会产生不希望的结果。了解有关酶的基本性质，掌握有效的控制手段和技术，是食品化学的重要内容，在食品生产、科学研究和产品开发中有着重要的意义。

三、酶的基本性质

酶的化学本质是蛋白质（少量为RNA），因此，酶具有蛋白质的属性，主要表现为：酶的化学组成中，氮元素的含量在16%左右；酶在水溶液中可以进行两性解离，有确定的等电点；酶的分子量很大，其水溶液具有亲水胶体的性质，不能透析；酶分子具有一级和高级结构；酶受某些物理及化学因素的作用而变性，丧失催化活性；酶水解后，生成的最终产物也是氨基酸。酶与一般蛋白质的区别主要体现在构象（三维结构）特异性上，即特定的酶分子具有相应的结构和构象，并由此决定酶的催化能力。

酶和一般催化剂具有许多共性，如用量少、催化效率高；仅改变化学反应的速率，不改变化学反应的平衡点和方向；酶在反应前后自身不发生变化等。同时，酶又表现出其特殊性，具有催化效率高、专一性强、易失活、反应条件温和、催化活性可调控等特点。

1. 酶催化的高效性

酶的催化活性比化学催化剂的催化活性要高出很多，所以在细胞中相对含量很低的酶在短时间内能催化大量的底物发生变化，体现了酶催化的高效性。如过氧化氢酶（含 Fe^{2+}）和无机铁离子都催化过氧化氢分解，产生水与氧。分解反应如下：

$$H_2O_2 \longrightarrow H_2O + O_2$$

由实验结果得知，一定环境条件下，1mol 的过氧化氢酶 1min 内可催化 5×10^6 mol 的 H_2O_2 分解。同样条件下，用 1mol 的化学催化剂 Fe^{2+}，只能催化 6×10^{-4} mol 的 H_2O_2 分解。二者相比，过氧化氢酶的催化效率比 Fe^{2+} 的催化效率高 10^{10} 倍。

2. 酶催化的高度专一性

一种酶只能作用于某一类或某一种特定的反应，这就是酶作用的专一性。如糖苷键、酯键、肽键等都能被酸碱水解，但酶对这些化学键的水解却各不相同，水解这些化学键的酶分别有糖苷酶、酯酶和肽酶，即它们只能被专一性的酶作用才能水解。

3. 酶催化的条件要求严格

酶促反应一般要求在常温、常压、中性酸碱度等温和的条件下进行。因为大多数酶是蛋白质，在高温、强酸、强碱等环境中容易失去活性。由于酶对外界环境的变化比较敏感，容易变性失活，在应用时，必须严格控制反应条件。

4. 酶活性的可调性

与化学催化剂相比，酶催化作用的另一个特征是其催化活性可以调控。底物浓度、产物浓度以及环境条件的改变，都可能影响酶催化的活性，会改变生化反应的有序进行。任一生化反应的错乱与失调，必将造成生物体产生疾病，严重时甚至死亡。生物体为适应环境的变化，保持正常的生命活动，在漫长的进化过程中，形成了自动调控酶活性的系统。

食品中酶活性的调控方法是通过调节底物浓度、产物浓度和环境条件等来实现的。

5. 酶催化的活性与辅酶、辅基和金属离子有关

有些酶是复合蛋白质，酶的催化活性与辅酶、辅基和金属离子有密切相关。若将它们除去，酶就失去活性。

总之，酶催化的高效性、专一性以及温和的作用条件，使酶在生物体内新陈代谢与食品加工中发挥强有力的作用，酶活性的调控结果，会使生命活动和食品加工过程中的各个反应得以有条不紊地进行。

四、酶的催化机理

酶能够提高（生物）化学反应速率，而自身在反应前后不产生变化。科学家们对酶催化作用的机理，提出了许多不同的观点和学说，目前易被接受的是中间产物的学说，该学说认为：酶（S）首先与底物（E）结合生成一个不稳定的中间产物（ES）（也称为中间配合物）。由于S与E的结合导致底物分子内的某些化学键发生不同程度的变化，呈不稳定状态，也就是其活化状态，使反应的活化能降低。然后，经过原子间的重新键合，中间产物（ES）便转变为酶与产物（P）。这一过程，可用下面的反应式说明：

$$S+E \longrightarrow ES \longrightarrow E+P$$

按中间产物学说，酶促反应分两步进行，每一步反应的活化能都很低，见图 6-1。

从图 6-1 中可以看到，进行非酶促反应时，由 S ⟶ P 所需的活化能为 a。而酶促反应时，由 S+E ⟶ ES，活化能为 b；再由 ES ⟶ E+P，所需活化能为 c。b 和 c 的活化能均比 a 小得多，所以酶促反应比非酶促反应需要的活化能要小得多，这就大大地加快了反应的进行。

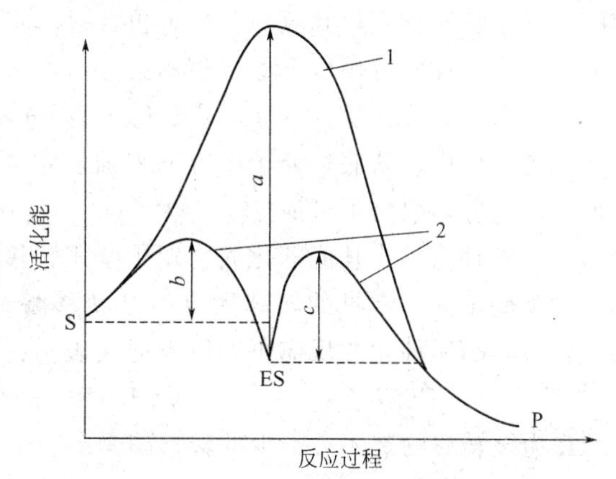

图 6-1 酶促反应与非酶促反应活化能的比较

1—非酶促反应；2—酶促反应

五、酶的分类

1. 根据酶的化学组成分类

按照化学组成，酶可分为单纯蛋白酶和结合蛋白酶两大类。

（1）单纯蛋白质酶（简称单纯蛋白酶） 这类酶本身就是具有催化活性的单纯蛋白质分子，如脲酶、胰蛋白酶等都属于单纯蛋白质酶。

（2）结合蛋白质酶（简称结合蛋白酶） 这类酶的组成中，除蛋白质外还含有非蛋白质部分。蛋白质部分称为酶蛋白，非蛋白质部分称为辅助因子。酶蛋白与辅助因子单独存在时均无催化活性，只有这两部分结合起来组成复合物才能显示催化活性。此复合物称为全酶。

全酶＝酶蛋白＋辅助因子

酶的辅助因子有的是金属离子，有的是小分子有机化合物。金属在酶分子中，或者作为酶活性中心部位的组成成分，或者帮助形成酶活性所必需的构象。酶蛋白以自身侧链上的极性基团，通过反应以共价键、配位键或离子键与辅助因子结合。

通常把与酶蛋白结合比较松，容易脱离酶蛋白，可用透析法除去的小分子有机物称为辅酶；而把那些与酶蛋白结合比较紧，用透析法不易除去的小分子物质称为辅基。辅酶和辅基并没有什么本质上的差别，二者之间也无严格的界限，只是它们与酶蛋白结合的牢固程度不同而已。

在全酶的催化反应中，酶蛋白与辅助因子所起的作用不同，酶蛋白本身决定酶反应的专一性及高效性，而辅助因子直接作为电子、原子或某些化学基团的载体起传递作用，参与反应并促进整个催化过程进行。

通常一种酶蛋白只能与一种辅酶结合，组成一个酶，作用一种底物，向着一个方向进行化学反应。而一种辅酶，则可以与若干种酶蛋白结合，组成为若干个酶，催化若干种底物发生同一类型的化学反应。

2. 根据酶促反应的类型分类

根据酶所催化的反应类型，酶分为六大类。

（1）氧化还原酶类　凡能催化底物发生氧化还原反应的酶，均称为氧化还原酶。在有机反应中，通常把脱氢加氧视为氧化，加氢脱氧视为还原。此类酶中包括有脱氢酶、加氧酶、氧化酶、还原酶、过氧化物酶等。其中最多的是脱氢酶。脱氢酶催化的反应，可用以下通式表示：

$$AH_2 + B \longrightarrow A + BH_2$$

AH_2 表示底物，B 为受氢体。在脱氢反应中，直接从底物上获得氢原子的都是辅酶（基）。辅酶（基）从底物上得到氢原子后，再经过一定的传递过程，最后使之与氧结合成水。由氧化酶所催化的反应可用以下通式表示：

$$AH_2 + O_2 \longrightarrow A + H_2O$$

此类反应中，从底物分子中脱下来的氢原子，不经传递，直接与氧反应生成水。由氧化酶催化的反应多数是不可逆的。

（2）转移酶类　凡能催化底物发生基团转移或交换的酶，均称为转移酶。根据所转移的基团种类的不同，常见的转移酶有氨基转移酶、甲基转移酶、酰基转移酶、激酶及磷酸化酶。由转移酶所催化的反应可用以下通式表示：

$$A\text{-}R + B \longrightarrow A + B\text{-}R$$

R 为被转移的基团。不少的转移酶是结合蛋白质，被转移的基团首先与辅酶结合，而后再转移给另一受体。如氨基转移酶的辅酶是磷酸吡哆醛，在转氨过程中，被转移的氨基首先与磷酸吡哆醛结合生成磷酸吡哆胺，然后磷酸吡哆胺再把氨基转移到另一物质上。

（3）水解酶类　凡能催化底物发生水解反应的酶，皆称为水解酶。常见的水解酶有淀粉酶、麦芽糖酶、蛋白酶、肽酶、脂肪酶及磷酸酯酶等。这类酶的酶促反应可用以下通式表示：

$$A\text{-}B + H_2O \longrightarrow AH + BOH$$

水解酶所催化的反应多数是不可逆的。

（4）裂解酶类　凡能催化底物分子中 C-C（或 C-O、C-N 等）化学键的断裂，断裂后一分子底物转变为两分子产物的酶，均称为裂解酶。此类酶的酶促反应可用以下通式表示：

$$A\text{-}B \longrightarrow A + B$$

这类酶催化的反应多数是可逆的，从左向右进行的反应是裂解反应，由右向左是合成反应，所以又称为裂合酶。常见的裂解酶有醛缩酶、脱羧酶、异柠檬酸裂解酶、脱水酶和脱氨酶等。

（5）异构酶类　异构酶能催化底物分子发生几何学或结构学的同分异构变化。几何学上的变化有顺反异构、差向异构（表异构）和分子构型的改变；结构学上的变化有分子内的基团转移（变位）和分子内的氧化还原。常见的异构酶有顺反异构酶、表异构酶、变位酶和消旋酶。异构酶催化的反应可用以下通式表示：

$$A \longrightarrow B$$

异构酶所催化的反应都是可逆的。常见的异构酶有磷酸葡萄糖变位酶、磷酸丙糖异构酶及磷酸甘油酸变位酶。

（6）合成酶类 合成酶是催化两个分子连接在一起，并伴随有 ATP 分子中的高能磷酸键断裂的一类酶，又称连接酶。酶促反应可用以下通式表示：

$$A+B+ATP \longrightarrow A\text{-}B+ADP+Pi$$

或

$$A+B+ATP \longrightarrow A\text{-}B+AMP+PPi$$

此类反应多数是不可逆的。反应式中的 Pi 或 PPi 分别代表无机磷酸与焦磷酸。反应中必须有 ATP（或 GTP 等）参与。常见的合成酶如丙酮酸羧化酶、谷氨酰胺合成酶、谷胱甘肽合成酶等。

3. 根据酶蛋白分子结构不同的类型分类

根据酶蛋白分子结构不同，酶可分为三类：单体酶、寡聚酶和多酶复合体系。

（1）单体酶 只有一条多肽链的酶称为单体酶，它们不能解离为更小的单位。其分子量为 13000～35000。属于这类酶的为数不多，而且大多是促进底物发生水解反应的酶，即水解酶，如溶菌酶、蛋白酶及核糖核酸酶等。

（2）寡聚酶 由几个或多个亚基组成的酶称为寡聚酶。寡聚酶中的亚基可以是相同的，也可以是不同的。亚基间以非共价键结合，容易为酸、碱、高浓度的盐或其他的变性剂分离。寡聚酶的分子量从 35000 到几百万，如磷酸化酶 a 和乳酸脱氢酶等。

（3）多酶复合体系 由几个酶彼此嵌合形成的复合体称为多酶复合体系。多酶复合体有利于细胞中一系列反应的连续进行，并能提高酶的催化效率，同时便于机体对酶的调控。多酶复合体的分子量都在几百万以上。如丙酮酸脱氢酶系和脂肪酸合成酶复合体都属于多酶复合体系。

4. 根据酶的专一性程度不同的类型分类

酶的专一性是指酶对底物及其催化反应的严格选择性程度。通常酶只能催化一种化学反应或一类相似的反应。根据酶不同专一性程度来分，有绝对专一性、相对专一性及立体专一性三种类型。

（1）绝对专一性 绝对专一性是酶对底物要求很严格，只能催化一种底物向着一个方向发生反应。若底物分子发生细微的改变，便不能作为酶的底物被催化。如脲酶具有绝对专一性，它只催化尿素发生水解反应，生成氨和二氧化碳，而对尿素的各种衍生物，如尿素的甲基取代物或氯取代物均不能发生水解反应。

$$(NH_2)_2CO_3+H_2O \xrightarrow{\text{脲酶}} 2NH_3+CO_2$$

又如延胡索酸酶只作用于延胡索酸（即反丁烯二酸）或苹果酸（逆反应的底物），而对结构类似于这两个酸的其他化合物不起作用。

另外，还有过氧化氢酶只能催化过氧化氢分解为水和氧气；麦芽糖酶只作用于麦芽糖，而不作用于其他双糖；淀粉酶只作用于淀粉，而不作用于纤维素；碳酸酐酶只作用于碳酸等。

（2）相对专一性 与绝对专一性相比，相对专一性的酶对底物的专一性程度要求较低，能够催化一类具有相类似的化学键或基团的物质进行某种反应。它又可分为化学键专一性和基团专一性两类。

① 化学键专一性 化学键专一性的酶，只是对底物中某些化学键有选择性的催化作用，对此化学键两侧连接的基团并无严格要求。如酯酶作用于底物中的酯键，使底物在酯键处发生水解反应，而对酯键两侧的酸和醇的种类均无特殊要求。酯酶催化的反应，可用以下通式

表示：

$$R—CO—O—R' + H_2O \longrightarrow RCOOH + R'OH$$

R 与 R′分别表示两种不同的烃基或其衍生物。

② 基团专一性　与化学键专一性相比，基团专一性的酶对底物的基团选择较为严格。酶作用底物时，除了要求底物有一定的化学键，还对键的某一侧所连基团有特定要求。如磷酸单酯酶能催化许多磷酸单酯化合物，如能对 6-磷酸葡萄糖或各种核苷酸发生水解，而对磷酸二酯键就不起作用。又如 α-D-葡萄糖苷酶能水解具有 α-1,4 糖苷键的 D-葡萄糖苷，这种酶对 α-糖苷键和 α-D-葡萄糖基团具有严格选择性，而底物分子上的 R 基团则可以是任何糖或非糖基团。所以这种具有基团专一性的酶，既能催化麦芽糖水解生成两分子葡萄糖，又能催化蔗糖水解生成葡萄糖和果糖。

(3) 立体专一性　一种酶只能对一种立体异构体起催化作用，对其对映体则全无作用，这种专一性称为立体专一性。在生物体中，具有立体异构专一性的酶相当普遍。如 L-乳酸脱氢酶只催化 L-乳酸脱氢生成丙酮酸，对其旋光异构体 D-乳酸则无作用；又如延胡索酸酶只催化延胡索酸（反丁烯二酸）加水生成苹果酸，而不能催化顺丁烯二酸的水合作用。

六、酶的命名

酶的命名有习惯命名法和系统命名法两种方式。

1. 习惯命名法

习惯名又称为俗名，多年来普遍使用的酶的习惯名称是根据以下三种原则：一是根据酶作用的性质，例如水解酶、氧化酶、转移酶等；二是根据酶作用的底物并兼顾作用的性质，例如淀粉酶、脂肪酶和蛋白酶等；三是结合以上两种情况并根据酶的来源而命名，例如胃蛋白酶、胰蛋白酶等。由于缺少统一命名原则，存在着繁琐和混乱的现象。

虽然习惯命名法比较简单，应用历史较长，但缺乏系统性，随着生物化学的发展，被认识的酶的数目日益增多，这种简单的命名方法就显露出它的不足之处。一是“一酶多名”，如分解淀粉的酶，若按习惯命名法则有三个名字，分别为淀粉酶、水解酶、细菌淀粉酶；二是“一名数酶”，如脱氢酶，像乳酸脱氢酶、琥珀酸脱氢酶；三是有些酶命名不甚合理。

2. 系统命名法

为了适应酶学发展的新情况，避免命名的重复和混乱，国际生物化学协会酶学委员会（EC）于 1961 年提出了一个新的系统命名法及系统分类原则，已为国际生化协会所采用。系统命名要求能确切地表明酶的底物及酶催化的反应性质，即酶的系统名包括酶作用的底物名称和该酶的分类名称。若底物是两个或多个则通常用“：”号把它们分开，作为供体的底物，名字排在前面，而受体的名字在后。

根据国际生化协会酶学委员会的规定，每一个酶都用四个点隔开的数字编号，编号前冠以 EC，即酶学委员会的缩写，四个数字依次表示该酶应属的大类、亚类、亚亚类及酶的顺序排号。

EC＋编号(大类．亚类．小类．序号)

第 1 个数字指酶催化的反应属于六大类中的哪一类。第 2 个数字为大类中的亚类，如在氧化还原酶类中表示氢的供体，转移酶中表示转移的基团，水解酶中表示水解键连接的形式，裂解酶中表示裂解键的形式等。第 3 个数字是亚类中再进行分类，用来补充第二个数字分类的不足，如表示氧化还原酶中氢原子的受体，转移酶的转移基团再进行细分。前 3 个数字表示酶作用的方式，第 4 个数字则表示对相同作用的酶进行流水编号。例如：氧化还原酶的编号为 1.2.3.4，其中的 1 表示其为氧化还原酶类，2 表示其氢原子的供体，3 表示氢原子的受体为氧，4 则表示它是进行这类作用的第 4 个酶。这种酶的四个数字即是酶的编码。这种系统命名虽然严格，但因过于复杂，故尚未普遍使用，所以，广泛使用的仍然是酶的习惯名称。

据此编码分类构成的系统名（学名）举例如下。

（1）氧化还原酶　乙醇脱氢酶 EC 1.1.1.1。

（2）转移酶　丙酮酸激酶 EC 2.7.1.40。

（3）水解酶　α-淀粉酶 EC 3.2.1.1。

（4）裂解酶　色氨酸酶 EC 4.1.9.1。

（5）异构酶　乳酸消旋酶 EC 5.1.2.1。

（6）合成酶　乙酰辅酶 A 合成酶 EC 6.2.1.1。

需要指出，所有酶名，都是由国际生物化学协会的专门机构审定后，向全世界推荐的。其中 20 世纪 60 年代以前发现的酶，它的名称多是过去长期沿用的俗名；20 世纪 60 年代后发现的酶，其名称则是按酶学委员会制定的命名规则拟定的。总之，按照国际系统命名法原则，每一种酶有一个习惯名称和系统名称。

第二节　影响食品中酶活力的因素

底物的浓度、酶的浓度、pH、温度、水分活度、抑制剂和其他重要的环境条件等因素都会影响着食品中酶的活力。以下将分别对以上各种影响因素进行讨论。

一、底物浓度对酶活力的影响

在酶浓度、温度、pH 不变的情况下，酶的反应速率取决于酶浓度和底物浓度；如果酶浓度保持不变，当底物浓度增加，反应初速度随之增加。并以双曲线形式达到最大速度，见图 6-2。

从图 6-2 以看出，随着底物浓度的增加，酶反应速率并不是直线增加，而是在高浓度时达到一个极限速度。这时所有的酶分子已被底物所饱和，即酶分子与底物结合的部位已被占据，速度不再增加。

二、酶浓度对酶活力的影响

当酶促反应体系的温度、pH 不变，底物浓度也足够大时，此时反应速率与酶的浓度成正比关系。因为在酶促反应中，酶分子首先与底物分子作用，生成活化的中间产物（或活化络合物），而后再转变为最终产物。在底物浓度充分过量的情况下，酶的数量越多，则生成的中间产物越多，反应速率也就越快，见图 6-3。

三、水分活度对酶活力的影响

水是酶进行催化作用的必需条件，不同的酶最适的水分活度也不一样。研究表明，即使水分活度在很低时，许多酶仍然可以保持活力。例如，脱水蔬菜最好在干燥前进行热烫，否

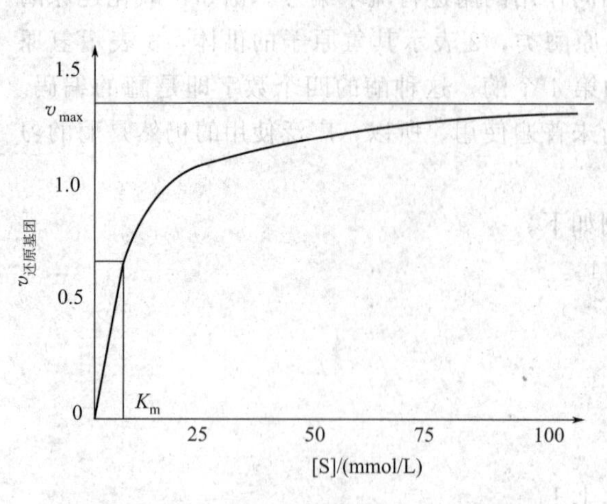

图 6-2 蔗糖浓度对转化酶活力的影响

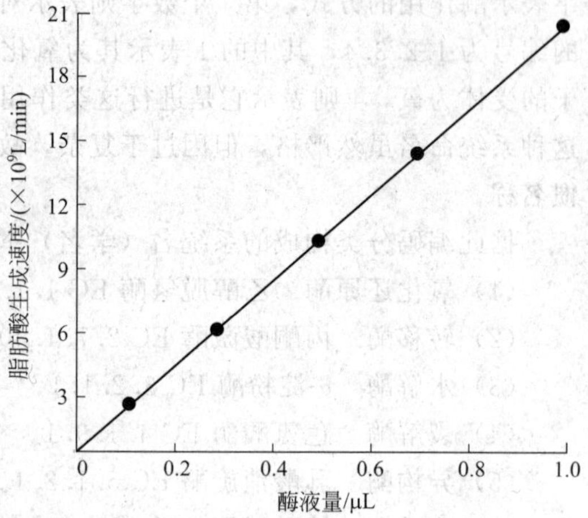

图 6-3 酶浓度对酶活力的影响

则将会很快产生干草味，而不宜贮藏；干燥的燕麦食品，如果不用加热法使酶失活，则经过贮藏后会产生苦味；面粉在低水分（14%以下）时，脂酶能很快使脂肪分解成脂肪酸和醇类；完整的谷粒因酶与底物分别处于不同的部位而无法作用，因而能贮存数月或数年以上不会变质，但谷粒如受机械破损或磨成粉后，则酶与底物得以接触，因而在相同含水量条件下会很快变质。水分对酶活性的影响，以水分活度表示要比用绝对含水量表示更为正确。这是因为在高水分活度时，酶的活力能很快表现出来，而当含水量即使在理论上足够进行水解作用，但水分活度很低时，酶仍不会起作用。此外，水分活度不同，酶的作用效果也不相同。

四、pH 对酶活力的影响

大多数酶的化学本质是蛋白质，pH 会影响酶和底物的解离。因此，pH 对绝大部分酶的活力都有显著的影响。在一定 pH 下，酶反应具有最大速度，高于或低于此值，反应速率下降，通常将酶表现最大活力时的 pH 称为酶反应的最适 pH。有时最适 pH 由底物种类、浓度及缓冲液成分不同而不同，而且常与酶的等电点不一致。因此，酶的最适 pH 并不是一个常数，只是在一定条件下才有意义。pH 对酶活力的影响见图 6-4。

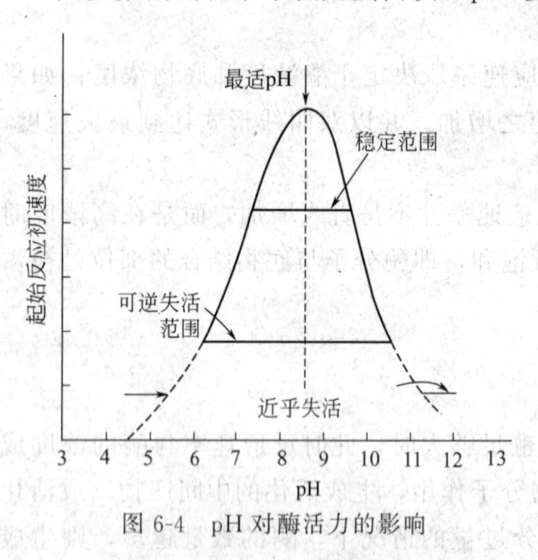

图 6-4 pH 对酶活力的影响

pH 影响酶活力的原因：

① 环境过酸、过碱会影响酶蛋白构象，使酶本身变性失活。

② pH 影响酶分子侧链上极性基团的解离，改变它们的带电状态，从而使酶活性中心的结构发生变化，从影响酶活力。

③ pH 能影响底物分子的解离，从而影响酶促反应速率。

应该指出，在酶促反应进行的过程中，溶液的 pH 会随着反应的进行与体系中成分的改变而发生变动，因此在酶的提纯或测定酶活力时，必须保持体系中 pH 的恒定，在实际操作中多在缓冲液体系中进行。

五、温度对酶活力的影响

温度对酶促反应速率的影响很大，表现为双重作用：

① 与非酶的化学反应相同，当温度升高，活化分子数增多，酶促反应速率加快。对许多酶来说，反应温度每增高 10℃，酶反应速率就会增加 1～2 倍。

② 由于酶是蛋白质，随着温度进一步升高酶将会逐步变性，导致酶活力的降低或彻底失活，从而降低酶促反应的速度。

在一定温度下，酶反应具有最大速度，高于或低于此温度，反应速率下降，通常将酶表现最大活力时的温度值称为酶反应的最适温度。一般来说，动物体内的酶最适温度在 35～45℃，植物体内的酶最适温度为 40～55℃。大部分酶在 60℃以上即变性失活，少数酶能耐受较高的温度，如细菌淀粉酶在 93℃下活力最高，又如牛胰核糖核酸酶加热到 100℃仍不失活。

六、抑制剂和激活剂对酶活力的影响

1. 抑制剂对酶活力的影响

抑制剂是指能使酶的活性部位基团的化学性质改变，从而降低或完全抑制酶催化活性的物质。抑制剂只能使酶的催化活性降低或丧失，而不引起酶蛋白变性，这种作用称为抑制作用。酶蛋白变性而引起酶活力丧失的作用称为变性作用，又称为失活作用。所以抑制作用与变性作用的机理是不同的。根据抑制剂与酶的作用方式可将抑制作用分为可逆的与不可逆的两大类。

2. 激活剂对酶活力的影响

凡是能提高酶活性的物质，称为激活剂，其中大部分是离子或简单的有机化合物。激活剂按分子大小可分为三类：

（1）无机离子　主要是阳离子，如 K^+、Na^+、Mg^{2+}、Zn^{2+}、Fe^{2+}、Ca^{2+} 等，其中 Mg^{2+} 是多种激酶及合成酶的激活剂。也有阴离子，如 Cl^- 是唾液淀粉酶的激活剂。而金属离子作为激活剂的作用：一是作为酶的辅助因子和作为酶的组成成分，在分离提纯中常被丢失；二是在酶与底物的结合中起桥梁作用。

（2）中等大小的有机分子　某些还原剂，如半胱氨酸、还原型谷胱甘肽、抗坏血酸等能激活某些酶，使含巯基酶中二硫键还原成巯基，从而提高酶活性。

（3）具有蛋白质性质的大分子　这类激活剂是专对某些无活性的酶原起作用的酶，如蛋白酶的分子伴侣。

$$\text{无活性的酶原} \longrightarrow \text{有活性的酶}$$

七、影响酶活力的其他环境条件

除了底物浓度、酶浓度、pH、温度、水分活度和抑制剂外，在食品加工和贮藏中还须考虑到其他一些因素对酶活力的影响。

1. 黏度对酶活力的影响

在冷冻食品过程中，由于 90%以上的“自由”水在通常的冷藏温度下已被冻结，同时未冻结相中，由于温度的下降和溶质浓度的增加，使未冻结相中黏度显著提高，在这样黏度的条件下，会显著地影响冷冻食品原料中酶的活力。

众所周知反应体系黏度的增加会使各个反应组分（酶和底物分子）的移动性降低，而使酶的活力下降。

2. 压力对酶活力的影响

在通常的食品加工过程中，所采用的压力不至于高到使酶失活。然而在采用几种处理方式相结合的加工过程中，压力就可能使酶失活。例如压力-高温处理和压力-高剪切处理食品，都能导致酶失活。在单独使用静水压力的情况下，只要食品组织还能保持完整，那么食品原料中的酶就不会完全失活。另外，压力对酶活力的影响，还与酶的结构有关。

3. 剪切对酶活力的影响

在食品加工过程中的一些操作，例如混合、管道输送和挤压会产生明显的剪切作用。导致酶失活的剪切条件显然与酶的性质有关。例如，凝乳酶因剪切作用而失去活力，在剪切作用停止后会部分地再生，这一现象类似于酶热失活后的部分再生。

4. 超声能量对酶活力的影响

超声能量也能使酶失活，采用超声波处理食品体系时，产生的空化作用会导致酶蛋白的界面变性，这个观点在研究木瓜蛋白酶时得到了证实。木瓜蛋白酶因超声波作用而失活的程度反比于酶的浓度。

5. 离子辐射作用对酶活力的影响

当食品原料经受离子辐射时，食品原料中的酶可能失活。使酶失活所需的离子辐射的剂量一般高于使微生物孢子死亡所需剂量的10倍。例如经辐射的肉中的微生物数目已降到很低的水平，此时由于蛋白酶还存在活力，使肉的质构在贮藏期间变坏。通常采用热-离子辐射结合处理的方法，这样既可以使食品原料中的酶失活又可以保持食品的高质量。

6. 溶剂对酶活力的影响

与水不能互溶的溶剂具有稳定酶的作用。然而，能与水互溶的溶剂在浓度超过5%～10%时一般能使酶部分失活。这个效应受到温度的影响，当温度较低时，酶在与水互溶的溶剂环境中失活的概率降低。

第三节　食品中的重要酶类

食品加工、保藏中涉及的酶主要包括两种形式：①食品原料的内源酶，包括食品中微生物产生的酶，多为食品工业中的不利因素，容易引起食品结构和营养破坏以及腐败变质等，需要得到有效控制，主要涉及氧化还原酶和水解酶类；②食品中人为有目的添加的食用酶，具有对食品的辅助加工、改善营养价值和质量以及延长保藏等作用，常用的酶类为水解酶类，如糖苷酶、蛋白酶和脂肪酶等。

一、水解酶类

1. 糖苷酶

糖苷酶是一大类催化糖苷键水解的酶类。如α-D-半乳糖苷酶、β-D-半乳糖苷酶、β-D-果糖呋喃糖苷酶、α-L-鼠李糖苷酶和α-1,4-葡萄糖苷酶。糖苷酶催化的糖苷键是存在于简单的、小分子的化合物中，也存在于寡糖、多糖以及复合糖化合物中，如糖蛋白、糖脂。多数糖苷酶水解典型的*O*-糖苷键，部分糖苷酶水解*N*-糖苷键，还有一些糖苷酶水解*S*-糖苷键。许多糖苷酶在催化糖苷键水解的同时，还具有转移糖基的作用。

2. 果胶酶

果胶酶是一组酶复合物，每一组分可分别作用于果胶分子的不同部位，其作用位点包括内切、外切、切断甲基酯键等方式，引起果胶物质的降解。果胶酶有三种类型：一是果胶酯水解酶；二是果胶裂解酶；三是聚半乳糖醛酸酶。

（1）果胶酯水解酶　它能催化水解除去果胶物质中的甲氧基团，见图 6-5。

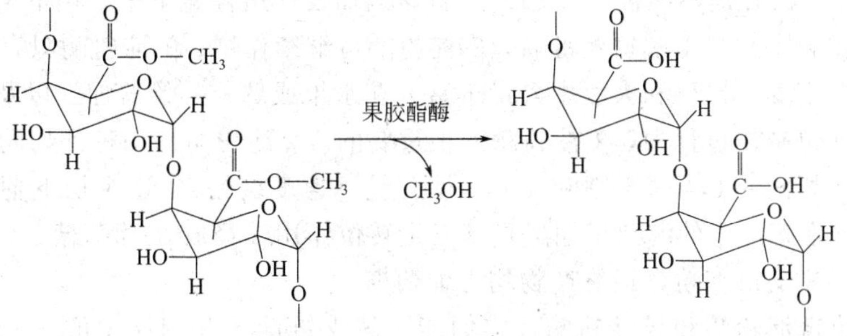

图 6-5　果胶酯酶的催化反应

（2）果胶裂解酶（又称果胶转消酶）　果胶裂解酶是一种内切酶，它可在葡萄糖苷酸分子的 C4 和 C5 处，通过氢的转消除作用，将葡萄糖苷酸链的糖苷键裂解，见图 6-6。

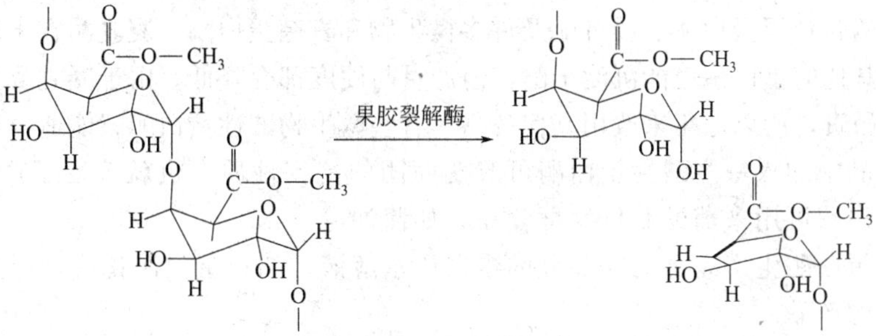

图 6-6　果胶裂解酶的催化反应

（3）聚半乳糖醛酸酶　聚半乳糖醛酸酶又分别称为多聚甲基半乳糖醛酸酶和多聚半乳糖醛酸酶。它作用于分子内部的 α-1,4 糖苷键，而半乳糖醛酸外酶则可沿着链的非还原端将半乳糖醛酸逐个地水解下来，见图 6-7。

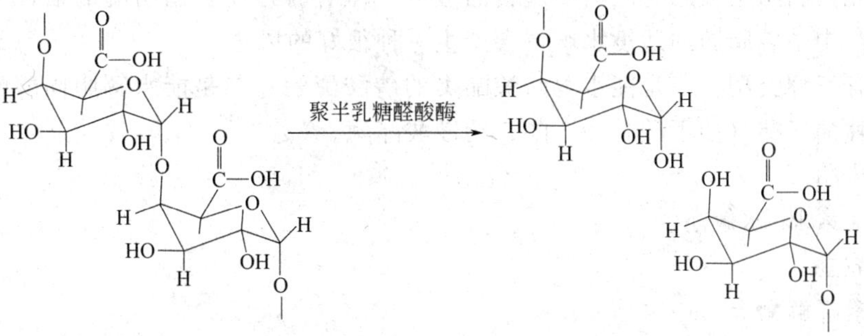

图 6-7　聚半乳糖醛酸酶的催化反应

3. 淀粉酶

把能水解淀粉的酶通称为淀粉酶，它包括 α-淀粉酶、β-淀粉酶和糖化酶（又称 γ-淀粉酶)。α-淀粉酶是一种内切酶，它能随机水解淀粉中的α-1,4糖苷键，能使直链淀粉的黏度很快降低，同时由于生成还原基团而增加了还原能力。α-淀粉酶以类似的方式攻击支链淀粉，但不能水解其中的α-1,6糖苷键，α-淀粉酶会使淀粉生成麦芽糖、葡萄糖与糊精。

β-淀粉酶是一种外切酶，它只能攻击非还原性末端的α-1,4糖苷键，以麦芽糖为单位一个一个地切下来。β-淀粉酶中的β表示能将淀粉中的α-1,4糖苷键打断并生成β-麦芽糖。支链淀粉中的α-1,6糖苷键不能被β-淀粉酶水解，因而反应就停止下来，剩下来的化合物称为极限糊精。若用脱支酶去水解这些键后，β-淀粉酶可继续作用。β-淀粉酶只存在于植物组织之中，大麦芽、小麦、白薯和大豆中含量丰富。在水果成熟、马铃薯加工以及玉米糖浆、玉米糖、啤酒和面包制作过程中，β-淀粉酶是很重要的。γ-淀粉酶是一种外切酶，它从淀粉分子非还原端依次切割α-1,4糖苷键和α-1,6糖苷键（速度缓慢），逐个切下葡萄糖残基，与β-淀粉酶类似，水解产生的游离半缩醛羟基发生转位作用，释放β-葡萄糖。γ-淀粉酶无论作用于直链淀粉还是支链淀粉，最终产物均为葡萄糖。

此外还有支链淀粉酶和异淀粉酶，它们能水解支链淀粉和糖原中的α-1,6-D-葡萄糖苷键，生成直链的片段，若与β-淀粉酶混合使用可生成含麦芽糖丰富的淀粉糖浆。

4. 蛋白酶

蛋白酶按其活性中心可分为4类：丝氨酸蛋白酶、巯基蛋白酶、天冬氨酸蛋白酶和含金属蛋白酶。按其催化反应的最适pH，分为酸性蛋白酶、中性蛋白酶和碱性蛋白酶。

酸性蛋白酶包括胃蛋白酶、凝乳酶及许多微生物和真菌蛋白酶。凝乳酶在干酪制作中用作凝聚剂，而用其他的蛋白酶也能沉淀干酪，但产量与硬度都会降低。由于凝乳酶是从牛胃中提取，价格非常昂贵，所以近年来改用其代替品，有些微生物酸性蛋白酶就能适合这种要求。

在焙烤食品中加入一些酸性蛋白酶可改变面团的流变性质，也就改变了产品的坚实度。另外微生物蛋白酶可用来辅助制作发酵食品，如酱油等。

还可以用蛋白酶生产完全的或部分的蛋白质水解液，如鱼蛋白液化后，用蛋白酶生产出具有很好风味的产品。

5. 其他水解酶

（1）脂肪酶。脂肪酶能水解油-水界面存在的甘油酯的酯键而生成酸和醇。脂肪酶的主要作用方式如下：

甘油三酯⟶ [1,2-甘油二酯 / 2,3-甘油二酯] ⟶2-甘油单酯⟶甘油+脂肪酸

脂肪酶能使脂肪生成脂肪酸而引起食品酸败。但有时还需要脂肪酶的活性来产生风味，例如干酪生产中牛乳脂肪的适度水解，会产生一种很好的风味。

脂肪酶有三种类型：一是能水解磷酸酯类的磷酸酯酶；二是能水解胆固醇酯的固醇酶；三是能水解甘油三酯（如丁酸甘油三酯）的羧酸酯酶。

（2）风味酶。

（3）维生素B_1水解酶。

（4）植酸酶。

（5）色素降解酶等。

二、氧化还原酶类

1. 过氧化氢酶

过氧化氢酶能分解过氧化氢。

$$2H_2O_2 \longrightarrow 2H_2O + O_2$$

用过氧化氢对牛乳进行巴氏消毒，经过该处理的牛乳就比较稳定，其中过剩的过氧化氢可用过氧化氢酶消除。

2. 抗坏血酸氧化酶

抗坏血酸氧化酶是一种含铜的酶，能氧化抗坏血酸：

$$\text{L-抗坏血酸} + 1/2O_2 \longrightarrow \text{脱氢抗坏血酸} + H_2O$$

在柑橘加工中，抗坏血酸氧化酶对抗坏血酸的氧化影响很大。在完整柑橘中氧化酶与还原酶可能处于平衡状态，但是在提取果汁时平衡状态被破坏，其中还原酶很不稳定，受到很大程度的破坏，此时抗坏血酸氧化酶的活性显露出来。若在加工过程中采用在低温下进行整理工作，快速榨汁、抽气以减少氧气，并采取巴氏消毒使酶失活，就可以减少维生素 C 的破坏。

3. 葡萄糖氧化酶

葡萄糖氧化酶可从真菌如黑曲霉和青霉菌中制备。它可以催化葡萄糖的氧化以及消耗空气中的氧。因此，它可除去加工食品中的葡萄糖。

$$C_6H_{12}O_6 + O_2 + H_2O \xrightarrow{\text{酶}} C_6H_{12}O_7 + H_2O_2$$

例如，葡萄糖氧化酶可用在蛋品生产中以除去葡萄糖，而防止使产品变色的美拉德反应发生。此外，它还能使油炸土豆片产生金黄色而不是棕色，后者是由于存在过多的葡萄糖而引起的。葡萄糖氧化酶还可除去封闭包装系统中的氧气以抑制脂肪的氧化和天然色素的降解。例如，螃蟹肉和虾肉若浸渍在葡萄糖氧化酶和过氧化氢酶的混合液中可抑制其颜色从粉红色变成黄色。光催化反应生成的过氧化物会破坏橘汁、啤酒和酒中的风味而生成一种不良的异味，而加入上述酶的混合液后，其中的葡萄糖氧化酶能吸收氧而形成葡萄糖酸，而过氧化氢酶能催化过氧化氢分解成水和半分子的氧，从而可抑制不良风味的产生。

4. 脂肪氧合酶

见本章第四节。

5. 多酚氧化酶

见本章第五节。

第四节　酶对食品质量的影响

酶的作用对于食品质量的影响是非常重要的。也可以这样说，没有酶就没有人类的食品。酶对食品质量的影响主要包括食品原料中的内源酶和食品加工过程中添加的食用酶的影响：内源性酶不仅在植物生长和成熟中起作用，而且在成熟之后的收获、食物保藏和加工过程中，也会改变食品原料的特性，加快食品变质的速度或者是提高食品的质量；在食品加工过程中有时将食用酶加入食品原料中，使食品原料中的某些组分产生变化来改善食品的品质。

一、酶对食品色泽的影响

食品能否被消费者接受，当然取决于它们的质量，而食品的色泽或许是消费者首先关注的质量指标。导致水果和蔬菜色泽变化的3个关键性的酶是脂肪氧合酶、叶绿素酶和多酚氧化酶。

1. 脂肪氧合酶对食品色泽的影响

脂肪氧合酶破坏叶绿素和胡萝卜素的原因，是脂肪氧合酶作用于不饱和脂肪酸时产生自由基中间物并产生氢过氧化物。氢过氧化物的进一步反应产生醛（包括丙二醛）和其他会产生不良风味的化合物，而自由基和氢过氧化物均能破坏食品中的色素（叶绿素、类胡萝卜素等）。

2. 叶绿素酶对食品色泽的影响

叶绿素酶能水解叶绿素产生植醇和脱植基叶绿素，脱植基叶绿素呈绿色，因此叶绿素酶对食品绿色破坏不大。

3. 多酚氧化酶对食品色泽的影响

本章第五节将详细讲述。

二、酶对食品质构的影响

食品的质构是决定食品质量的另一个重要的指标。导致水果和蔬菜的质构变化的酶，有果胶酶、纤维素酶、戊聚糖酶、淀粉酶；导致动物组织和高蛋白质植物食品质构变化的酶主要是蛋白酶。

三、酶对食品风味的影响

酶在食品风味物质的生成过程中和不良风味物质的形成中都起着起重要作用。例如，青刀豆、豌豆、玉米、冬季花椰菜和花椰菜因热烫处理不充分，酶没有被钝化，会引起在保藏期间产生不良的风味。

产生不良风味的酶，有脂肪氧合酶、胱氨酸裂解酶、过氧化物酶等。在一些情况下几种酶的协同作用对食品的风味会产生显著的影响。

四、酶对食品营养质量的影响

虽然酶对食品营养质量的影响的研究结果报道较少见。但在实际中常见有一些酶能降低和破坏食品营养价值，如脂肪氧合酶氧化不饱和脂肪酸，会导致食品中亚油酸、亚麻酸和花生四烯酸这些必需脂肪酸含量的下降；脂肪氧合酶催化多不饱和脂肪酸氧化过程中，产生的自由基能降低类胡萝卜素（维生素A的前体）、生育酚（维生素E）、维生素C和叶酸在食品中的含量；多酚氧化酶引起褐变的同时也降低了蛋白质中有效的赖氨酸含量。

第五节 食品中的酶促褐变

一、食品中的酶促褐变

酶促褐变是酶对食品色泽和感官破坏最突出的生化反应之一，也是食品贮藏与保鲜的防治重点。褐变作用可按其发生机制分为酶促褐变（生化褐变）及非酶褐变（非生化褐变）两大类。水果和蔬菜在采后，组织中仍在进行活跃的代谢活动。在正常情况下，完整的果蔬组织中氧化还原反应处于平衡状态，当发生机械性的损伤（如削皮、切开、压伤、虫咬、磨浆等）及处于异常的环境条件下（如受冻、受热等）时，便会破坏水果和蔬菜中的氧化还原平衡，发生氧化产物的积累，造成褐变。在氧气存在下，这类褐变作用非常迅速，由酶催化所引起的褐变，称为“酶促褐变”。酶促褐变发生在水果、蔬菜等新鲜植物性食物中。在大多数情况下，酶促褐变是一种不希望出现于食物中的变化，例如香蕉、苹果、梨、茄子、马铃薯等在削皮、切开后都很容易褐变，应尽可能避免。但像茶叶、可可豆等食品，适当的褐变则是形成良好的风味与色泽所必需的。

二、食品中酶促褐变的机理

酶促褐变是酚酶催化酚类物质形成醌及其聚合物的反应过程。

植物组织中含有酚类物质，在完整的细胞中作为呼吸传递物质，在酚-醌之间保持着动态平衡。当细胞被破坏以后，氧气就大量侵入，使原来的平衡被破坏，发生了醌的积累，醌再进一步氧化聚合形成褐色色素。

酚酶以 Cu 为辅基，必需以氧为受氢体，是一种末端氧化酶。酚酶可以用一元酚或二元酚作为底物。酚酶一般有二种：一种是酚羟化酶，又称甲酚酶；另一种是多元酚氧化酶，又叫儿茶酚酶。

现以马铃薯切开后的褐变为例来说明酚酶的作用。酚酶作用的底物是马铃薯中最丰富的酚类化合物酪氨酸，见图 6-8。

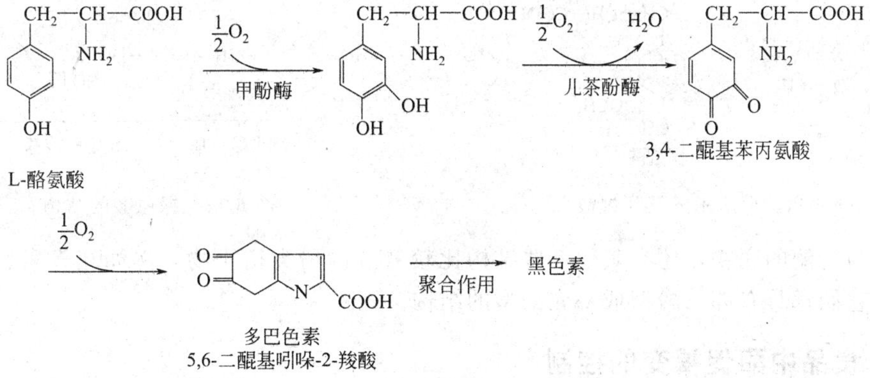

L-酪氨酸 —($\frac{1}{2}O_2$，甲酚酶)→ —($\frac{1}{2}O_2$，H_2O，儿茶酚酶)→ 3,4-二醌基苯丙氨酸 —($\frac{1}{2}O_2$)→ 多巴色素 5,6-二醌基吲哚-2-羧酸 —(聚合作用)→ 黑色素

图 6-8　酪氨酸形成黑色素的过程

这一机制也是动物皮肤、毛发中黑色素形成的机制。

在水果中，儿茶酚是分布非常广泛的酚类，在儿茶酚酶的作用下，较容易氧化成醌，见图 6-9。

醌的形成是需要氧气和酶催化的，一旦形成醌以后，就会进一步形成羟醌聚合的反应，这个反应是非酶促的自动反应。由于聚合程度的增大结果，颜色由红变褐，最后成为褐黑色的黑色素物质。

酚酶的最适 pH 接近 7，比较耐热，在 100℃下钝化酚酶需 2～8min。

水果和蔬菜中的酚酶底物，是邻二酚类及一元酚类。一般来说，酚酶对邻羟基酚型结构的作用快于一元酚，对位二酚也可被利用，见图 6-10。但是间位二酚则不能为酚酶所催化，不仅不能作为酚酶催化的底物，甚至还对酚酶有抑制作用。

另外，邻二酚的取代衍生物也不能为酚酶所催化，例如愈疮木酚及阿魏酸，见图 6-11。

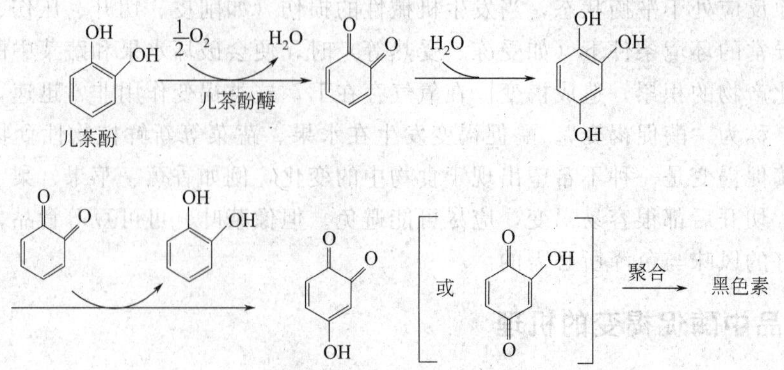

图 6-9 儿茶酚氧化成醌后形成黑色素的过程

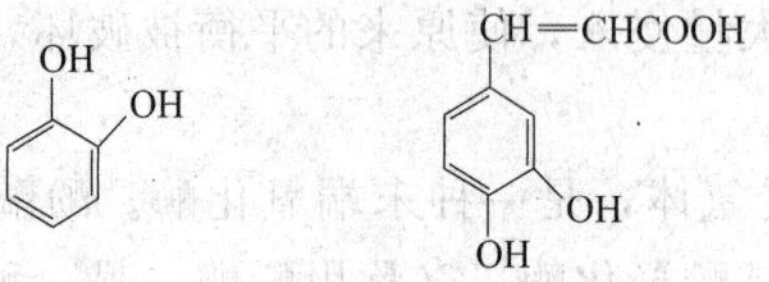

图 6-10 酚酶可以作用的邻二酚

绿原酸也是许多水果，特别是桃、苹果等褐变的关键物质，其结构见图 6-12。

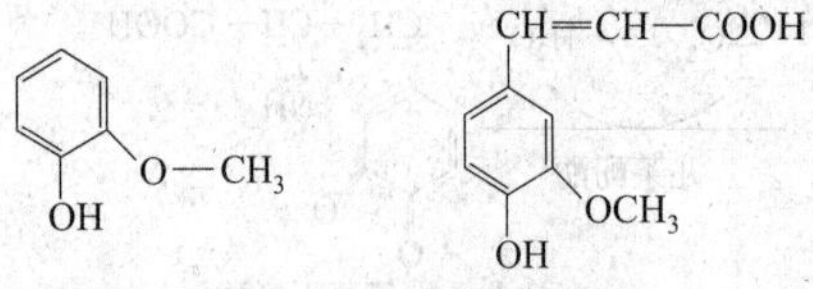

图 6-11 愈疮木酚及阿魏酸

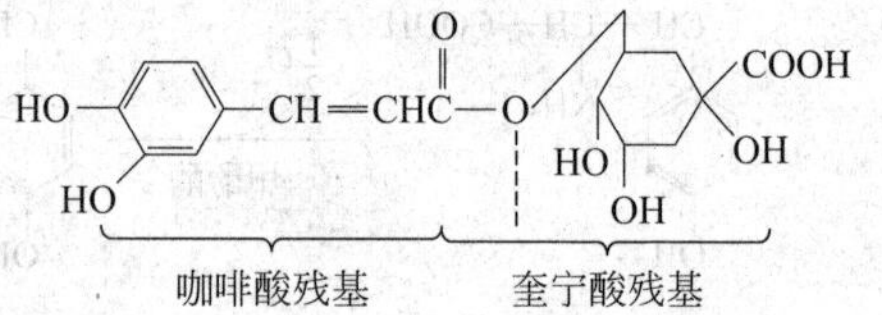

图 6-12 绿原酸的结构

可作为酚酶的底物，还有其他一些结构比较复杂的酚类衍生物，例如花青素、黄酮类、鞣质等，它们都具有邻二酚型或一元酚型的结构。

三、食品中酶促褐变的控制

酶促褐变的发生，需要三个条件：一是有适当的酚类底物，二是酚氧化酶，三是氧。缺一都不会发生褐变。实践中控制酶促褐变的方法，主要是从控制酶活性和氧气这两方面着手。

常用的控制酶促褐变的方法有：

1. 热处理法

在适当的温度和时间条件下，热烫新鲜果蔬，使酚酶及其他相关的酶失活，是最广泛使用的控制酶促褐变的方法。热烫的温度和时间是使酶钝化的关键，过度加热会影响产品质量；相反，如果热烫处理不彻底，未能钝化酶，反而会加强酶和底物的接触而促进褐变。像白洋葱、韭葱，如果热烫不彻底，变成粉红色的程度比未热烫的还要厉害。

用水煮和蒸汽处理，仍是目前使用最广泛的热烫方法。不过微波能的应用，为热能钝化酶活性提供了新的有力手段，它可使组织内外一致迅速受热，对质地和风味的保持极为有利。

2. 酸处理法

利用酸来控制酶促褐变，也是目前广泛使用的方法。常用的酸有柠檬酸、苹果酸、磷酸以及抗坏血酸等。一般来说，它们的作用是降低 pH 以控制酚酶的活力，因为酚酶的最适 pH 在6～7之间，低于 pH3.0 时已无活性。

柠檬酸是使用最广泛的食用酸。苹果酸是苹果汁中的主要有机酸，在苹果汁中对酚酶的抑制作用要比柠檬酸强得多。抗坏血酸是更加有效的酚酶抑制剂，即使浓度极大也无异味，对金属无腐蚀作用，而且作为一种维生素，其营养价值也是人尽皆知的。抗坏血酸对酚酶褐变的抑制作用一般认为按图 6-13 模式进行。

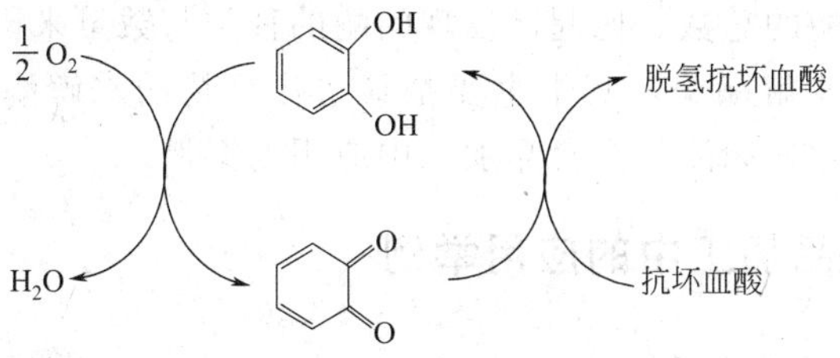

图 6-13 抗坏血酸抑制酶促褐变的机制

3. 二氧化硫及亚硫酸盐处理

二氧化硫及常用的亚硫酸盐，如亚硫酸钠（Na_2SO_3）、亚硫酸氢钠（$NaHSO_3$）、焦亚硫酸钠（$Na_2S_2O_5$）、连二亚硫酸钠即低亚硫酸钠（$Na_2S_2O_4$）等都是广泛使用于食品工业中的酚酶抑制剂。在蘑菇、马铃薯、桃、苹果、葡萄酒等加工中已应用。SO_2 及亚硫酸盐溶液在微酸性（pH6）的条件下对酚酶抑制的效果最好。

二氧化硫法的优点是使用方便、效力可靠、成本低、有利于维生素 C 的保存、残存的 SO_2 可用抽真空或炊煮或使用 H_2O_2 等方法除去。缺点是使食品失去原色而被漂白（花青素破坏），腐蚀铁罐的内壁，有不愉快的嗅感与味感，残留浓度超过 0.064%即可感觉出来，并会破坏 B 族维生素。

4. 驱除或隔绝氧气

具体措施有：①将去皮切开的水果蔬菜浸没在清水、糖水或盐水中。②浸涂抗坏血酸液，使在表面上生成一层氧化态抗坏血酸隔离层。③用真空渗入法把糖水或盐水渗入组织内部将空气驱出。苹果、梨等果肉组织空隙中具有较多气体的水果最适宜用此法。

5. 加酚酶底物类似物

用酚酶底物类似物如肉桂酸、对位香豆酸及阿魏酸等酚酸（见图 6-14），可以有效地控制苹果汁的酶促褐变。

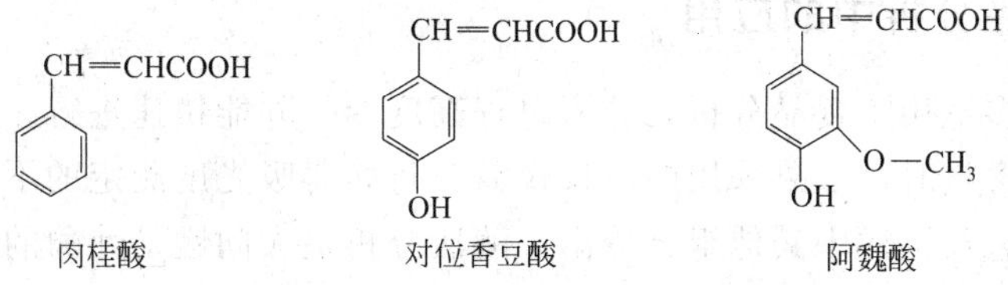

图 6-14 肉桂酸、对位香豆酸及阿魏酸

由于这三种酸都是水果蔬菜中天然存在的芳香族有机酸，在安全上无多大问题。肉桂酸钠盐的溶解性好，售价也便宜，控制褐变的时间长，是常用的食品抗氧化剂。

第六节 食用酶在食品加工中的应用

一、食品加工中应用食用酶目的

在食品加工中应用酶有以下目的：①提高食品品质；②制造合成食品（或食品原料）；③提高提取食品成分的速度与产量；④改良食品风味；⑤稳定食品品质；⑥增加食品副产品的利用率。

用在食品加工中的酶的总数，比起已发现的酶的种类与数量来讲还是相当少的。在食品加工中用得最多的酶是水解酶类，其中主要是碳水化合物的水解酶，其次是蛋白酶和脂肪酶；另外还有少量的氧化还原酶类在食品加工中应用的案例。

二、食用酶在食品加工中的应用举例

1. 酶法生产葡萄糖

过去通常是用酸法水解淀粉制备葡萄糖，需高温和高压才能完成。这个方法存在脱色和风味流失等问题。现在使用酶法水解淀粉制备葡萄糖，只在温和的条件下就可以完成同样的过程，并解决了脱色和风味流失问题，另外葡萄糖得率从86%提高到97%。

2. 酶法生产果葡糖浆

可以用酶将淀粉转换成果葡糖浆，这种果葡糖浆，已广泛地应用在许多食品中，特别是应用在软饮料中。在整个食品工业中，果葡糖浆主要是用酶法制得。使用的酶是α-淀粉酶、糖化酶和葡萄糖异构酶，将淀粉转化成果葡糖浆，这种果葡糖浆的甜度是葡萄糖的2倍。

3. 蛋白质酶法有限水解

以往研究蛋白质的水解产物，多注重于低聚肽，而有限的水解产物，只是在近些年才出现。由于其分子量分布介于蛋白质与低聚肽之间，性能上也表现出不同于两者的特性。

通过控制工艺参数，可以控制酶对蛋白质进行水解作用的程度，即实现有限水解作用，并可以使产物的溶解性能产生明显变化，为扩大产物在酸性食品中的应用范围提供了条件。

4. 酶法生产酯化淀粉

利用酶催化过程的高度选择性，进行糖分子的酯化反应具有重要的应用价值。在低水分条件下，脂肪酶可催化酯类水解过程的逆反应，即酯类的合成。这一酶催化过程可用于酯化淀粉的生产。

三、酶在食品分析中的应用

酶已经越来越多地用于食品分析，分析过程高度专一并能快速进行。例如，在测定植物提取液中的葡萄糖含量时，如果采用酶法仅仅需要将妨碍吸光度测定的不溶性物质除去，而无需部分或完全将它与试样中其他组分分离。酶法分析最大问题是纯酶的价格较高。

1. 固定化酶在食品分析中的应用

由于固定化酶能重复地被使用，因此它的应用可以降低每次分析的费用。此外，固定化酶能使分析工作更加快速和简易。在食品分析中使用固定化酶有4种：①固定化酶柱；②酶电极；③含酶薄片；④结合酶的免疫吸附剂。

2. 内源性酶作为食品质量的指示剂

内源性酶活力水平能作为食品原料和加工食品质量的指标。在加工中测定果蔬中残余的过氧化物酶的活力、乳和乳制品中残余的碱性磷酸酶的活力，可以很好地指示出热处理是否充分。由于这两种酶相对于其他酶具有更高的稳定性，并且易于测定它们的活力，因此这两种酶是很有用的指示剂。

第七节 固定化酶在食品工业中的应用

一、酶固定化的概念

过去在食品工业中使用的酶绝大多数都为酶液或酶粉制剂，当酶在水相体系中催化反应后，很难回收这些酶，从而阻碍了酶的再利用。科学家们通过物理或化学的手段，将水溶性食用酶束缚在不溶于水的载体颗粒上，或将食用酶束缚在一定的空间内，限制酶分子的自由流动，同时不影响催化作用的充分发挥，这个过程叫酶的固定化，这种固定化的酶叫固定化酶。

固定化酶的优点是：①酶可以反复或连续使用，降低生产成本。②可连续地进行多种不同反应，以提高生产效率。③酶固定化后性质会改变，如最适 pH、最适温度，可能更适合食品加工的要求。

固定化酶由于具有稳定性高、应用方便、易于控制及可以反复使用的特点，在许多领域得到广泛应用。

二、食用酶的固定化方法

目前采用的食用酶固定化方法有：

1. 载体结合法

（1）物理吸附法　酶以物理吸附形式与载体结合。常用载体有：活性炭、高岭土、铝氧粉、硅胶、纤维素、阴离子（或阳离子）交换树脂、玻璃、羟基磷灰石。

（2）共价键连接法　利用蛋白质分子中含有的$-NH_2$、$-SH$、$-COOH$、$-OH$、$HN=C(NH_2)NH-$、咪唑等反应活性高的未结合基团与载体或载体的化学修饰物形成共价键。载体包括纤维素、甲壳质等。

这类制备固定化酶的具体方法有：①采用合适的化学试剂和载体，通过化学反应使酶分子上游离的羧基或氨基共价结合到载体（如聚丙烯酰胺、尼龙、纤维素、葡聚糖、交联葡聚糖、硅胶和玻璃珠）上。载体使用前必须先活化。②采用各种双官能团试剂（如戊二醛）与酶分子连接起来。酶分子通过双官能团试剂彼此相连接，在连接过程中形成了共价键，同时酶的一部分起着载体的作用。由于共价键是比较牢固的化学键，因此采用共价连接的方法固定的酶一般不会再渗漏。需注意的是酶的活性部位，只能最低限度地改变，否则将会导致固定化后的酶活力降低。

（3）离子键法　通过离子间静电引力使得酶与载体结合。所用载体为不溶于水的离子交换剂，如 DEAE-纤维素、TEAE-纤维素及 DEAE-葡聚糖凝胶等。

（4）疏水键法　利用载体的烷基与酶的疏水性部位之间的疏水作用使得酶被固定化。

2. 载体截留法

采用凝胶（如聚丙烯酰胺凝胶）包埋将酶分子截留。由于这类固定化酶只能适用于相对低分子量的底物，因此在食品工业中的使用受到了相当大的限制，因为食品体系常常含有大分子。

3. 胶囊包埋法

这类方法类似于载体截留法，不同之处是它不形成凝胶，而是形成很小的颗粒或胶囊。

酶在加入食品之前，通过胶囊化将酶包埋在微小的载体中，能够改善酶的稳定性，控制酶在食品中的释放过程，从而增强酶的作用。如在奶酪中加入微胶囊化的蛋白水解酶，使得酶易于浸透到奶酪中并得以均匀分布，改善并加速了奶酪成熟过程风味肽的形成。这一技术已经实现工业化应用。

三、固定化酶在食品工业中的应用

虽然固定化酶有很多优点，但是到目前为止仅有少数几种固定化酶被应用于工业生产，其中成功地应用于食品工业的，有固定化葡萄糖异构酶，该酶能将葡萄糖异构成果糖。另外已被应用在食品工业中的固定化酶还有氨基酰基转移酶、天冬氨酸酶和富马酸酶，它们催化的反应如下式所示：

$$\text{酰基-DL-氨基酸} + H_2O \xrightarrow{\text{氨基酰基转移酶}} \text{L-氨基酸} + \text{酰基-D-氨基酸}$$

$$\begin{matrix} HOOCCH \\ \| \\ HCCOOH \end{matrix} + NH_3 \xrightarrow{\text{天冬氨酸酶}} \begin{matrix} HOOCCH_2CHCOOH \\ \quad\quad | \\ \quad\quad NH_2 \end{matrix}$$

L-天冬氨酸

$$\begin{matrix} HOOCCH \\ \| \\ HCCOOH \end{matrix} + H_2O \xrightarrow{\text{富马酸酶}} \begin{matrix} OH \\ | \\ HCCOOH \\ | \\ H_2CCOOH \end{matrix}$$

L-苹果酸

思考题

1. 食用酶的定义是什么？酶对食品的重要性有哪些？
2. 酶有哪些基本性质？
3. 酶根据酶的化学组成特性分为几类？
4. 酶根据酶促反应的类型分为几类？
5. 酶根据酶蛋白分子结构不同分为几类？
6. 酶催化专一性的类型有几类？
7. 影响食品中酶活力的因素有哪些？
8. 在食品加工应用中有哪些酶类？
9. 食用酶对食品质量会产生什么影响？
10. 食品酶促褐变机理及其控制措施有哪些？
11. 食品加工中应用酶的目的有哪些？酶在食品分析中的用途有哪些？
12. 固定化酶在食品工业中的应用及其优缺点有哪些？

参考文献

[1] 韩雅珊. 食品化学. 2版. 北京：中国农业大学出版社，1998.

[2] 胡慰望. 谢笔钧. 食品化学. 北京：中国轻工业出版社，1999.

[3] 徐凤彩. 酶工程. 北京：中国轻工业出版社，2001.

[4] 熊振平，等. 酶工程. 北京：化学工业出版社，1994.

[5] 彭志英. 食品酶学导论. 北京：中国轻工业出版社，2002.

[6] 杜克生. 食品生物化学. 北京：化学工业出版社，2002.

[7] 王璋，许时婴，汤坚. 食品化学. 北京：中国轻工业出版社，2016.

[8] Damodaran S,Parkin K L,Fennema O R. Fennema's Food Chemistry. Fourth Edition. New York：CRC Press, Taylor & Francis Group,2007.

[9] 江波，杨瑞金. 食品化学. 2版. 北京：中国轻工业出版社，2018.

[10] Damodaran S，等. 食品化学. 江波，等译. 4版. 北京：中国轻工业出版社，2013.

第七章 食品中的维生素与矿物质

第一节 食品中维生素的概述

一、维生素的定义与特性

众所周知，人体在生长发育过程中需要蛋白质、脂肪、碳水化合物、维生素、矿物质与水六大营养素。虽然机体每天对维生素的需要量相对较低，大约在毫克（mg）或微克（μg）水平，但是维生素对人体的生长发育以及各种生理功能均起着举足轻重的作用。

维生素是指机体为了维持正常生理功能所必需的、但需要量极微小的、在体内不产生热量的有机化合物的总称。这些有机物大部分不能在人体内合成，或者合成量不足，不能满足人体的需求，必须从食物中摄入，一旦缺乏就会引发相应的维生素缺乏症，对人体健康造成损害。

维生素具有以下特性：①是人体健康所需要的重要营养素；②是与疾病有关的物质，缺乏时会出现相应的症状；③是食品中的微量成分，在毫克（mg）或微克（μg）水平；④多数是人体不能合成的，必须从食物中摄取；⑤是包括许多不同种类的有机化合物。

二、维生素的主要作用

维生素主要有以下 4 个方面的作用：

① 在生物体内作辅酶或辅酶的前体，如烟酸、硫胺素、核黄素、生物素、泛酸、维生素 B_6、维生素 B_{12} 和叶酸等。

② 起抗氧化剂的作用，如抗坏血酸、某些类胡萝卜素和维生素 E。

③ 是遗传调节因子，如维生素 A、维生素 D 等。

④ 具有某些特殊功能，如与视觉有关的维生素 A、羟基化反应中的抗坏血酸及羧基化反应中的维生素 K。

从维生素的主要作用可以看到，它们是一类非常活泼的化合物，因此，其稳定性就显得格外重要。维生素的稳定性主要与其氧化敏感性和反应性、pH、温度等有关，见表 7-1。但需要说明的是表 7-1 中列举的只是维生素的一种形式的稳定性，因为对于同一种维生素的不同形式而言，它们之间的稳定性存在巨大差异。如叶酸的天然存在形式——四氢叶酸与叶酸的营养价值完全相同，但四氢叶酸极易见光分解，而叶酸却非常稳定。

表 7-1 维生素的稳定性与环境条件的关系

维生素	中性	酸性	碱性	空气或氧气	光	热	最大烹调损失/%
维生素 A	★	☆	★	☆	☆	☆	40
抗坏血酸	☆	★	☆	☆	☆	☆	100
生物素	★	★	★	★	★	☆	60
胡萝卜素	★	☆	★	☆	☆	☆	30
胆碱	★	★	★	☆	★	★	5
维生素 B_2	★	★	★	☆	☆	★	10
维生素 D	★	★	☆	☆	☆	☆	40
叶酸	☆	☆	☆	☆	☆	☆	100
维生素 K	★	☆	☆	★	☆	★	5
烟酸	★	★	★	★	★	★	75
泛酸	★	☆	☆	★	★	☆	50
维生素 B_6	★	★	★	★	☆	☆	40
核黄素	★	★	☆	★	☆	☆	75
硫胺素	☆	★	☆	☆	★	☆	80
生育酚	★	★	★	☆	☆	☆	55

注：★表示稳定；☆表示不稳定。

三、维生素的命名

在各种维生素的发现过程中，一直沿用以拉丁文命名的方法对其进行命名，所以这种命名与维生素本身的生理作用无关，目前对各种维生素最常应用的都是它们的俗名，如视黄醇、骨化醇、抗坏血酸、生物素等。

四、维生素的分类

由于维生素的化学结构复杂，所以对维生素的分类无法采用按化学结构进行分类法。目前是根据维生素在极性和非极性溶剂中的溶解性特征，将它们分为两大类：脂溶性维生素和水溶性维生素。

从维生素的稳定性来看，水溶性维生素在食品加工过程中较容易损失（如维生素 C），而脂溶性维生素在食品加工过程中的损失相对较少。表 7-2 中依据这个分类方法简单地给出了各种维生素的生理功能及其主要的来源。

表 7-2 维生素的分类、生理功能及来源

分类		名称	俗名	生理功能	主要来源
水溶性维生素	B 族	维生素 B_1	硫胺素	维持神经传导，预防脚气病	酵母，谷类，肝脏，胚芽
		维生素 B_2	核黄素	促进生长，预防唇、舌炎、溢脂性皮炎	酵母，肝脏
		维生素 B_5	烟酸，尼克酸	预防癞皮病、皮炎、舌炎	酵母，胚芽，肝脏，米糠
		维生素 B_6	吡哆醇	与氨基酸代谢有关	酵母，胚芽，肝脏，米糠
		维生素 B_{11}	叶酸	预防恶性贫血、口腔炎	肝脏，植物叶
		维生素 B_{12}	钴胺素	预防恶性贫血	肝脏
		维生素 H	生物素	促进脂类代谢，预防皮肤病	肝脏，酵母
		维生素 B_3	泛酸	促进代谢	肉类，谷类，新鲜蔬菜
	C 族	维生素 C	抗坏血酸	预防及治疗坏血病，促进细胞间质生长	蔬菜，水果
		维生素 P	芦丁	维持血管正常通透性	柠檬
脂溶性维生素		维生素 A	视黄醇	预防表皮细胞角化，防治干眼病	鱼肝油，绿色蔬菜
		维生素 D	骨化醇	调节钙磷代谢，预防佝偻病	鱼肝油，牛奶
		维生素 E	生育酚	预防不育症	谷类胚芽及其油
		维生素 K	止血维生素	促进血液凝固	肝脏，菠菜

第二节 食品中的脂溶性维生素

食品中的脂溶性维生素有维生素 A、维生素 D、维生素 E 和维生素 K。

一、食品中的维生素 A

1. 维生素 A 的结构

维生素 A，又名视黄醇，是一类具有活性的不饱和烃，有维生素 A_1 以及其衍生物（酯、醛、酸），还有维生素 A_2。维生素 A_1 及其衍生物的结构见图 7-1。

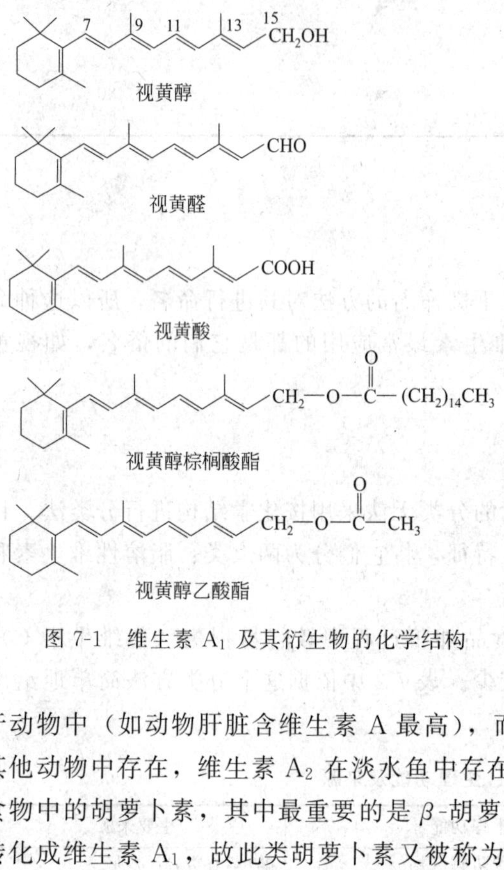

视黄醇

视黄醛

视黄酸

视黄醇棕榈酸酯

视黄醇乙酸酯

图 7-1 维生素 A_1 及其衍生物的化学结构

2. 维生素 A 的性质

维生素 A 的化学结构中主要结构单元是由 20 个碳构成的不饱和碳氢化合物，其羟基可被脂肪酸酯化成相应的酯，可以转化为醛或酸，也可以以游离醇的形式存在。由于视黄醇结构中有共轭双键，属于异戊二烯类，所以在化学结构上它可以有多种顺、反立体异构体。食品中视黄醇的结构主要是全反式结构，其生物效价最高。脱氢视黄醇即维生素 A_2，存在于淡水鱼中，其生物效价为维生素 A_1 的 40%，而 1，3-顺异构体即所谓的新维生素 A，它的生物效价为全反式视黄醇的 75%。

日常生活中的维生素 A 有两个来源，一个来源于动物性食物中的视黄醇，主要存在于动物中（如动物肝脏含维生素 A 最高），而不存在于植物组织中。维生素 A_1，在海鱼和其他动物中存在，维生素 A_2 在淡水鱼中存在而在陆地动物中不存在。另一个来源于植物性食物中的胡萝卜素，其中最重要的是 β-胡萝卜素，胡萝卜素经动物的肠道吸收后可以部分转化成维生素 A_1，故此类胡萝卜素又被称为维生素 A 原，其中一分子的 β-胡萝卜素在体内能够转化为两个分子的维生素 A_1。

具有维生素 A 或维生素 A 原活性的类胡萝卜素，必须具有类似于视黄醇（图 7-1）的全反式结构，即在分子中至少有一个无氧合的 β-紫罗酮环。同时在异戊二烯侧链的末端应有一个羟基或醛基或羧基，β-胡萝卜素在类胡萝卜素中最具有维生素 A 原活性。若类胡萝卜素的一个环上带有羟基或羰基，其维生素 A 原的活性低于 β-胡萝卜素，若两个环上都被取代则无活性。

维生素 A 对氧、氧化剂、脂肪氧化酶等因素较敏感，光照可以加速它的氧化。在加热、碱性条件和弱酸性条件下较稳定，但在无机强酸条件下维生素 A 也是不稳定的。

3. 维生素 A 的生理功能

维生素 A 是复杂机体必需的一种营养素，它以不同方式几乎影响机体内的一切组织细胞。维生素 A（包括胡萝卜素）最主要的生理功能是：维持视觉、促进生长、清除自由基和增强生殖力。

二、食品中的维生素 D

1. 维生素 D 的结构

维生素 D 是一些有胆钙化醇生物活性的类固醇的统称。维生素 D 主要包括麦角钙化固醇（维生素 D_2）和胆钙化固醇（维生素 D_3）两种成分，其化学结构见图 7-2。二者的化学结构十分相似，维生素 D_2 只比维生素 D_3 多一个甲基和一个双键。在植物食品、酵母等中所含的麦角固醇，经紫外线照射后就转变成维生素 D_2，即麦角钙化固醇。人和动物皮肤中所含有的 7-脱氢胆固醇，经紫外线照射后可转变成维生素 D_3，即胆钙化固醇。

图 7-2 维生素 D_2 和维生素 D_3 的结构

维生素 D_3 广泛存在于动物性食品中，并在鱼肝油中含量较丰富，在鸡蛋、牛乳、黄油和干酪中也均含有少量的维生素 D_3，一般每 100g 食品维生素 D_3 含量在 1μg 以下，所以在一般情况下仅从普通食物中获得充足的维生素 D_3 是不容易的，而采用日光浴的方式是机体合成维生素 D_3 的一个重要途径。

2. 维生素 D 的性质

（1）维生素 D 比较稳定，在加工和贮藏时很少损失；

（2）消毒、煮沸和高压灭菌都不影响维生素 D 的活性；

（3）冷冻贮存对牛乳和黄油中维生素 D 的影响不大；

（4）维生素 D_2 和维生素 D_3 在光、氧的条件下会被迅速破坏，故需保存于不透光的密封容器中；

（5）结晶的维生素 D 对热稳定，但在油脂中容易形成异构体；

（6）食品中油脂氧化酸败时也会使食品中所含的维生素 D 破坏。

3. 维生素 D 与其他维生素的不同之处

（1）它的作用非常类似其他类固醇激素；

（2）当皮肤等器官得到足够的紫外线时，身体就能产生可观的维生素 D；

（3）它是仅有的能转换成激素的维生素。

4. 维生素 D 的生理功能

维生素 D 的生理功能主要体现在促进钙、磷的吸收，维持正常血钙水平和磷酸盐水平；促进骨骼、牙齿的生长发育；维持血液中正常的氨基酸浓度；调节柠檬酸的代谢。

三、食品中的维生素 E

1. 维生素 E 的结构

维生素 E 从其化学结构上看，是 6-羟基苯并二氢吡喃的衍生物（见图 7-3），包括生育酚和生育三烯酚。

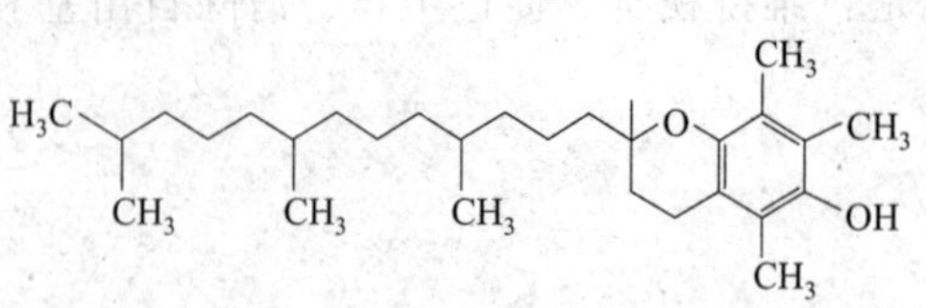

α-生育酚 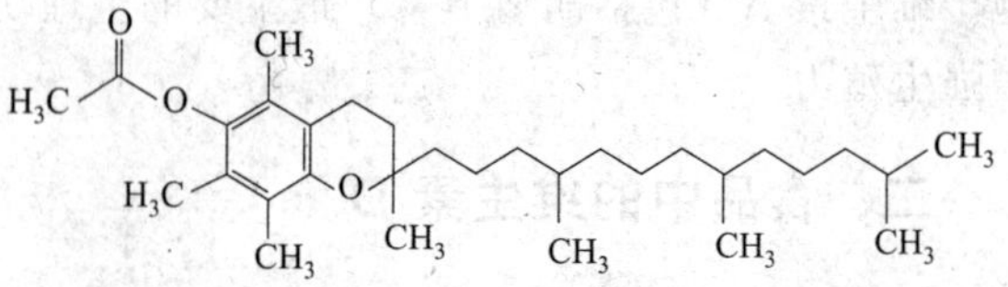 α-生育酚乙酸酯

图 7-3 生育酚的结构

生育三烯酚（生育醇）的结构与生育酚的结构差异在于其侧链的 3′、7′、11′处存在双键。

2. 维生素 E 的性质

α-生育酚在食品中研究最为深入，因为它们是优良的天然抗氧化剂，能够提供氢质子和电子以猝灭自由基，而且它们是所有生物膜的天然成分，通过其抗氧化活性使生物膜保持稳定，同时也能阻止多不饱和脂肪酸氧化，与过氧化自由基反应，生成相对稳定的 α-生育酚自由基，然后通过自身聚合生成二聚体或三聚体，使自由基链反应终止。

维生素 E 的性质主要表现在以下方面：

（1）维生素 E 不仅对氧、氧化剂不稳定，对强碱也不稳定。

（2）食品在其加工和贮藏过程中均会引起所含的维生素 E 大量损失，这种损失或是由于机械作用而损失，或是由于氧化作用而损失。

（3）氧化而引起的维生素 E 的损失通常还伴随有脂类的氧化，这个过程是由于在食品加工中使用了苯甲酰过氧化物或过氧化氢那样的氧化剂。

（4）金属离子如 Fe^{2+} 等的存在能促进维生素 E 的氧化。

（5）维生素 E 清除过氧化自由基的氧化降解途径见图 7-4。

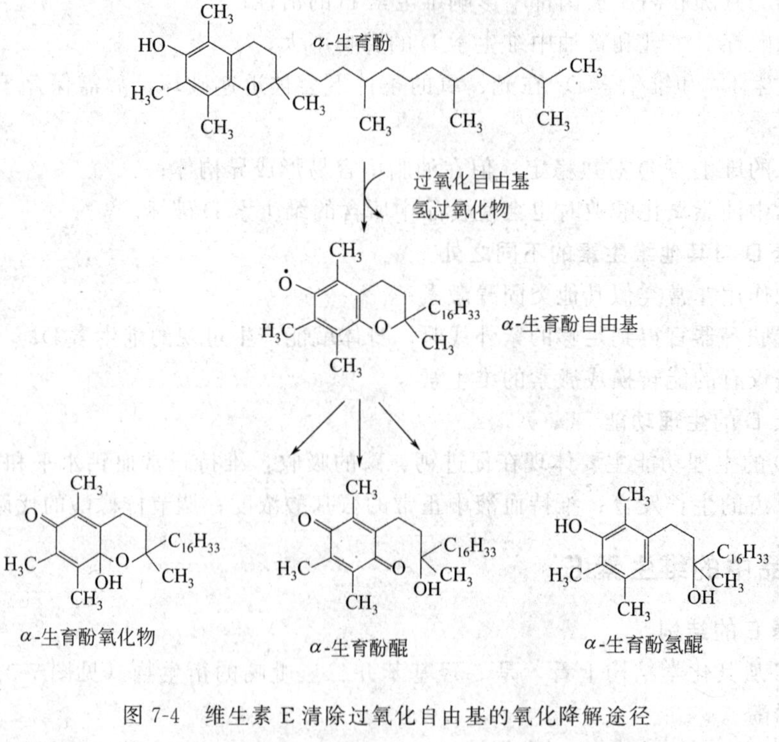

α-生育酚

过氧化自由基
氢过氧化物

α-生育酚自由基

α-生育酚氧化物 α-生育酚醌 α-生育酚氢醌

图 7-4 维生素 E 清除过氧化自由基的氧化降解途径

四、食品中的维生素 K

1. 维生素 K 的结构

维生素 K 是 2-甲基-1,4-萘醌的衍生物，这些衍生物的区别在于 3 位上取代基的不同。较常见的天然维生素 K 有维生素 K_1 和维生素 K_2，还有人工合成的 2-甲基-1,4-萘醌，它的生物活性高于维生素 K_1 和维生素 K_2，见图 7-5。

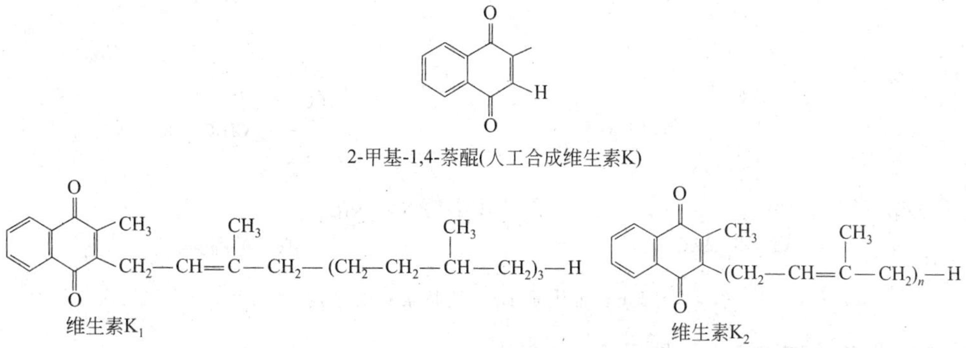

2-甲基-1,4-萘醌(人工合成维生素K)

维生素K_1

维生素K_2

图 7-5 维生素 K 的结构

维生素 K 在绿色蔬菜中含量丰富，如菠菜、洋白菜等，鱼肉等食品中维生素 K 含量也较多，但麦胚油、鱼肝油中维生素 K_1 含量很少。维生素 K_2 能由肠道中的细菌合成，所以人体很少有缺乏维生素 K_2。机体中维生素 K 缺乏导致血中凝血酶原含量下降，从而导致皮下组织和其他器官出血，延长凝血时间。人体的止血和凝血过程需要多种凝血因子参与，而其中有 4 种重要的凝血因子（凝血因子Ⅱ、Ⅶ、Ⅸ、Ⅹ）在肝脏内从无活性状态转变为活性状态必需维生素 K 的参与，缺乏维生素 K 会引起凝血功能障碍，出现全身多部位出血，甚至颅内出血、死亡。维生素 K 具有还原性，在食品体系中可以消灭自由基（与 β-胡萝卜素、维生素 E 相同），所以可以保护食品成分（如脂类）不被氧化；同时还能够减少腌肉中亚硝胺的生成。

2. 维生素 K 的性质

（1）维生素 K 是黄色黏稠油状物，可被空气中的氧缓慢地氧化而分解。

（2）遇光（特别是紫外线）则很快被破坏。

（3）对热、酸较稳定，但对碱不稳定，当维生素 K 的醌式结构被还原为氢醌结构时，它的生物活性仍然存在。

（4）在正常的烹调过程中维生素 K 的损失很少。

第三节 食品中的水溶性维生素

一、食品中的维生素 B_1

1. 维生素 B_1（硫胺素）的结构

维生素 B_1 又称硫胺素，它广泛存在于动植物组织中。从化学结构上看，硫胺素含有 1 个取代的嘧啶环，并通过亚甲基与噻唑环连接，见图 7-6。从生理功能上看，呈生物活性的

维生素 B_1 是硫胺素焦磷酸酯。硫胺素在食品中有许多存在形式，包括游离的硫胺素、焦磷酸酯（辅羧化酶），此外硫胺素的盐酸盐和硝酸盐等也都是有效的存在形式。

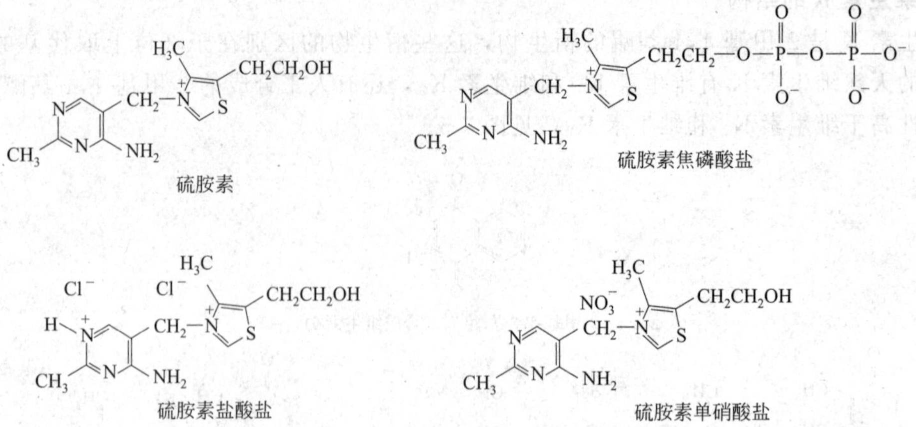

硫胺素

硫胺素焦磷酸盐

硫胺素盐酸盐

硫胺素单硝酸盐

图 7-6　维生素 B_1（硫胺素）的结构

2. 维生素 B_1（硫胺素）的性质

维生素 B_1（硫胺素）广泛存在于动植物食品中，在全粒小麦、动物内脏、瘦猪肉、鸡蛋、核果和马铃薯中维生素 B_1 的含量比较丰富。硫胺素人日需要量与其饮食中碳水化合物水平有关。机体代谢活动增加，如重体力劳动者、孕妇或患病者，对硫胺素的需要量相应增加。茶叶中有一种称为鞣酸的化合物具有抗维生素 B_1 的作用，可影响对维生素 B_1 吸收。因此，若老年人的膳食中维生素 B_1 含量低，又大量饮茶，则很容易发生维生素 B_1 缺乏。

维生素 B_1 是B族维生素中最不稳定的维生素，它的稳定性与pH、温度、介质和其他反应物有关。维生素 B_1 典型的降解反应，生成硫、硫化氢、呋喃、噻吩和二氢噻吩等物质，是烹调食品中“肉香味”产生的原因。

加热、氧气、二氧化硫、水浸提、中性及碱性等条件下硫胺素都会遭到破坏，而光则对它没有影响；维生素 B_1 在酸性条件下是稳定的，所以pH在3.5以下时，食物在120℃高压灭菌时硫胺素破坏很少，而在中性或碱性条件下煮沸或贮存在室温下也会破坏硫胺素。一些食品中维生素 B_1（硫胺素）的稳定性见表7-3。

表 7-3　食品中维生素 B_1（硫胺素）的稳定性

食品	加工处理	保留率/%
谷物	挤压烹调	48～90
土豆	水中浸泡16h后油炸	55～60
	在亚硫酸溶液中浸泡16h后油炸	19～24
大豆	用水浸泡后在水中或碳酸盐溶液中煮沸	23～52
粉碎的土豆	各种热处理	82～97
蔬菜	各种热处理	80～95
冷冻、油炸鱼	各种热处理	77～100

维生素 B_1（硫胺素）的降解见图7-7。

3. 维生素 B_1（硫胺素）的生理功能

食品中的维生素 B_1（硫胺素）几乎能被人体完全吸收和利用，可参与糖代谢、能量代谢，并具有维持神经系统和消化系统正常功能及促进发育的作用。

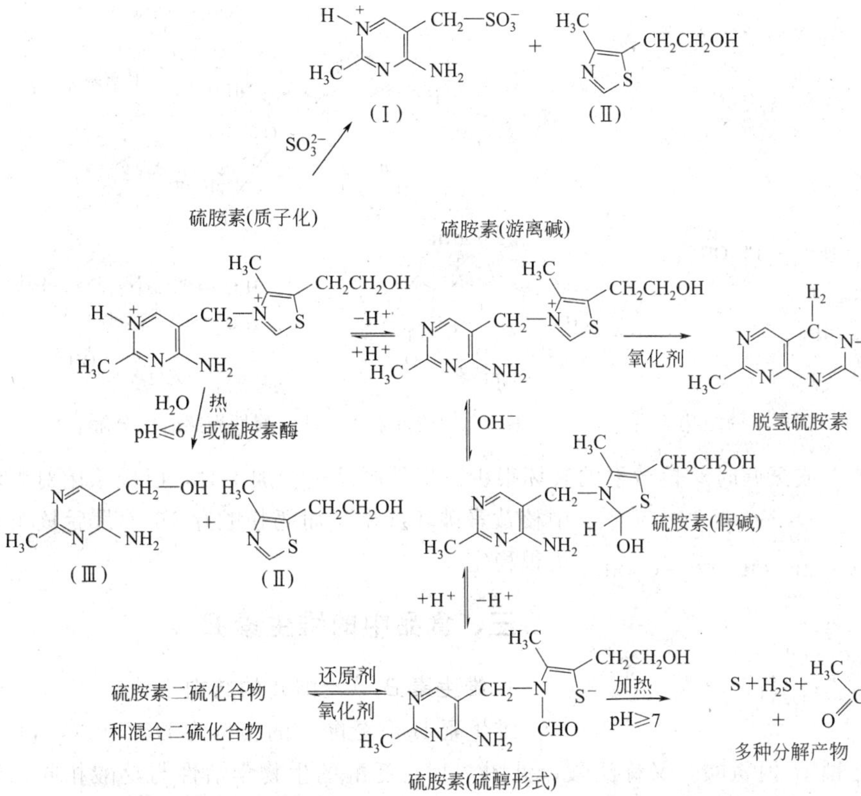

图 7-7 维生素 B_1（硫胺素）的降解

二、食品中的维生素 B_2

1. 维生素 B_2（核黄素）的结构

维生素 B_2（核黄素）为含有核糖醇侧链的异咯嗪衍生物，见图 7-8。在自然状态下它常常是磷酸化的，而且机体代谢中起着辅酶的作用，它的一种形式为黄素单核苷酸（flavin mononucleotide，FMN），另一种形式为黄素腺苷酰二核苷酸（flavin adenine dinucleotide，FAD），它们是某些酶如细胞色素 c 还原酶、黄素蛋白等的组成部分，后者起着电子载体的作用，在葡萄糖、脂肪酸、氨基酸和嘌呤的氧化过程中均起作用，所以核黄素是一种重要的维生素。

在食品中核黄素与磷酸和蛋白质结合形成复合物，动物性食品中核黄素含量一般较高，尤其以肝、肾和心的核黄素最为丰富，奶类和蛋类中核黄素含量也较多；植物中绿色蔬菜和豆类中也含一定量的核黄素，其他的则含量水平不高。由于核黄素在机体中参与许多氧化还原反应，所以它的缺乏将导致组织呼吸能力下降，机体代谢过程障碍，表现出口角炎、皮脂溢出性炎症、角膜炎等症状。

2. 维生素 B_2（核黄素）的性质

核黄素呈黄绿色，加氢后的还原型为无色。对热稳定，不受空气中氧的影响。辐射条件下不稳定，见图 7-9。对光则非常敏感（尤其是紫外线），若将其曝光则很容易破坏，并且在光照时的破坏率随 pH 和温度的提高而增加，若将牛乳在日光下暴晒 2h 后可损失 50%以上核黄素，放在透明玻璃瓶中也会引起营养价值的损失，而且会产生一种不良的风味即所谓的“日晒味”。

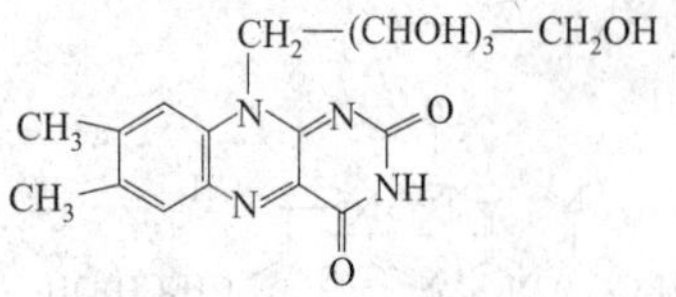

图 7-8 维生素 B_2（核黄素）的结构

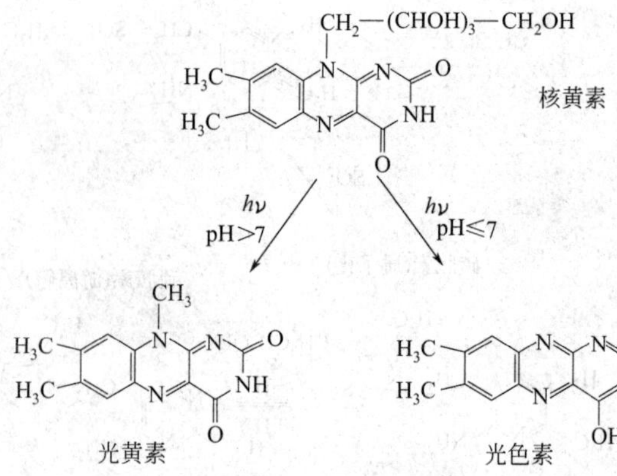

图 7-9 核黄素在碱性、酸性光照时的分解

食品在进行加工或烹调时对核黄素的破坏很少。牛乳制品进行加工时，巴氏杀菌对牛乳中核黄素破坏甚微，而奶粉贮存 16 个月后核黄素仍很稳定。

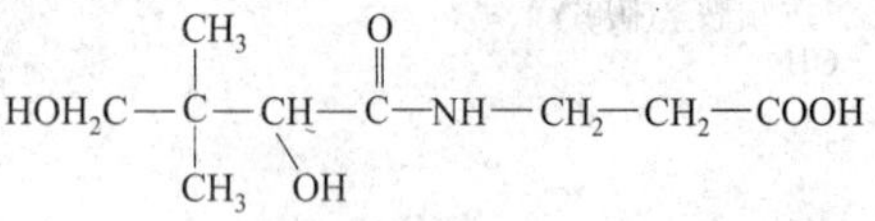

图 7-10 维生素 B_3（泛酸）的结构

三、食品中的维生素 B_3

1. 维生素 B_3（泛酸）的结构

维生素 B_3（泛酸）的结构为 D(+)-*N*-2,4-二羟基-3,3-二甲基丁酰-*β*-丙氨酸，又称泛酸，见图 7-10。泛醇的生物学活性与泛酸相同，但只是右旋的或 D-型化合物才具有活性。泛酸以辅酶 A 的形式在代谢中起重要作用，故此所有的生物细胞和组织中都有泛酸存在。泛酸广泛存在于动植物性食物中（表 7-4），所以很少有缺乏症产生。

表 7-4 一些食品中的维生素 B_3（泛酸）含量 单位：mg/100g

食品	维生素 B_3 含量	食品	维生素 B_3 含量
干啤酒酵母	200	荞麦	26
牛肝	76	菠菜	26
蛋黄	63	烤花生	25
动物肾脏	35	牛乳	24
小麦麸皮	30	白面包	5

2. 维生素 B_3（泛酸）的性质

维生素 B_3 在空气中稳定，但对热不稳定；在 pH5～7 的溶液中稳定，而在碱性溶液中容易分解；食品的加工处理会对泛酸的含量有较大的影响，例如在肉罐头中泛酸损失20%～35%，蔬菜食品中损失 46%～78%，牛乳经过巴氏杀菌以后泛酸的损失低于 10%，而谷物在被加工成为各种食品时泛酸损失 37%～74%；泛酸的最稳定形态是它的钙盐。

四、食品中的维生素 B_5

1. 维生素 B_5 的结构

维生素 B_5 为尼克酸和尼克酰胺的总称（见图 7-11）。维生素 B_5 是吡啶的衍生物。

尼克酰胺亦称烟酰胺，是两种重要的酶 NAD 和 NADP 的组成部分，它们在糖酵解、脂肪合成和呼吸作用中起着重要的作用。尼克酸亦称烟酸，也称为抗癞皮病因子，在许多以玉米为主食的地区，癞皮病发病率较高，这是因为玉米蛋白中色氨酸的含量较低，而色氨酸在体内是可转化为尼克酸的，且玉米所含尼克酸大部分是结合型，未经分解释放不能为机体所利用。在动物组织中维生素 B_5 的主要形式为尼克酰胺。

2. 维生素 B_5 的性质

维生素 B_5 是 B 族维生素中最稳定的，对热、酸、碱、光、氧等均不敏感，在食品的加工过程中尼克酸的损失与原料的修整、清洗、烫漂等处理过程有关，在乳类加工、肉类烤制时几乎不造成尼克酸的损失。

五、食品中的维生素 B_6

1. 维生素 B_6 的结构

维生素 B_6 包括吡哆醛、吡哆醇和吡哆胺 3 种化合物（见图 7-12）。维生素 B_6 是吡啶的衍生物。维生素 B_6 广泛分布在许多食品中，动物体内的维生素 B_6 以吡哆醛和吡哆胺的形式存在，谷物中维生素 B_6 主要为吡哆醇。

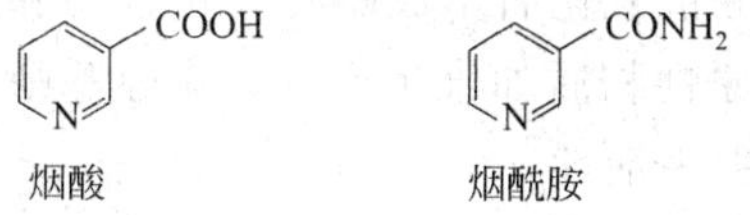

COOH　烟酸　　CONH$_2$　烟酰胺

图 7-11　尼克酸（烟酸）和尼克酰胺（烟酰胺）的化学结构

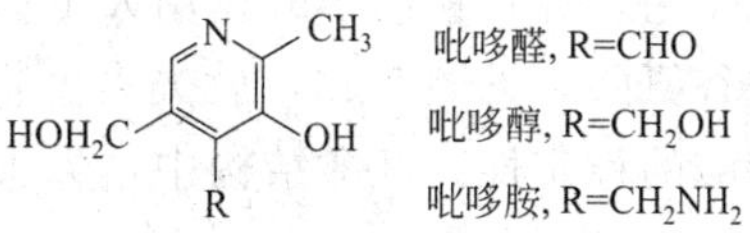

吡哆醛，R=CHO
吡哆醇，R=CH_2OH
吡哆胺，R=CH_2NH_2

图 7-12　维生素 B_6 的结构

2. 维生素 B_6 的性质

维生素 B_6 中的吡哆醛、吡哆醇和吡哆胺，都具有生物活性，易溶于水和酒精。这三类化合物都以磷酸酯的形式广泛存在于动植物中，磷酸吡哆醛在氨基酸代谢中起着辅酶的作用，可以帮助机体内糖类、脂肪、蛋白质的分解利用，也可以帮助糖原的分解利用。吡哆醇对热、强酸和强碱都很稳定，在碱性溶液中对光敏感，尤其对紫外线更敏感。吡哆醛和吡哆胺当暴露在空气中，加热和遇光都会很快破坏，形成无活性的化合物如 4-吡哆酸等。在特殊条件下长期缺乏维生素 B_6 将会引起皮肤炎症，甚至损害中枢神经和造血功能。

一些食品中维生素 B_6 的稳定性见表 7-5。

表 7-5　食品中维生素 B_6 的稳定性

食品	处理	保留率/%
面包(加维生素 B_6)	烘烤	100
强化玉米粉	50%相对湿度，38℃保存 12 个月	90～95
强化通心粉	50%相对湿度，38℃保存 12 个月	100
全脂牛乳	蒸发并高温消毒	30
	蒸发并高温消毒，室温保存 6 个月	18
代乳粉(液体)	加工与消毒	33～55(天然)
代乳粉(固)	喷雾干燥	84(加入)
去骨鸡	罐装	57
	辐射(2.7Mrad)	68

注：1rad=10mGy。

六、食品中的维生素 B_{11}

1. 维生素 B_{11}（叶酸）的结构

维生素 B_{11}（叶酸）中，包括一系列化学结构相似、生理活性相同的化合物，它们的分

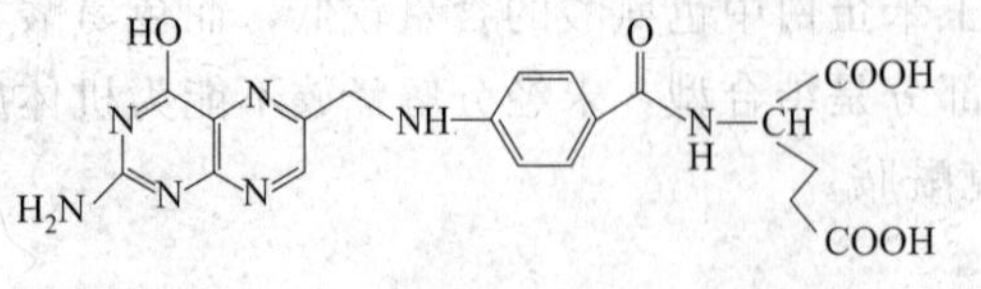

图 7-13 维生素 B_{11}（叶酸）的结构

子结构中包括 3 个部分，即喋呤、对氨基苯甲酸和谷氨酸部分，见图 7-13。

叶酸在许多食物中都存在，绿色蔬菜中尤为丰富，在动物肝脏中含量也很丰富，在谷物、肉类、蛋类中含量一般，在乳中含量较低，人体肠道中微生物可以合成一些叶酸，并且为人体所利用。食品中的叶酸可分为两类：一类为游离型叶酸，它无需酶的处理即能被干酪乳杆菌利用，肝脏中存在的叶酸主要是游离型；另一类为结合型叶酸，不能被干酪乳杆菌利用，蔬菜中存在的叶酸为结合型。有研究表明，叶酸在肠道内的吸收率与谷酰基侧链的长度成反比，所以一种食品是否能够作为叶酸的营养来源，需要考虑叶酸的具体化学存在形态。

2. 维生素 B_{11}（叶酸）的性质

在各种叶酸衍生物中以叶酸最稳定，四氢叶酸最不稳定；叶酸对热、酸比较稳定；在中性和碱性条件下能很快地破坏，受光照射更易分解；在叶酸的氧化反应中铜离子和铁离子具有催化作用，并且铜离子的作用大于铁离子；四氢叶酸被氧化后生成喋呤类化合物和对氨基苯甲酰谷氨酸，见图 7-14，就失去生物活性，加入还原性物质如维生素 C、硫醇等则会大大增加叶酸的稳定性。叶酸结构中，失去谷氨酸，就会失去活性。

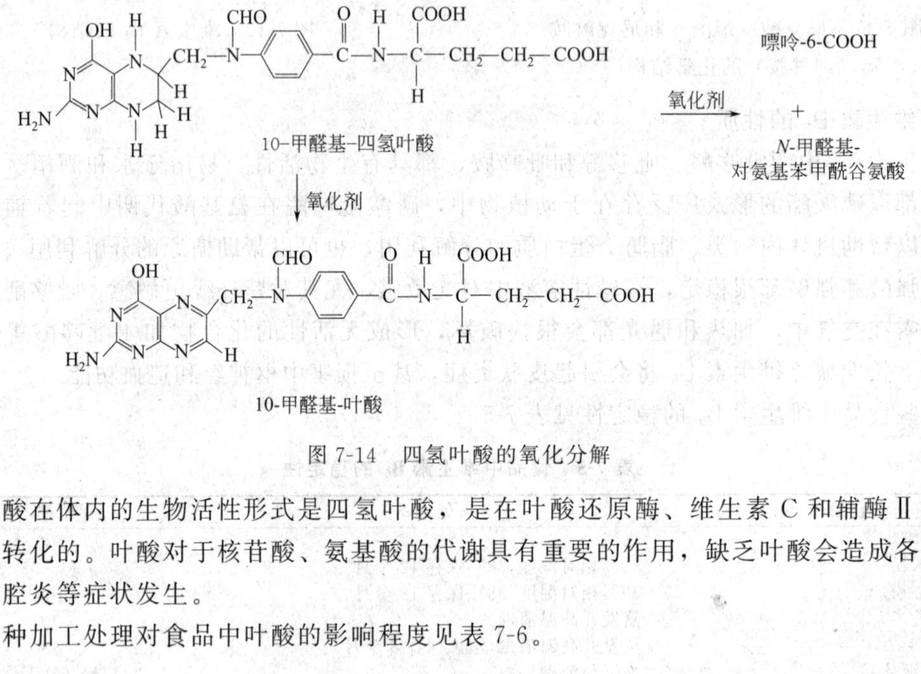

图 7-14 四氢叶酸的氧化分解

叶酸在体内的生物活性形式是四氢叶酸，是在叶酸还原酶、维生素 C 和辅酶Ⅱ的协同作用下转化的。叶酸对于核苷酸、氨基酸的代谢具有重要的作用，缺乏叶酸会造成各种贫血病、口腔炎等症状发生。

各种加工处理对食品中叶酸的影响程度见表 7-6。

表 7-6 加工处理对食品中叶酸的影响

食品	加工方法	叶酸活性损失/%	食品	加工方法	叶酸活性损失/%
蛋类	油炸，烹调	18～24		暗处贮藏 1 年	7
肝	烹调	0		光照下贮藏 1 年	30
花菜	煮	69	玉米粉	精制	65
胡萝卜	煮	79	面粉	碾磨	20～80
肉类	γ 辐射	0	肉类或蔬菜	罐装贮藏 1 年半	约 0
葡萄柚汁	罐装或贮藏	约 0		罐装贮藏 3～5 年	约 0
番茄汁	罐装	50			

七、食品中的维生素 B_{12}

1. 维生素 B_{12}（钴胺素）的结构

维生素 B_{12}（钴胺素）也是具有复杂结构的多种同类物，它的分子结构比其他任何一种维生素都要复杂，而且是唯一含有金属元素钴的维生素，所以又称其为钴胺，钴元素在这里也只有以维生素 B_{12} 的形式才能发挥微量元素的作用。其结构见图 7-15。

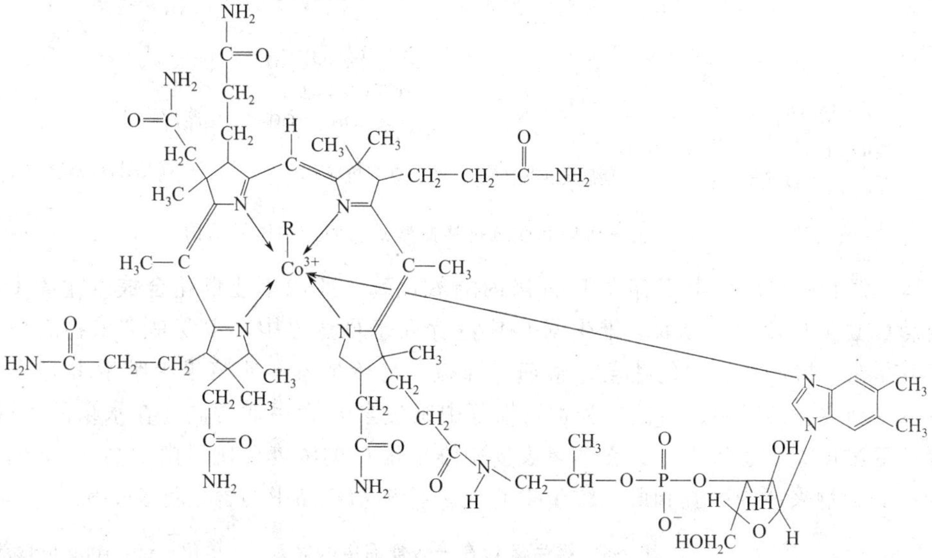

图 7-15　维生素 B_{12} 的结构

维生素 B_{12} 的食物来源主要是动物性食品，如肝、肾、心脏等，在鱼、蛋黄等中含量也较丰富，肉类、乳中含量一般。维生素 B_{12} 也可由许多微生物合成，但在植物食品中几乎不存在（但可以存在于一些豆类的根瘤中），所以只有"素食者"才会发生维生素 B_{12} 的缺乏症。

2. 维生素 B_{12}（钴胺素）的性质

维生素 B_{12} 稳定的最适 pH 范围是 4～7，它对碱不稳定，在碱溶液中加热时维生素 B_{12} 被破坏，主要是发生水解生成无生物活性的羧酸衍生物。在强酸性介质中其核苷类似组分可发生水解，也破坏了维生素 B_{12}。抗坏血酸、亚硫酸盐等可引起维生素 B_{12} 的破坏，硫胺素和尼克酸的联合使用，也可引起溶液中维生素 B_{12} 缓慢被破坏。铁离子对维生素 B_{12} 有保护作用，而亚铁离子则可以导致维生素 B_{12} 的迅速破坏。

牛乳在 6 种常见的热处理中维生素 B_{12} 的损失情况见表 7-7。

表 7-7　牛乳在热处理过程中维生素 B_{12} 的损失

处理	损失/%	处理	损失/%
巴氏杀菌 2～3s	7	143℃灭菌 3～4s(通入蒸汽)	10
煮沸 2～5min	30	蒸发	70～90
120℃灭菌 13min	77	喷雾干燥	20～30

八、食品中的维生素 C

1. 维生素 C 的结构

抗坏血酸具有 4 种异构体，D-抗坏血酸、D-异抗坏血酸、L-抗坏血酸、L-异抗坏血酸，见图 7-16。从化学结构上来看，抗坏血酸是一个羟基羧酸的内酯，具有一个烯二醇基团，所以抗坏血酸成为一种具有强还原性的化合物并可以离解出氢离子。

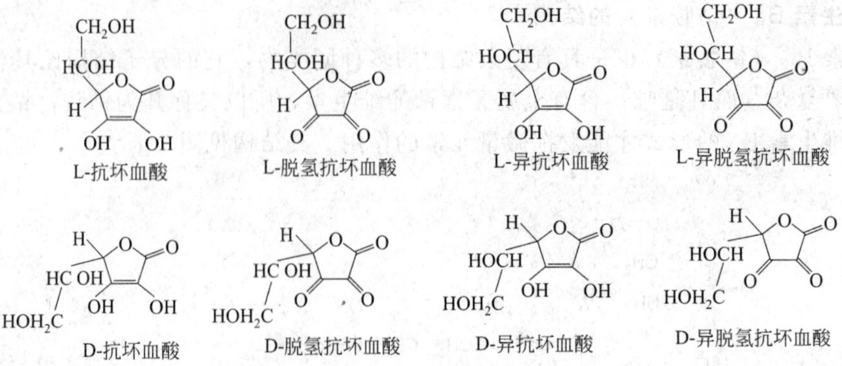

L-抗坏血酸　L-脱氢抗坏血酸　L-异抗坏血酸　L-异脱氢抗坏血酸

D-抗坏血酸　D-脱氢抗坏血酸　D-异抗坏血酸　D-异脱氢抗坏血酸

图 7-16　抗坏血酸和脱氢抗坏血酸及它们异构体的结构

人体、猴和豚鼠的肝中不存在 L-古洛内酯氧化酶，所以不能催化合成维生素 C，所需的维生素 C 必须从食物中摄取。维生素 C 广泛存在于自然界中，主要是在植物组织如水果和蔬菜中存在。柑橘类、绿色蔬菜、番茄、辣椒、马铃薯及一些浆果中维生素 C 含量较为丰富，而在刺梨、猕猴桃、蔷薇果和番石榴等中维生素 C 含量非常高。在水果的不同部位，维生素 C 的浓度差别也很大，如在苹果表皮中维生素 C 的浓度要比果肉中高 2～3 倍。维生素 C 唯一的动物来源为牛乳和肝。维生素 C 在一些植物产品中的含量见表 7-8。

表 7-8　维生素 C 在一些食品中的含量　　单位：mg/100g 可食部分

食品	维生素 C 含量	食品	维生素 C 含量	食品	维生素 C 含量
冬季花椰菜	113	番石榴	300	土豆	73
黑葡萄	200	青椒	120	菠菜	220
卷心菜	47	甘蓝	500	南瓜	90
柑橘	220	山楂	190	番茄	100

2. 维生素 C 的性质

维生素 C 具有防治坏血病的生理功能，并有显著酸味，故又名抗坏血酸。抗坏血酸在机体代谢中具有多种功能，主要是参与机体的羟化反应和还原作用，此外对铁的吸收、预防疾病等方面也有积极的作用。

维生素 C 是最不稳定的维生素，易通过各种方式或途径进行降解。影响抗坏血酸降解的因素有许多，包括加热、水分活度、盐浓度、糖浓度、pH、氧、酶、金属离子、抗坏血酸的起始浓度、抗坏血酸与脱氢抗坏血酸的比率等。

纯的维生素 C 为无色的固体，在干燥条件下比较稳定，但在受潮、加热或光照时不稳定；在酸性溶液中（$pH<4$）中较稳定，但在中性以上的溶液中（$pH>7.6$）非常不稳定；植物组织中存在的抗坏血酸氧化酶也可以破坏它。在缺氧条件下抗坏血酸的降解情况不显著，在有氧条件下，抗坏血酸（H_2A）首先形成单价阴离子（HA^-），进一步降解成脱氢抗坏血酸（A）。在这一过程中，当有金属催化剂如 Cu^{2+} 和 Fe^{2+} 存在时，抗坏血酸的降解速度要比自发氧化过程快几百倍，甚至几千倍。抗坏血酸的降解反应途径见图 7-17。

在食品的加工贮藏过程中维生素 C 的损失量十分可观。例如，食品放置在有氧气的环境或在有氧时持续加热或暴露于光下或处于碱性条件，均会有维生素 C 的损失。维生素 C

的破坏率随金属的存在而增加，尤其是铜和铁的作用最大，见图 7-18。

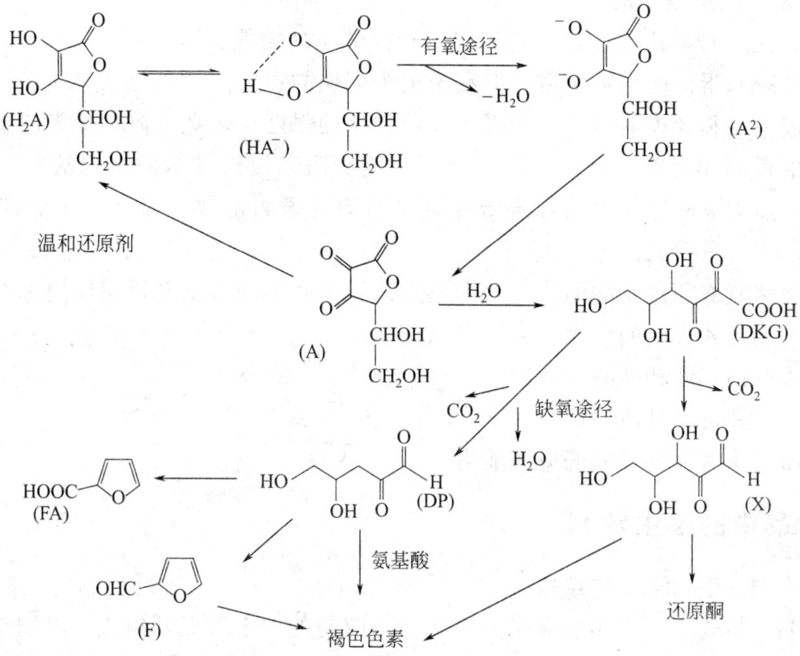

图 7-17 抗坏血酸的降解反应途径

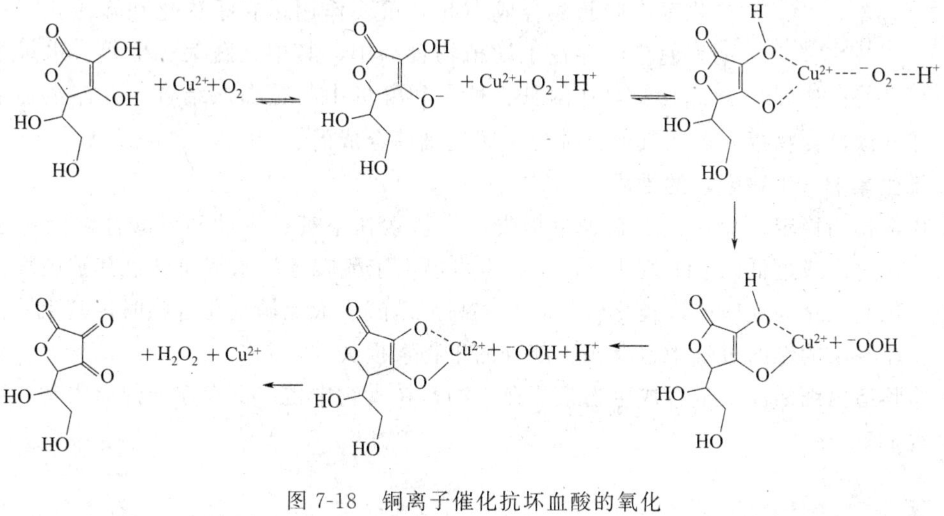

图 7-18 铜离子催化抗坏血酸的氧化

含有铁和铜的酶也是破坏维生素 C 有效的催化剂，这些酶中最重要的有抗坏血酸氧化酶、酚酶、细胞色素氧化酶和过氧化物酶。在完整的水果中，酶不能产生作用，因为此时酶与底物在细胞中是隔开的；机械损伤、腐烂或成熟会导致细胞组织破坏，酶与底物接触使维生素 C 开始降解。用蒸汽热烫法或加热法可以钝化蔬菜中酶的活性，脱气或在低温下放置一段时间也可抑制酶的活性，因而可以降低维生素 C 的损失。此外在金属离子催化维生素 C 氧化时，由于生成物过氧化氢可以进一步氧化维生素 C，所以在有亚硫酸盐存在时，过氧化氢同亚硫酸盐作用，保护了抗坏血酸的进一步被氧化，这是作为食品添加剂的亚硫酸盐其还原性质在食品中的一个重要应用。金属离子的螯合物对维生素 C 有稳定作用，这些螯合物包括花青素、黄烷醇及多羟基的酸，如苹果酸、柠檬酸和聚磷酸等。

3. 维生素 C 的生理功能

维生素 C 是一种必需维生素，具有以下较强的生理功能：

（1）促进胶原蛋白的生物合成，有利于组织创伤的愈合。

（2）促进骨骼和牙齿的生长，增强毛细血管壁的强度，避免骨骼和牙齿周围出现渗血现象。一旦维生素 C 不足或缺乏会导致骨胶原合成受阻，使得骨基质出现缺陷，骨骼钙化时钙和磷的保持能力下降，结果出现全身性骨骼结构的脆弱松散。因此，维生素 C 对骨骼的钙化和健全是非常重要的。

（3）促进酪氨酸和色氨酸的代谢，加速蛋白质或肽类的脱氨基代谢作用。

（4）影响脂肪和类脂的代谢。

（5）改善对钙、铁和叶酸的利用。

（6）作为一种自由基清除剂。

（7）增加机体对外界环境的应激能力。

九、食品中的维生素 H

1. 维生素 H（生物素）的结构

维生素 H（生物素）是由脲和带有戊酸侧链噻吩的两个五元环组成，见图 7-19。

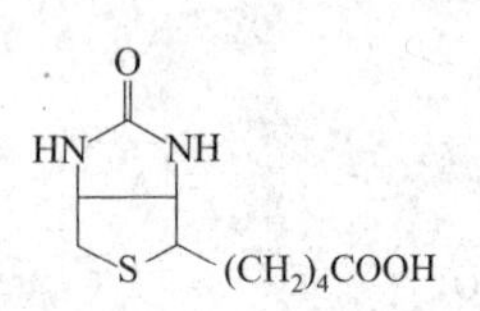

图 7-19　生物素的结构

由于有 3 个不对称碳原子，所以它有 8 个立体异构体。天然存在的生物素为右旋结构，只有 D-型生物素才具有相应的生物活性。生物素在脂肪酸合成中起着重要作用，它是羧化和转羧化反应的辅酶，它广泛存在于动植物食品中，其中在蔬菜、牛奶、水果中以游离态存在，在内脏、种子和酵母中与蛋白质结合。人体生物素的供应只是部分依靠食物摄入，而其他大部分是肠道细菌合成的。

2. 维生素 H（生物素）的性质

生物素相当稳定，加热只引起少量损失。生物素在空气、中性和微酸性溶液中也很稳定，只是在过高或过低的 pH 条件下，生物素可能由于酰胺键的水解而导致其被破坏。生物素在被氧化剂氧化为亚砜或砜类化合物时，或与亚硝酸生成亚硝基化合物时，其生物活性均被破坏。在谷物的碾磨过程中也有相当部分的生物素损失。

人体肠道内细菌能大量合成生物素且在生物素在食物中也广泛存在，因此人类一般不缺少维生素 H。

第四节　食品中的维生素类似物

除以上所述的维生素以外，目前人们还发现一些物质，也是维持人体生理机能不可缺少的有机物质，人们将其称之为生物营养强化剂，也有人将其称之为维生素类似物。

一、食品中的胆碱

从结构上来说，胆碱是一种比较简单的有机化合物，见图 7-20，但胆碱在机体内有着重要功能：胆碱是一种“亲脂剂”，可促进脂肪以卵磷脂的形式被输送，并能提高脂肪酸在肝脏中的利用，防止脂肪在肝脏中的反常积累，保证肝功能的正常，防止脂肪肝；胆碱可作为神经递质（如乙酰胆碱）越过神经细胞的间隙，产生传导脉冲；胆碱可促进代谢。

胆碱广泛存在于食物中，其中在蛋黄、蛋类、肝脏最为丰富，一般以卵磷脂、乙酰胆碱的形式存在。尽管人和哺乳动物体内可以合成胆碱，但在成长过程中仍需要从食物中摄取胆碱。胆碱对热稳定，在加工、烹饪、贮藏中几乎无损失。

二、食品中的肉碱

人体可以合成肉碱，它的生理作用是将脂肪酸转移通过生物膜，促进脂肪酸的利用或降低一些脂肪酸在细胞中的潜在毒性。肉碱的结构见图 7-21。

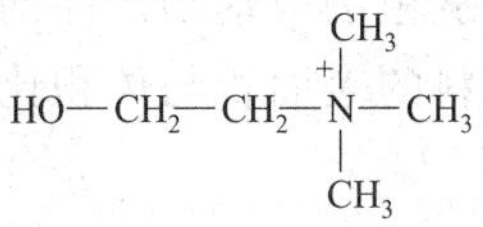

$$HO-CH_2-CH_2-\overset{+}{N}(CH_3)_3$$

图 7-20　胆碱的结构

$$CH_3-\overset{+}{N}(CH_3)_2-CH_2-CH(OH)-CH_2COO^-$$

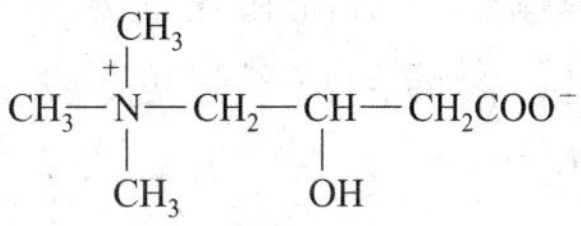

图 7-21　肉碱的结构

肉碱是非常稳定的，食品加工过程中几乎无降解。肉碱也是不对称分子，L-型的肉碱具有生物活性，D-型则无生物活性，在 C3 羟基上可与某些脂肪酸酯化。

肉碱广泛存在于动物性食品中，以游离态或酯的形式存在，而植物食品中几乎不存在肉碱。

第五节　食品中维生素损失的常见原因

自收获开始，所有食品原料中的维生素都不可避免有所损失。因此，食品科学家仔细研究了食品加工和贮存造成维生素等营养素损失的原因，力图改进加工工艺，并千方百计减少损失。

一、食品中维生素的内在变化

水果与蔬菜中维生素是随成熟期、生长地及气候不同而变化的。以植物为原料的食品中维生素含量无疑受到农业环境条件的影响，科学家发现地域对水果和蔬菜中维生素 C 和维生素 A 的活性影响特别大，地域涉及地理、气候条件、品种和农业行为（如肥料的种类与施用数量、灌溉方式）等因素。

动物制品中的维生素含量与物种和动物的食物结构有关。以 B 族维生素为例，在肌肉中的浓度取决于某块肌肉从血液中汲取维生素 B 并将其转化为辅酶形式的能力。若在饲料中补充脂溶性维生素，可使其在肌肉中的含量迅速增加，借此方式可增加动物制品中维生素 E 的含量，提高制品的氧化稳定性和保持色泽的能力。

二、食品中维生素在采收后的变化

水果、蔬菜和动物肌肉中留存的酶，导致了收获后维生素含量的变化。细胞受损后释放出来的氧化酶和水解酶会改变维生素活性和不同化学构型之间的比例。例如，维生素 B_6、维生素 B_1 或维生素 B_2 辅酶的脱磷酸反应，维生素 B_6 葡萄糖苷的脱葡萄糖基反应和聚谷氨酰叶酸酯的分解作用，都会导致在植物采收后和动物屠宰后上述维生素不同构型之间比例的改变，进而影响其生物利用率。脂肪氧合酶的氧化作用会降低很多维生素的浓度，而抗坏血酸氧化酶只减少抗坏血酸的含量。

三、食品中维生素在预加工过程中的变化

水果和蔬菜的去皮和修整造成茎皮中富含的维生素的损失，这是不可避免的。去皮前的碱处理增加了维生素 B_{11}、维生素 C 和维生素 B_1 等不稳定维生素的损失，但与总量相比这种损失并不严重。小麦精粉中部分维生素的保留率与提取率的关系见图 7-22，其中提取率（即出粉率）是指在制粉过程中以全谷粒为原料得到的精粉回收百分数。

流水槽输送、清洗和在盐水中烧煮时水溶性维生素容易从植物或动物产品的切口或损伤的组织流出，溶液的离子强度、温度、物料与水体积比、原料的表面积与体积比等因素决定损失的程度。

磨粉时去除麸皮和胚芽，这会造成谷物中维生素 B_{11}、维生素 A 和维生素 B_1 等维生素以及铁和钙的损失，由此引起维生素缺乏症的流行。

四、食品中维生素在热烫过程中的变化

热烫是水果和蔬菜加工中不可缺少的一种温和处理方法，目的在于使有害的酶失活、减少微生物污染、排除空隙中的空气，有利于食品贮存时维生素的稳定。热烫的方法有热水、蒸汽、热空气或微波。热水的烫洗会造成水溶性维生素的大量损失，见图 7-23。高温短时间处理（HTST）能有效保留热敏感性维生素。因热加工导致维生素损失的程度取决于食品的化学性质、化学环境（pH、相对湿度、过渡金属元素含量、其他活泼化合物和溶解氧的浓度等）、维生素的构型及热烫的时间。蔬菜在装罐时维生素损失情况见表 7-9。

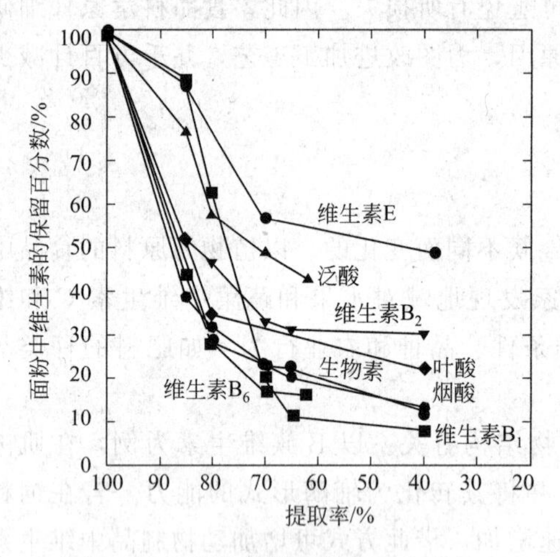

图 7-22 小麦精粉中部分维生素的保留率与提取率

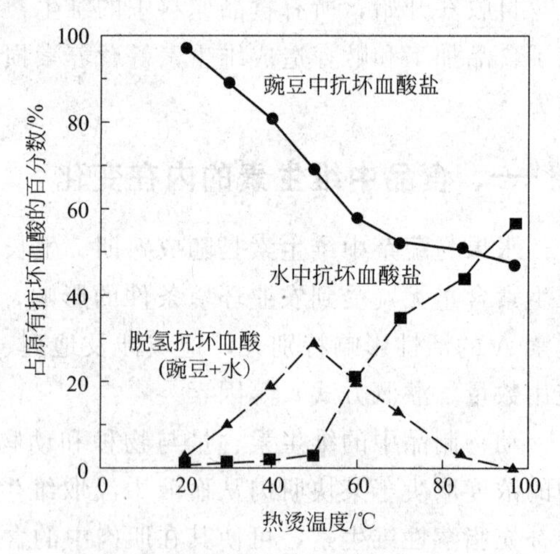

图 7-23 不同温度水中热烫 10min 后豌豆中抗坏血酸的保留率

表 7-9 蔬菜罐装后主要维生素的损失 单位：%

产品	生物素	叶酸盐	维生素 B_6	泛酸	维生素 A	硫胺素	核黄素	烟酸	维生素 C
芦笋	0	75	64	—	43	67	55	47	54
利马豆	—	62	47	72	55	83	67	64	76
青刀豆	—	57	50	60	52	62	64	40	79

续表

产品	生物素	叶酸盐	维生素 B_6	泛酸	维生素 A	硫胺素	核黄素	烟酸	维生素 C
甜菜	—	80	9	33	50	67	60	75	70
胡萝卜	40	59	80	54	9	67	60	33	75
玉米	63	72	0	59	32	80	58	47	58
蘑菇	54	84	—	54	—	80	46	52	33
豌豆	78	59	69	80	30	74	64	69	67
菠菜	67	35	75	78	32	80	50	50	72
番茄	55	54	—	30	0	17	25	0	26

注：包括热烫。

五、食品中维生素在后续加工过程的损失

与热加工相比，贮存方式对于维生素含量的影响要小得多，其主要原因有：常温和低温时反应速率相当慢；溶解氧基本耗尽；因热或浓缩（干燥或冷冻）导致的 pH 下降有利于硫胺素与抗坏血酸等维生素的稳定。

在无氧化脂质存在时，低水分食品中水分活度是影响维生素稳定的首要因素。食品中水分活度若低于 0.2～0.3（相当于单分子水合状态），水溶性维生素一般只有轻微分解，脂溶性维生素分解达到极小值。若水分活度上升则维生素分解增加，这是因为维生素、反应物和催化剂的溶解度增加。食品的过分干燥会造成氧化敏感的维生素明显损失。

六、加工中使用的化学物质和食品的其他组分对维生素的影响

食品中的化学成分会强烈地影响一些维生素的稳定性。氧化剂直接使维生素 C、维生素 A、类胡萝卜素和维生素 E 分解，同时也间接影响其他维生素。具有还原性的维生素 C、异维生素 C 和硫醇可增加易氧化的维生素如四氢叶酸的稳定性。

某些食品添加剂的作用更不容忽略，亚硫酸盐、亚硫酸氢盐和偏亚硫酸氢盐可抑制酶促褐变。亚硫酸盐在葡萄酒中起抗微生物的作用，对维生素 C 有保护作用，也可使维生素 B_1 失活。

对食品的 pH 有影响的化学试剂与各种食品配料，会直接影响维生素如维生素 B_1 和维生素 C 的稳定性，尤其是在中性至弱酸性 pH 范围。酸化提高了维生素 C 和维生素 B_1 的稳定性，而碱性化合物则会降低维生素 C、维生素 B_1、维生素 B_3 和维生素 B_{11} 盐的稳定性。

第六节　食品中的矿物质

一、食品中矿物质的存在形式和种类

食物中存在着含量不等的矿物元素，这些矿物元素以无机态或有机盐类的形式存在，或与有机物质结合而存在（如磷蛋白中的磷和酶中的金属元素）。

食物中大约有 60 多种矿物元素，习惯上将这些元素分成两大类：一类是常量元素如氮、氢、氧、碳，常量元素约占人体原子总量的 99%以上；另一类是微量元素如铁、碘、锌、硒、铜、锰、铬、氟等。常量元素还包括钾、钠、钙、镁、氯、硫、磷等。微量元素的含量

常低于 50mg/kg，又可分成 3 种类型：①必需营养元素，其中包括 Fe、Cu、I、Co、Mn 和 Zn 等；②非营养非毒性元素，包括 Al、B、Ni、Sn 和 Cr；③非营养有毒性元素，包括 Hg、Pb、As、Cd 和 Sb 等。

二、食品中矿物质的主要作用

食品中矿物质的主要作用有：

1. 机体的重要组成部分

机体中的矿物质主要存在于骨骼并维持骨骼的刚性，99%的钙元素和大量的磷、镁元素就存在于骨骼、牙齿中。此外，磷、硫元素还是蛋白质的组成元素，细胞中则普遍含有钾、钠元素。

2. 维持细胞的渗透压及机体的酸碱平衡

矿物质与蛋白质一起维持细胞内外的渗透压平衡，对体液的潴留与移动起重要作用。此外由碳酸盐、磷酸盐等组成的缓冲体系与蛋白质一起构成机体的酸碱缓冲体系，可以维持机体的酸碱平衡。

3. 保持神经、肌肉的兴奋性

K^+、Na^+、Ca^{2+}、Mg^{2+} 等离子以一定比例存在时，对维持神经、肌肉组织的兴奋性、细胞膜的通透性具有重要作用。

4. 对机体具有特殊的生理作用

例如，铁元素对于血红蛋白、细胞色素酶系的重要性，碘元素对于甲状腺素合成的重要性等均属于此。

5. 对于食品感官质量的作用

矿物质对于改善食品的感官质量也具有重要作用，如磷酸盐类对于肉制品的保水性、黏着性的作用，钙离子对于一些凝胶的形成和食品质地的硬化等。

研究食品中的矿物质，目的在于提供建立合理膳食结构的理论依据，保证提供适量的营养元素，避免有毒矿物质对机体的不良影响，维护消费者的身体健康。

三、食品中矿物质的基本性质

1. 矿物质在水溶液中的溶解性

几乎所有的营养元素的代谢都是在水中进行，所以矿物质的生物利用率和活性在很大程度上取决于它们在水中的溶解性。各种价态的矿物质在水中有可能与生命体中的有机质，如蛋白质、氨基酸、有机酸、核酸、核苷酸、肽和糖等形成多种络合物或螯合物，这有利于矿物质保持稳定和在器官、组织间的输送。

2. 矿物质的酸碱性

酸碱的较早定义为：酸是任何可以提供质子的物质，碱是任何可以接受质子的物质。这一理论能较好地解释无机化学中的简单化学变化，但无法解释缺少质子情况下的复杂的生理作用，如各种金属离子参与的生化变化。后来发展建立的 Lewis 酸碱理论认为所有的阳离子和类阳离子都具有明显的 Lewis 酸性，即具有接受电子对的轨道，电子对的给予体则称为 Lewis 碱。酸碱结合生成新的分子轨道，成键分子轨道的能级越低，由酸碱结合形成的复合物就越稳定。根据 Lewis 理论可以很好地解释不同价态的同一种微量元素，可以形成多种复合物，参与不同的生化过程，具有不同的营养价值。

3. 微量元素的氧化还原性

自然界中微量元素常常具有不同的价态，在一定条件下它们可以相互转变，同时伴随着电子、质子或氧的转移，存在着化学平衡关系，并可形成各种各样的络合物，不可避免地会影响组织和器官的环境，如 pH、配体组成等。同种元素处于不同价态时，会扮演营养元素或有毒（有害）物质、防止衰老或促进衰老、防癌（抗癌）或致癌等多种角色，而作用的强弱也各不相同。

4. 金属离子间的相互作用

机体对金属元素的吸收有时会发生拮抗作用，这可能与它们竞争载体有关，如过多的铁就可以抑制锌、锰等元素的吸收。

5. 螯合效应

金属离子可以与不同的配位体作用，形成相应的配合物或螯合物。在食品体系中螯合物的作用是非常重要的，因为不仅可以提高矿物质的生物利用率，而且可以发挥其他的一些作用，如防止铁离子、铜离子的助氧化作用。矿物质形成螯合物的能力与其本身的特性有关，这些可以从基础化学的相关内容中看出。

四、食品中常见的矿物质

1. 钙

钙是人体内最重要、含量最多的矿质元素。一般情况下，成人体内含钙量 1200～1500g。其中 99%的钙与磷会形成羟磷灰石结晶和磷酸钙，集中于骨骼和牙齿，其余 1%的钙或与柠檬酸螯合或与蛋白质结合。

人体对钙的利用和吸收应考虑两个方面，一是食物中钙的含量，二是人体对食物中钙的吸收率。奶和奶制品是食物中钙的最好来源，不但含量丰富，牛奶约含钙 120mg/100g，而且极易吸收；虾皮、虾米、海带等食物也含有丰富的钙；豆和豆制品以及油料种子中含钙量也不少。另外，影响钙吸收的因素较多，如机体中缺乏维生素 D 会降低钙的吸收；食物中的一些成分将影响钙的吸收和利用，如食物中的草酸盐与植酸盐可与钙结合而形成难于吸收的盐类；乳糖可与钙螯合，形成低分子量的可溶性络合物，有利于钙的吸收。

钙的生理功能是构成骨骼和牙齿，维持神经和肌肉活动，促进体内某些酶的活性。此外，钙还参与血凝过程、激素分泌、维持体液酸碱平衡以及细胞内胶质稳定。

2. 磷

磷是在人体中含量较多的元素之一，仅次于钙。磷和钙都是骨骼、牙齿的重要构成元素，其中钙：磷约为 2∶1，。正常成人体内含磷 1%，骨骼中的含磷总量为 600～900g，占总磷含量的 80%，其他 20%的磷分布于神经组织等软组织中。

磷在食物中分布较广，特别是谷类和含蛋白质丰富的食物。因此，一般膳食都能满足人体对磷的需要。

磷的生理作用有：骨骼、牙齿以及软组织的重要成分；调节能量释放，机体代谢中能量多以 ADP、ATP 及磷酸肌醇的形式贮存；生命物质成分，如磷酸、磷蛋白和核酸等；酶的重要成分，如焦磷酸硫胺素、磷酸吡哆醛、辅酶Ⅰ、辅酶Ⅱ等辅酶或辅基都需要磷参与。

3. 镁

镁的含量占人体体重的 0.05%，其中 60%以磷酸盐的形式存在于骨骼和牙齿中，38%与蛋白质结合成络合物存在于软组织中，2%存在于血浆和血清中。

镁元素较广泛地分布于各种食品中，一般不会发生膳食镁的缺乏。若膳食中的钙、磷和蛋白质含量过高，将致使减少对镁的吸收，从而导致人体缺乏镁。或者长期慢性腹泻将引起镁的过量排出，也可能出现抑郁、眩晕、肌肉软弱等镁缺乏症状。

镁的生理功能：镁是人体内含量较多的阳离子之一，是构成骨骼、牙齿和细胞质的主要成分，可调节并抑制肌肉收缩及神经活动，维持体内酸碱平衡、心肌正常功能和结构；镁还是多种酶的激活剂，也是氧化磷酸化所必需的辅助因子。

4. 钾

人体内约含钾175g，其中98%的钾贮存于细胞液内，是细胞内最主要的阳离子。钾广泛分布于各种食物中，肉类、家禽、鱼类、各种水果蔬菜都是钾的良好来源。但当限制钠时，食物中的钾也会受到限制。

钾的生理功能：维持碳水化合物、蛋白质的正常代谢；维持细胞内正常的渗透压；维持神经肌肉的应激性和正常功能；维持心肌的正常功能；维持细胞内外正常的酸碱平衡和离子平衡；可降低血压。

5. 钠

钠在人体体液中以盐的形式存在，钠的日摄入量为2000～15000mg。钠几乎存在于所有食物中，一般而言，人很少发生钠的缺乏。但在食用不加盐的严格素食或长期出汗过多、腹泻、呕吐等情况下，将会发生钠缺乏症，可造成生长缓慢、食欲减退、体重减轻、肌肉痉挛、恶心、腹泻和头痛等症状。

钠的生理功能：是细胞外液中带正电的主要离子，参与水的代谢，保证机体内水的平衡；与钾的共同作用可维持体内酸碱平衡；钠和氯是胃液的组成成分，与消化机能有关，也是胰液、胆汁、汗和泪水的组成成分；可调节细胞兴奋性和维持正常的心肌运动。

6. 铁

铁是人体需要量最多的微量元素，健康成人体内含铁0.004%，3～5g，其中60%～70%存在于血红蛋白内，约3%在肌红蛋白中，各种酶系统中不到1%，约30%的铁以铁蛋白和含铁血黄素形式存在于肝、脾与骨髓中，还有一小部分存在于血液转铁蛋白中。

食物中含铁化合物为血色素铁和非血色素铁，前者的吸收率为23%，后者为3%～8%。动物性食品如肝脏、动物血、肉类和鱼类所含的铁为血色素铁（也成亚铁），能直接被肠道吸收。植物性食品中的谷类、水果、蔬菜、豆类及动物性食品中的牛奶、鸡蛋所含的铁为非血色素铁，以络合物形式存在，络合物的有机部分为蛋白质、氨基酸或有机酸，此种铁须先在胃酸作用下与有机酸部分分开，成为亚铁离子，才能被肠道吸收。所以动物性食品中的铁比植物性食品中的铁容易吸收。

铁的生理作用：与蛋白质结合构成血红蛋白及肌红蛋白，参与养的运输，促进造血，维持机体的正常生长发育；是体内许多重要酶系如细胞色素氧化酶、过氧化氢酶及过氧化物酶的组成成分，参与组织呼吸，促进生物氧化还原反应；作为碱性元素，也是维持机体酸碱平衡的基本物质之一；可增强机体对疾病的抵抗力。

7. 锌

在人体中锌的含量约为铁的1/2（1.4～2.3g），广泛分布在人的神经、免疫、血液、骨骼、消化系统中，其中骨骼与皮肤中较多。

一般认为，高蛋白质食物含锌都较高，海产品是锌的良好来源，乳品及蛋品次之，蔬菜水果不高。谷类中的植酸会影响锌的吸收；精白米和精白面粉含锌量少，饮食越精细，含锌量越少。

锌的生理功能：锌是体内许多酶（醇脱氢酶、谷氨酸脱氢酶等）的组成成分或酶的激活剂；与核酸、蛋白质的合成，碳水化合物和维生素A的代谢及胰腺、性腺和脑下垂体的活动都有密切关系。锌具有维护消化系统和皮肤健康的作用，并能保持夜间视力正常。

8. 碘

人体内约含碘25mg，其中约15mg存在于甲状腺中，其他则分布在肌肉、皮肤、骨骼中以及其他内分泌腺和中枢神经系统中。

机体所需的碘可从饮水、食物及食盐中获取，其含碘量主要取决于各地区的生物地质化学状况。一般情况下，远离海洋的内陆山区，其土壤和空中含碘较少，水和食物中含碘也不高，因此可能成为碘缺乏病（地方性甲状腺肿）高发地区。

碘的生理作用：碘在体内主要参与甲状腺素的合成；促进生物氧化，协调氧化磷酸化过程，调节能量转化；促进蛋白质合成，调节蛋白质合成与分解；促进糖和脂肪代谢；调节组织中水盐代谢；促进维生素的吸收和利用；活化多种酶系统，对生物氧化和代谢都有促进作用；促进神经系统发育，组织的发育和分化。

9. 硒

人体内硒的含量为14～21mg，广泛分布于所有组织和器官中。指甲中最多，其次为肝和肾，肌肉和血液中含硒量约为肝的1/2或肾的1/4。

硒缺乏是引起克山病的一个重要病因，缺硒还会诱发肝坏死及心血管疾病。动物性食物肝脏、肾、肉类及海产品是硒的良好来源。但食物中硒含量受当地水土中硒含量的影响较大。

硒的生理功能：是谷胱甘肽过氧化物酶的组成成分；具有很好的清除体内自由基的功能，可提高机体的免疫力，抗衰老，抗化学致癌；可维持心血管系统的正常结构和功能，预防心血管病；是部分有毒的重金属元素如镉、铅的解毒剂。

食品中常见矿物质的主要作用及来源见表7-10。

表7-10　食品中常见矿物质的主要作用及来源

分类	元素	主要作用	重要来源
常量元素	Na	维持人体体液的渗透压，激活某些酶	食盐，并在食品中分布广泛
	K	调节细胞内渗透压、细胞膜的运输，激活酶	水果和蔬菜等
	Ca	骨骼构成和维持、血液凝固、肌肉收缩	乳和乳制品、豆和豆制品
	Mg	辅羧化酶和辅酶A的辅助因子	绿色植物，小麦胚及糠麸，某些海产品
	P	细胞中的成分	豆类、肉类、核桃、蛋黄
	S	一些氨基酸的成分	分布广泛
微量元素	Zn	酶的辅助因子，参与蛋白质和核酸的合成	动物性食品，一些海产品
	Fe	血红素和某些酶的重要成分	动物性食品，动物肝脏
	Cu	多酚氧化酶、细胞色素氧化酶系的组分	绿色蔬菜、鱼类、贝类和肝
	I	参与甲状腺合成并调节机体代谢	海产品
	Se	谷胱甘肽过氧化酶的组分，防治克山病	动物性食品
	Co	维生素B_{12}中的组成部分	动物食品
	Cr	葡萄糖忍受因子(GFT)的成分	啤酒酵母、肝、全麦面包
	Mo	黄素氧化酶的组成部分	豆类、绿色蔬菜及动物器官
	As	有毒元素	环境污染
	Pb	有毒元素	环境污染
	Cd	有毒元素	环境污染
	Hg	有毒元素	环境污染

五、食品中矿物质的变化

矿物元素在食品中的含量在很大程度上受到环境因素的影响。例如，食品中的矿物质含量可受土壤中金属含量、地区分布、季节、水源、施用肥料以及膳食特点的影响。此外，加工过程中矿物质元素也可直接或间接地进入食品中（例如水或设备），因此食品中矿物质的含量可以变化很大。

食品中矿物质的损失与维生素不同，常常不是由化学反应引起的，而是通过矿物质的丢失或与其他物质形成一种不适宜于人和动物体吸收利用的化学形态而损失。食品加工中，食品原料最初的淋洗、整理、除去下脚料等过程是食品中矿物质损失的主要途径。在烹调或热烫过程中也会由于在水中的溶解而使矿物质有大量损失，表 7-11 给出了菠菜热烫处理对矿物质损失的影响，从表 7-11 可见矿物质损失的程度与它的溶解度有关。

表 7-11 菠菜热烫处理对矿物质损失的影响

元素	含量/(g/100g)		损失率/%
	未热烫	热烫	
K	6.9	3.0	56
Na	0.5	0.3	43
Ca	2.2	2.3	0
Mg	0.3	0.2	36
P	0.6	0.4	36
NO_2^-	2.5	0.8	70

有时在加工过程中矿物质的含量反而有所增加。加工时矿物质含量的增加，可能是由于加工用水的加入而导致，或接触金属容器和包装材料而造成的，如罐头食品中锡含量的增加就与食品罐头镀锡有关，而牛乳中的镍含量的增加则主要是由于加工过程中所用的不锈钢容器所引起的。一些食品的加工方法（工艺）不同可以明显地影响到最后产品中矿物质的含量水平，例如在制作干酪时钙的保留就与加工工艺条件等有关，见表 7-12。

表 7-12 三种干酪中蛋白质、钙、磷含量

品种	蛋白质/%	Ca/(mg/100g)	Ca：蛋白质/(mg/g)	PO_4^{3-}/(mg/100g)	PO_4^{3-}：蛋白质/(mg/g)
cottage	15.2	80	5.4	90	16.7
cheddar	25.4	800	31.5	860	27.3
emmenthal	27.9	920	33.1	980	29.6

谷物是矿物质的一个重要来源，在谷物的胚芽和表皮中富含矿物质，所以谷物在碾磨时会损失大量矿物质，并且食品碾磨得越细，微量元素损失就越多，因此通常要在谷物食品中添加一些微量元素来弥补加工过程中一些矿物质的损失。碾磨加工对小麦粉中的一些矿物质损失情况见表 7-13。可见几种对人体有重要作用的矿物质在小麦的碾磨加工中显著损失。

由于矿物质与食品中其他成分的相互作用而导致生物利用率的下降，是矿物质营养质量下降的另外一个重要原因。一些多价阴离子，如广泛存在于植物食物中的草酸、植酸等就能与两价金属离子如亚铁离子、钙离子、锌离子等形成相应的盐，而这些盐是非常不容易溶解的，在消化道中被机体吸收利用的程度很低，如不发酵的面食中植酸含量很高，长期食用可能引起锌缺乏症。因此，它们对矿物质的生物效价有很大的影响。表 7-14 给出了存在于几种植物食品中植酸的含量情况（以植酸磷表示），可见这些植物中磷酸盐多以植酸磷的形式存在，所以植酸的存在对这些农作物中矿物质的吸收存在副作用。

表 7-13　碾磨加工过程中一些微量元素的损失

矿物质	含量/(mg/kg)				相对全麦损失率/%
	全麦	小麦粉	麦胚	麦麸	
Fe	43	10.5	67	47～78	76
Zn	35	8	101	54～130	77
Mn	46	6.5	137	64～119	86
Cu	5	2	7	7～17	60
Se	0.6	0.5	1.1	0.5～0.8	16

表 7-14　不同食品中植酸磷的含量　单位：g/kg 干物质

作物	总磷	植酸磷	作物	总磷	植酸磷
大米	3.5	2.4	豌豆	3.8	1.7
小米	3.5	1.91	大豆	7.1	3.8
小麦	3.3	2.2	土豆	1.0	0
玉米	2.8	1.9	燕麦	3.6	2.1
高粱	2.7	1.9	大麦	3.7	2.2

思考题

1. 食品中维生素的定义与特性是什么？
2. 食品中维生素有什么主要作用？
3. 与人体健康有关的维生素有哪些？
4. 维生素 A 与 β-胡萝卜素之间有什么关系？哪些物质是维生素 A 原？
5. 比较维生素 D_2 和维生素 D_3、维生素 A_1 和维生素 A_2、维生素 K_1 和维生素 K_2 及生育醇和生育酚结构的差异之处。
6. 维生素 D 与其他维生素性质有什么不同之处？
7. 维生素 E 有几种不同结构？
8. 维生素 K、维生素 B_2（核黄素）、维生素 B_6 及维生素 B_5 分别是什么物质的衍生物？
9. 维生素中哪种维生素是最稳定的？哪种维生素最不稳定？
10. 哪些维生素是有含环结构？哪些维生素无环状结构？
11. 是不是所有维生素 B_1（硫胺素）的盐都能溶于水？有哪些不溶的盐？
12. 比较水溶性维生素的稳定性大小情况，同时说明少量的亚硫酸盐为何可以保护贮藏果汁中的维生素 C。
13. 维生素在加热情况下会发生何种变化？在有氧条件下的变化是什么？
14. 在碱性溶液（pH>7）中辐射引起核黄素裂解后产生什么物质？在酸性条件下核黄素可转化成什么物质？
15. 维生素 B_{11}（叶酸）的结构中，由哪三部分组成？失去哪种物质就会失去活性？
16. 食物中大约有多少种矿物质元素？常量元素约占多少比例？
17. 哪些矿物质是人体所必需的？它们发挥了哪些主要作用？其中哪些是人体容易缺乏的？
18. 食品中矿物质有哪些基本性质？它们损失的主要途径是什么？

参考文献

[1] 王璋，许时婴，汤坚. 食品化学. 北京：中国轻工业出版社，2016.
[2] 刘志皋. 食品营养学. 北京：中国轻工业出版社，1991.
[3] 刘邻渭. 食品化学. 郑州：郑州大学出版社，2011.
[4] 谢笔钧. 食品化学. 北京：科学出版社，2004.
[5] 阚建全. 食品化学. 3版. 北京：中国农业大学出版社，2016.
[6] 韩雅珊. 食品化学. 2版. 北京：中国农业大学出版社，1998.
[7] 江波，杨瑞金. 食品化学. 2版. 北京：中国轻工业出版社，2018.
[8] Damodaran S, Parkin K L, Fennema O R. Fennema's Food Chemistry. Fourth Edition. New York：CRC Press, Taylor & Francis Group, 2007.
[9] Potter N N，Hotchkiss J H. 食品科学. 王璋，等译. 5版. 北京：中国轻工业出版社，2001.

第八章

食品中的色素

第一节 引言

食品的营养价值、卫生安全性、食品的色泽、风味和质地是评价食品质量的标准，然而这些因素对食品质量的影响程度是不一样的，其中食品的色泽无疑是影响食品感官质量最直观的因素。新鲜的果蔬常常呈现自然的、鲜艳的、新鲜的色彩，而不正常的食品色泽，往往是劣质、变质食品的直观标志。具有不良色泽的食品，不管其营养价值多高，也难以被消费者接受。此外，食品的色泽还能影响人们的风味感受，色泽优良的食品可以促进人们产生食欲。

食品的色泽是通过食品中所含物质对可见光的选择吸收及反射而产生的，这些存在于食品中能使人的视觉产生颜色感的物质统称为食品色素。食品色素包括原料中固有的天然色素、添加于食物中的发色物质，以及食品在加工过程中某些原料成分转化成的有色物质。

食品色素大多属于有机物，并具有发色基团和助色基团。色素中的发色基团（也称生色基团）在紫外及可见光区域中具有吸收峰，包括—CHO、—COOH、—N═N—、—N═O等基团。当有机物质分子中只含有一个发色基团时，由于发色基团的吸收波长在200～400nm之间，该物质仍为无色；如果有机物质分子中含有两个或两个以上的发色基团并产生共轭作用时，能降低激发这些电子所需要的能量，而使这些化合物可以吸收波长较长的光波。共轭体系越长，吸收光波长就越长，当吸收光移向可见光区域时，物质就呈现颜色。有些物质本身并不产生吸收峰，但与发色基团共存时，能使发色基团的吸收波段向长波方向移动，这样的基团称为助色基团，例—OH、—OR、—NH_2、—NR_2、—OCH_3、—SR、—Cl、—Br等。助色基团往往含有未共用电子对，能与生色基团共轭，促进物质发色。不同食品色素的颜色差异及其变色作用，均是由发色基团和助色基团的差异和变化所引起。

由于在加工、运输及贮藏过程中，食品本身会发生褪色或变色，影响食品的感官品质，并降低了商品价值。因此，一方面需要有针对性地采取必要和有效的措施，防止食品褪色或不良色泽的生成，另一方面需将一些食用的着色剂添加到食品中，恢复其原来色彩，提高其感官品质和商品价值。因此了解食品色素和着色剂的种类、特性及其在加工贮藏过程中的变化，对如何保持食品的天然色泽和防止其变色，以及如何使用食品着色剂来改进食品的色泽具有重要意义。

在介绍食品色素和着色剂之前，需先了解几个概念：颜色是表示眼对有色物质的感觉；着色剂是表示具有色泽的任何化学物质；色素是指存在于细胞或组织中具有色泽的正常成分；染料是指用在纺织工业上的着色剂，不能用于食品；色淀是指吸附在惰性载体表面上的食品着色剂。通常在食品领域，色素和着色剂的概念可以不加区分，所以食品色素又称为食品着色剂。

第二节 食品中的天然色素

根据来源不同，天然色素可分为：植物色素，如叶绿素、红花色素、栀子黄色素、葡萄皮色素、辣椒红素及胡萝卜素等；动物色素，如血红素、虫胶色素及胭脂虫色素等；微生物色素，如红曲色素、核黄素等。

根据色调，天然色素又可分为：红紫色系列，如花青素、红曲色素、高粱红色素、甜菜红色素、辣椒红素、黄酮类色素、醌类色素、可可色素、焦糖色素等；黄橙色系列，如胡萝卜素、红花黄色素、藏红花素、核黄素、姜黄素、玉米黄素等；蓝绿色系列，如叶绿素、叶绿素铜钠盐、藻蓝素、梔子蓝色素等。

根据化学结构，天然色素还可分为：①四吡咯衍生物，如叶绿素、血红素、胆色素等；②异戊二烯衍生物，如胡萝卜素、番茄红素、虾黄素、藏红花红素、胭脂树素等；③多酚类，如花青素、黄酮素、可可色素等；④酮类衍生物，如红曲色素、姜黄素、红花黄色素等；⑤醌类衍生物，如虫胶色素、紫草色素等；⑥其他类，如核黄素、甜菜红、焦糖色等。

由于天然色素种类多样、安全性高，近年来受到人们的重视，但天然色素的耐光性、耐热性、耐氧化性、酸碱稳定性均较差，且对金属离子也较敏感，因此，目前商业化生产并在食品加工中使用的天然色素的种类并不多，很多时候还需用到合成着色剂。研究天然色素的意义更多在于如何采取有效措施，减少或抑制食品中天然色素的褪色及变色，更好地保持食品的色泽。

一、食品中卟啉类色素

卟啉类色素（四吡咯类色素）是以四个吡咯环的 α-碳原子通过次甲基相连成卟啉环为基础结构的天然色素。卟啉环呈平面型，在其中央 4 个 N 原子以共价键和配位键与金属离子结合。卟啉环是一个复杂的共轭体系，具有吸光性，而不同卟啉类色素吡咯环位置上有不同的取代基或螯合了不同的金属离子，从而使其呈现各种颜色。典型的卟啉类色素有植物组织中的叶绿素及动物组织中的血红素。

1. 叶绿素

（1）叶绿素的结构　叶绿素是高等植物和其他所有能进行光合作用的生物体含有的一类绿色色素，是由叶绿酸、叶绿醇（$C_{20}H_{39}OH$）和甲醇组成的二醇酯，绿色来自叶绿酸部分。叶绿素包括叶绿素 a、b、c 和 d，与食品有关的叶绿素主要是高等植物中的叶绿素 a 和 b 两种，两者含量比约为 3∶1，前者为青绿色，后者为黄绿色，其结构见图 8-1。二者的区别只在于其中一个吡咯环中 3 位碳上的取代基不同，叶绿素 a 为—CH_3，叶绿素 b 为—CHO。

（2）叶绿素的性质　叶绿素不溶于水，易溶于有机溶剂，常用丙酮、乙醇等极性有机溶剂从含有叶绿素的植物中提取。叶绿素是一切绿色植物的绿色来源，在植物活细胞中叶绿素是与蛋白质结合存在于叶绿体中。当细胞死后，叶绿素即从叶绿体内游离出来，游离的叶绿素很不稳定，对光、酸、碱、热等因素敏感，会产生各种衍生物，见图 8-2。一是叶绿素分子的中心镁离子由两个质子取代生成褐色的脂溶性脱镁叶绿素；二是叶绿素中的植醇被羟基取代成为绿色的水溶性脱植叶绿素；三是脱镁叶绿素环上甲酯基脱去，同时该环的酮基转为烯醇式，形成了比脱镁叶绿素色泽更暗的焦脱镁叶绿素；四是水溶性的脱镁脱植叶绿素呈橄榄绿色。

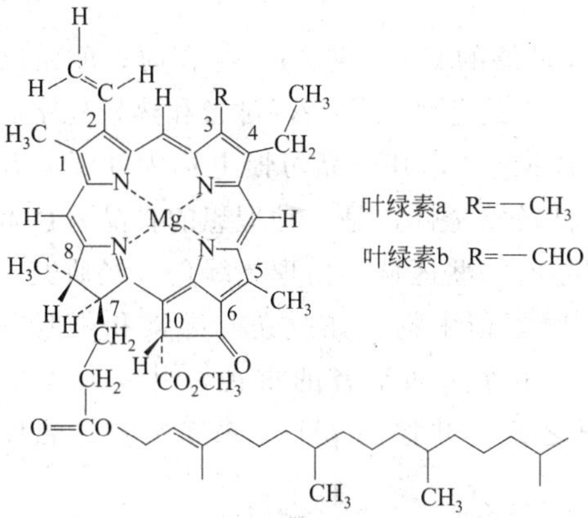

图 8-1 叶绿素 a 和 b 的结构

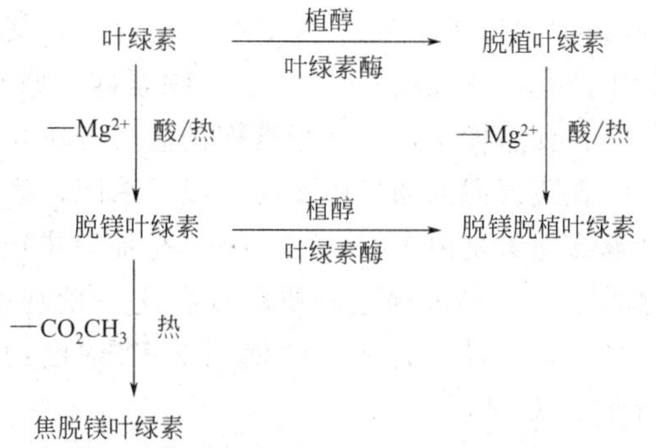

图 8-2 叶绿素及其衍生物

（3）叶绿素在食品加工和贮藏中的变化　食品在加工和贮藏中，受酶、酸、热、光等因素的影响下，均会引起叶绿素发生变化。其中引起叶绿素破坏的酶促反应有两类：一类是间接作用，起间接作用的酶有脂酶、蛋白酶、果胶酯酶、脂氧合酶、过氧化物酶等。脂酶和蛋白酶破坏叶绿素-脂蛋白复合体，使叶绿素失去脂蛋白的保护而遭受破坏；果胶酯酶将果胶水解为果胶酸，从而增加了质子浓度而使叶绿素脱镁；脂氧合酶和过氧化物酶催化使底物氧化，产生的物质会引起叶绿素的氧化分解。另一类是直接作用，叶绿素酶能直接以叶绿素或脱镁叶绿素为底物，催化其中的植醇酯键水解，产物分别为脱植叶绿素和脱镁脱植叶绿素。

绿色蔬菜在长期贮藏中，蔬菜内的有机酸会使叶绿素生成脱镁叶绿素，最后使蔬菜变黄甚至变褐。在加热中，由于组织的破坏，细胞内的成分（包括有机酸）不再区域化，因而加强了其与叶绿素的接触，同时加热促使植物生成新的有机酸，例如草酸、苹果酸、柠檬酸、乙酸、琥珀酸等，在酸的作用下，叶绿素发生脱镁反应，生成脱镁叶绿素，并进一步生成焦脱镁叶绿素，食品的绿色显著向橄榄绿到褐色转变，这种变化在水溶液中是不可逆。

在低温或干燥状态时，叶绿素的性质稳定，所以常常用冷冻法或冷冻干燥保绿。

（4）护绿技术

① 中和酸护绿　叶绿素在加碱加热处理后，其结构中的甲醇和叶绿醇被分离出去生成鲜绿色的叶绿酸盐。所以，可以通过适量添加碱来保持蔬菜在加工烹调中的绿色；但过量的碱会影响食品风味，并破坏食品中的维生素 C。

以罐藏蔬菜为例，提高 pH 是一种有效的护绿方法，可采用适量加入氧化钙和磷酸二氢钠以保持热烫液 pH 接近 7.0 的处理方法，或采用碳酸镁与磷酸钠调节 pH 的处理方法，但这两种方法都有促进组织软化和产生碱味的副作用。将氢氧化钙或氢氧化镁用于热烫液，既可提高 pH，又有一定的保脆作用，但是该方法仍未取得商业成功，这是因为组织内部的酸并不能得到长期有效的中和，一般在两个月以内，罐藏蔬菜的绿色仍会失去。为克服这一缺点，采用含 5% 氢氧化镁的乙基纤维素在罐内壁上涂膜的办法，使氢氧化镁慢慢释放到食品中以保持 pH8.0 很长一段时间，这样就可保持绿色长期不变。然而，该方法还有一个缺点，就是能引起谷氨酰胺和天冬酰胺部分水解而产生氨味，引起脂肪水解而产生酸败气味。

② 高温瞬时杀菌护绿　高温瞬时杀菌不但能更好地保留维生素和风味，还能显著减轻植物性食品在商业杀菌中的绿色破坏程度。但经过约两个月的贮藏后，这种护绿效果会被食品中 pH 自然下降生成的脱镁叶绿素所抵消。

③ 绿色再生　脱镁叶绿素是一种螯合剂，在有足够的 Cu^{2+} 或 Zn^{2+} 存在时，四吡咯环中心可与 Cu^{2+} 或 Zn^{2+} 生成绿色配合物，其中铜叶绿素的色泽最鲜亮，对光和热较稳定。实际生产中，往往用 Cu^{2+} 替换叶绿素四吡咯环中心的 Mg^{2+}，其产品习惯上称为叶绿素铜钠盐。在食品加工中，叶绿素铜钠盐具有较高的稳定性及安全性，是一种理想的食品着色剂。

在蔬菜泥的加工中发现，经过杀菌，菜泥中偶尔有一些区域会出现亮绿色。经研究，这种返绿现象是由于 Cu^{2+} 和 Zn^{2+} 与加热中产生的叶绿素衍生物（如脱镁叶绿素和焦脱镁叶绿素）结合形成绿色物质所致。这一发现引起了一些食品加工者的重视，并初步发展成一种护绿方法。这种方法使用 Zn^{2+} 浓度约为万分之几，并控制 pH 在 6.0 左右，温度略高于 60℃。

④ 其他方法护绿　气调保鲜技术在维持蔬菜新鲜度的同时也使绿色得以保护，这属于生理护色。比如乙烯会使某些水果的呼吸跃变和成熟延缓，于是叶绿素的破坏也相应被延缓。

降低水分活度也是一种有效的护绿方法。水分活度很低时，一方面，即使有酸的存在，H^+ 转移并接触叶绿素的机会也相对减小，这样它难以置换叶绿素和其他绿色叶绿素衍生物中的 Mg^{2+}；另一方面，微生物及酶的作用会被抑制。以上两点正是脱水蔬菜能长期保持绿色的原因。

在贮藏绿色植物性食品时，避光、除氧可防止光氧化褪色。因此正确选择包装材料和护绿方法以及与适当的抗氧化剂结合，可以达到护绿的目的。

2. 血红素

（1）血红素的结构　血红素可溶于水，是动物肌肉和血液中的主要色素，其结构见图 8-3。肌肉中的肌红蛋白和血液中的血红蛋白都是血红素与球状蛋白结合而成的结合蛋白，而动物肌肉的红色主要来自肌红蛋白（70%～80%）和血红蛋白（20%～30%），因此肉的色素化学实际上是血红素色素化学。

动物屠宰放血后肌肉色泽的 90%以上是肌红蛋白产生的。肌肉组织中肌红蛋白的含量因动物种类、年龄和性别、所在部位的不同差异很大。肌红蛋白及其各种化学形式的衍生物是肉类产生颜色的主要色素，但并不是肌肉中唯一的色素，肌肉中还有少量其他色素，如细胞色素、维生素 B_{12} 和黄素蛋白，只是这些肌肉色素含量很少不足以呈色，所以新鲜肌肉的颜色主要由肌红蛋白及其衍生物决定。

（2）血红素的性质　肌红蛋白（Mb）属于结合蛋白，蛋白质部分为珠蛋白，珠蛋白和辅基血红素结合的摩尔比为 1∶1，肌红蛋白的结构见图 8-4。在肌红蛋白分子中，血红素中心铁离子有 6 个配位键，每一个键代表一对电子对，其中 4 对来自卟啉环上的 4 个 N 原子，第 5 个来自珠蛋白的组氨酸残基，剩下的第 6 个配位键则可以与任何一个能提供电子对的原子结合。根据提供的电子对可以预测形成键的特性及复合物的颜色，此外肉的颜色还取决于铁离子的氧化状态和珠蛋白的物理状态等。

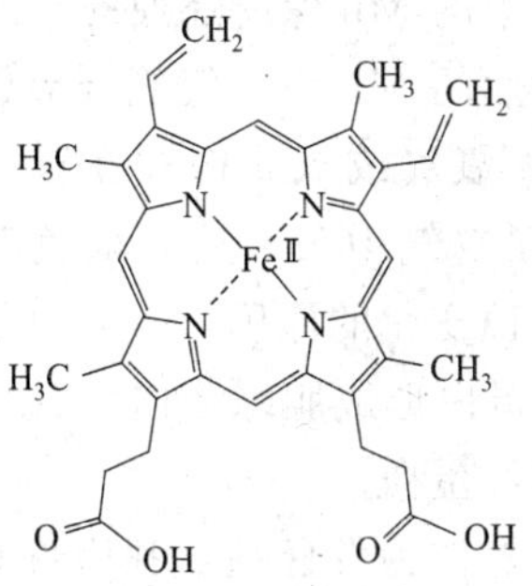

图 8-3 血红素的结构

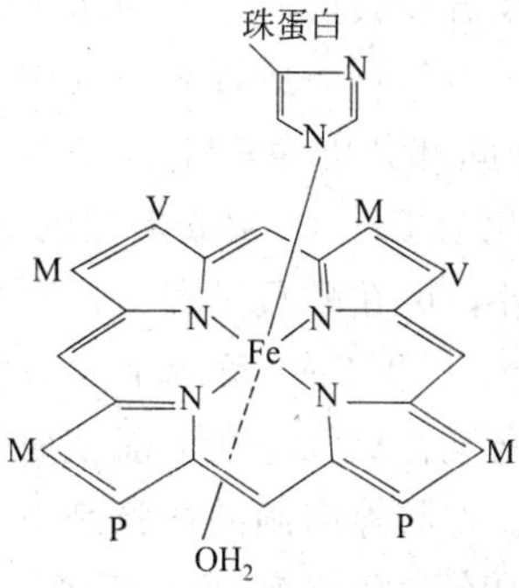

图 8-4 肌红蛋白的结构

卟啉环中的铁有两种形式：Fe^{2+}（还原态）或 Fe^{3+}（氧化态）。当 O_2 取代 H_2O 时，紫红色的 Mb 和分子氧结合为鲜红色的氧合肌红蛋白（MbO_2），这一过程称为氧合作用。肌红蛋白和氧合肌红蛋白都能发生氧化，使 Fe^{2+} 自动氧化成 Fe^{3+}，产生褐色的高铁肌红蛋白（MMb），反应式见图 8-5。

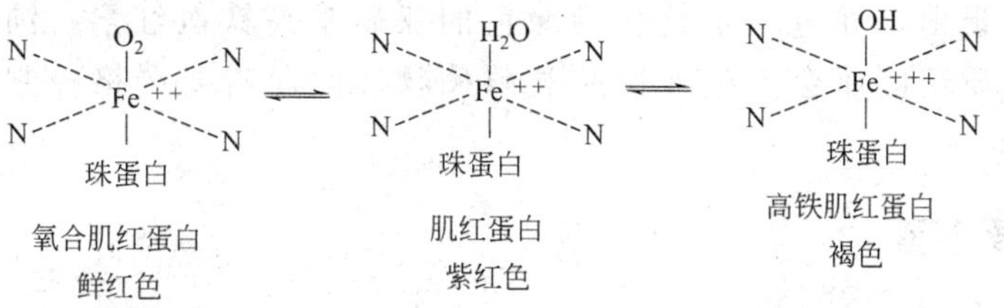

氧合肌红蛋白 鲜红色 ⇌ 肌红蛋白 紫红色 ⇌ 高铁肌红蛋白 褐色

图 8-5 3 种不同色泽肌红蛋白的相互转化

新鲜肉呈现的色泽，是氧合肌红蛋白、肌红蛋白和高铁肌红蛋白 3 种色素不断地互相转换产生的，这是一种动态和可逆的循环过程，受到氧气分压的强烈影响。图 8-6 是氧分压与各种血红素的百分比之间的关系，可以看出高氧分压时氧合作用占主导，有利于形成鲜红色的 MbO_2，而低氧分压时氧化作用占主导，则便于形成 Mb 和 MMb。

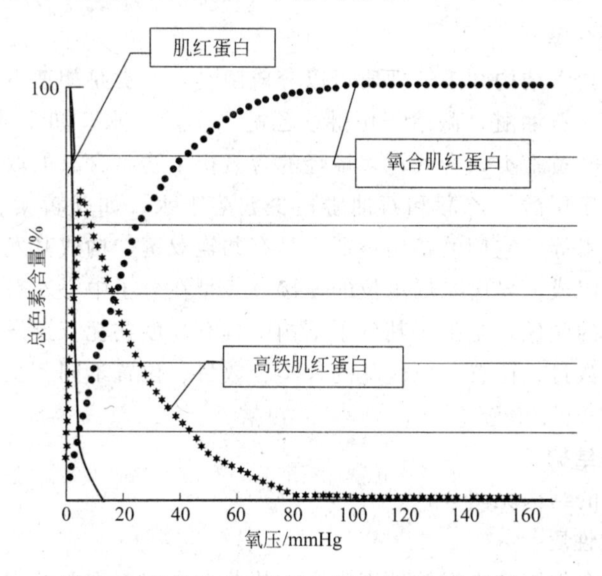

图 8-6 氧分压对 3 种肌红蛋白相互转化的影响

（1mmHg＝133.322Pa）

动物被屠宰放血后，肌肉组织无氧气供应，新鲜肌肉中的Mb保持还原态，肌肉呈稍暗的紫红色。当新鲜肉放置在空气中与氧气充分接触，肉表面的Mb与氧气氧合形成鲜红色的MbO_2（中间部分仍为紫红色）。随着存放时间的延长，在氧气或氧化剂存在时，血红素的Fe^{2+}被氧化为Fe^{3+}，生成褐色的MMb。因此当新鲜肉在空气中久置后，褐色就成为主要色泽。此外，肉在贮藏过程中还有可能变为绿色，产生这种变化的原因：一是过氧化氢与血红素中的Fe^{2+}和Fe^{3+}反应生成绿色的胆绿色素，使肌红蛋白形成胆绿蛋白；二是细菌繁殖产生的硫化氢在氧气存在下能使肌红蛋白形成绿色的硫肌红蛋白。

火腿、香肠等肉制品在腌制时，常用硝酸盐或亚硝酸盐作为发色剂，利用特定的化学反应使肉中原有的色素转变为亚硝基肌红蛋白（MbNO）、亚硝基高铁肌红蛋白（MMbNO）和亚硝基肌色原，这3种色素中心铁离子的第6配位体都是NO。在腌制时，NO_3^-在细菌还原作用下形成NO_2^-，NO_2^-与H^+结合形成HNO_2，肉中固有的还原剂促使HNO_2产生一氧化氮基团（NO）。NO首先与肌红蛋白生成鲜红色的MbNO，MbNO性质不稳定，但加热后能形成稳定的粉红腌肉色素——亚硝基肌色原。此外，腌制时强氧化剂亚硝酸盐也能使Mb形成MMb，与NO形成MMbNO。但当亚硝酸盐过量时，MMbNO会生成硝基高铁肌红蛋白，并进一步转化为绿色的亚硝基高铁血红素；同时过量的发色剂与肉中的胺类物质反应还会产生亚硝胺类致癌物，因此需要严格控制发色剂的使用量和残留量。

二、类胡萝卜素

类胡萝卜素（异戊二烯衍生物类色素）最早发现于胡萝卜中，因其分子中含有多个双键，故又称多烯类色素。类胡萝卜素是自然界最丰富的天然色素，据估计自然界每年的生物合成量达1亿吨以上，其中大部分存在于高等植物中，主要包括叶黄素、堇菜黄质、新黄质，以及各种藻类中的岩藻黄质。类胡萝卜素和叶绿素同时存在于高等植物中，其黄色常被叶绿体的绿色所覆盖，当叶绿体被破坏之后，类胡萝卜素的黄色才会显现出来。

1. 类胡萝卜素的分类

类胡萝卜素按其化学结构和溶解性质可以分成两类：一类是胡萝卜素类（即叶红素类），为共轭多烯烃，可溶于石油醚，微溶于甲醇、乙醇，不溶于水，如番茄红素，α、β及γ-胡萝卜素等；另一类是叶黄素类，为共轭多烯烃的含氧衍生物，含氧的取代基包括羟基、环氧基、醛基和酮基，溶于甲醇、乙醇和石油醚，少数溶于水，如叶黄素、玉米黄素、辣椒红素、藏红花素、虾黄素等。它们的结构特征是具有共轭双键，构成其发色基团，这类化合物由8个异戊二烯单位组成，异戊二烯单位的连接方式是在分子中心左右两边对称。类胡萝卜素之所以能呈现不同的颜色，是由于其分子结构中具有高度共轭双键发色基团及—OH等助色基团。由于双键的数目、位置，取代基的种类、数目、位置不同，从而呈现出不同的吸收光谱。

2. 类胡萝卜素的结构

常见类胡萝卜素的结构见图8-7。

3. 类胡萝卜素的性质

在植物组织的光合作用和光保护作用中，类胡萝卜素起着重要的作用，它是所有含叶绿素组织中能够吸收光能的第2种色素。类胡萝卜素能够猝灭或使活性氧失活，起到光保护作

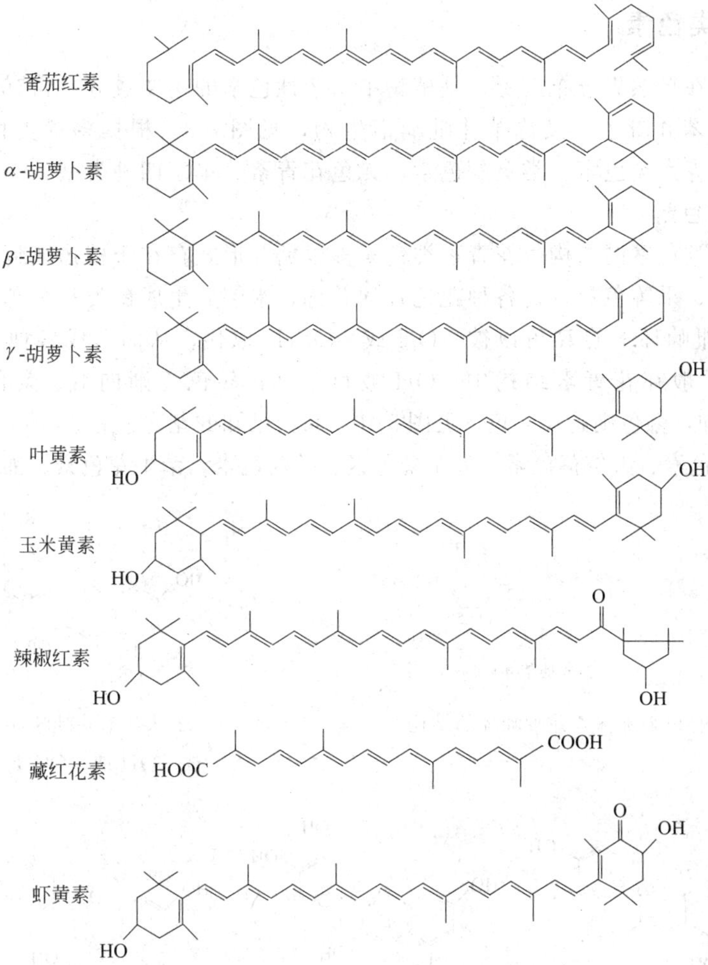

番茄红素

α-胡萝卜素

β-胡萝卜素

γ-胡萝卜素

叶黄素

玉米黄素

辣椒红素

藏红花素

虾黄素

图 8-7　常见类胡萝卜素的结构

用。植物的叶和根中存在的某些特定的类胡萝卜素，是脱落酸的前体物质，脱落酸是一种化学信使和生长调节剂。β-胡萝卜素具有 2 个 β-紫罗酮环，是最有效的维生素 A 原，一分子 β-胡萝卜素中间断裂可形成两分子维生素 A，而一分子 α-胡萝卜素或 γ-胡萝卜素分子中间断裂只能生成一分子维生素 A，而番茄红素没有维生素 A 原的活性。

4. 类胡萝卜素在食品加工与贮藏中的变化

如果单就颜色的稳定性而言，由类胡萝卜素作为主要色素的食品的颜色在多数加工和贮藏条件下稳定性很强，只有轻微的变化，例如，加热胡萝卜会使金黄色变为黄色，加热西红柿会使红色变为橘黄。但在有些加工条件下，由于类胡萝卜素在植物受热时从有色体中转出而溶于脂类中，从而改变了在组织中的存在形式和分布，因此在有氧、酸性和加热条件下类胡萝卜素可能降解。加工过程中，组织的热聚集或脱水等也较严重地影响着含类胡萝卜素的食品的色感。

作为维生素 A 前体而言，食品中的类胡萝卜素在加工和贮藏中发生的上述变化中，有一部分是破坏性变化，使维生素 A 原减少。

类胡萝卜素具有一定的抗氧化剂活性，在细胞和活体中氧气分压低，类胡萝卜素能抑制脂质的过氧化，清除单线态氧、羟基自由基和超氧自由基，防止细胞的氧化损伤。

三、多酚类色素

多酚类色素在自然界分布广泛，是植物中水溶性色素的主要成分，含有多个酚羟基，并有一个基本母核苯并吡喃，又称苯并吡喃衍生物，见图 8-8。根据多酚类色素结构上的差异，可以分为花青素类色素、类黄酮色素、无色花青素、单宁四种类型。

1. 花青素类色素

（1）花青素类色素的结构　花青素类色素多以糖苷形式存在于植物细胞的液泡中，构成植物叶、茎、花、果等色彩，是各种花色苷的总称，水解后生成糖类和 2-苯基苯并吡喃环。

2-苯基苯并吡喃环上的 R 可以被—OH 或—OCH_3 取代，从而形成各种颜色不同的花青素，见图 8-9。一般在花青素结构中—OH 数目增加，颜色逐渐向蓝、紫色方向移动；随—OCH_3数目增加，颜色则趋向红色，见图 8-10。目前已知的花青素有 20 种，但在食品中重要的主要有飞燕草色素、天竺葵色素、矢车菊色素、芍药色素、牵牛花色素、锦葵色素等 6 种。

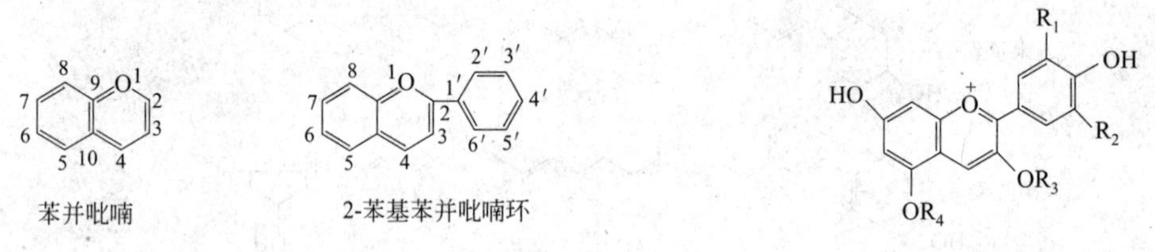

图 8-8　苯并吡喃和 2-苯基苯并吡喃环的结构

图 8-9　2-苯基苯并吡喃环上的 R 可以被—OH 或—OCH_3 取代

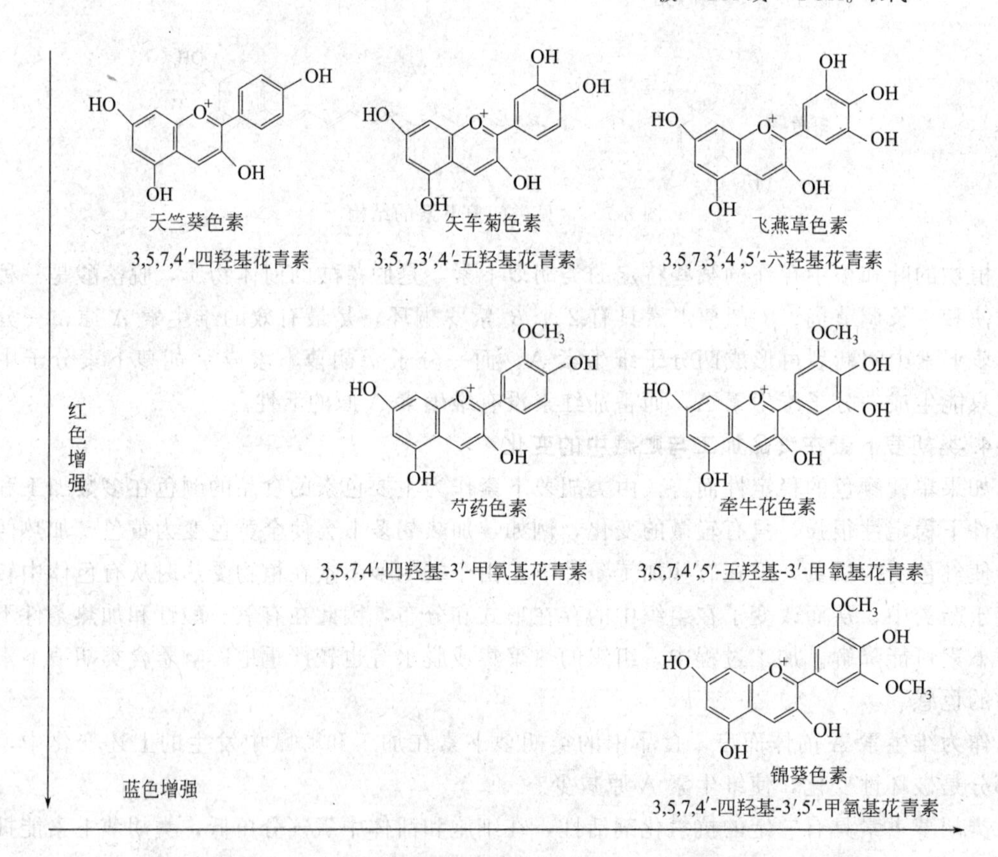

图 8-10　食品中常见花青素及取代基对其颜色的影响

（2）花青素类色素的性质　花青素以糖苷形式存在，糖类常见的是葡萄糖、阿拉伯糖、鼠李糖、半乳糖和木糖。成苷位置可以在 3、5、7 位上，一般在 5 位上成苷，颜色加深。

花青素的颜色常随 pH 的变化而变化，这是因为在花青素母核的吡喃环上氧原子为四价，具有碱性；而酚羟基上的氢可以解离，具有酸性。因此在不同 pH 下花青素有不同的结构，呈现不同色彩。图 8-11 为矢车菊色素随 pH 变化呈现不同的结构，同时颜色在红色（阳离子）、蓝紫色（中性）、蓝色（阴离子）、无色（开环的查耳酮）之间转化。

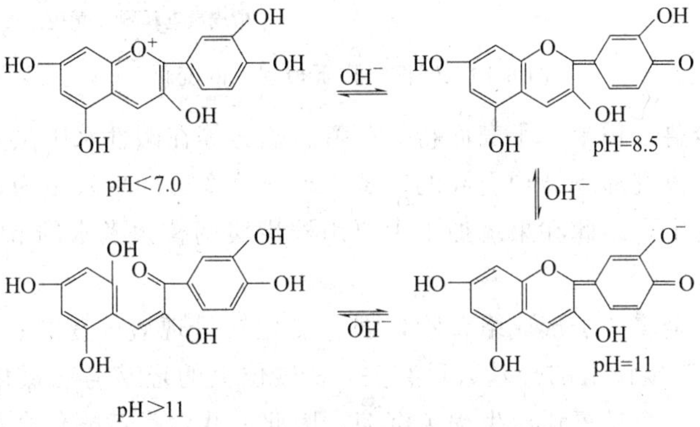

pH<7.0　$\rightleftharpoons$ OH^-　pH=8.5

OH^-

pH>11　$\rightleftharpoons$ OH^-　pH=11

图 8-11　矢车菊色素随 pH 变化呈现不同的结构

花青素类色素易与金属离子络合，络合物的颜色不受 pH 影响，在食品加工中利用这一点可以增加花青素的稳定性。但络合后的花青素类色素呈现暗灰色、紫色等较深颜色，所以在加工时，富含花青素的食品不宜接触铁器，并须装在特殊涂料罐或玻璃瓶内。花青素对光、温度敏感，易受氧化剂、还原剂等影响而变色。

2. 类黄酮色素

（1）类黄酮的结构　类黄酮色素广泛分布于植物界，是呈浅黄色或无色的一大类水溶性天然色素，化学结构类似花色素苷。目前已知的类黄酮化合物大约有 1000 种以上。类黄酮色素的基本母核是 2-苯基苯并吡喃酮，在母核上可以形成黄酮、黄酮醇、黄烷酮、异黄酮、黄烷酮醇等衍生物。它们的结构见图 8-12。

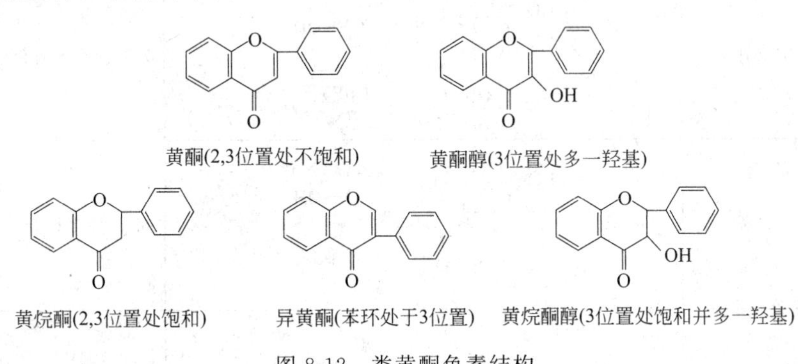

图 8-12　类黄酮色素结构

类黄酮通常和葡萄糖、鼠李糖、芸香糖、新橙皮糖、木糖、芹菜糖或葡糖醛酸等以糖苷的形式存在，成苷位置常常在母核结构的 3、5、7 位上，与花色素苷不同的是，最常见的成苷位置是在 7 碳位，因为 7 碳位的羟基酸性最强。

（2）类黄酮的性质　自然条件下，类黄酮的颜色从浅黄到无色，很少有鲜黄色，但遇碱时变成明显的黄色。原因是在碱性条件下 C-O 键断裂，形成开环的查耳酮型结构，颜色由浅黄变成深黄；酸性条件下，查耳酮又回复闭环结构，颜色复原。柑橘皮中有大量橙皮苷存在，橙皮苷是由橙皮素（5,7,3′-三羟基-4-甲氧基黄烷酮）在C7位与芸香糖（β-鼠李糖-1,6-葡萄糖）形成的糖苷，在碱性条件下白色的橙皮素能转化为金黄色的橙皮素查耳酮，见图8-13。

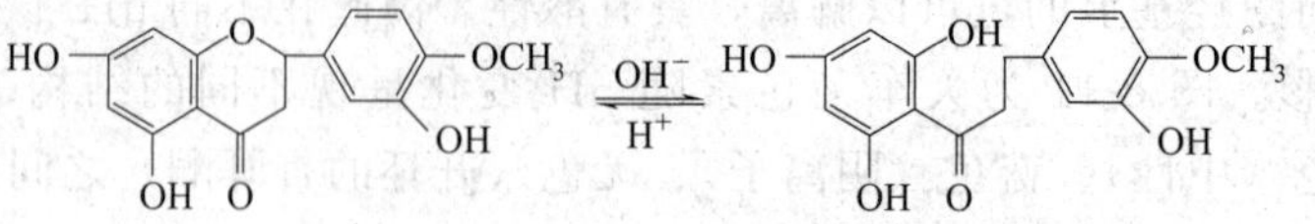

橙皮素(白色) $\underset{H^+}{\overset{OH^-}{\rightleftharpoons}}$ 橙皮素查耳酮(金黄色)

图8-13 碱性条件下橙皮素的变化

一些食品如马铃薯、稻米、小麦面粉、芦笋、荸荠等在碱性水中烹煮变黄，也是由于黄酮物质在碱作用下形成查耳酮结构引起的，黄皮种洋葱变黄的现象更为显著，在花椰菜和甘蓝中也有变黄现象发生。因此在果蔬加工中要用柠檬酸调整预煮水的pH，来控制类黄酮色素的变化。

类黄酮可与多价金属离子形成络合物，遇三氯化铁呈现蓝、蓝黑、紫、棕等各种颜色，这与分子中3′、4′、5′碳位上的羟基数目有关，3′碳位上的羟基与三氯化铁作用呈棕色。类黄酮色素在空气中放置容易氧化产生褐色沉淀，因此一些含类黄酮化合物的果汁存放过久便有褐色沉淀出现。

（3）类黄酮的代表性色素　类黄酮的代表性色素见表8-1。

表8-1　食品中类黄酮的代表性色素

类黄酮色素	糖苷名称	配基	糖残基	存在的食品
黄烷酮	橙皮苷	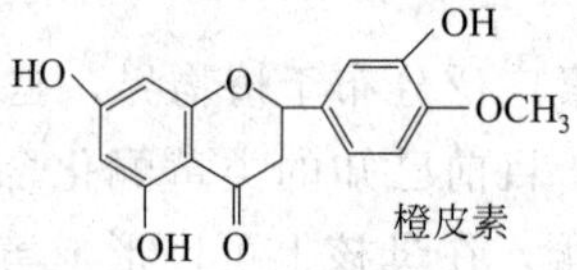 橙皮素	7-β-芸香糖苷	温州蜜橘、葡萄柚
	柚皮苷	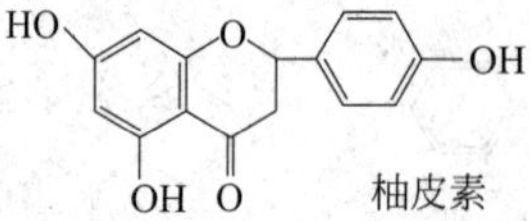 柚皮素	7-β-新橙皮糖苷	夏橙、柑橘类
黄酮	芹菜苷	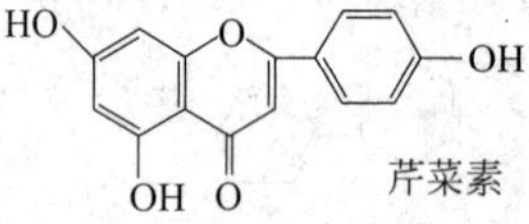 芹菜素	7-β-芹菜糖苷	荷兰芹、芹菜
黄酮醇	芸香苷(芦丁)	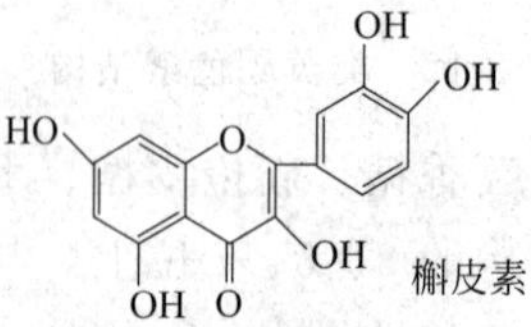 槲皮素	3-β-芸香糖苷	葱头(洋葱)、茶叶、荞麦
	栎皮苷(槲皮苷)	槲皮素	3-β-鼠李糖苷	茶
	异栎苷	槲皮素	3-β-葡糖苷	茶、玉米

续表

类黄酮色素	糖苷名称	配基	糖残基	存在的食品
黄烷酮醇	杨梅苷	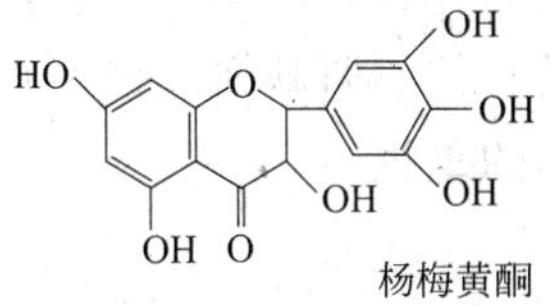 杨梅黄酮	3-β-鼠李糖苷	野生桃
	紫云英苷	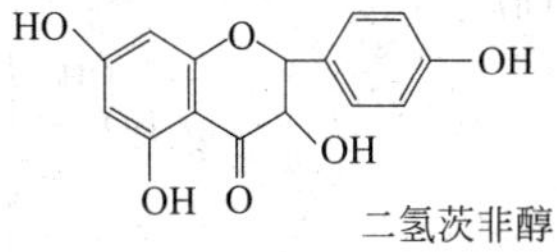 二氢茨非醇	3-葡糖苷	草莓、杨梅、蕨菜

黄酮醇和黄烷酮醇类的3种槲皮素、二氢茨非醇和杨梅黄酮大量存在于速溶茶制品中，使茶产生涩味，绿茶中这三种化合物及其糖苷占干重的30%。芦丁（即槲皮素-3-鼠李葡萄糖苷）在柑橘和芦笋中含量较多，是一种类黄酮，与铁离子配位形成的化合物可引起芦笋罐头变为难看的暗色，相反，这种类黄酮的锡复合物能产生很好看的黄色。

黄烷酮主要存在于柑橘类植物中，虽然是较少的一类类黄酮，由于它能作为合成甜味剂而显得重要。柚皮苷是黄烷酮的7碳位上连有新橙皮糖基，具有强烈的苦味，若在7碳位上连有芸香糖则无苦味。新橙皮糖是由鼠李糖和葡萄糖以α-1→2糖苷键连接而成，而芸香糖为α-1→6糖苷键。当柚皮苷环状结构开环时，形成含有新橙皮糖基的查耳酮结构，见图8-14。另外一种是利用柚皮苷进行人工合成的衍生物新橙皮素二氢查耳酮，其甜度约为蔗糖的2000倍。

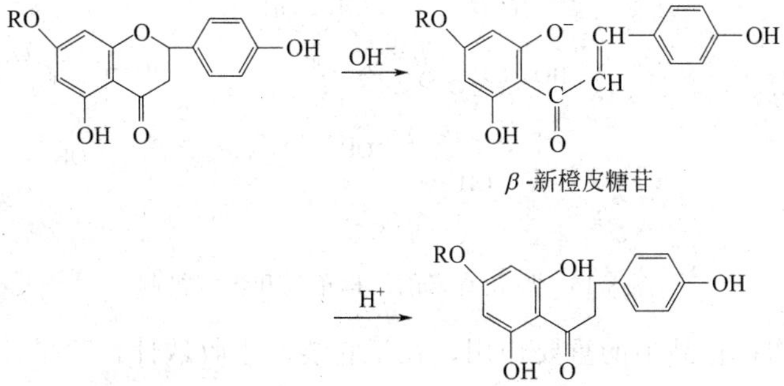

β-新橙皮糖苷

新橙皮苷二氢查耳酮

图8-14 柚皮苷环状结构的开环

3. 无色花青素

无色花青素又称原花色素，是一类无色化合物，见图8-15。但在食品加工过程中可转变成有颜色的物质。

无色花青素的基本结构单元是黄烷-3-醇或黄烷-3，4-二醇以4→8或4→6键形成的二聚物，但通常也有三聚物或高聚物。这些物质在无机酸存在下加热都可生成花色素，例如花葵素、花青素和飞燕草素。苹果中主要的原花色素是两个 L-表儿茶素，结构是以 C4-C8 键连接的二聚物。这种化合物在酸性条件下，加热水解产生花色素和表儿茶素，见图 8-16。它存在于苹果、梨、柯拉果、可可豆、葡萄、莲、高粱、荔枝、沙枣、蔓越橘、山楂属浆果和其他果实中。其中葡萄籽和皮中的原花青素的结构和功能的研究最多，现已证实，原花青素具有很强的抗氧化活性，同时还具有抗心肌缺血、调节血脂和保护皮肤等多种功能。因此原花青素的药用研究越来越引起人们的重视。

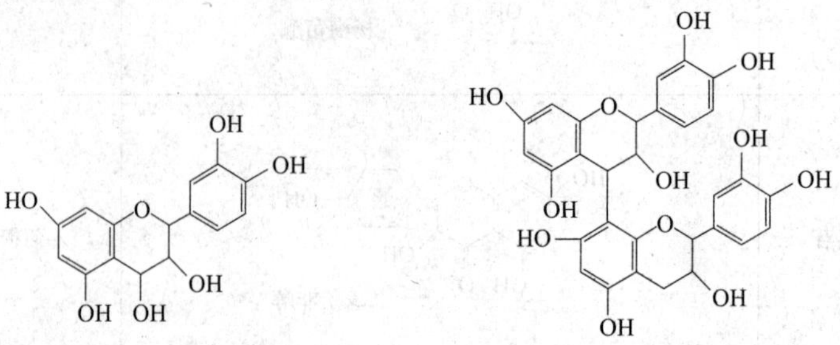

黄烷-3,4-二醇　　无色花色素

图 8-15　无色花青素结构

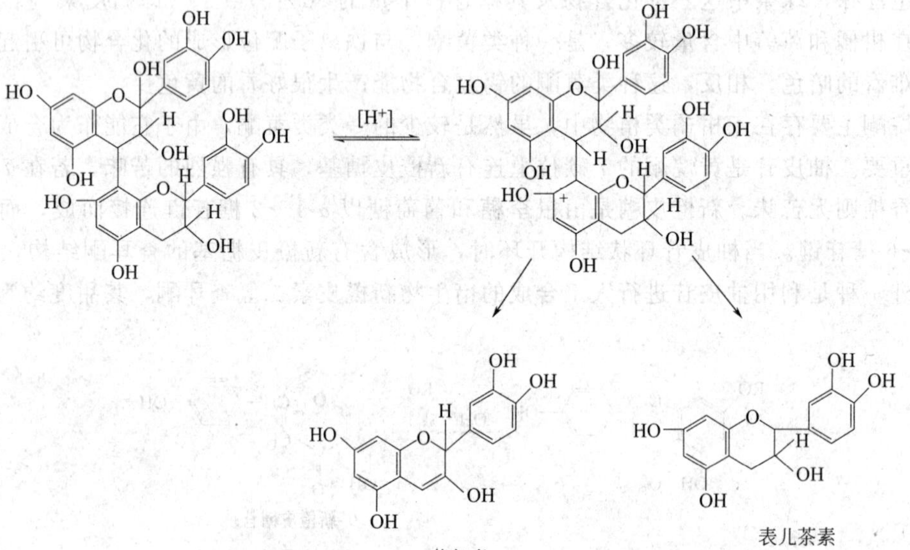

[H⁺]

花色素　　表儿茶素

图 8-16　原花青素的结构单元和水解机制

原花色素化合物在食品中的重要作用，在于它能产生收敛性，苹果汁中这类化合物可产生特征的口味，它会增加许多水果和饮料（例如柿、蔓越橘、橄榄、香蕉、茶和葡萄酒等）的风味和颜色。另一方面，在水果和蔬菜中，这类化合物的邻位羟基，可在空气或光照下降解，还可发生酶促褐变反应，生成稳定的红褐色衍生物，并使啤酒及葡萄酒产生混浊和涩味，这是由于其中原花青素的 2～8 聚合体与蛋白质作用的结果。

4. 单宁

单宁又名单宁酸、倍单宁酸（鞣酸），通常称为鞣质，是植物中一类具有鞣革性能的物质，属于高分子的多酚化合物，易被氧化，易与金属离子反应生成黑色物质。单宁会使食品具有收敛性的涩味，并能产生酶促褐变反应，其作用机理尚不完全了解。

单宁的结构很复杂，都是由一些含酚羟基的单体缩合而成，常见的单体见图 8-17。

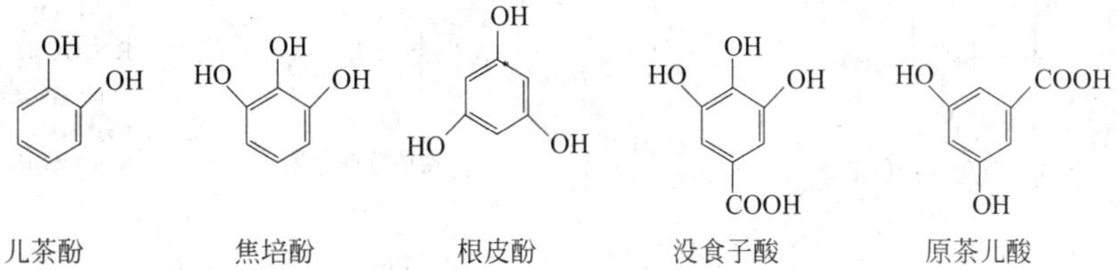

图 8-17 常见单宁的单体结构

食品中单宁可以分为两种类型：一类是缩合性单宁，在稀酸作用下单宁不但不发生分解，反而会进一步缩合为高分子；另一类是水解单宁，包括倍单宁和鞣花单宁，在较温和的条件下（如稀酸、酶、煮沸等），它可被水解为构成分子的单体，然后这些单体又互相缩合成酯、酐或苷等新化合物。鞣花单宁为没食子酸和鞣花酸的聚合物。诃黎勒鞣花酸是含有没食子酸、鞣花酸和一个葡萄糖分子的聚合物，见图 8-18。

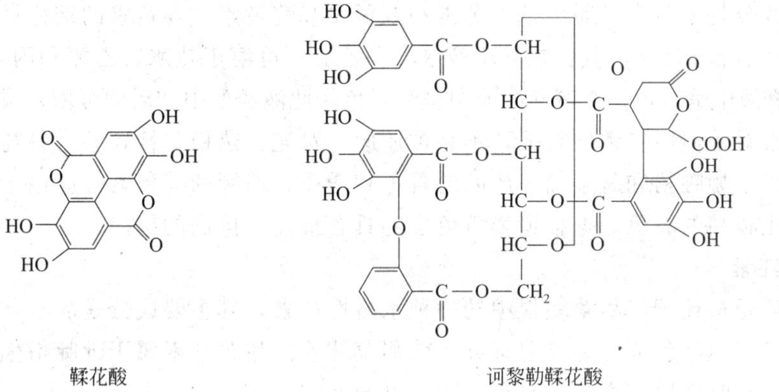

图 8-18 鞣花酸和诃黎勒鞣花酸的结构

四、其他天然色素

1. 红曲色素

红曲色素来源于红曲米，是一组由红曲霉菌丝分泌产生的微生物色素，在我国古代就用于给食品着色，它是由糯米、粳米经红曲发酵制得，也可由深层发酵生产制得。红曲色素中共有 6 种成分，分别为黄色的红曲素和黄红曲素、橙色的红斑红曲素和红曲玉红素、紫红色的红斑红曲胺和红曲玉红胺，在化学结构上均属于酮类衍生物，其中应用得最多的是橙色的红斑红曲素和红曲玉红素。6 种红曲色素的结构见图 8-19。

红曲色素不溶于水，但在培养红曲菌时，若把培养基中的氨基酸、蛋白质和肽的含量比例增大，便可以得到水溶性的红曲色素，这可能是红曲色素与蛋白质之间形成了溶于水的复合物。

红曲色素易溶于乙醇水溶液、乙醇和乙醚等溶剂，具有较强的耐光、耐热等优点，并且对一些化学物质（例如亚硫酸盐、抗坏血酸）有较好的耐受性。添加 100mg/kg 的抗坏血酸或 0.25%亚硫酸钠、过氧化氢到红曲色素溶液中，放置 48h 后仍然不会变色，但强氧化剂次氯酸钠易使其漂白。Ca^{2+}、Mg^{2+}、Fe^{2+} 和 Cu^{2+} 等离子对色素的颜色均无明显影响。

总之，红曲色素的稳定性好，且对蛋白质着色性特别好，安全性高，是我国允许使用的食用色素之一，它已广泛应用于畜产品、水产品、酿造食品、豆制品、酒类和各种糕点等的着色。

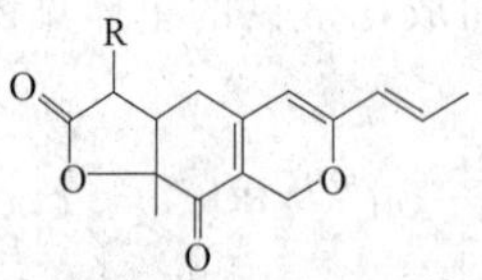

黄色红曲色素

红曲素
$C_{21}H_{26}O_5$
$R=COC_5H_{11}$
黄红曲素
$C_{23}H_{30}O_5$
$R=COC_7H_{15}$

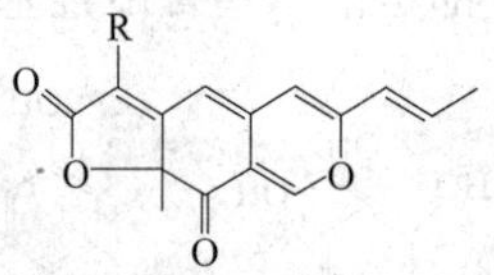

橙色红曲色素

红斑红曲素
$C_{21}H_{22}O_5$
$R=COC_5H_{11}$
红曲玉红素
$C_{23}H_{26}O_5$
$R=COC_7H_{15}$

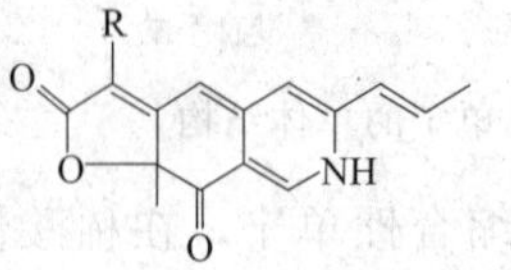

紫红色红曲色素

红斑红曲胺
$C_{21}H_{23}NO_4$
$R=COC_5H_{11}$
红曲玉红胺
$C_{23}H_{27}NO_4$
$R=COC_7H_{15}$

图 8-19　6 种红曲色素的结构

2. 姜黄色素

姜黄色素是从多年生草本植物姜黄根茎中提取的二酮衍生物，含量 1%～3%。姜黄色素中的主要成分是姜黄素、脱甲基姜黄素和双脱甲基姜黄素。姜黄素的结构见图 8-20。

姜黄色素不溶于冷水（其钠盐溶于冷水）和乙醚，可溶于热水、乙醇和丙二醇。在酸性、中性的热水溶液中呈黄色；在碱性溶液中呈红褐色，此液经酸中和后即可恢复成原来的黄色。

姜黄色素对蛋白质着色性较强，不易被还原，对光、热稳定性较差，易与铁离子结合而变色。一般用于咖喱粉和蔬菜加工产品的着色和增香，精制的姜黄素已应用于肉制品、水产品、酒类和化妆品的着色。据报道姜黄色素还具有抗炎、抗癌的作用。

3. 甜菜红素

甜菜红素是存在于红甜菜块根中的一种水溶性色素，其主要成分是甜菜苷，占红色素的 75%～95%，其他红色成分为异甜菜苷、前甜菜苷等。甜菜红素属于吡啶衍生物，常以糖苷的形式存在，有时也以游离形式存在，结构见图 8-21。

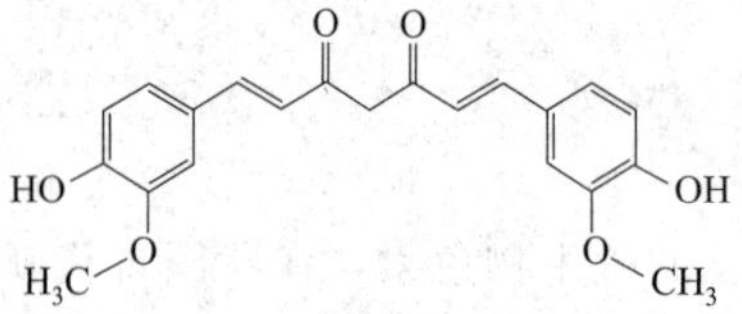

图 8-20　姜黄素的结构

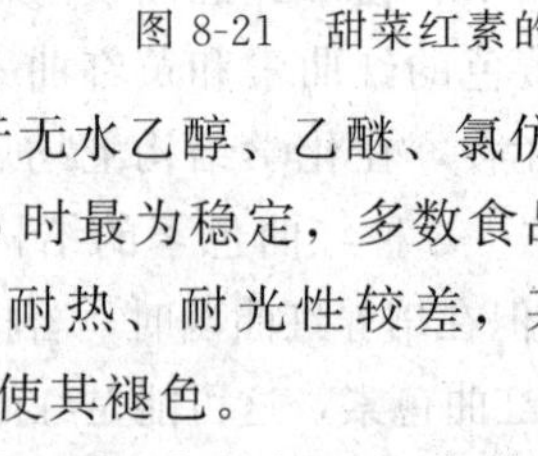

R=H，为甜菜红素
R=β-葡萄糖，为甜菜苷

图 8-21　甜菜红素的结构

甜菜红素易溶于水及稀乙醇溶液，不溶于无水乙醇、乙醚、氯仿、丙酮等有机溶剂。其水溶液呈紫红色，在酸性条件尤其是 pH4～5 时最为稳定，多数食品中的 pH 均在 4～7 之间，因此用甜菜红素着色比较稳定。该色素耐热、耐光性较差，某些金属离子如 Cu^{2+}、Mn^{2+} 以及某些含氯化合物可以加速其降解，使其褪色。

甜菜红素着色力强，无臭无味，色彩鲜艳，性质稳定，加上其安全无毒，FAO/WHO 食品添加剂联合专家委员会规定其每日允许摄入量不做限制，目前在糖果、冷饮、乳制品和肉制品中得到广泛应用。

4. 胭脂虫色素

胭脂虫是一种寄生在胭脂仙人掌上的昆虫，此昆虫的雌虫体内存在一种蒽醌衍生物色素，名为胭脂红酸，结构见图 8-22。

胭脂红酸作为化妆品和食品的色素沿用已久，可溶于水、乙醇、丙二醇，在油脂中不溶解，其颜色随 pH 改变而不同，pH4 时呈橙色，pH4 以下显黄色，pH6 时呈现红色，pH8 时变为紫色。与铁等金属离子形成复合物亦会改变颜色，因此在添加此种色素时，可同时加入能配位金属离子的配位剂（如磷酸盐）防止颜色变化。胭脂红酸在酸性条件下对光和微生物都具有很好的耐受性，但着色力很弱，一般作为饮料着色剂，用量约为 0.005%。

5. 紫胶虫色素

紫胶虫是寄生于豆科黄檀属、梧桐科芒木属等树上的昆虫，雌虫通过腺体分泌出一种纯天然的树脂紫胶可供药用，中药名称为紫草茸，具有清热解毒等功效，我国西南地区四川、云南、贵州以及东南亚均产紫胶。目前已知紫胶中含有 5 种称为紫胶红酸的蒽醌类色素，随蒽醌结构中的苯酚环上羟基对位取代不同，分别称为紫胶红酸 A、B、C、D、E，结构见图 8-23。

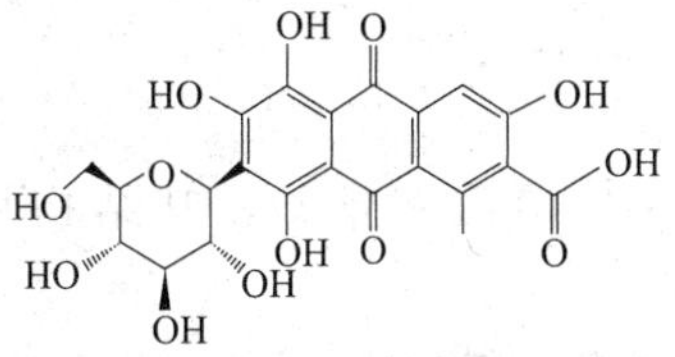

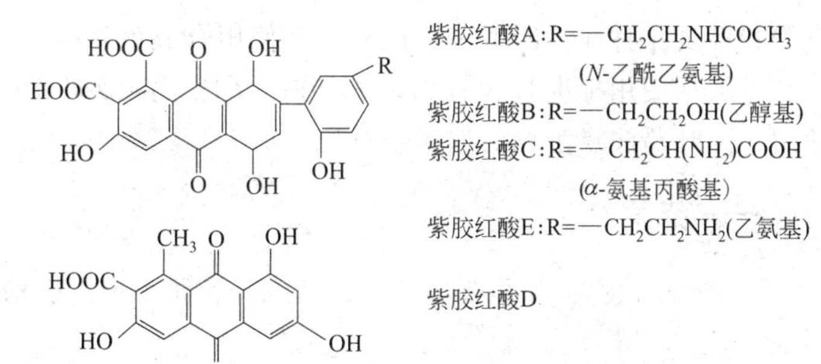

图 8-22 胭脂红酸的结构

图 8-23 紫胶红酸 A、B、C、D、E 的结构

紫胶红酸又称为虫胶红酸，为紫红色粉末，可溶于水、乙醇，但在水中溶解度不大（20℃时在水中的溶解度仅为 0.0335%），易溶于碱性溶液，色泽随 pH 变化而变化，在 pH<4.5 为黄色，pH=4.5～5.5 时呈橙红色，pH>5.5 时为紫红色。在酸性条件下对光、热稳定，在强碱条件下容易褪色。紫胶红酸色素安全性高，常用于果汁、冷饮、糖果及果酒类食品的着色。

6. 酱色

酱色又称焦糖或焦糖色，在我国已有悠久的使用历史。焦糖是由白糖或其他糖经过人工焙烧使之脱水、缩合而成的一种混合物，一般呈褐色的胶状或块状物，也可以通过喷雾制成干粉。焦糖主要由铵盐法和非铵盐法生产，由于铵盐法生产的焦糖中，可能存在 4-甲基咪唑，这是一种惊厥剂，因此使用范围较窄，具体适用范围可参考《食品安全国家标准 食品添加剂使用标准》(GB 2760)。

非铵盐法生产焦糖步骤是糖在 180～200℃ 高温下，直接发生焦糖化作用形成稠液状或块状的焦糖色素，它易溶于水及烯醇，无臭，具有焦糖香味和愉快苦味，耐光、热，在不同 pH 下呈色稳定，红色色度高，但着色力差，在 pH6 以上时容易发霉。目前非铵盐法生产的焦糖色素在食品中使用量很大，多用于酱油、醋、罐头、糖果和饮料的着色。

第三节 食品中的合成色素

除天然色素外，还有为数较多的人工合成色素用于食品着色。合成色素按照化学结构，可分为两类：偶氮类色素和非偶氮类色素。与天然色素相比，人工合成色素色彩鲜艳，着色力强，性质稳定，可以随意调配，成本低。但是合成色素大多是从煤焦油中提取或以苯、甲苯、萘等芳香烃化合物为原料进行合成，有一定的致癌性，合成时由于原料不纯而污染上 Pb、As 等有害的重金属，具有一定毒性，因此与天然色素相比，合成色素安全性较差。

不同国家允许用于食品着色的合成色素种类是不同的。在我国允许使用的合成色素有：苋菜红、胭脂红、柠檬黄、靛蓝、赤藓红、新红、日落黄、亮蓝及其铝色淀、叶绿素铜钠盐、合成 β-胡萝卜素。所谓铝色淀就是将水溶性色素吸附到不溶性基质氧化铝上得到的一种水不溶性色素。

在食用色素安全性审查方面不同国家有不同的要求，所以结果也不一样。如苋菜红，美国已淘汰而中国还在使用；另一些美国在用，而中国不用。与天然色素相比，合成色素总的发展趋势是品种在不断减少。此外，在使用合成色素时，要严格执行《食品安全国家标准 食品添加剂使用标准》(GB 2760)，在配制色素溶液时要精确称量，用适当溶剂溶解，随配随用，同时要注意色调的选择与拼色。

一、苋菜红

苋菜红的化学名称为 1-(4′-磺基-1′-萘偶氮)-2-萘酚-3,6-二磺酸三钠盐，其结构见图 8-24。

苋菜红属水溶性偶氮类色素，呈红褐色或暗红褐色颗粒或粉末，无臭味，易溶于水，可溶于甘油及丙二醇，微溶于乙醇，不溶于脂类。对光、热和盐类较稳定，耐酸性良好，但在碱性条件下容易变为暗红色。此外，这种色素对氧化还原作用较为敏感，不宜用于有氧化剂或还原剂存在的食品（例如发酵食品）的着色。

苋菜红多年来被认为比较安全，但近年来国外对苋菜红进行慢性毒性试验，目前已有使小鼠致癌、致畸等方面试验结果的报道，由于试验的方法、样品等多方面的不同原因，因此苋菜红是否有毒，仍有争议。我国和其他很多国家目前仍广泛使用这种色素，但只限用于糖果、糕点、汽水和果子露等食品的着色。

二、胭脂红

胭脂红的化学名称为 1-(4′-磺酸基-1′-萘偶氮)-2-萘酚-6,8-二磺酸三钠盐，是苋菜红的异构体，结构见图 8-25。

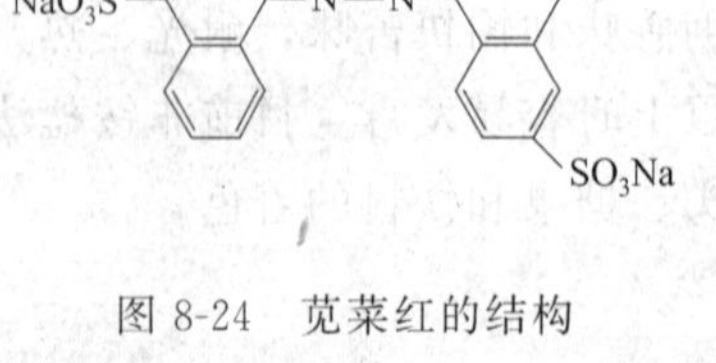

图 8-24 苋菜红的结构

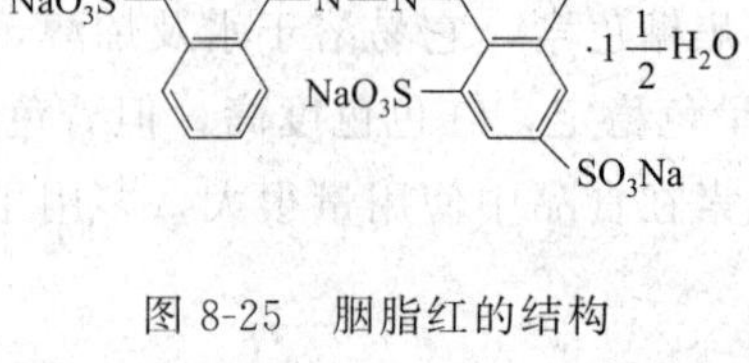

图 8-25 胭脂红的结构

胭脂红属水溶性偶氮类色素，为红色至深红色的均匀粉末或颗粒，溶于水和甘油，微溶于乙醇，无臭味。耐光、耐热，对酒石酸、柠檬酸稳定，但对还原剂的耐受性差，能被细菌所分解，遇碱变褐。在我国主要用于饮料、配制酒、糖果等。

三、柠檬黄

柠檬黄的化学名称为 3-羧基-5-羟基-1-(4′-磺苯基)-4-(4″-磺苯基偶氮)-邻氮茂三钠盐，其结构见图 8-26。

柠檬黄属水溶性偶氮类色素，为橙黄色的颗粒或粉末，无臭，溶于甘油、丙二醇，微溶于乙醇。对热、酸、光及盐均稳定，耐氧化性差，遇碱变红色，还原时褪色。

四、日落黄

日落黄的化学名称为 1-(4′-磺基-1′-苯偶氮)-2-萘酚-6-磺酸二钠盐，橘黄色，其结构见图 8-27。

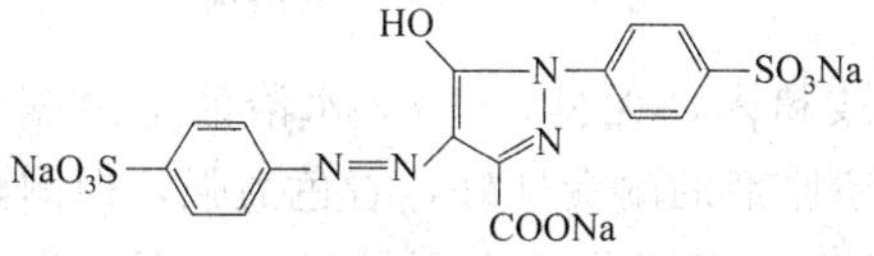

图 8-26 柠檬黄的结构

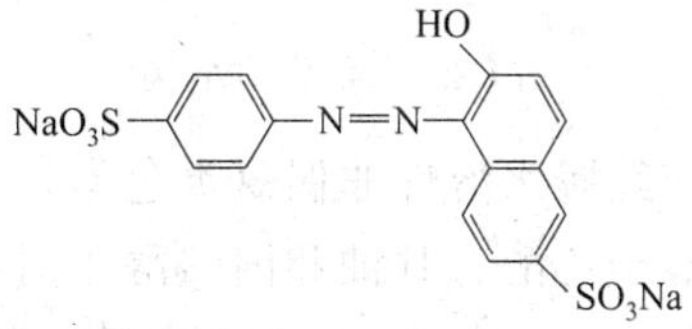

图 8-27 日落黄的结构

日落黄属水溶性偶氮类色素，为橙黄色均匀粉末或颗粒，易溶于水、甘油，微溶于乙醇。耐光、耐酸、耐热性好，在酒石酸和柠檬酸中稳定，遇碱变红褐色。日落黄安全性较高，可用于饮料、配制酒、糖果等。

五、靛蓝

靛蓝的化学名称为 5,5′-靛蓝素二磺酸二钠盐，是世界上使用最广泛的食用色素之一。其结构见图 8-28。

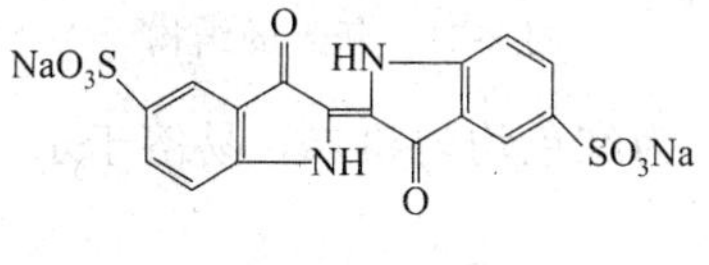

图 8-28 靛蓝的结构

靛蓝属水溶性非偶氮类色素，是靛类色素，为蓝色均匀粉末，其水溶液呈紫蓝色，在水中的溶解度较其他合成色素低（21℃时溶解度为 1.1%），溶于甘油、丙二醇，不溶于乙醇和油脂。对热、光、酸、碱、氧化作用均较敏感，耐盐性也较差，易为细菌分解，还原后褪色，但着色力好，常与其他色素配合使用。

六、亮蓝

亮蓝又名蓝色 1 号，其化学名称为 4-[*N*-乙基-*N*-(3′-磺基苯甲基)-氨基]苯基-(2′-磺基苯基)-亚甲基-(2,5-亚环己二烯基)-(3′-磺基苯甲基)-乙基胺二钠盐。其结构见图 8-29。

亮蓝属水溶性非偶氮类色素，为紫红色均匀粉末或颗粒，有金属光泽，无臭，易溶于水、乙醇、甘油和丙二醇。耐光性、耐热性、耐酸性和耐碱性均好，可用于饮料、配制酒、糖果、冰淇淋等。

七、赤藓红

赤藓红的化学名称为2,4,5,7-四碘荧光素，其结构见图8-30。

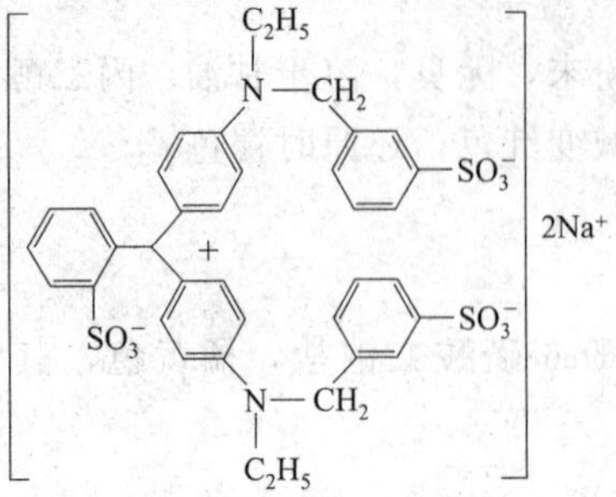

图8-29 亮蓝的结构

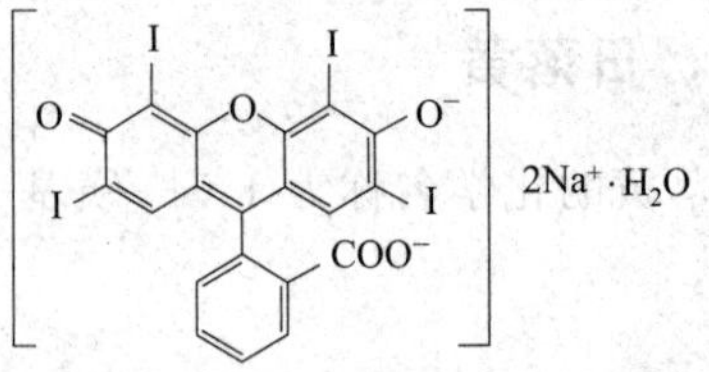

图8-30 赤藓红的结构

赤藓红属水溶性非偶氮类色素，为红褐色颗粒或粉末，无臭，0.1%水溶液呈微蓝的红色，可溶于乙醇、甘油和丙二醇。对碱、热、氧化还原剂的耐受性好，着色力强，但耐酸及耐光性差，在pH<4.5的条件下，会形成不溶性的酸。在消化道中不易吸收，即使吸收也不参与代谢，安全性较高，可用于饮料、配制酒和糖果等。

八、新红

新红的化学名称为2-(4′-磺基-1′-苯氮)-1-羟基-8-乙酸氨基-3,6-二磺酸三钠盐，其结构见图8-31。

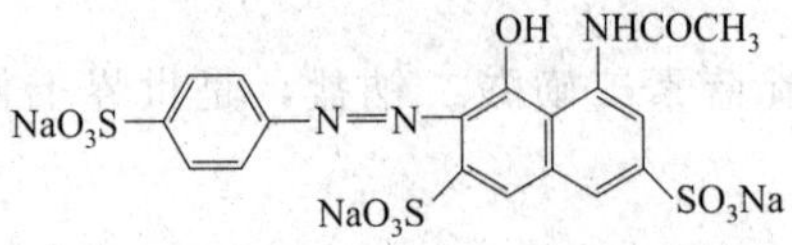

图8-31 新红的结构

新红属水溶性偶氮类色素，为红色均匀粉末，易溶于水，微溶于乙醇，不溶于油脂，可用于饮料、配制酒、糖果等。

思考题

1. 食品色泽的重要性有哪些？食品中色素的作用有哪些？食品加色素的目的有哪些？
2. 食用天然色素的特点有哪些？
3. 食品色素的类型有哪些？分类有哪些？
4. 叶绿素在食品加工和贮藏中的变化有哪些？护绿采用哪些技术？
5. 食品中的类胡萝卜素有哪些类型？
6. 食品中有哪些多酚类色素？有哪些黄酮类的化合物（代表性化合物）？
7. 红曲色素与其他天然色素比较有什么不同之处？
8. 食品中哪些色素是醌类色素？食品中其他类色素包括哪些色素？
9. 食用合成色素包括哪些色素？非偶氮化合物代表性色素包括哪些色素？
10. 蔬菜和水果易变色的原因是什么？蔬菜和水果色素在贮藏加工过程发生哪些变化？

11. 肉制品加工中有哪些发色剂和助色剂？
12. 水产品中的色素是哪些色素？

参考文献

[1]　韩雅珊. 食品化学. 2版. 北京：中国农业大学出版社，1998.
[2]　刘邻渭. 食品化学. 郑州：郑州大学出版社，2011.
[3]　王璋，许时婴，汤坚. 食品化学. 北京：中国轻工业出版社，2016.
[4]　阚建全. 食品化学. 3版. 北京：中国农业大学出版社，2016.
[5]　黄梅丽，江小梅. 食品化学. 北京：中国人民大学出版社，1986.
[6]　马自超，庞业珍. 天然食用色素化学及生产工艺学. 北京：中国林业出版社，1994.
[7]　刘程，周汝忠. 食品添加剂大全. 北京：北京工业大学出版社，1994.
[8]　刘志皋，高彦祥，等. 食品添加剂基础. 北京：中国轻工业出版社，1994.
[9]　郝利平，聂乾忠，等. 食品添加剂. 3版. 北京：中国农业大学出版社，2016.
[10]　高彦祥. 食品添加剂. 北京：中国林业出版社，2013.
[11]　江波，杨瑞金. 食品化学. 2版. 北京：中国轻工业出版社，2018.
[12]　Damodaran S, Parkin K L, Fennema O R. Fennema's Food Chemistry. Fourth Edition. New York: CRC Press, Taylor & Francis Group, 2007.

第九章

食品风味

第一节 引言

一、食品风味的定义

食品风味是食品的3个基本要素之一。“风味”中的“风”指挥发性物质，能引起人的嗅觉反应，“味”指水溶性或油溶性物质，能引起人的味觉反应，即食品风味主要包括气味和滋味两个方面。而广义的食品风味指摄入口腔的食品刺激人的各种感觉器官，产生的短时综合印象，这些感觉包括嗅觉、味觉、触觉、痛觉等。

风味化学涉及多种学科，它们包括生物化学、化学、天然有机化学、物理学、生理学及心理学等。在最近数十年中，随着分析检测技术的长足发展，人们对于风味有了很多的认识，能够比较深入地理解食品摄入口内的感觉，但仍有很多科学问题尚未解决。

人对食品风味的感觉受人的生理、心理和习惯的影响，带有强烈的个人、地区或民族的特殊倾向或习惯。此外，人对食品风味的可接受程度并不完全是天生的，只要是长期适应了的风味，人们就能接受，例如，一些人喜欢臭豆腐的气味、苦瓜的苦味等。当食品的风味与习惯一致时，就可使人感到喜欢和愉悦，而不习惯的风味会使人感到厌恶和产生拒绝的情绪。

二、食品中风味物质的特点

食品中的风味物质一般具有以下的特点：

1. 种类繁多，相互影响

形成某种食品特定风味的物质，尤其是产生嗅感风味的物质，其组分一般都非常复杂，类别众多，同类化合物也有数十种甚至上百种。

风味物质的各组分之间，会产生相互协同或拮抗作用。例如当1mg/kg的（$3Z$）-己烯醛单独存在时，会产生青豆气味；而当13mg/kg的（$3Z$）-己烯醛和12.5mg/kg的（$2E,4E$）-癸二烯醛共同存在时，气味就会消失。

2. 含量极微，效果显著

风味物质包括嗅感和味感物质。在一般的食品中，风味物质占整个食品的比重很小，嗅感物质的含量只占到整个食品的$10^{-5}\%\sim10^{-14}\%$（味感物质因食品的不同而差异较大），但是它们对食品整个风味的影响很大。例如马钱子碱在食品中的含量只要达到$7\times10^{-7}\%$

时，便会产生苦味；在水中乙酸异戊酯含量只要达到 5×10^{-6} mg/kg，会产生香蕉气味。

3. 稳定性差，容易被破坏

很多风味物质，尤其嗅感物质容易挥发，在空气中很快会自动氧化或分解，热稳定性也差。例如，茶叶的风味物质在分离后就极易自动氧化；油脂的嗅感成分在分离后马上就会转变，而油脂腐败时形成的鱼腥味组分也极难捕集；肉类的一种风味成分，即使保存在 0℃ 的四氯化碳中，也会很快分解成 12 种组分。因此食品加工工艺的微小差别可能导致食品风味的较大变化，食品贮藏期的长短也会对食品风味有显著影响。

4. 食品的风味与风味物质的分子结构之间缺乏普遍的规律性

一方面食品的风味与风味物质的分子结构之间具有高度的特异性，如苯的气味一般不受到人们的欢迎，但是当苯环的邻位和对位被一定基团取代时，嗅感便会产生明显的变化，见图 9-1。

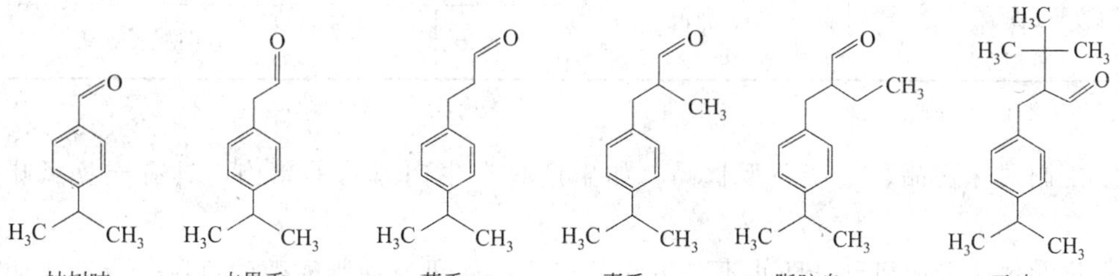

枯树味　水果香　花香　青香　脂肪臭　无味

图 9-1　苯环的邻位和对位上有取代基时嗅感的变化

另一方面，具有相似或相同风味的化合物，分子结构缺乏明显的规律性。例如，一般认为有 4 种物质（包括生物碱、萜类、糖苷类和苦肽）会呈现苦味，但是以上 4 种物质没有相似的官能团。盐类物质如 $MgCl_2$、$MgSO_4$ 等，味也极苦，但其苦味形成机制与上述有机物形成苦味的机制迥然不同。

5. 风味物质产生的风味还容易受到浓度和外界环境的影响

戊基呋喃在低浓度时呈现豆腥味，而在高浓度时则呈现甘草味。味精在 pH6.0 时，鲜味最强，在 pH>7.0 时，不呈鲜味，这主要是由于鲜味与味精在不同介质中的离解程度有关。

三、食品风味的分类

由于食品的风味是由多种风味物质综合作用的结果，因此食品的风味丰富多彩、变化万千，且有明显的不同和区别，对其进行分类是很有必要的，但到目前为止尚无一个全面、完整而又严谨的分类方法。Ohloff 曾于 1972 年提出了一个分类方法，见表 9-1。

四、食品风味化学的研究内容和意义

食品风味化学，是一门研究食品风味组分的化学本质、分析方法、生成及变化途径的科学，它的具体研究内容可以包括以下几个方面：了解天然风味物质的化学组成和分离鉴定方法；了解风味物质的形成机制及变化途径；研究食品在贮藏加工过程中产生的风味成分；研究食品风味增效剂、强化剂、稳定剂、改良剂的利用和影响。

研究食品风味的意义：

① 可使贮藏加工以后的食品恢复新鲜风味。例如，可以采用改变某些风味物质的浓度，

或破坏某些造成风味稳定性差的化合物，或加强某种酶促反应等方法，使食品恢复风味，提高质量。

表 9-1 Ohloff 食品风味分类

风味种类	细分项目	典型例子
水果风味	柑橘型(萜烯类)	橙、柑、橘、柚
	浆果型(非萜烯类)	葡萄、苹果、香蕉、草莓
蔬菜风味	—	莴苣、芹菜
饮料风味	非发酵风味	果汁、牛奶
	发酵后风味	葡萄酒、白酒、啤酒
	复合风味	软饮料、兴奋型饮料
肉食风味	哺乳动物风味	牛肉、猪肉
	海产动物风味	鱼、虾、蛤
调味品风味	芳香型	姜、肉桂
	辣味型	辣椒、胡椒、花椒
	催泪型	大蒜、葱、韭
脂肪风味	—	动物油、奶油、花生油
烹调风味	肉汤风味	牛肉汤、鸡肉汤
	蔬菜风味	青菜、豆类
	水果风味	柑橘酱
燃烤风味	烟熏风味	火腿、熏鱼
	油炸风味	油条、炸鸡
	焙烤风味	面包、咖啡、茶叶
恶臭风味	—	干酪、臭豆腐

注：本表摘自《食品调味论》。

② 配制风味食品、生产新型食品。如生产具有牛肉风味的猪肉，具有土豆风味的快餐等。

③ 推测风味形成机制，防止不良风味的产生。如研究油脂酸败的机制，有助于防止高脂食物产生不良风味。

④ 有助于提高和控制食品的风味质量。

⑤ 有助于遗传学家培育出具有良好风味的食品原料。

尽管我们已有了先进的分析手段和设备，剖析了很多食品风味中的挥发性化合物，探索了它们生成的机理，部分了解了这些化学物质的感官特性，并想方设法利用它们改进食品风味品质，可是我们仍然面临着很多有待解决的问题。主要有：①食品风味物质贮藏时的变质问题；②食品风味关键性组分的认定问题；③描述食品风味的用语、用词的标准、规范问题。

五、风味的感知

1. 味觉

味觉是指呈味物质刺激口腔内的味感受器产生的一种感觉。口腔内的味感受器主要是味蕾，其次是自由神经末梢。人的味蕾数量随着年龄的增长而减少，婴儿可超过 1 万个，成人一般只有数千个，因而对味的敏感随着年龄的增长而降低。

不同地域的人对味觉的分类存在差异，但从味觉的生理角度，即以是否直接刺激味蕾为标准进行分类，公认的四种基本味觉是甜、酸、咸、苦。一般认为鲜味是基本味的复合味，中餐特别看重鲜味，将其作为一种单独的味感列出，而欧洲各国将鲜味剂称为风味增效剂，并不看作一种独立的味感。辣味是辣味成分刺激口腔黏膜、鼻腔黏膜、皮肤和三叉神经而引起的疼痛感觉，涩味则是触觉神经对口腔蛋白受到刺激后发生凝固产生的收敛感的反应，与甜、酸、咸、苦等不同，不应将其列为基本味感，但由于辣味和涩味在饮食和食品调味中的重要性，将其视为两种独立的味感。欧美各国的分类中包括了金属味，它是指舌头或食品与金属接触，因电化学作用而产生的不愉快的味。也有人把薄荷（包括薄荷醇）类的清凉感也认为是一种味。此外，人们日常接触到的味还有碱味和哈喇味等。

因舌部不同部位的味蕾结构不同，不同部位对基本味的灵敏度存在差异，舌前部对甜味最敏感，舌尖和边缘对咸味最敏感，舌两侧对酸味最敏感，舌根部对苦味最敏感。

由于食品引起人体器官反应的因素是不同的，可以将食品味分为物理味（包括温感、舌感，甚至听觉感受在内的物理性刺激引起）、化学味（溶解于水中的甜味、酸味、咸味、苦味等物质刺激味觉神经引起）以及心理味（视觉的感受如色泽、形状和光泽等）。由于甜味、酸味、咸味和苦味等化学刺激是最基本的，也更明显，因此，可以狭义地认为食品味就是指这些化学味。食品味的感官刺激分类和特点见表 9-2。

表 9-2 食品味的感官刺激分类和特点

分类名称	感觉器官	刺激类别	特征
物理味	触觉 听觉	物理的和物理化学的	冷热、软硬、咀嚼感、黏稠度、弹性和平滑性等
化学味	嗅觉 味觉 触觉	化学的	甜味、酸味、咸味、苦味等
心理味	视觉	物理的	色泽、形状和光泽等

2. 嗅觉

嗅觉是挥发性物质刺激鼻腔产生的一类化学感应。嗅觉感受器是位于鼻腔内最上端嗅黏膜层中的嗅细胞。嗅细胞其本质也是神经细胞，集合起来形成嗅觉神经，一端伸向大脑的中枢神经，一端深入鼻腔。

人的嗅觉相当敏锐，一些风味化合物即使在很低的浓度下也会被感觉到，据说个别训练有素的专家能辨别 4000 种不同的气味。某些动物的嗅觉更为突出，有时甚至优于仪器的检出限。例如，犬类嗅觉的灵敏性已众所周知，鳝鱼的嗅觉也几乎能与犬相匹敌，它们比普通人的嗅觉灵敏约 100 万倍。

香水虽芬芳，但久闻也不觉其香；粪便尽管恶臭，但待久也能忍受。这说明嗅觉细胞易产生疲劳而对该气味处于不灵敏状态，但对其他气味并不疲劳。当嗅觉中枢神经由于一些气味的长期刺激而陷入负反馈状态时，嗅觉便受到抑制而产生适应性。另外，当人的注意力分散时会感觉不到气味，时间长些便对该气味形成习惯。疲劳、适应和习惯这三种现象会共同发挥作用，很难区别。

人的嗅觉差别很大，即使嗅觉敏锐的人也会因气味而异。对气味不敏感的极端情况便形成嗅盲，这是由遗传产生的，女性的嗅觉一般比男性敏锐。

当人的身体疲劳或营养不良时，会引起嗅觉功能降低；人在生病时会感到食物平淡不香；女性在月经期、妊娠期或更年期可能会发生嗅觉减退或过敏现象。这都说明人的生理状况对嗅觉也有明显影响。

第二节 食品中的香气物质

一、植物性食品中的香气物质

1. 水果中的香气物质

水果中的香气物质比较单纯，香气浓郁天然，其香气物质中以有机酸酯类、醛类、萜类为主，其次是醇类、酮类及挥发酸等，见表 9-3，它们是植物体内经过生物合成而产生的。水果香气物质随着果实的成熟而增加，成熟的葡萄中一般含有香气物质 88 种、苹果中近 100 种、桃中有 90 种。人工催熟的果实不及自然成熟的水果中的香气物质含量高。

表 9-3 水果中的香气物质

水果品种	主体成分	其他
苹果	乙酸异戊酯	挥发性酸、乙醇、乙醛、天竺葵醇
梨	甲酸异戊酯	挥发性酸
香蕉	乙酸戊酯、异戊酸异戊酯	己醇、己醛、高级醛
香瓜	癸二酸二乙酯	
桃	乙酸乙酯、沉香醇酸内酯	挥发酸、乙醛、高级醛
杏	丁酸戊酯	
葡萄	邻-氨基苯甲酸甲酯	C_4～C_{12}脂肪酸酯、挥发性酸
柑橘类	丁醛、辛醛、癸醛、沉香醇	
果皮	蚁酸、乙醛、乙醇、丙酮	
果汁	苯乙醇、甲酸、乙酸乙酯	

2. 蔬菜中的香气物质

除少数品种外，大多数蔬菜的总体香气较弱，但气味却多样，见表 9-4。

表 9-4 某些蔬菜中的香气物质

蔬菜	化学成分	气味
萝卜	甲基硫醇、2-丙烯基异硫氰酸酯	刺激辣味
蒜	二丙烯基二硫化物、甲基丙烯基二硫化物、丙烯硫醚	辣辛气味
葱类	丙烯硫醚、丙基丙烯基二硫化物、甲基硫醇、二丙烯基二硫化物、二丙基二硫化物	香辛气味
姜	姜酚、水芹、姜萜、莰烯	香辛气味
椒	天竺葵醇、香茅醇	蔷薇香气
芥类	硫氰酸酯、异硫氰酸酯、二甲基硫醚	刺激性辣味
叶菜类	叶醇	青草臭
黄瓜	2,6-壬二烯、2-醛基壬烯、2-醛基己烯	青臭气

百合科蔬菜常具有刺鼻的芳香。该科最重要的风味物是含硫化合物，例如，二丙烯基二硫醚物（洋葱气味的化合物）、二烯丙基二硫醚（大蒜气味的化合物）、2-丙烯基亚砜（催泪而刺激的气味）、硫醇（韭菜中的特征气味物之一）和 1,2-二硫-3-环戊烯（芦笋的特征风味物）等。

十字花科蔬菜常具有辛辣气味。该科最重要的气味物也是含硫化合物，例如，卷心菜以硫醚、硫醇和异硫氰酸酯及不饱和醇与醛为主体风味物，萝卜、芥菜和花椰菜中的异硫氰酸酯是主要的特征风味物。

伞形花科的胡萝卜、芹菜和香菜等具有微刺鼻的特殊芳香与清香。该科的风味物中，萜烯类气味地位突出，它们和醇类及羰基化合物共同组成主要气味贡献物，但芹菜的特征香气物是 3-丁基-2-苯并辛内酯。

葫芦科和茄科中的黄瓜、青椒和番茄具青鲜气味，有关的特征气味物是 C_6 或 C_9 的不饱和醇和醛，例如青叶醇和黄瓜醛。莴苣（菊科）和马铃薯（茄科）也具有青鲜气味，有关特征气味物包括吡嗪类，莴苣的主要香气成分为 2-异丙基-3-甲氧基吡嗪和 2-仲丁基-3-甲氧基吡嗪，马铃薯的特征气味物之一是 3-乙基-2-甲氧基吡嗪。

青豌豆的主要香气成分是一些醇、醛和吡嗪类，罐装青刀豆的主要香气成分是 2-甲基四氢呋喃、邻甲基茴香醚和吡嗪类化合物。

蘑菇的主体香气物质是具有强烈的鲜蘑菇味的1-庚（辛）烯-3-醇、2-庚烯-4-醇。香菇的主体香气物质是具有异香的香菇精，它是含硫杂环化合物。

二、动物性食品中的香气物质

1. 畜禽肉中的香气物质

生肉的风味是清淡的，但经过加工，熟肉的香气十足，统称为肉香。肉香具有种属差异，如牛、羊、猪和鱼肉的香气各具特色。种属差异主要由不同种肉中脂类成分存在的差异决定。不同加工方式得到的熟肉香气也存在一定差别，如煮、炒、烤、炸、熏和腌肉的风味各别具一格。

各种熟肉中关键而共同的三大风味物质为硫化物、呋喃类化合物和含氮化合物，另外还有羰基化合物、脂肪酸、脂肪醇、内酯、芳香族化合物等。牛排的香气物质已检出的种类见表9-5。

表9-5　牛排中的香气物质

类别	种数	类别	种数
脂肪族烃	73	氯化物	10
脂环族烃	4	芳香族(含苯环)化合物	86
萜类	8	硫化物(不包括六元环)	68
脂肪族醇	46	呋喃及衍生物	43
脂环族醇	1	噻吩及衍生物	40
脂肪族醛	55	吡咯及衍生物	20
脂肪族酮	44	吡啶及衍生物	17
脂环族酮	8	吡嗪及衍生物	54
脂肪酸	20	噁唑(烷)类	13
内酯	32	噻唑(烷)类	29
脂肪族醚	27	六元环硫化物	13
脂肪族酯	5	未能清楚归类的混杂物	12
脂肪族胺	20		

猪和羊肉的风味物种类相对少于牛排，分别均已鉴定出300多种挥发物。与牛肉相比，猪肉的脂肪含量及不饱和度相对更高，所以猪肉的香气物中γ-和δ-内酯、不饱和羰基化合物和呋喃类化合物均比牛肉的含量高。加之猪肉中还具有孕烯醇酮转化而来的5-α-雄甾-16-烯-3-酮和5-α-雄甾-16-烯-3-醇，它们具有尿似臭味，因此猪肉表现了与牛肉风味的一定差别。羊肉中脂肪、游离脂肪酸及其不饱和度都很低，但却含有一些特殊的带支链的脂肪酸(如4-甲基辛酸、4-甲基壬酸和4-甲基癸酸)，所以羊肉的挥发性羰基化合物比牛肉还少，带有中等碳链长度的含支链脂肪酸特有的膻气。

鸡肉香气的特异性与它含有更多的中等碳链长度的不饱和羰基化合物相关。若去除2-反,4-顺-癸二烯醛和2-反,5-顺-十一碳二烯醛等风味物，鸡肉的独特风味就失去。

2. 乳品中的香气物质

乳制食品种类较多，常见的有：鲜奶、稀奶油、黄油、奶粉、发酵黄油、炼乳、酸奶和干酪。

鲜奶、稀奶油和黄油的香气物质基本都是乳中固有的挥发成分，见表9-6。它们间的差异来自特定分离时，鲜乳中的风味物质根据其水溶性和脂溶性的不同而按不同分配比进入不同产品中。鲜奶被离心分离时，脂溶性成分更多地随稀奶油而分出，由稀奶油转化为黄油时，被排出的水又把少量的水溶性风味物带去。因此，中长链脂肪酸、羰基化合物（特别是甲基酮和烯醛）在天然奶油和黄油中就比在鲜奶中含量高。

表 9-6　鲜奶、烯奶油和黄油中的主要香气物质

酸类	内酯类	酸类	内酯类
C_2,C_4,C_6～C_{18}烷酸	C_6～C_{18}δ-内酯	醛类	甲硫醇
C_{10},C_{12},C_{13}单烷酸	C_8～C_{16}γ-内酯	C_4～C_{12}烷醛	甲基磺酰甲烷
C_{18}二烯酸	酯类	C_4～C_{12}烯醛	其他
C_{18}三烯酸	C_1,C_2,C_4,C_5,C_6,C_7,C_8,C_9,C_{10},C_{11},C_{12},C_{16}酸甲酯	2-甲基丙醛苯酚	糠醛
		2-甲基丁醛	苯醛
C_4,C_5,C_8,C_{15},C_{16},C_{17}异烷酸	C_1,C_2,C_4,C_5,C_6,C_7,C_8,C_9,C_{10},C_{12}酸乙酯	4-顺式-庚烯醛	*m*-甲酚
		酮类	*p*-甲酚
C_{10}～C_{13}酮酸	苯甲酸甲酯	C_3～C_{18} 2-烷酮	香兰素
C_{10}～C_{16}羟酸	硫化物	丁二酮	麦芽酚
醇类	二甲硫醚	3-羟基-2-丁酮	
C_4～C_{10}烷醇	硫化氢		

加工奶粉和炼乳时，奶中固有的一些香气物质因挥发而部分损失，但加热又产生了一些新的风味物。例如，脱脂奶粉中糠醛、丁酸-2-糠醇酯、烷基吡嗪、*N*-乙基-2-甲酰吡咯、邻甲基苯、苯甲醛和水杨醛的增加使脱脂奶粉具有不新鲜的气味。

3. 水产品中的香气物质

水产品的组织中含有丰富的脂质，经过酶催化分解或自动氧化产生各种挥发性化合物，这些化合物在水产品的风味中起重要作用。新鲜鱼有淡淡的清鲜气味，这是鱼体内含量较高的多不饱和脂肪酸受内源酶作用产生的中等碳链长度不饱和挥发性羰基化合物和醇类发出的气味，研究表明，新鲜鱼的风味成分主要包括 1-辛烯-3-酮、2-反壬烯醇、顺-1,5-辛二烯-3-酮和 1-辛烯-3-醇等，挥发性羰基化合物产生的香味比较浓郁，而醇类产生的香味比较柔和，由于羰基化合物的阈值一般比较低，所以羰基化合物的作用比醇类大，这些羰基化合物既是鲜鱼的香气成分，也会参与受热反应形成熟鱼的独特风味。水产品捕获后随着腐败的加重，气味增强，氨、二甲胺和三甲胺等胺类就是构成腐败气味的主体。由于二甲胺和三甲胺均是由氧化三甲胺产生，因此氧化三甲胺对鱼贝类的嗅感具有重要影响，海鱼含有大量氧化三甲胺，而淡水鱼含量极少，因而海鱼的腥臭气一般比淡水鱼强烈。从生的和加热后的水产品中还可检测出多种吡啶衍生物，由糖和氨基酸加热产生的吡啶衍生物显著影响了加热食品的香气，一般而言，冷冻水产品煮沸后含量较低。新鲜鱼贝类还含有多种挥发性有机酸，包括甲酸、乙酸、丙酸、丁酸、戊酸和己酸等。在沙丁鱼干等水产干货以及乌贼的腌制品等加工品中存在挥发性有机酸，丁酸还是某些干货产品特殊异臭的重要成分。水产品风味所涉及的范围比畜禽肉类食品更为广泛，这一方面是因为水产品的品种更多，另一方面是因为水产品的风味性质随新鲜度变化也比其他食品更为明显。目前对水产品风味的研究资料相对较少，许多领域尚未涉及。

三、焙烤食品中的香气物质

许多食品焙烤时都散发出香气，香气产生于加热过程中的羰氨反应、油脂的分解和含硫化合物（维生素 B_1、含硫氨基酸）的分解。羰氨反应的产物随着参加反应的氨基酸与还原糖的种类和反应温度而变化，反应产生大量羰基化合物、吡嗪类化合物、呋喃类化合物及少量含硫有机物，是焙烤食品香气的重要组成部分。

不同焙烤或烘烤食品中气味物的种类各不相同，但从大的类别看，多有相似之处。比如，它们多富含呋喃类、羰基化合物、吡嗪类、吡咯类及含硫的噻吩、噻唑等，见图 9-2。

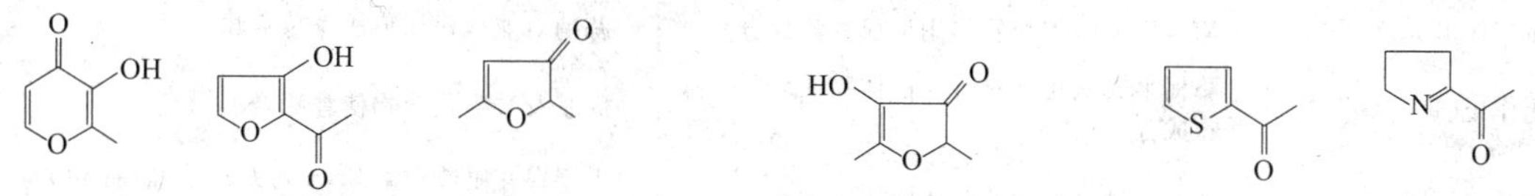

麦芽酚（焦糖气味）　异麦芽酚（焦糖气味）　2,5-二甲基-3-呋喃酮（烤面包气味）　2,5-二甲基-4-羟基-3-呋喃酮（焙炒杏仁气味）　2-乙酰噻吩（坚果，蜂蜜气味）　2-乙酰吡咯啉（爆竹气味）

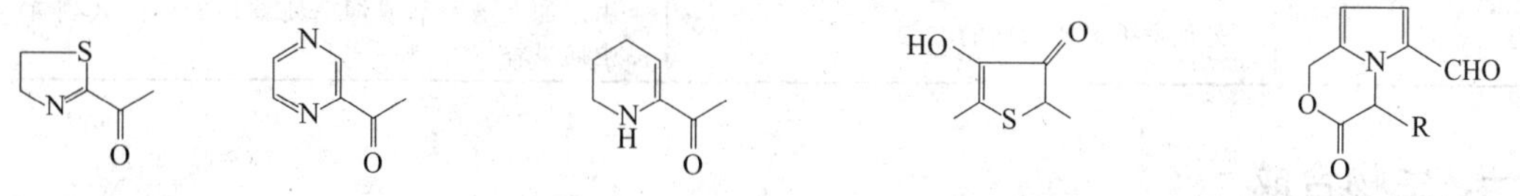

2-乙酰噻唑啉（面包皮气味）　2-乙酰吡嗪（爆玉米花气味）　2-乙酰-1,4,5,6-4*H*-吡啶（玉米花，面包，甜饼气味）　2,5-二甲基-4-羟基-3-噻吩酮（焦糖，烧焦气味）

$R=CH_3$（烧焦气味）
$R=CH_2CH_3$（槭糖气味）
$R=CH_2CH(CH_3)_2$（巧克力气味）

图 9-2 一些具有焙烤（或烘烤）气味的化合物

面包等制品除了在发酵过程中形成醇、酯类外，在焙烤过程中还发生羰氨反应，产生许多羰基化合物，已鉴定的达 70 种以上，这些物质构成面包的香气。在发酵面团中加入亮氨酸、缬氨酸、赖氨酸，有增强面包香气的效果，二羟基丙酮和脯氨酸在一起加热可产生饼干香气，这些反应在面包生产中已开始应用。

花生及芝麻焙炒后有很强的香气。花生焙炒产生的香气中，除了羰基化合物以外，还发现 5 种吡嗪化合物和 *N*-甲基吡咯；芝麻焙炒中产生的主要香气成分是含硫化合物。

四、发酵类食品的香气物质

各种发酵食品香气物质及其组合是非常复杂的。香气物质主要是由微生物作用于蛋白质、糖类、脂肪及其他物质而产生的，主要包括醇、醛、酮、酸、酯类等化合物。由于微生物代谢产物繁多，各种成分的比例不同，从而使发酵食品的风味也各有特色。例如白酒中的香气物质约有 200 多种，以酯类为主体香气物质。茅台酒和泸州大曲均以乙酸乙酯和乳酸乙酯为主体香气物质。黄酒的主要香气物质是酯类、酸类、缩醛、羰基化合物和酚类等。酱油及酱的香气物质很复杂，据分析，优质酱油中的香气物质近 300 种，有醇、酯、酚、羧酸、羰基化合物和含硫化合物，从而使酱油具有独特的酱香和酯香，其中以愈创木酚为主体香气物质，它是由麸皮中的木质素转化而来，也是酱香型的代表香气之一。蒸馍中的香气物质有醇和有机酸，还有少量的酯，它的香气清淡。发酵乳制品的主体香气物质是双乙酰和 3-羟基丁酮，它们是柠檬酸在微生物作用下产生的，使酸乳具有清香味。

第三节 食品中香气物质形成的途径

食品中香气形成的途径，大体上分为：生物合成、直接酶作用、间接酶作用以及高温分解作用等。不同的香气形成途径见表 9-7。

表 9-7 食品中香气形成的途径

类型	说明	举例
生物合成	直接由生物合成形成的香味成分	以萜烯类或酯类化合物为母体的香味物质如薄荷、柑橘、甜瓜和香蕉中的香味物质
直接酶作用	酶对香味前体物质作用形成香味成分	蒜酶对亚砜作用形成洋葱香味
氧化作用(间接酶作用)	酶促生成氧化剂对香味前体物质氧化生成香味成分	羰基及酸类化合物使香味增加,如红茶
高温分解作用	加热或烘烤处理使前体物成为香味成分	由于存在吡嗪(咖啡、巧克力)、呋喃(面包)等而使香味更加突出
微生物作用	微生物作用将香味前体转化而成香气成分	酒、醋、酱油等的香气形成
外加赋香作用	外加增香剂或烟熏的方法	由于加入增香剂或烟熏使香气成分渗入到食品中而呈香

一、生物合成

1. 植物体内脂肪氧合酶对脂肪酸的作用

这是经常发生的反应，如食用香菇的特征香味物质有 1-辛烯-3-醇、1-辛烯-3-酮、2-辛烯醇等。亚油酸裂解能生成 1-辛烯-3-醇，见图 9-3。

$(C_{18:2})$ COOH —脂肪氧合酶, O_2→ O—O—H … COOH —切断酶→ OH 1-辛烯-3-醇 + H—C(=O) … COOH

图 9-3 亚油酸裂解生成 1-辛烯-3-醇

2. 支链氨基酸的酶法脱氨脱羧

带支链羧酸酯是水果香气的重要化合物，可以由支链氨基酸经酶促 Strecker 降解反应产生，见图 9-4。

3. 萜类化合物的生物合成

萜类化合物是很多植物精油的重要组成，是柑橘类水果重要的芳香成分，在植物中通常经过类异戊二烯生物合成途径生成，见图 9-5。

4. 莽草酸途径

莽草酸途径产生了与莽草酸有关的芳香化合物。这个途径在苯丙氨酸和其他芳香族氨基酸的生成中所起的作用已很清楚，也可生成与精油有关的挥发性物质，见图 9-6。

食品的烟熏芳香在很大程度上是以莽草酸途径中的化合物为前体，如香草醛可通过莽草酸途径天然生成。

5. 酶法合成支链脂肪酸

常见甲基支链脂肪酸，如 4-甲基辛酸是羊膻气味的重要物质，是丙酸经生物合成产生的。

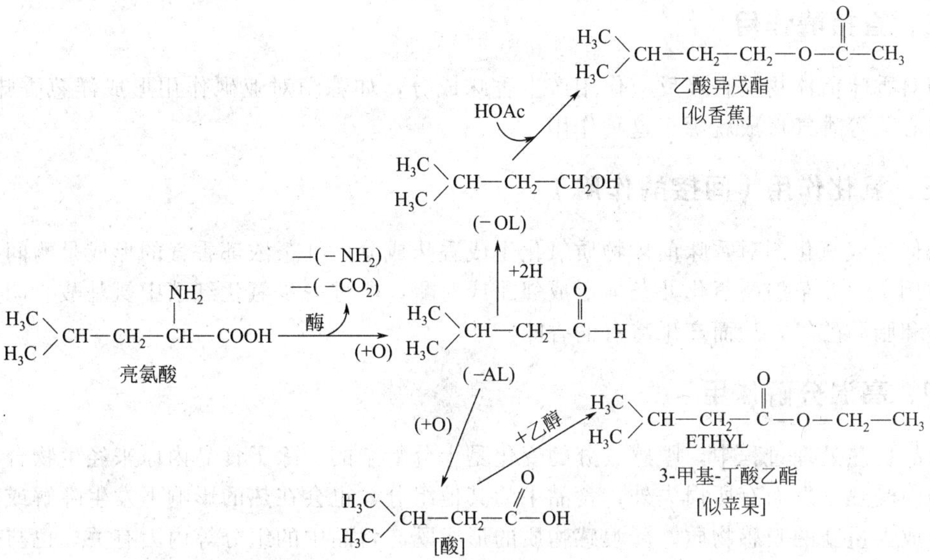

H_3C H_3C $CH-CH_2-CH_2-O-\overset{O}{\overset{\|}{C}}-CH_3$

乙酸异戊酯

[似香蕉]

HOAc

H_3C H_3C $CH-CH_2-CH_2OH$

(−OL)

+2H

—(−NH_2)

—(−CO_2)

H_3C H_3C $CH-CH_2-\overset{NH_2}{CH}-COOH$ 酶 (+O) H_3C H_3C $CH-CH_2-\overset{O}{\overset{\|}{C}}-H$

亮氨酸

(−AL)

(+O)

+乙醇

H_3C H_3C $CH-CH_2-\overset{O}{\overset{\|}{C}}-O-CH_2-CH_3$

ETHYL

3-甲基-丁酸乙酯

[似苹果]

H_3C H_3C $CH-CH_2-\overset{O}{\overset{\|}{C}}-OH$

[酸]

图 9-4 L-亮氨酸在酶作用下生成带支链的羧酸酯

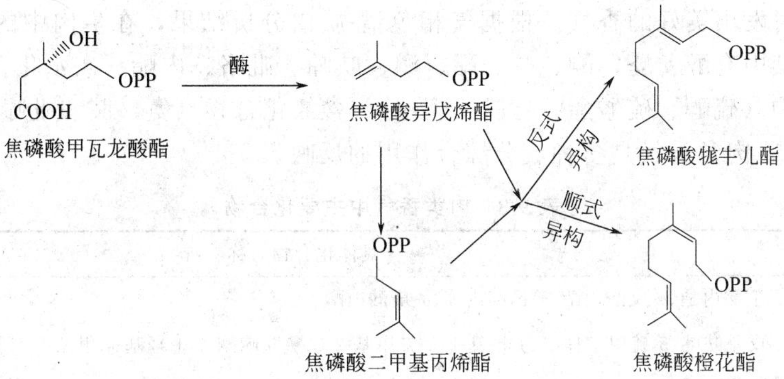

OH

OPP

COOH

焦磷酸甲瓦龙酸酯

酶

OPP

焦磷酸异戊烯酯

反式 异构

OPP

焦磷酸牻牛儿酯

顺式 异构

OPP

焦磷酸二甲基丙烯酯

OPP

焦磷酸橙花酯

图 9-5 萜类化合物的生物合成

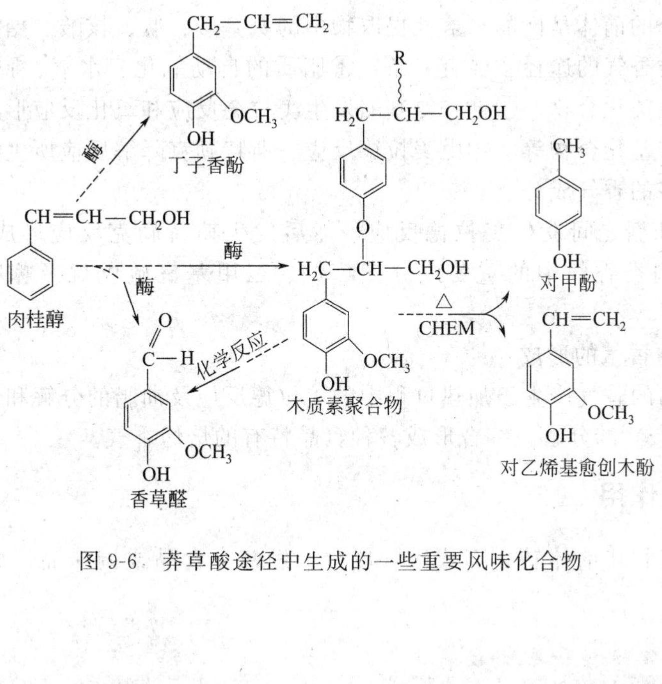

$CH_2-CH=CH_2$

OCH_3

OH

丁子香酚

酶

R

$H_2C-CH-CH_2OH$

CH_3

OH

对甲酚

$CH=CH-CH_2OH$

肉桂醇

酶

酶

O

$H_2C-CH-CH_2OH$

OCH_3

OH

木质素聚合物

△

CHEM

$CH=CH_2$

OCH_3

OH

对乙烯基愈创木酚

O

C—H

化学反应

OCH_3

OH

香草醛

图 9-6 莽草酸途径中生成的一些重要风味化合物

二、直接酶作用

酶对香味前体物质直接反应作用产生香味成分，如蒜酶对亚砜作用形成洋葱香味。葱、蒜和卷心菜等香气形成就源于这种作用。

三、氧化作用（间接酶作用）

酶促生成氧化剂对香味前体物质氧化生成香味成分。红茶浓郁香气的形成是酶间接作用的典型例子。儿茶酚酶氧化儿茶酚形成邻醌或对醌，醌进一步氧化红茶中氨基酸、胡萝卜素及不饱和脂肪酸等，从而产生特有的香味。

四、高温分解作用

食品在热处理过程中，嗅感成分的变化是十分复杂的。除了食品内原来经生物合成的嗅感物质因受热挥发而有所损失外，食品中的其他组分，也会在热的影响下发生降解或相互作用，生成大量新的嗅感物质。新嗅感物质的形成既与食品中的组分等内因有关，也与热处理的方法、时间等外因有关。

1. 肉类加热时形成的香气成分

肉类烧烤时发出美好的香气。根据气相色谱-质谱分析结果，在牛肉中的香气成分大约在300多种，其中有醇、醛、酮、酸、酯、醚、呋喃、吡咯、内酯、碳水化合物、苯系化合物、含硫化合物（硫醇、硫酸酯、噻吩、噻唑）、含氮化合物（氨、胺、吡嗪）等类化合物，见表9-8。显然，肉类香气是多种成分综合作用的反映。

表9-8 肉类香气中主要化合物

化合物类别	具体化合物名称
内酯	α-丁酸内酯、α-戊酸内酯、α-己酸内酯、α-庚酸内酯
呋喃	2-戊基呋喃、5-硫甲基糠醛、4-羟基-2,5-二甲基-2-二氢呋喃酮-3、4-羟基-5-甲基-2-二氢呋喃酮-3
吡嗪	2-甲基吡嗪、2,5-二甲基吡嗪、2,3,5-三甲基吡嗪、2,3,5,6-四甲基吡嗪、2,5二甲基-3-乙基吡嗪
含硫化合物	甲硫醇、乙硫醇、硫化氢、甲硫醚、2-甲基噻吩、甲氢噻吩酮-3、2-甲基噻唑、苯并噻唑

肉类香气成分的前体是肉的水溶性提取物中的氨基酸、肽、核酸、糖类、脂质等。在加热时它们形成肉类香气的途径主要有三条：①脂质的自动氧化、水解、脱水及脱羧等反应，形成醛、酮、内酯类化合物。②糖、氨基酸发生美拉德反应和氧化反应形成呋喃衍生物及内酯、醛、酮、二羰基化合物等。③由美拉德反应、斯特勒克降解反应所生成的产物之间互相反应，而产生众多的香气成分。

如含硫氨基和糖之间发生美拉德反应，然后发生斯特勒克反应形成的降解产物之间相互反应，产生肉类香气中的重要成分三噻烷、二甲基三硫戊烷及噻啶等含硫化合物，见图9-7。

2. 食品焙烤中香气的形成

许多焙烤食品的香气产生于加热过程中的美拉德反应及油脂的分解和含硫化合物（维生素B_1、含硫氨基酸）的分解，综合形成各种食品特有的焙烤香气。

五、微生物作用

微生物作用将香味前体转化而成香气成分。发酵类食品或调味品，如黄酒、面酱、食

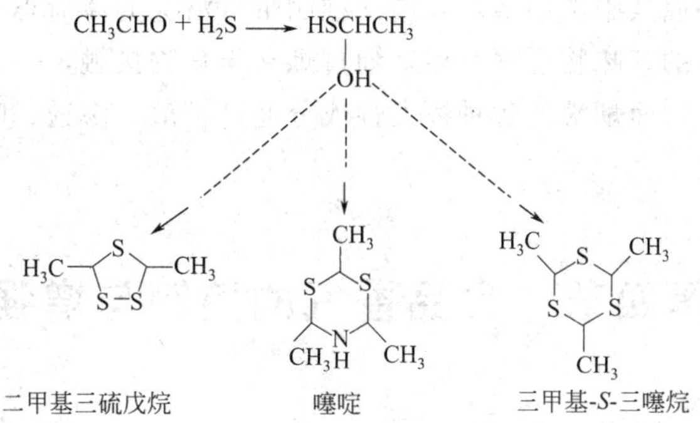

$$CH_3CHO + H_2S \longrightarrow HSCHCH_3(OH)$$

二甲基三硫戊烷　　噻啶　　三甲基-S-三噻烷

图 9-7　肉类香气中的重要成分

醋、豆腐乳、酱油、发酵类面点等，都是通过微生物作用于糖类、蛋白质、脂类及原料中某些风味前体而产生呈香物质的。因此发酵制品的各种香气成分，还决定于原料的种类及所含的化学成分。如酒中醇类的形成就是微生物作用的典型例子，酒中乙醇是己糖在酵母作用经发酵而产生，戊醇和异戊醇是由酵母分解正亮氨酸和异亮氨酸而生成。

由微生物产生的风味极为广泛，但微生物在发酵风味化学中特殊的或确切的作用仍有待进一步探讨。干酪是广受欢迎的食品。各种干酪的生产工艺的差异，使它们具有各自的风味。但除了由甲基酮和仲醇产生的青霉干酪的独特风味，以及硫化物产生的表面成熟干酪的温和风味外，由微生物产生的干酪风味化合物难以归入特征风味化合物这一类。啤酒、葡萄酒、烈性酒（不包括我国的白酒）和酵母膨松面包中的酵母发酵，也不产生具有强烈和鲜明特征的风味化合物，然而乙醇使酒精饮料具有共同的特征。乳酸菌异型发酵产生的主要挥发物见图 9-8。

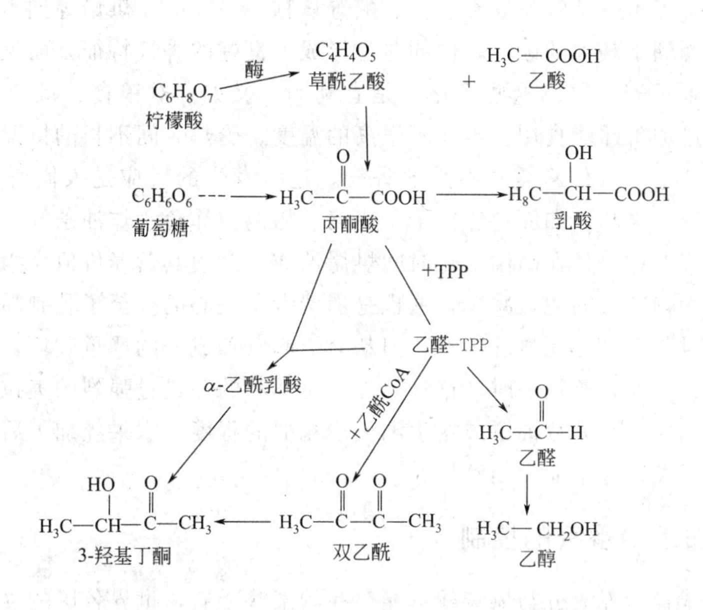

图 9-8　乳酸菌异型发酵产生的主要挥发物

六、外加赋香作用

还有很多食品是通过外加增香剂或其他方法（如烟熏法）使香气成分渗入到食品的表面

和内部而产生香气。如面点中常用薄荷香精使糕团带有清凉的薄荷香气等。烟熏制品主要是通过木材加热分解产生的气味物质挥发后，通过烟雾与食物接触，一方面烟雾传热使肉本身的风味前体生香，另一方面烟雾的各种挥发性成分通过扩散、渗透、吸附进入肉中，使肉产生烟熏味。

第四节　食品香气的控制与增强

一、食品加工中香气生成与损失

食品呈香物质形成的基本途径，除了一部分是由生物体直接生物合成之外，其余都是通过在加工和贮存中的酶促反应或非酶反应而生成。这些反应的前体物质大多来自食品中的成分，如糖类、蛋白质、脂肪、核酸以及维生素等。因此，从营养学的观点来考虑，食品在加工贮存过程中生成香气成分的反应是不利的。这些反应使食品的营养成分受到损失，尤其是那些人体必需而自身不能或不易合成的氨基酸、脂肪酸和维生素。当反应控制不当时，还会产生抗营养的或有毒性的物质，如稠环化合物等。

若从食品工艺的角度看，食品在加工过程中产生风味物质的反应既有有利的一面，也有不利的一面。有利的一面在于提高了食品的风味，不利的一面在于降低了食品的营养价值、产生不希望的褐变等。然而这很难作出肯定或否定的结论，要根据食品的种类和工艺条件的不同具体分析。例如，对于花生、芝麻等食物的烘烤加工，在其营养成分尚未受到较大破坏之前即已获得良好香气，况且这些食物在生鲜状态也不大适于食用，因而这种加工受到消费者欢迎。对咖啡、可可、茶叶或酒类、酱、醋等食物，在发酵、烘焙等加工过程中其营养成分和维生素虽然受到了较大的破坏，但同时也形成了良好的香气特征，而且消费者一般不会对其营养状况感到不安，所以这些变化也是有利的。又如，对粮食、蔬菜、鱼肉等食物来说，它们必须经过加工才能食用。若在不很高的温度、受热时间不长的情况下，营养物质损失不多而同时又产生了人们喜爱、熟悉的香气，这时发生的反应是人们所认同而无可非议的。有些烘烤或油炸食品，如面包、饼干、烤猪、烤鸭、炸鱼、炸油条等，其独特香气虽然受到人们的偏爱，但如果是在高温下长时间烘烤油炸，会使其营养价值大为降低，尤其是重要的必需氨基酸如赖氨酸的明显减少，这也是消费者所关心的。至于乳制品则是另外一种情况，美拉德反应对其香气并无显著影响，但却会引起营养成分的严重破坏，尤其是当婴儿以牛乳作为赖氨酸的主要来源之一时，这种热加工是不利的，经过强烈的美拉德反应之后，牛奶的价值甚至会降低到与大豆油饼或花生油粕粉相似的程度。水果经加工后，其风味和维生素等也受到很大损失，远不如食用鲜果。

二、食品加工中香气的控制

为了解决或减轻营养成分与风味间可能存在的某些矛盾，世界各国的食品科技工作者都十分重视对食品中香气的控制、稳定和增强等方面的研究。食品中香气的控制、稳定与增强，在食品加工行业中称为食品的调香。

1. 酶的控制

酶对食品尤其是植物性食品香气物质的形成，起着十分重要的作用。在食品的加工和贮存过程中，除了采用加热或冷冻等方法来抑制酶的活性外，如何利用酶的活性来控制香气的形成，目前也正在研究和探索。一般认为，对酶的利用主要有下列两个途径：

（1）食品中加入特定的酶。人们通过在玻璃容器内将酶液与基质作用生成香气的方法，筛选出能生成特定香气成分的酶，这种酶称为“增香酶”，例如黑芥子硫苷酸酶、蒜氨酸酶等。以洋白菜为代表的许多蔬菜，其香气成分中都有异硫氰酸酯。当蔬菜脱水干燥时，由于黑芥子硫苷酸酶失去了活性，这时即使将干燥蔬菜复水，也难以再现原来的新鲜香气。若将黑芥子硫苷酸酶液加入干燥的洋白菜中，就能得到和新鲜洋白菜大致相同的香气风味。用酶处理过的加工蔬菜，香气不但接近于鲜菜，而且又突出了天然风味中的某些特色，往往更受人们喜爱。又如，为了提高乳制品的香气特征，也有人利用特定的脂肪酶，以使乳脂肪更多地分解出有特征香气的脂肪酸。

（2）有些食品中会含有少量的具有不良气味的成分，从而影响了风味，在食品中可加入特定的去臭味酶，利用酶反应来去掉这种气味不好的成分，以改善食品香气。例如，大豆制品中的豆腥味，用化学或物理方法完全除掉相当困难，而利用醇脱氢酶和醇氧化酶来将这些醛类氧化，便有可能除去它们产生的豆腥味。

目前在食品加工中，采用加酶方法恢复某些新鲜香气或消除某种异味，尚未得到广泛应用，其主要原因：一是从食品中提取酶制剂经济成本较高；二是将酶制剂纯化以除去不希望存在的酶类，技术难度较大；三是将加工后的食品和酶制剂分装在两个容器上出售带来麻烦。

2. 微生物的控制

发酵香气主要来自微生物作用下的代谢产物。发酵乳制品的微生物有三种类型：一是只产生乳酸的细菌；二是产生柠檬酸和发酵香气的细菌；三是产生乳酸和香气成分的细菌。其中第三类菌能将柠檬酸在代谢过程中产生的α-乙酰乳酸转变成具有发酵乳制品特征香气的丁二酮，故有人也将它叫作芳香细菌。因此，可以通过选择和纯化菌种来控制香气。此外，严格的工艺条件对食品香气也很重要。有时也可以利用微生物的作用来抑制某些气味的生成。

三、食品香气的稳定和隐蔽

香气物质由于蒸发原因而造成的损失，可以通过适当的稳定作用来防止。在一定条件下使食品中香气成分的挥发性降低的作用，叫稳定作用。稳定作用必须是可逆的，否则会造成香气成分的损失而毫无意义。香气物质的稳定性是由食物本身的结构和性质所决定的。例如，完整无损的细胞比经过研磨、均质等加工后的细胞能更好地结合香气物质。目前对食品香气的稳定作用大致有两种方式。

（1）形成包含物　即在食品微粒表面形成一种水分子能通过而香气成分不能通过的半渗透性薄膜。这种包含物一般是在食品干燥过程中形成的。组成薄膜的物质有纤维素、淀粉、糊精、果胶、琼脂、羧甲基纤维素等。它们通常能与较大分子的营养物或香气成分结合而不能与水分子结合，当加入水后易将香气成分释放出来。

（2）物理吸附作用　对那些不能形成包含物的香气成分，可以通过物理吸附作用（如溶解或吸收）而与食物成分结合。一般液态食品比固态食品有较大的吸附力，脂肪比水有更大的黏结性，大分子量的物质对香气的吸收性较强等。例如，可用糖来吸附醇类、醛类、酮类化合物，用蛋白质来吸附醇类化合物。但若用糖或蛋白质来吸附酸类、酯类化合物，则效果要差很多。

四、食品香气的增强

目前主要采用两种途径来增强食品香气：一是加入食用香料以达到直接增加香气成分的目的；二是加入香味增效剂。它们具有用量极少、增香效果显著、并能直接加入到食品中去等优点。香味增效剂本身不一定呈现香气，亦不改变食品中香气物质的结构和组成，它的作用在于加强对嗅感神经的刺激，提高和改善嗅细胞的敏感性，加强香气信息的传递。香味增效剂有各种类型，呈现出不同的增香效果。有的增效作用较为单一，只对某个种类食品有效果。有的增香范围广泛，对各类食品都有增香作用。目前在实践中应用较多的主要有麦芽酚、乙基麦芽酚、谷氨酸钠（MSG）、5′-胞苷酸（IMP）、5′-鸟苷酸（GMP）等。

麦芽酚和乙基麦芽酚属于吡喃酮类衍生物。麦芽酚学名为2-甲基-3-羟基-4-吡喃酮，俗名叫2-甲基焦袂康酸，商品名叫味酚、巴拉酮、考巴灵等。乙基麦芽酚俗名称2-乙基焦袂康酸。它们都是白色或微黄色针状结晶，易溶于热水，也可溶于多种有机溶剂中。它们都具有焦糖香气，乙基麦芽酚还有明显的水果香味。其结构见图9-9。

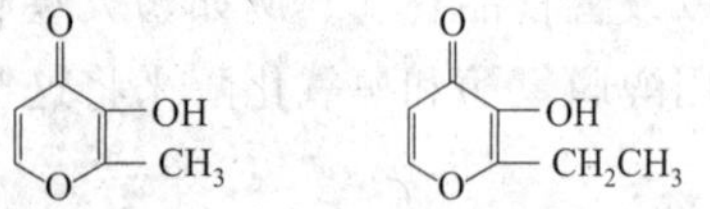

麦芽酚　　乙基麦芽酚

图9-9　麦芽酚和乙基麦芽酚的结构

麦芽酚和乙基麦芽酚的结构中含有酚羟基，遇 Fe^{3+} 会发生结合而显红色，影响食品的洁白度，故应防止食品与铁器长期接触。它们在酸性条件下的增香效果较好，随着pH的升高，香气减弱。在碱性条件下由于形成酚盐，效果较差。

麦芽酚和乙基麦芽酚在水中的溶解度见表9-9，目前在各种食品和卷烟中都已得到广泛应用，麦芽酚的参考用量见表9-10。

表9-9　麦芽酚和乙基麦芽酚在水中的溶解度　　单位：g/100mL

温度/℃	15	20	25	100
麦芽酚	0.82	1.05	1.22	10.00
乙基麦芽酚	1.53	1.66	1.81	16.66

表9-10　麦芽酚在一些食品中的参考用量　　单位：mg/kg

食品名称	用量	食品名称	用量	食品名称	用量
汽水	20～30	番茄汁	100	冰淇淋	10～30
低热量饮料	20	发酵牛奶	100～200	巧克力布丁	75
葡萄汁	10～50	甜酒	20～200	即席布丁	30～150
橘汁	25～50	巧克力饮料	250	椰子布丁	75

麦芽酚的使用方式主要有3种：一是作为食品香料使用，一般用量较大，常在200mg/kg以上，若增至500mg/kg效果更显著，它会使食品产生麦芽酚固有的香蜜饯般的香气和水果香气，并有抗菌防腐作用。二是作为香味增效剂使用，一般用量较小，常在5～15mg/kg之间，它能对某一主要成分的香气起增效作用，也能使两个或两个以上的香味更加调和。例如，加入肉中能配合氨基酸明显增加肉香，加到天然果汁内可明显提高该水果的独特风味。三是作为甜味增强剂使用，能减少食品中糖的用量，并可去掉加入糖精后的苦涩味感，对于某些必须减糖的疗效食品有效果。乙基麦芽酚的增香作用约为麦芽酚的3～8倍。

第五节 食品中的味感物质

一、食品中的基本味感及味感物质

1. 食品中的甜味

甜味是普遍受人们欢迎的一种基本味感，常用于改进食品的可口性和某些食用性。说到甜味，人们很自然地就联想到糖类，它是最有代表性的天然甜味物质。除了糖及其衍生物外，还有许多非糖的天然化合物、天然化合物的衍生物和合成化合物也都具有甜味，有些已成为正在使用的或潜在的甜味剂（见第十章食品添加剂）。

2. 食品中的酸味

酸味是动物进化最早的一种化学味感，许多动物对酸味剂刺激都很敏感，人类由于早已适应酸性食物，故适当的酸味能给人以爽快的感觉，并促进食欲。

不同的酸具有不同的味感，酸的浓度与酸味之间并不是一种简单的相互关系。酸的味感是与酸性基团的特性、pH、滴定酸度、缓冲效应及其他化合物尤其是糖的存在与否有关。

3. 食品中的咸味

咸味在食品调味中颇为重要。咸味是中性盐所显示的味，只有氯化钠才产生纯粹的咸味，用其他物质来模拟这种咸味是不容易的。如溴化钾、碘化钾除具有咸味外，还带有苦味，属于非单纯的咸味。一般情况，盐的阳离子和阴离子的原子量越大，越有增大苦味的倾向。0.1mol/L 浓度的各种盐的味感特点见表 9-11。

表 9-11 各种盐的味感特点

味感	盐的种类
咸味	$NaCl$、KCl、NH_4Cl、$NaBr$、NaI、$NaNO_3$、KNO_3
咸苦味	KBr、NH_4I
苦味	$MgCl_2$、$MgSO_4$、KI、$CsBr$
不愉快味兼苦味	$CaCl_2$、$Ca(NO_3)_2$

咸味是由离解后的离子所决定的。咸味产生虽与阳离子和阴离子互相依存有关，但阳离子易被味感受器的蛋白质的羧基或磷酸吸附而呈咸味。因此，咸味与盐离解出的阳离子关系更为密切，而阴离子则影响咸味的强弱和副味。咸味强弱与味神经对各种阴离子感应的相对大小有关。

苹果酸盐及葡萄糖酸盐亦有食盐一样的咸味，可用作无盐酱油的咸味料，供肾脏疾病患者作限制摄取食盐的调味料。

食品调味用的盐，应该是咸味纯正的食盐。食盐中常混杂有氯化钾、氯化镁、硫酸镁等其他盐类，它们的含量增加，除咸味外，还带来苦味。所以食盐需经精制，以除去这些有苦味的盐类，使咸味纯正，但若微量存在，则有利于加工或直接食用时的呈味作用。

4. 食品中的苦味

苦味是食物中很普遍的味感，许多无机物和有机物都具苦味。单纯的苦味并不令人愉快，但当它与甜、酸或其他味感调配得当时，能形成一种特殊风味，例如苦瓜、白果、茶、咖啡等，广泛受到人们的喜爱，同时苦味剂大多具有药理作用，一些消化活动障碍、味觉减弱或衰退的人，常需要强烈刺激感受器来恢复正常，由于苦味阈值最小，也最易达到这方面的目的。

二、食品中的其他味感及味感物质

1. 食品中的鲜味

鲜味是一种复杂的综合味感，当鲜味剂的用量高于其单独检测阈值时，会使食品鲜味增加，但用量少于阈值时，则仅是增强风味，故欧美常将鲜味剂作为风味增效剂使用。鲜味是食品的一种能引起强烈食欲、可口的滋味。呈味成分有核苷酸、氨基酸、肽、有机酸等类物质。

2. 食品中的涩味

当口腔黏膜蛋白质被凝固，就会引起收敛，此时感到的滋味便是涩味。因此涩味不是由于作用味蕾所产生的，而是由于刺激触觉神经末梢所产生的。

引起食品涩味的主要化学成分是多酚类化合物，其次是铁金属、明矾、醛类、酚类等物质，有些水果和蔬菜中存在的草酸、香豆素和奎宁酸等也会引起涩味。

未成熟柿子的涩味是典型的涩味。涩柿的涩味成分，是以无色花青素为基本结构的配糖体，属于多酚类化合物，易溶于水。当涩柿及未成熟柿的细胞膜破裂时，多酚类化合物逐渐溶于水而呈涩味。在柿子成熟过程中，分子间呼吸或氧化，使多酚类化合物氧化，聚合而形成不溶于水的物质，涩味随即消失。

茶叶中亦含有较多的多酚类物质，由于加工方法不同，制成的各种茶所含的多酚类各不相同，因而它们的涩味程度也不相同。一般绿茶中多酚类含量多，而红茶经过发酵后多酚类被氧化，其含量减少，涩味也就不及绿茶浓烈。

3. 食品中的辣味

辣味是辛香料中一些成分所引起的味感，是一种尖利的刺痛感和特殊的灼烧感的总和。它不但刺激舌和口腔的触觉神经，同时也会机械刺激鼻腔，有时甚至对皮肤也产生灼烧感。适当的辣味有增进食欲、促进消化液分泌的功能，在食品调味中已被广泛应用。

4. 食品中的清凉味

薄荷醇和D-樟脑代表一类清凉风味物，它们既有清凉嗅感，又有清凉味感。其中薄荷醇是食品加工中常用的清凉风味剂，在糖果、清凉饮料中使用较广泛。这类风味产物产生清凉感的机制尚不清楚。

三、影响味感的因素

1. 呈味物质的结构

呈味物质的结构是影响味感的内因。一般说来，糖类如葡萄糖、蔗糖等多呈甜味，羧酸如乙酸、柠檬酸等多呈酸味，盐类如氯化钠、氯化钾等多呈咸味，而生物碱、重金属盐则多呈苦味。但它们都有许多例外，如糖精、乙酸铅等非糖有机盐也有甜味，草酸并无酸味而有涩味，碘化钾呈苦味而不显咸味等。总之，物质结构与其味感间的关系非常复杂。有时分子结构上的微小改变也会使其味发生极大的变化，见图 9-10。

2. 温度

温度对味感有影响，最能刺激味感的温度在 10～40℃之间，其中以 30℃时最为敏锐，低于 30℃或高于 30℃时，各种味觉大多变得稍迟钝，不同的味感受到温度影响的程度也不相同，其中对糖精甜度的影响最大，对盐酸影响最小。

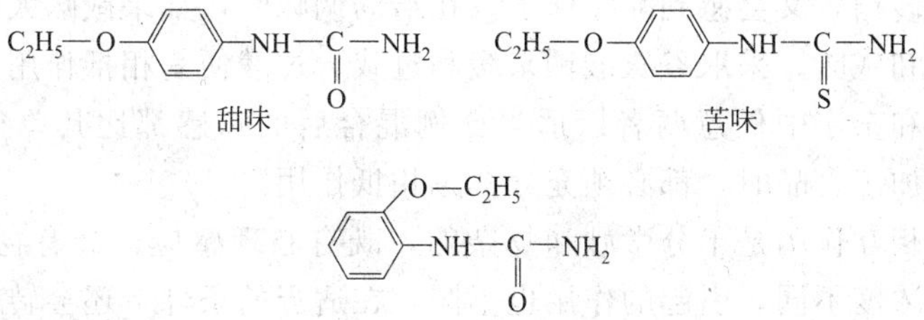

$C_2H_5-O-C_6H_4-NH-C(=O)-NH_2$ 甜味　　$C_2H_5-O-C_6H_4-NH-C(=S)-NH_2$ 苦味

o-$(C_2H_5-O)C_6H_4-NH-C(=O)-NH_2$ 无味

图 9-10　物质结构与味之间的关系

3. 浓度和溶解度

味感物质在适当浓度时，通常会使人有愉快感，而不适当的浓度则会使人产生不愉快的感觉。浓度对不同味感的影响差别很大。一般来说，甜味在任何被感觉到的浓度下都会给人带来愉快的感受。单纯的苦味差不多总是令人不快的。而酸味和咸味在低浓度时使人有愉快感，在高浓度时则会使人感到不愉快。

呈味物质只有溶解后才能刺激味蕾。因此，其溶解度大小及溶解速度快慢，也会使味感产生的时间有快有慢，维持时间有长有短。例如蔗糖易溶解，故产生甜味快，消失也快。而糖精较难溶，则味觉产生较慢，维持时间也较长。

4. 呈味物质的相互作用

（1）食品味的对比作用　两个同时感受到的味称同时对比。而在感受现有的味之时，再感受新的一个味则称继时对比。由于条件的不同，感觉显然是不同的，这同拿过不同重量物品的两只手，再拿同样重的物品时拿过轻物品的手首先感到沉。如加入一定的食盐，能使味精的鲜味增强。又如在15%的砂糖溶液中添加0.001%的奎宁，所感到的甜味比不添加奎宁时的甜味强。同样还有食盐会使砂糖溶液甜味提高，日常生活中，常有人在西瓜上抹点食盐再吃。

（2）食品味的变调作用　两种味的相互影响会使味改变，特别是先摄入的味给后摄入的味造成质的变化，这种作用就叫作变调作用，也有人称之为阻碍作用。如口渴时喝水会有甜感，同样在吃了很咸的食物之后，马上喝普通的水也会感到甜。而喝了涩感很强的硫酸镁溶液后再喝普通的水，也同样会有甜感。

变调作用和对比作用都是先味影响后味的作用，但是对比作用是指第二口味的忽强忽弱，变调现象则指味质本身的变化。

（3）食品味的相乘作用　两种具有相同味感的物质共同作用，其味感强度几倍于两者分别使用时的强度，这就是相乘作用，也称为协调作用。日本用海带和木松鱼制取鲜味汁，就是利用肌苷酸和谷氨酸鲜味相乘作用的一个典型例子。谷氨酸和肌苷酸的相乘效果是很明显的，例如在1%食盐溶液中分别添加0.02%谷氨酸钠和0.02%肌苷酸钠，两者只有咸味而无鲜味，但是将其混合在一起就有强烈的鲜味。另外，麦芽酚对甜味的增强效果以及对任何风味的协调作用，已为人们应用。

（4）食品味的相抵作用　与相乘作用相反，因一种味的存在而使另一种味明显减弱的现象叫做相抵作用，也称为消杀作用。

有人发现热带植物匙羹藤所含的匙羹藤素可以抑制甜味和苦味，而对酸味和咸味没有相抵作用。日常生活中，谷氨酸使盐腌制品的咸味弱于相同浓度的食盐溶液，如酱油、酱类、咸鱼等含有20%左右的食盐和0.8%～1.0%谷氨酸。在橘子汁里添加少量柠檬酸，会感觉甜味减少，如再加砂糖，又会感到酸味弱了。在给汤调味时，如果咸味太强，可以用添加谷氨酸钠的办法来缓和咸味。采取谷氨酸钠来缓和过咸、过酸便是相抵作用。相抵作用也是砂糖、食盐、柠檬酸和奎宁中任意两者以适当比例混合后的味感都比其单独存在时要弱的原因。在烹调或调味加工食品时，都必须充分考虑相抵作用。

食品味的这些相互作用是十分微妙和复杂的，既有心理感应，又有物理和化学的作用，由于各呈味物质的浓度不同，引起的作用也不同，在适当的条件下还会转化，其作用机理至今尚未研究清楚。

5. 年龄

每个人生活的环境差异都很大，在饮食方面表现为所摄取的食物和嗜好的不同，特别是随着年龄的增长，味觉衰退给饮食造成很大影响。人们通过调查，研究了年龄与味觉的关系发现如下特点：成人对甜味的阈值为1.23%，孩子对糖的敏感是成人的两倍，阈值仅为0.68%，5～6岁的幼儿和老年人对糖的满意浓度（感觉最适口的浓度）呈极大，而初、高中生则喜欢低甜度。在4种基本味感中，苦味较特殊，虽然人们开始逐渐接受它，但总的来说人们一般都不喜欢它，特别是单独的苦味，幼儿对苦味最敏感，老年人显得较为迟钝。随着年龄的增长，人对甜、酸、咸、苦的敏感性发生衰退，年龄到50岁左右，敏感性衰退得更加明显。人对不同味的敏感性的衰退存在差异，对酸味的敏感性衰退不明显，甜味降低50%，苦味只有约30%，咸味仅剩25%。

思考题

1. 食品风味的定义是什么？
2. 食品中风味物质的特点是什么？
3. 食品风味化学的研究意义有哪些？
4. 食品风味研究的新课题有哪些？
5. 食品中有哪些香气物质？
6. 食品中香气物质形成的途径有哪些？试分别举例说明。
7. 食品加工中香气会发生哪些损失？
8. 食品加工中香气的变化应如何控制？
9. 如何稳定及隐蔽食品中的香气？
10. 如何增强食品中的香气？
11. 食品有哪些基本味感？
12. 影响味感的因素有哪些？

参考文献

[1] 丁耐克. 食品风味化学. 北京：中国轻工业出版社，2006.
[2] 夏延斌. 食品风味化学. 北京：化学工业出版社，2008.
[3] 宋焕禄. 食品风味化学. 北京：化学工业出版社，2008.
[4] 曹雁平. 食品调味技术. 北京：化学工业出版社，2003.
[5] 迟玉杰. 食品化学. 北京：化学工业出版社，2012.

[6] 韩雅珊. 食品化学. 2版. 北京：中国农业大学出版社，1998.
[7] 王璋，许时婴，汤坚. 食品化学. 北京：中国轻工业出版社，2016.
[8] 阚建全. 食品化学. 3版. 北京：中国农业大学出版社，2016.
[9] 刘邻渭. 食品化学. 郑州：郑州大学出版社，2011.
[10] Fennema O R. Food Chemistry. 3rd ed. New York，Basel，Hong Kong：Marcel Dekker，Inc，1996.
[11] Peterson M S，Johnson A H. Encyclopedia of Food Science. AVI Westport，1978.
[12] 江波，杨瑞金，食品化学. 北京：中国轻工业出版社，2018.

第十章

食品添加剂

第一节　引言

一、食品添加剂定义

食品添加剂，是指为改善食品色、香、味和品质，以及防腐和加工工艺的需要而加入食品中的化学合成物质或天然物质。食品添加剂本身并不是食物或食品的必要成分，而只是为了达到某些特定目的，在食品的生产、加工、贮藏和运输等过程中所使用的人工合成或者天然物质。

二、食品添加剂在食品工业中的作用

食品工业是国民经济的一个重要支柱工业，在我国食品工业的年产值长期居于各工业的前列。而食品工业发展的一个重要组成部分就是食品添加剂。众所周知，单纯天然食品原料制作出的食品无论是其色香味，还是其质构和保藏性都不能满足消费者的需要，可以说食品添加剂成就了食品工业。食品添加剂在食品工业中有如下作用：

1. 用于提高食品质量

食品必须能引起人们的食欲，使人们得到视、嗅、味觉的满足和享受，才能为人们所接受。但不少现代或传统食品不都是集营养、卫生、感官于一身，而且一种营养丰富、品质优良的原料，只用一般的加工，往往也达不到色泽鲜艳、美味可口的程度。这时使用添加剂就能改良食品的形态和组织结构，对食品进行有效的加工，并安全地保存食品，这对于提高食品营养价值和产品质量、科学利用食物资源和提高人民生活水平是非常有效的。

人们喜爱的精制的粮食制品中往往缺乏一定的维生素，若用食品添加剂来补充维生素，既可满足人们的感官要求，又使精制食品的营养合理。糖尿病人不能吃糖，可以适量使用无热量或低热量的食品甜味剂，如天冬氨酰苯丙氨酸甲酯和甜菊糖等。将磷脂用于面包中，它能明显改善面包的外观及内在质量。所以，不论食品原料如何，使用食品添加剂来提高产品质量是食品工业的重要课题之一。

2. 有利于食品加工

在面包加工中，膨松剂是必不可少的。在制糖工业中添加乳化剂，可缩短糖膏煮炼时间，消除糖缸中的泡沫，提高过饱和溶液的稳定性，使晶粒分散、均匀，降低糖膏黏度，提高热交换系数，对糖膏有稳定作用，进而提高糖果的产量与质量。在连续生产豆腐的工艺

中，使用葡萄糖酸-δ-内酯作凝固剂以适应现代化生产的需要。

使用食品添加剂能充分保护有限的食物资源，在食物、食品的贮存过程中需要食品添加剂以减少各种损失。例如，在油脂中加入抗氧化剂以防止油脂氧化变质。在酱油中加入苯甲酸来防止酱油变质等。据估计，目前粮食在贮藏过程中产生的损失约占14.89%。变质食品、蔬菜、水果的损耗也很惊人，所以在食物中加入食品保存剂已成为其贮存、保鲜、运输、销售的重要手段。

3. 有利于综合利用

各类食品添加剂可以使原来被认为的废弃物重新得到利用并开发出物美价廉的新型食品。例如，食品厂制造罐头的果渣、菜浆，经过回收再加工处理，而后加入适量的维生素、香料等添加剂，就可制成便宜可口的果蔬汁。又如利用生产豆腐的豆渣，加入适当的添加剂和其他助剂，豆渣变为可口的膨化食品。

总之，现代工业食品，几乎无一不用食品添加剂，食品添加剂已成为食品行业中的“秘密武器”。

三、食品添加剂的分类

各国对食品添加剂的分类方法差异甚大，使用较多的是按其在食品中的功能来分类。

根据食品添加剂在食品加工、运输、贮藏等环节中的功能可将其分为23类：酸度调节剂、抗结剂、消泡剂、抗氧化剂、漂白剂、膨松剂、胶基糖果中基础剂物质、着色剂、护色剂、乳化剂、酶制剂、增味剂、面粉处理剂、被膜剂、水分保持剂、防腐剂、稳定剂和凝固剂、甜味剂、增稠剂、香精香料、食品工业用加工助剂和营养强化剂。

四、对食品添加剂的要求及选用原则

不言而喻，食品添加剂必须具有特定的功能，对人体无任何毒害作用。任何一种作为食品添加剂使用的物质，安全性是前提。据此，对食品添加剂的一般要求和选用原则如下：

① 食品添加剂本身应该经过了充分的毒理学鉴定，并在使用范围内对人体无毒害作用。

② 食品添加剂应该是食品生产、加工和贮藏等过程中所必须加入的，不必要的物质不要加入，能少加的尽量少加，以免有损成品固有的质量和造成成本提高。

③ 食品添加剂应有严格的质量标准，有害物质不得被检出或不得超过允许限量。

④ 食品添加剂对食品营养不应有破坏作用，并且不得影响食品的质量及固有风味。

⑤ 食品添加剂添加后应能够提高食品对消费者的吸引力和喜爱的程度。

⑥ 出口食品必须遵照输入国或地区的法律和法规。

五、食品添加剂的发展趋势

1. 研究开发天然食品添加剂和研究改性天然食品添加剂

绿色食品是当今食品发展的一大潮流，在这一潮流中，天然食品添加剂是重要组成之一。当前，人们对食品安全问题越来越关注，大力开发天然、安全、多功能食品添加剂，不仅有益于消费者的健康，而且能促进食品工业的发展。

2. 大力研究生物来源食品添加剂

近年来，人们逐渐认识到天然食品添加剂一般都有较高的安全性，因此对其应用越来越广泛。但自然界植物、动物的生产周期很长，生产效率低，采用现代生物技术生产天然食品添加剂不仅可以大幅度提高生产能力，而且还可以生产一些新型的食品添加剂，如红曲色素、乳酸链球菌素、黄原胶、溶菌酶等。

3. 研究新型食品添加剂合成工艺

很多传统的食品添加剂本身有很好的使用效果，但由于制造成本高，产品价格昂贵，应用受到了限制，迫切需要开发一些高效节能的工艺。如甜菊糖苷采用大孔树脂吸附工艺后，产品质量和成本都有很大的改进，对甜菊糖苷的推广应用起到了很大的促进作用。

4. 研究食品添加剂的复配

生产实践表明，很多食品添加剂复配可以产生增效作用或派生出一些新的效用，复配不仅可以降低食品添加剂的用量，而且可以进一步改善食品的品质，提高食品的食用安全性，其经济意义和社会意义是不言而喻的。

5. 研究专用食品添加剂

不同的应用场合往往要求不同性能的食品添加剂或组合，研究开发专用的食品添加剂或其组合可以最大限度地发挥食品添加剂的潜力，极大地方便使用，提高有关产品的质量，降低产品的成本。

6. 研究高分子型食品添加剂

增稠剂基本上都是天然的或改性天然水溶性高分子，其他食品添加剂除了少数生物高分子外，基本上都是小分子物质。实践表明，若能把普通食品添加剂高分子化，往往可以具有如下优点：①食用安全性大大提高；②热值低；③效用耐久化。

由于自然界存在很多与食品添加剂相同的物质，在工业上，食品添加剂也可由天然食物来源制取，在本书的相应章节中已深入讨论过这类化合物，例如在第三章（食品中的糖类）、第五章（食品中的脂类）、第六章（食品中的酶）及第八章（食品中的色素）等中已讨论过某些可用作食品添加剂的天然物质。本章仅限于讨论食品添加剂的一般原理和几类重要的天然和合成的食品添加剂的结构和功能，重点为本书其他章节中未包括的或有必要进一步讨论的种类。

第二节　食品抗氧化剂

小剂量（一般小于0.02%）而又能延缓油脂氧化的物质称抗氧化剂。

一、抗氧化剂的抗氧化机理

抗氧化剂（antioxidants）按抗氧化机理可分为自由基清除剂、单线态氧猝灭剂、氢过氧化物分解剂、酶抑制剂、抗氧化剂增效剂。

1. 自由基清除剂（氢供体、电子供体）

酚类（AH_2）抗氧化剂是优良的氢供体，可清除原有的自由基，同时自身生成比较稳定的自由基中间产物。

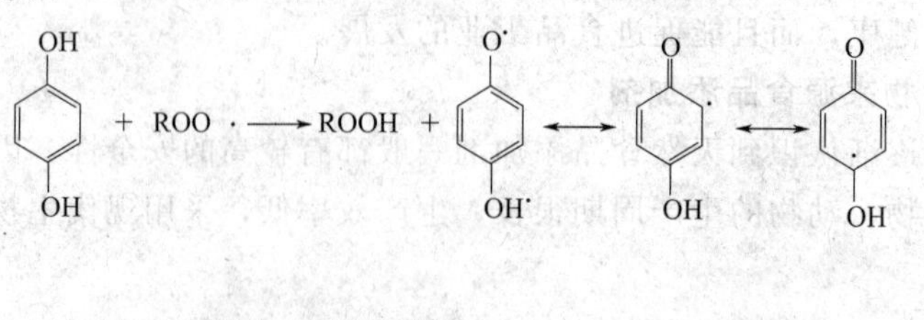

$$\text{(OH, OH)} + ROO\cdot \longrightarrow ROOH + \text{(O}\cdot\text{, OH}\cdot\text{)} \longleftrightarrow \text{(O, OH)} \longleftrightarrow \text{(O, OH)}$$

新自由基氧原子上的单电子可与苯环共轭，使之稳定。当酚羟基邻位有叔丁基时，由于存在空间位阻阻碍了氧分子进攻，故叔丁基的存在减少了烷氧自由基进一步引发链反应的可能性。

$$(CH_3)_2\ddot{N}-C_6H_4-\ddot{N}(CH_3)_2\ (D:) \xrightarrow{ROO\cdot} (CH_3)_2\overset{\oplus}{N}-C_6H_4-\ddot{N}(CH_3)_2\ (D^{\oplus}) + ROO:^{\ominus}$$

四甲基对苯二胺　　　　二甲基对苯二胺自由基阳离子

四甲基对苯二胺为供电子的抗氧化剂，油脂的过氧化自由基 ROO·从四甲基对苯二胺的 N 原子的未成对电子中夺取 1 个电子，成为稳定的 *N*-四甲基对苯二胺自由基阳离子 D^+，再与 $ROO:^-$ 缓慢结合形成不活泼的电荷移动复合体 $ROO:^- D^+$。

2. 单线态氧猝灭剂

单线态氧易与同属单线态的双键作用，转变成三线态氧，所以含有许多双键的类胡萝卜素是较好的单线态氧猝灭剂。其作用机理是激发态的单线态氧将能量转移到类胡萝卜素上，使类胡萝卜素由基态类胡萝卜素变为激发态胡萝卜素，而后者可直接放出能量回复到基态。此外，单线态氧猝灭剂还可使光敏化剂回复到基态。

3. 氢过氧化物分解剂

氢过氧化物是油脂氧化的初产物，有些化合物如硫代二丙酸或其与月桂酸及硬脂酸形成的酯（用 R_2S 表示）可将链反应生成的氢过氧化物转变为非活性物质，从而起到抑制油脂氧化的作用，这类物质被称为氢过氧化物分解剂，其作用机理如下：

$$R_2S + R'OOH \longrightarrow R_2S{=}O + R'OH$$
$$R_2S{=}O + R'OOH \longrightarrow R_2SO_2 + R'OH$$

4. 酶抑制剂

超氧化物歧化酶（SOD），可将超氧化物自由基转变为三线态氧和过氧化氢，生成的过氧化氢在过氧化氢酶的作用下转变为水和三线态氧，从而起到抗氧化作用。

$$2O_2^- \cdot + 2H^+ \xrightarrow{SOD} {}^3O_2 + H_2O_2$$
$$2H_2O_2 \xrightarrow{\text{过氧化氢酶}} 2H_2O + {}^3O_2$$

5. 抗氧化剂增效剂

当抗氧化剂与一种物质同时使用而能增强抗氧化效果时则这种物质称为抗氧化剂增效剂。增效剂的作用机理有两方面：一方面是能钝化催化油脂氧化的金属离子，因为增效剂能与金属离子形成螯合物使其活性降低或失活；另一方面它能与抗氧化剂自由基反应而使抗氧化剂还原，从而延长抗氧化剂寿命，减慢损耗。常见的增效剂有磷脂、柠檬酸、抗坏血酸及其酯、氨基酸、碳酸、酒石酸、植酸和磷酸等。

二、常用的抗氧化剂

抗氧化剂分为天然抗氧化剂和人工合成抗氧化剂，我国允许使用的抗氧化剂有生育酚、茶多酚、竹叶黄酮、没食子酸丙酯（PG）、抗坏血酸、丁基羟基茴香醚（BHA）、二丁基羟基甲苯（BHT）和 2-叔丁基对苯二酚（TBHQ）等 14 种。

1. 天然抗氧化剂

在天然抗氧化剂中，酚类仍是最重要的一类，如自然界中分布很广的生育酚，茶叶中的茶多酚，芝麻中的芝麻酚，愈创木树脂（酚酸）等均是优良的抗氧化剂。黄酮类及有些氨基酸和肽类也具有抗氧化活性。许多香辛料中也存在一些抗氧化成分，如鼠尾草酚酸、迷迭香酸、生姜中的姜酮和姜脑。有些天然的酶类如谷胱甘肽过氧化物酶，SOD也具有良好的抗氧化性能，此外还有前面提到的抗坏血酸、类胡萝卜素等。

（1）生育酚　生育酚有多种结构，其主要几种结构如图10-1所示。就抗氧化活性而言，几种生育酚的活性排序为δ-生育酚＞γ-生育酚＞β-生育酚＞α-生育酚。生育酚具有耐热、耐光和安全性高等特点，可用在油炸油中。

	R_1	R_2	R_3
α	CH_3	CH_3	CH_3
β	CH_3	H	CH_3
γ	H	CH_3	CH_3
δ	H	H	CH_3

图10-1　几种生育酚异构体的结构

（2）茶多酚　茶多酚为茶叶中的多酚类化合物，包括表没食子儿茶素没食子酸酯（EGCG）、表没食子儿茶素（EGC）、表儿茶素没食子酸酯（ECG）、表儿茶素（EC），其中EGCG在含水和含油体系中都是最有效的。茶多酚可用在油炸油、奶酪、猪肉、土豆片等食品中。

（3）L-抗坏血酸　L-抗坏血酸广泛存在于自然界，也可人工合成，是一种水溶性抗氧化剂，可用在加工过的水果、蔬菜、肉、鱼、饮料等食品中。L-抗坏血酸作抗氧化剂其作用是多方面的：①清除氧，如用在果蔬中抑制酶促褐变；②有螯合剂的作用，与酚类合用，作增效剂；③还原某些氧化产物，如用在肉制品中起护色作用，将褐色的高铁肌红蛋白还原成红色的亚铁肌红蛋白；④保护巯基—SH不被氧化。

2. 人工合成抗氧化剂

人工合成抗氧化剂由于其良好的抗氧化性能以及价格优势，目前仍然被广泛使用，几种最常用的人工合成抗氧化剂也大都属酚类，其结构见图10-2。

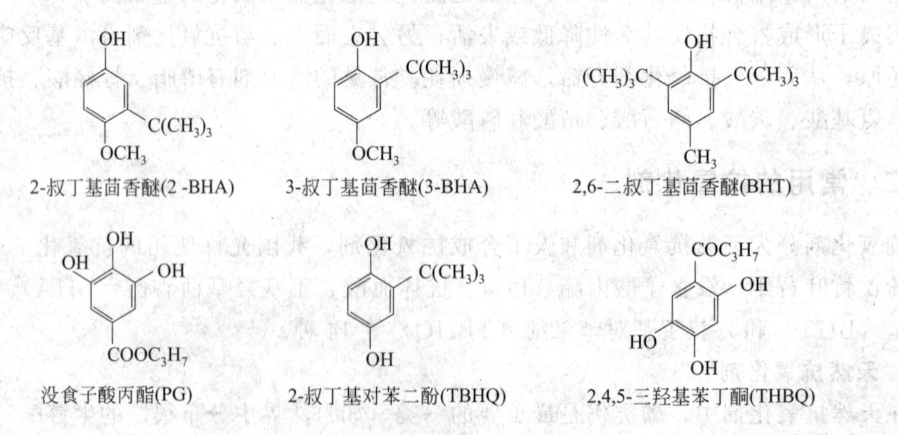

图10-2　人工合成抗氧化剂的结构

（1）叔丁基茴香醚（BHA）　商品化的BHA是2-BHA和3-BHA的混合物，在动物脂中的抗氧化效果优于用在植物油中。易溶于油，不溶于水，耐热性好，与金属离子作用不着色，可用在焙烤食品中，有典型的酚气味，动物实验表明 BHA 有一定的毒性，BHA 同时还有抗微生物的效果。

（2）2,6-二叔丁基茴香醚（BHT） 不溶于水，溶于有机溶剂，耐热性和稳定性较好，普通烹调温度对其影响不大，可用在焙烤食品中，遇金属离子不着色，无 BHA 那种特异臭味，且价格低廉，抗氧化能力强，在我国被作为主要的抗氧化剂使用。

（3）没食子酸丙酯（PG） 抗氧化性能优于 BHT 和 BHA，耐热性好，但遇金属离子易着色，故常与柠檬酸合用，因柠檬酸可螯合金属离子，既可作增效剂，又避免了遇金属离子着色的问题。PG 在食品焙烤或油炸过程中将迅速挥发，可用在罐头、方便面、干鱼制品中。

（4）2-叔丁基对苯二酚（TBHQ） 属油溶性抗氧化剂，在植物油中使用，抗氧化效果好于 BHA、BHT 及 PG，与铁离子不着色，无异味、臭味。

（5）D-异抗坏血酸及其钠盐 D-异抗坏血酸是合成品，属水溶性抗氧化剂，它具有 L-抗坏血酸的还原能力，但无生理活性，可用于水果、蔬菜、罐头、啤酒、果汁等食品中。

三、抗氧化剂使用的注意事项

① 抗氧化剂应尽早加入，因为油脂氧化反应是不可逆的，抗氧化剂只能起阻碍油脂氧化的作用，延缓食品氧化的时间，但不能改变已经氧化的结果。

② 抗氧化剂的使用要注意剂量问题，一是用量不能超出其安全剂量，二是有些抗氧化剂用量不合适时反而会有促氧化效果。

③ 选择抗氧化剂时应注意溶解性，油脂体系选用脂溶性抗氧化剂，含水体系应选水溶性抗氧化剂。抗氧化剂只有在体系中有良好的溶解性，才能充分发挥其抗氧化功效。

④ 在实际应用中常使用两种或两种以上的抗氧化剂，利用其增效效应。

⑤ 作为添加剂使用的抗氧化剂必须有较好的抗氧化性能，一般用量较低时，即可达到抗氧化目的。

第三节 食品防腐剂

食品防腐剂（抗微生物剂）是能抑制微生物活动，防止食品腐败变质的一类食品添加剂。为使食品具有一定的保藏期，就必须采用一定的措施来防止微生物的感染和繁殖。实践证明，采用防腐剂是达到上述目的最经济、最有效和最简捷的办法。

目前人们普遍对防腐剂有负面看法，认为防腐剂都是危害健康的。这迫使人们一方面改进工艺尽量减少防腐剂的用量；另一方面开发、应用一些无毒无害或者低毒的防腐剂，如山梨酸、生物防腐剂或复配型防腐剂等。现在国内外都在积极研究天然防腐剂，但天然防腐剂的防腐能力较差，抗菌谱较窄，价格也比较高。在 GB 2760 中允许使用的食品防腐剂都是经过了严格的毒理学和安全评价试验，只要严格按照使用规范正确使用，添加防腐剂的食品是绝对安全的。

按照其结构及作用特点，防腐剂一般可以分为有机酸性防腐剂、酯型防腐剂、无机盐防腐剂及生物防腐剂四大类。

一、有机酸性防腐剂

有机酸性防腐剂包括苯甲酸、山梨酸、丙酸、乙酸、脱氢乙酸及它们的盐类等。这类防腐剂的共同特点是体系的酸性越大，其防腐效果越好，但在碱性条件下几乎无效。

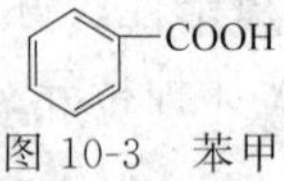

图 10-3 苯甲酸的结构

1. 苯甲酸及苯甲酸钠

苯甲酸又称安息香酸，化学结构见图 10-3。纯品为白色、具有光泽的鳞片状或针状结晶，无臭或略带安息香或苯甲醛的气味。1g 样品可溶于 275mL 水（25℃）、20mL 沸水或 3mL 乙醇。

苯甲酸对酵母菌和细菌抑菌活性较高，而对抗霉菌则活性较低。正常使用时，苯甲酸对人体无害，因为它与甘氨酸结合时，可生成苯甲酰甘氨酸（马尿酸），很容易从体内消除。苯甲酸的杀菌能力与 pH 有关，分子态苯甲酸的抑菌活性比离子态高，在 pH 低于 4 时抑菌活性高，完全抑制的最低浓度为 0.05%～0.1%。当 pH 高于 5 时，抑菌活性即显著降低。但是，由于在酸性溶液中苯甲酸溶解度降低，故不能单靠提高溶液酸性来提高抑菌活性。苯甲酸抑菌的最适宜 pH 为 2.0～4.0。苯甲酸钠的水溶性比苯甲酸好，可达 38%，因此实际使用中，都采用在苯甲酸中加适量碳酸钠或碳酸氢钠，用 90℃以上的热水溶解，使其转化成苯甲酸钠后再添加到食品中，或直接使用苯甲酸钠。如果必须使用苯甲酸，可先用适量乙醇溶解后再添加到食品中。

2. 山梨酸及山梨酸钾

山梨酸的化学结构式为 $CH_3CH=CHCH=CHCOOH$，纯品为无色晶体或结晶性粉末，具有特殊气味和酸味，对光、热相对稳定，但长期置于空气中易被氧化而变色。研究表明，山梨酸在人和动物体内与其他脂肪酸一样进行新陈代谢，因此是一种安全性较高的食品防腐剂。

山梨酸主要对霉菌、酵母菌和好氧腐败菌有效，而对厌氧细菌和乳酸菌几乎没有作用，并且在微生物数量过高的情况下发挥不了作用。因此，它只能适用于在有良好的卫生条件下和微生物数量较低的食品中防腐。

山梨酸的抑菌作用机制，在于它抑制微生物细胞中的各种酶。因此，只有山梨酸透过细胞壁进入微生物体内才能起作用。实验证明，只有分子态的山梨酸才能进入细胞内，所以分子态山梨酸的抑菌活性大于离子态的抑菌活性。山梨酸为弱酸，它在水溶液中的分子态与离子态的比例，受溶液 pH 的控制。如当 pH 为 3.15 时，约有 40%山梨酸可进入细胞内，而当 pH 为 7 时，则仅有 1%的山梨酸可进入细胞内。总的来讲，当溶液 pH 低于 4 时，山梨酸的抑菌活性高，当 pH 高于 6 时，抑菌活性降低。与苯甲酸类似，由于山梨酸在水中的溶解度很低，20℃是仅为 0.16%，因此通常都使用山梨酸的钾盐，20℃时山梨酸钾在水中的溶解度为 58.2%。

3. 丙酸及丙酸钙

丙酸结构式为 $CH_3—CH_2—COOH$，纯品为无色透明油状液体，可溶于水、乙醇等溶剂。丙酸钙纯品为白色结晶性粉末，可溶于水，微溶于乙醇。

丙酸为食品的正常成分，也是人体代谢的正常中间体，因此被消化系统吸收，无积累性，不随尿排出，它可与辅酶 A 结合形成琥珀酸盐（或酯），而进入三羧酸循环代谢生成二氧化碳和水。丙酸和丙酸钙被认为是安全食品防腐剂，广泛用于制作面包和加工干酪。

丙酸及丙酸盐作为食品防腐剂的特点是：它可有效地抑制引起食品发黏的菌类（如枯草芽孢杆菌），并且能抑制霉菌生长，但对酵母的生长基本无影响。丙酸及丙酸盐特别适用于面包等焙烤食品的防腐；由于丙酸的酸性电离常数较低，因此在较高 pH 的介质中仍有较强的抑菌作用，其最小的抑菌浓度在 pH5.0 时为 0.41%，在 pH6.5 时为 0.5%。

4. 脱氢乙酸及脱氢乙酸钠

脱氢乙酸及脱氢乙酸钠的结构见图 10-4。

脱氢乙酸为白色针状或片状结晶。无味、无臭，难溶于水，在 pH7 时溶解度相对较大，微溶于乙醇。对热稳定，在热强碱中易破坏，遇光逐渐变黄色，有吸湿性。具有较强的抑制细菌、霉菌及酵母生长的能力，尤其对霉菌作用最强，且其抑菌作用受 pH 和温度的影响较小。脱氢乙酸钠为白色结晶性粉末，几乎无臭，易溶于水，水溶液呈中性或弱碱性，难溶于乙醇等有机溶剂，对光、热稳定。脱氢乙酸钠的抗菌效力及对酵母菌的抑制能力比苯甲酸钠大 2 倍，对灰绿青霉菌和黑曲菌的抑制能力比苯甲酸钠大 25 倍。它是有机酸性防腐剂中解离度最小的，因而是抑菌作用最强的，作为防霉剂广泛用于腐乳、酱菜、酱油、馅料等食品中。

二、酯型防腐剂

酯型防腐剂有对羟基苯甲酸酯类和中链脂肪酸甘油单酯等。这类防腐剂的特点是 pH 对抑菌效果影响较小，毒性也比较低。但其在水溶性较低，一般情况下需要不同的酯类食品添加剂复配使用，一方面提高防腐效果，另一方面提高溶解度。也可以先利用有机溶剂（例如乙醇）进行溶解，然后加入食品中。

1. 对羟基苯甲酸酯类

对羟基苯甲酸酯又称尼泊金酯，其结构见图 10-5。

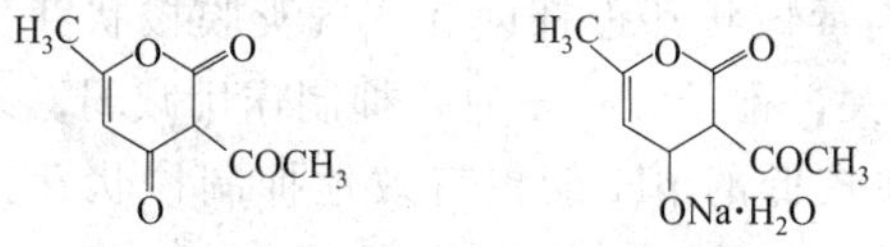

H_3C O O COCH$_3$ O 脱氢乙酸

H_3C O O COCH$_3$ ONa·H_2O 脱氢乙酸钠

图 10-4 脱氢乙酸及脱氢乙酸钠的结构

HO—⟨苯环⟩—COOR

图 10-5 对羟基苯甲酸酯的结构

其中 R 基可以是甲基、乙基、丙基、丁基或庚烷基，分别称为对羟基苯甲酸甲酯、乙酯、丙酯、丁酯及庚酯。它们的纯品为无色的细小结晶或结晶状粉末，难溶或微溶于水。对羟基苯甲酸酯类除对真菌有效外，因其具有酚羟基结构，所以抗细菌性能比苯甲酸、山梨酸都强。对羟基苯甲酸酯类的特点，是其毒性比苯甲酸低，抑菌作用与 pH 无关。但由于其水溶性比较低和具有特殊的气味，使其在食品防腐上的应用受到限制。除了用作部分食品的防腐剂外，大多作为药物、化妆品的防腐剂使用。

大多数国家允许将对羟基苯甲酸甲酯、乙酯、丙酯、丁酯用作食品防腐剂。美国多用乙酯和丙酯，日本多使用丁酯，我国 GB 2760 中规定对羟基苯甲酸乙酯和丙酯可用于食品防腐。一般都是将不同的酯类混合使用，也可与苯甲酸等混合使用，取其协同作用，以提高防腐效果。由于对羟基苯甲酸酯类的水溶性较低，所以使用时通常是先将其溶于氢氧化钠溶液中形成对羟基苯甲酸酯钠，水溶性增高，但贮藏稳定性降低；也可以先溶于乙酸或者乙醇中。对羟基苯甲酸酯类的抑菌活性主要是分子态起作用，但是由于其分子内的羧基已经酯化，不再电离，所以它的抗菌作用在 pH4～8 的范围内均有很好的效果。

2. 中链脂肪酸甘油单酯类

中链脂肪酸甘油单酯，包括辛酸（8:0）甘油单酯、葵酸（10:0）甘油单酯和月桂酸（12:0）甘油单酯。事实上许多游离的脂肪酸及其单酯均有一定的抗菌功能，而其中月桂酸甘油单酯是抗菌功能最强者。月桂酸甘油单酯的结构见图 10-6。

$H_2C—O—CO—(CH_2)_{10}—CH_3$
|
CHOH
|
CH_2OH

图 10-6 月桂酸甘油单酯的结构

月桂酸甘油单酯，是由一分子月桂酸和一分子甘油经酯化反应而形成的单酯。纯品是鳞片状或细粒状结晶，色泽为白色，不溶于冷水和甘油，但能在热水中形成稳定的水合分散体。月桂酸是椰子油的主要组成脂肪酸，月桂酸甘油单酯是椰子油在体内代谢生成的中间产物之一，因此具有较高的安全性。

月桂酸甘油单酯对革兰氏阳性细菌和霉菌有很强的抗菌功能，尤其对食品中一些严重的致病菌如金黄色葡萄球菌、李斯特氏菌均有极强的抑制作用，而对革兰氏阴性细菌则较弱。其抑菌功能不受 pH 的影响，在 pH4～8 范围内均可使用。除用作食品防腐剂外，月桂酸甘油单酯还是良好的乳化剂，可广泛用于食品、医药及化妆品。

三、无机盐防腐剂

无机盐防腐剂有二氧化硫和亚硫酸盐以及腌肉中常用的硝酸盐和亚硝酸盐等。由于使用这些盐后残留物对人体有一定的毒副作用，一般只将它们列入特殊的防腐剂中。

1. 硝酸盐和亚硝酸盐

亚硝酸和硝酸的钠盐常被加入腌肉中，用来产生和保持色泽、抑制微生物和产生特殊的风味。亚硝酸盐在肉中分解产生 NO，NO 与血红素类化合物作用形成亚硝酰肌红蛋白（见第八章食品中的色素）。亚硝酸盐可特异性地抑制肉毒梭状芽孢杆菌和产气荚膜梭状芽孢杆菌。然而，抑制的效果与存在于产品中的孢子数有关，孢子数量多时，抑制作用减弱。未解离的亚硝酸分子（HNO_2）抑菌性较强，因此，在较低的 pH 能更有效地抑制梭状芽孢杆菌。硝酸盐经微生物的还原作用能生成亚硝酸盐，相当于一个亚硝酸盐的储藏库。近年来已经证明腌肉中的亚硝酸盐参与生成具有致癌作用的亚硝胺，因此食品中亚硝酸盐和硝酸盐的使用已成为一个有争议的题目。亚硝酸盐的使用可能会受到进一步的限制，也许最终会从可接受的食品添加剂目录中被去除。

2. 二氧化硫和亚硫酸盐

在食品工业中，使用二氧化硫已有很长的历史，尤其是用作葡萄酒制造中的消毒剂。目前，亚硫酸处理（使用 SO_2 或亚硫酸盐）仍继续被用于葡萄酒工业，它也被用来处理脱水水果和蔬菜，是为了保持食品颜色和风味，而抑制微生物功能却是次要的。

亚硫酸盐是固体，便于使用。当亚硫酸盐溶于水时，它们形成了 H_2SO_3、HSO_3^- 和 SO_3^{2-}，每一种形式所占的比例取决于溶液的 pH。在低 pH 时亚硫酸盐（或 SO_2）的抗微生物效果增强，这可能是因为未解离的亚硫酸能较容易地透过细胞壁。亚硫酸抑制酵母、霉菌和细菌，但抑制的程度并非完全一致，在高 pH 时更是如此。一些酵母比乳酸菌和乙酸菌更耐亚硫酸盐，这个性质使亚硫酸盐在葡萄酒工业中特别有用。

亚硫酸盐是通过下列方式使微生物失活或被抑制的：①亚硫酸盐与碳水化合物作用，使它们不能作为一个能源；②它能还原酶蛋白中的—S—S—键，使细胞代谢所必需的酶促反应不能发生；③SO_2与酮基反应生成羟基磺酸盐（酯），能抑制有NAD参与的呼吸电子传递链反应。

二氧化硫和亚硫酸盐经代谢成硫酸盐后，从尿液排出体外，并无任何明显的病理后果。但由于某些哮喘病人对亚硫酸或亚硫酸盐有反应，以及二氧化硫及其衍生物潜在的诱变性，人们正在对它们进行再审查。经亚硫酸盐或SO_2处理的食品，如果它们的残留量过高，就会产生可觉察的异味。

四、生物防腐剂

生物防腐剂有乳酸链球菌素、那他霉素等。它是一大类由各种微生物天然产生的抗微生物剂，其本质上属于抗生素，具有选择性的抗微生物活性。由于抗生素在动物活体内能有效地控制致病菌，促使人们对其用于食品保藏的潜在可能性进行了广泛研究。然而，因为害怕抗生素的日常使用会产生耐药性微生物，所以大多数抗生素不被允许在食品中使用。

在有限几种可用于食品防腐的抗生素中，乳酸链球菌素最引人注目。乳酸链球菌素（Nisin）又称乳链菌素、乳链菌肽，为白色或略带黄色的结晶性粉末或颗粒，略带咸味。它是由乳酸链球菌合成的一种多肽抗生素类物质。1969年FAO/WHO食品添加剂联合专家委员会对乳酸链球菌素作为食品添加剂进行了评价，到目前为止，全世界有47个国家和地区允许在许多制品中使用乳酸链球菌素。乳酸链球菌素在水中的溶解度随pH的下降而提高，在酸性条件下水溶性大，如pH为2.5，溶解度为12%，pH大于7时，则在水中几乎不溶。其稳定性也与环境pH相关，在酸性介质中最稳定，在牛奶等食品中大分子蛋白质对乳酸链球菌素可以提供保护作用，使其在加热时少分解和少失去活性。

乳酸链球菌素的抗菌谱比较窄，它只能杀死或抑制革兰氏阳性菌，特别是细菌芽孢，对革兰氏阴性菌、酵母和霉菌均无作用。乳制品、罐头食品及一些乙醇饮料中的腐败微生物及致病菌大部分可被乳酸链球菌素杀死或抑制，如乳制品中的金黄色葡萄球菌、溶血链球菌、肉毒梭菌等致病菌，啤酒中的乳杆菌、明串球菌等均对乳酸链球菌素很敏感，一般10mg/kg乳酸链球菌素即有效。由于乳酸链球菌素的杀菌谱比较窄，所以它在使用中多与其他防腐手段联合使用，以弥补其抗菌谱窄的缺点。研究证明乳酸链球菌素与热处理可相互促进，一方面是较低的使用量（0.25～10mg/kg）即可提高腐败微生物的热敏感性；另一方面是热处理也提高了细菌对乳酸链球菌素的敏感性。所以在加入乳酸链球菌素后再进行加热处理，既可提高乳酸链球菌素的作用，从而降低了使用浓度，又可大大地提高热处理的效果和降低热处理的温度。

第四节 食品甜味剂

甜味是人们十分喜爱的一种基本味，因此甜味剂在食品加工中必不可少。蔗糖作为甜味剂在食品工业中起着重要的作用，但由于可引起能量过剩和龋齿，因此人们不断地研究和开发蔗糖的替代品。蔗糖替代品朝着两个完全相反的方向发展：一是高甜度的强力甜味剂；二是低甜度的填充型甜味剂。填充型甜味剂的甜度通常较低，一般为蔗糖的0.2～2倍，兼有甜味剂和填充剂的作用，可赋予食品结构和体积。它能降低产品能量，并可供糖尿病患者或肥胖症患者使用，主要包括有多元糖醇和各种低聚糖（见第三章食品中的糖类）。强力甜味剂，其甜度很高，通常都为蔗糖的50倍以上。依来源的不同，强力甜味剂有天然提取物，如甜叶菊，天然产物的化学改性（半合成）产品如阿斯巴甜和三氯蔗糖等，和纯化学合成产品如糖精、甜蜜素和安赛蜜等三大类。

强力甜味剂的优点集中体现在：①甜度高，用量小，能量值几乎为0；②不会引起血糖波动，不会致龋齿。强力甜味剂的主要缺点表现在：①绝大多数产品的甜味不够纯正，与蔗糖相比还有很大的差距；②阿斯巴甜、三氯蔗糖和纽甜除外的许多产品均带有程度不一的苦涩味、金属后味或异味；③因产品甜度大而体积小，以等甜度替代蔗糖应用在固体或半固体食品中会引起产品质构、黏度和体积方面的显著变化，多数场合下还需配合使用填充剂或填充型甜味剂。

一、安赛蜜

安赛蜜（又称A.K糖）是一种氧硫杂环吖嗪酮类化合物，其结构见图10-7。目前世界上共有90多个国家允许安赛蜜在食品、饮料中应用。

安赛蜜为白色结晶状粉末，易溶于水，20℃时的溶解度为270g/L，随温度的升高其溶解度增加很快。安赛蜜对热、酸性质稳定，即使在极限条件40℃、pH3的酸性饮料中也未发现甜味损失现象。含安赛蜜的软饮料经杀菌处理（包括低温长时和高温短时杀菌）后，未发现分解现象，在焙烤过程中也是如此。安赛蜜的甜度大约是蔗糖的150～200倍，甜味感受快，使用量小时没有明显的不愉快后味，味感不绵延，感觉时间不长于食品本身的味感，其甜度不随温度升高而下降，但浓度高时可感到明显的苦涩味，味感特性差。安赛蜜与多元糖醇共同使用的味觉特性良好，如与山梨醇混合时甜味特性甚好。

二、阿斯巴甜

阿斯巴甜是英文Aspartame的译名，其化学名是L-天冬氨酰-L-苯丙氨酸甲酯，由苯丙氨酸和天冬氨酸组成的二肽的酯，见图10-8。阿斯巴甜1965年被发现，1981年在美国被批准使用，目前已被许多国家批准作为甜味剂使用，它具有与蔗糖类似的清凉甜味。阿斯巴甜是一种有热量的物质，因为它是一种二肽，摄入后能被完全消化。然而，由于它甜度极高（以4%蔗糖溶液为比较标准时，它的甜度约为蔗糖的200倍），因此，仅需很低用量就能达到目标甜味，产生很少热量。

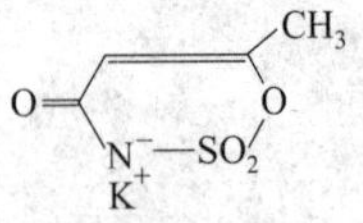

图10-7 安赛蜜的结构

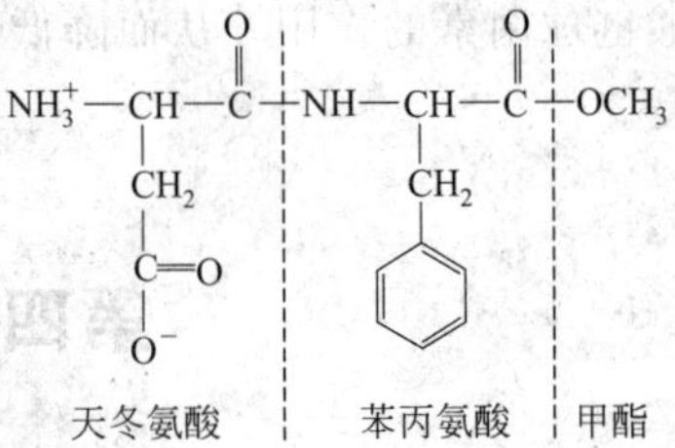

天冬氨酸 | 苯丙氨酸 | 甲酯

图10-8 阿斯巴甜的结构

阿斯巴甜的二肽本质决定了它易于水解，易于发生其他化学反应，也易于被微生物降解，将它用于水相体系时，食品的货架寿命要受到限制。除了由于苯丙氨酸甲酯的水解或两个氨基酸间肽键断裂而造成甜味的损失外，阿斯巴甜在中性和碱性pH下还易发生分子内的缩合产生二羰基哌嗪（5-苯基-3,6-二羰基-2-哌嗪乙酸），见图10-9。同时，碱性pH有利于羰-氨反应。因此，在这样的条件下阿斯巴甜很易同葡萄糖发生反应而造成甜味的损失，和香草醛发生反应则造成香草醛风味的损失。虽然阿斯巴甜是由天然存在的氨基酸组成的，而且预计的日摄入量又很小（每人 0.8g），但作为食品添加剂，它还是经受了非常严苛的安全性评价。大量的证据表明，按照标准使用时，它是很安全的。用阿斯巴甜作为甜味剂的食品在包装上必须有适当的警告，以提醒苯丙酮尿症患者忌用。

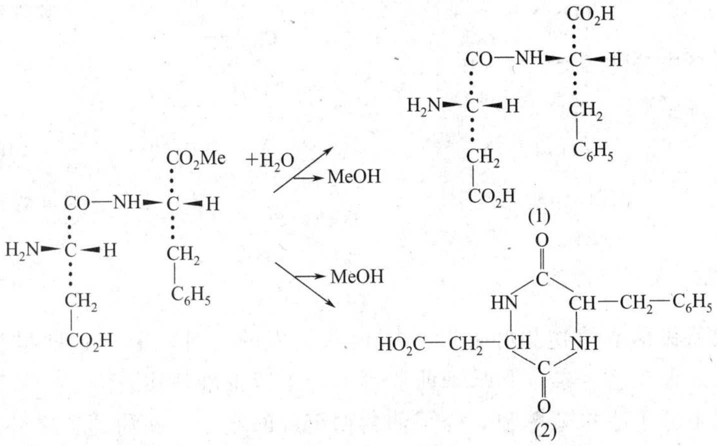

图 10-9 阿斯巴甜的两种主要分解途径

（1）水解生成天冬氨酰-苯丙氨酸和甲醇；（2）经分子内缩合生成二羰基哌嗪类产物和甲醇

三、纽甜

纽甜是美国纽特公司继阿斯巴甜之后，耗巨资而开发出的一种最新产品，代表着强力甜味剂研究领域的最新成就。它是根据人体甜受体的双疏水结合位假设，在阿斯巴甜分子上结合一个疏水基团而形成的阿斯巴甜衍生物，其化学名称是 *N*-[*N*-(3,3-二甲基丁基)-L-天冬氨酰基]-L-苯丙氨酸-甲酯，结构见图 10-10。纽甜的甜度是蔗糖的 6000～10000 倍，比阿斯巴甜甜度高 30～60 倍。纽甜保留了阿斯巴甜的许多优良特性，如纯正的甜味、良好的味觉分布与风味增强性质、低能量、无致龋齿性、在酸性介质下稳定和高水溶性等。不仅如此，它还在很多方面优于阿斯巴甜，如在干燥的条件下，纽甜具有更长的货架寿命；在中性介质中或瞬时高温杀菌条件下，纽甜的稳定性大大超过阿斯巴甜，因此可作为焙烤食品的甜味剂。纽甜还可与还原糖及醛基风味物质共同使用，不会发生不良反应，它的安全性也比阿斯巴甜更高。因此，自 1999 年美国批准纽甜作为食品甜味剂使用以来，许多国家包括我国也都相继批准了纽甜在食品中使用。

四、三氯蔗糖

在蔗糖的化学改性以寻求新的甜味衍生物过程中，4,1′,6′-三氯-4,1′,6′-三脱氧半乳蔗糖，简称三氯蔗糖，是已产业化的一种甜度最大、味觉特性最好的衍生物，其结构见图 10-11。三氯蔗糖的甜度大约是蔗糖液的 600 倍，甜味特性十分类似蔗糖，并且没有任何苦后味。三氯蔗糖在水中的溶解性很好，20℃时的溶解度为 28.2%，在酸性水溶液中的性质特别稳定，在酸性软饮料的 pH 范围内，是所有可供选择的强力甜味剂中性质最稳定的一种。三氯蔗糖最早由英国发现，由于其品质上乘，安全可靠，美国 FDA 于 1998 年批准使用，而我国卫生部则早在1995年就已批准使用，同时还得到全世界，如加拿大、澳大利亚和俄罗斯等24个国家的首肯。三氯蔗糖是以蔗糖为原料经氯化作用制得，由于生产工艺复杂，溶剂耗用量大，因此目前价格仍居高不下，这严重影响了它的应用推广。如何降低生产成本，是一个十分紧迫的问题。

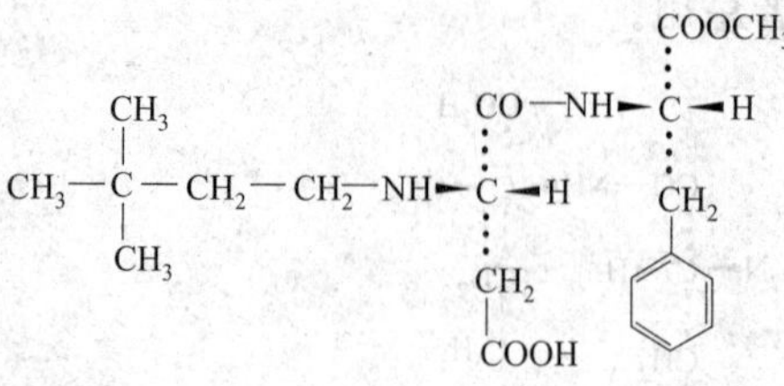

图10-10 纽甜的结构

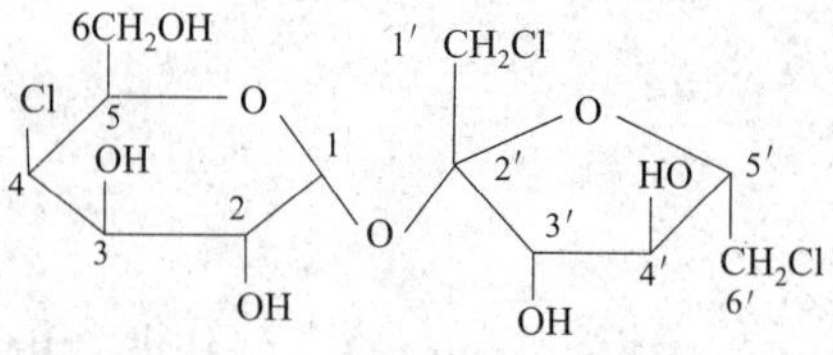

图10-11 三氯蔗糖的结构

五、甜菊苷

甜菊苷是从菊科草本植物甜叶菊叶子中提取出来的一种甜苷。目前世界上仅中国、日本、韩国、巴西、巴拉圭、泰国和马来西亚等8个国家批准使用。

甜菊苷是由1分子甜味菊醇和3分子葡萄糖组成的糖苷，除甜菊苷之外，甜叶菊的甜味成分中还含有甜菊A苷、B苷、C苷、D苷和E苷。在这几种甜味成分中，甜菊A苷的含量仅次于甜菊苷，也是一种很重要的甜味成分，结构见图10-12。

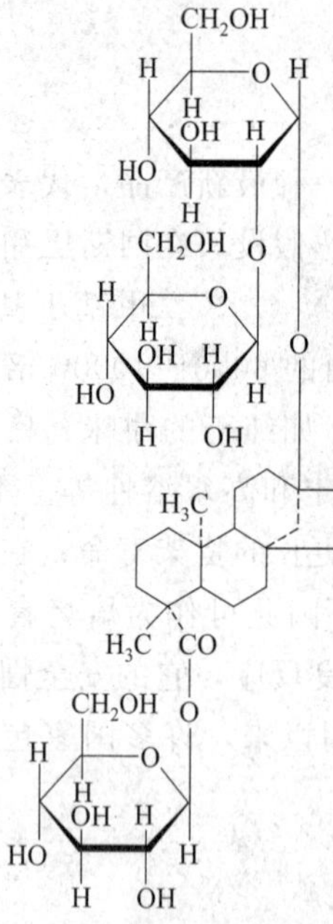

甜菊苷 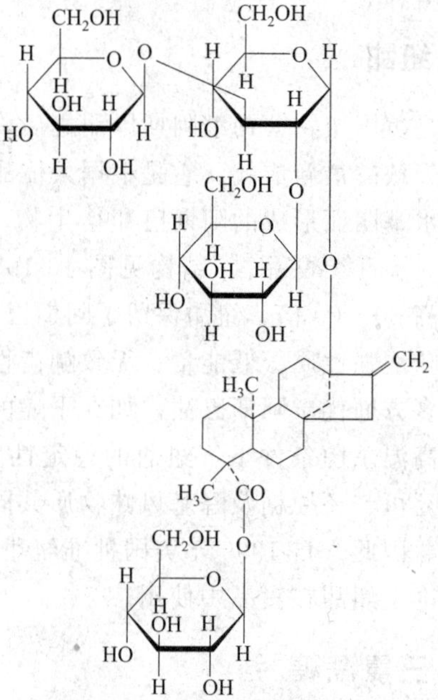　　甜菊A苷

图10-12 甜菊苷和甜菊A苷的结构

甜菊苷的甜度是蔗糖的180～200倍，带有轻微的薄荷醇苦味及一定程度的涩味。随着产品纯度的提高，其苦涩味有所减少。除了持续的苦涩味和后味外，其他特性类似于蔗糖。甜菊苷在酸或盐溶液中稳定性很好，不发生褐变，不能发酵，没有能量作用。甜菊A苷的甜度是蔗糖的250～450倍，甜味特性比甜菊苷更接近于蔗糖。含有甜菊A苷的甜叶菊提取

物，比纯净的甜菊苷更甜、风味更好。与甜菊苷一样，室温下甜菊A苷稳定。试验表明，在酸性环境中甜菊A苷要比甜菊苷稳定得多。含有甜菊A苷的磷酸或柠檬酸饮料，在室温下贮藏3个月未见有明显的分解现象。

第五节 食品酸味剂

食品酸味剂，也称为酸度调节剂，是在能赋予食品酸味，用于改变或维持食品酸碱度的物质。这是因为氢离子（H^+）和水合氢离子（H_3O^+）能造成一种酸的味觉。酸还能改变和加强人们对其他风味剂的感受能力，例如，中短链的脂肪酸（C_2～C_{12}）能使食品产生芳香味；浓度高的丁酸会产生一种强烈的不愉快味，但浓度低时则能生成如干酪和黄油的特有风味。

食品酸味剂的另一功能是可以降低食品体系的pH，从而有利于食品的防腐保鲜或引起食品凝胶。如柠檬酸加到中等酸性的水果蔬菜罐头中，可使其pH降低至4.5或更低，如此罐头食品在不太剧烈的加热条件下达到消毒杀菌的目的。在干酪制作过程中由链球菌和乳酸菌产生的乳酸，能使pH降低到酪蛋白的等电点而使干酪凝聚；干酪也可因加入酸味剂和凝乳酶而制成，如将柠檬酸或盐酸加到4～8℃的冷牛乳中，然后继续将牛乳加温到35℃，就能形成均匀的凝胶结构。高甲氧基果胶形成凝胶的条件，除了要求高糖度（60%）外，还需要用酸味剂将pH调至3.5以下。

酸味剂还可起到螯合剂的作用。如油脂或油脂食品中使用抗氧化剂的同时，可加入一定量的柠檬酸，柠檬酸可螯合金属离子，从而起到抗氧化剂增效剂的作用。

许多有机酸可用作食品酸味剂，常用的有乙酸、乳酸、柠檬酸、苹果酸、延胡索酸、琥珀酸和酒石酸，见图10-13。而唯一广泛应用于食品中的无机酸为磷酸，它可用在可乐和啤酒中。其他的无机酸（如盐酸和硫酸）因解离度太高而不能用在食品中，否则会影响到食品的品质。

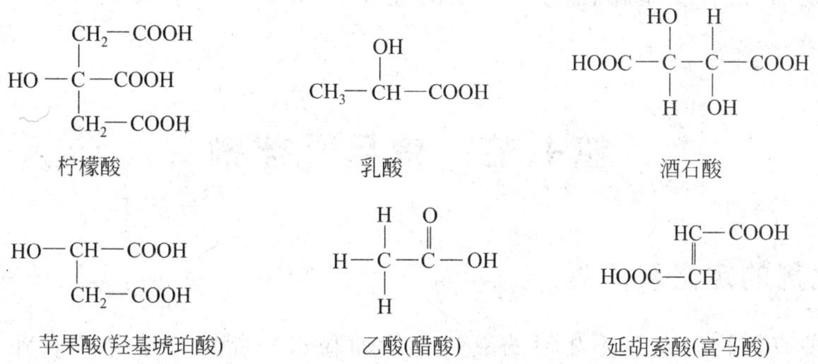

柠檬酸　乳酸　酒石酸

苹果酸(羟基琥珀酸)　乙酸(醋酸)　延胡索酸(富马酸)

图10-13　常用作食品酸味剂的有机酸

在食品加工中，一些碱性物质也属于食品酸度调节剂，主要用于调节pH，也可以用于产生CO_2，改善色泽和风味，溶解蛋白质和化学去皮等，包括氢氧化氨、氢氧化钙、氢氧化钠（钾）、碳酸钠（钾）、碳酸氢钠（钾）、柠檬酸钠（钾）等，它们可以单独或混合使用。

对一些食品进行碱处理可以改善其色泽和风味。例如，成熟的橄榄若用氢氧化钠溶液（0.25%、2.0%）处理，则可除去苦味并产生较深的色泽；制造花生脆糖时，也常用少量碳酸氢钠，可加强糖胺褐变，并放出CO_2形成多孔的质地。碳酸氢钠也可用在可可豆的加工中，可产生深色巧克力，提高pH加强糖胺褐变，形成温和而不太酸或苦的巧克力风味，使颜色加深，溶解度也增加。碱性盐如磷酸二钠、磷酸三钠和柠檬酸三钠常用于制备干酪以提高其pH和影响其蛋白质的分散性。

氢氧化钠（苛性碱）常用在各种果蔬的去皮过程，即将原料浸没在60～82℃约3%的氢氧化钠溶液中，同时稍加揉搓即可达到去皮效果。这种方法比起其他惯用的去皮技术，去皮效率高。

第六节　食品膨松剂

食品膨松剂，是指可以使面团或黄油在适当的温度和湿度条件下作用而产生气体的化合物。在食品焙烤过程中，这种气体随着空气及水蒸气的膨胀而放出，最终使食品具有特有的多孔状结构。目前最常用的化学膨松剂，主要是碳酸盐或酸式碳酸盐。有时在饼干中，也使用碳酸氢铵或碳酸铵，铵盐能在焙烤温度下分解，所以它就无需如碳酸氢钠那样，再加入酸化剂。

碳酸氢钠（$NaHCO_3$）很容易溶于水中（1000mL水中可溶解619g），并可完全解离。在面团中，若有氢离子存在（主要由酸化剂提供，部分由面团本身提供），碳酸氢钠可以反应生成CO_2气体。酸和碳酸氢钠必须有适当的平衡，若碳酸氢钠过多，会使焙烤食品带有碱味或肥皂味，若酸太多则会具有酸味和苦味。常与膨松剂一起使用的酸味剂为有机酸或其盐，如酒石酸钾、磷酸铝钙、酒石酸、单磷酸钙、焦磷酸钠和δ-葡萄糖酸内酯等。膨松剂通常在焙烤前释放出一部分CO_2，而在焙烤温度较高的情况下释放出其余部分。根据在室温下使CO_2释放的速度，膨松剂可分为快速型和慢速型。快速型有单结晶水的磷酸氢钙（$CaHPO_4 \cdot H_2O$），由于容易溶解，在27℃时反应10min即可释放出60%以上的CO_2；慢速型有1,3,8-磷酸铝钠，由于较难溶解在上述条件下仅能释放出20% CO_2。对需要较长时间焙烤的食品适合使用慢速膨松剂。标准的化学膨松剂，要求其成分中必须能产生重量12%的有效CO_2。

第七节　食品乳化剂

一、乳化剂的定义及原理

凡能使两种或两种以上互不相溶的液体（如油和水）能均匀地分散成乳状液（乳浊液）的物质，称为乳化剂。乳化剂是一类具有亲水基团（极性的、疏油的）和疏水基团（非极性的、亲油的）的表面活性剂，而且这两部分分别处于分子的两端，形成不对称的结构。其中亲水基团一般是溶于水或能被水湿润的基团，如羟基；亲油基团一般是与油脂结构中烷烃相似的碳氢化合物长链，故可与油脂互溶。如最常用的单硬脂酸甘油酯，有2个亲水的羟基，1个亲油的十八碳烷基，见图10-14。

一般乳化剂的加入量愈多，界面张力的降低也愈大。这样就使原来互不相溶的物质得以均匀混合，形成均质状态的分散体系，改变了原来的物理状态，进而改善食品的内部结构，提高

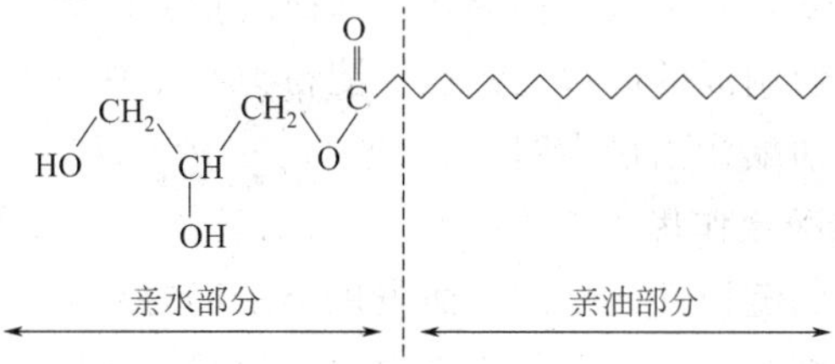

亲水部分 亲油部分

图 10-14 单硬脂酸甘油酯结构示意图

质量。在乳状液制备的过程中，除加乳化剂之外，还要有一个分散相质点的破碎过程（如用高压均质泵）。一般分散相的质点大于 0.1μm 者称为粗乳状液，容易因加热等因素而改变界面张力，较易破乳；分散相的质点在 0.01～0.1μm 者称微乳状液，其乳化液稳定性较高。

二、乳化剂的 HLB 值

乳化剂主要种类包括甘油酯及其衍生物、蔗糖酯、山梨醇酐脂肪酸酯及其衍生物、丙二醇脂肪酸酯、丙二醇脂肪酸酯、大豆磷脂及其他合成食品乳化剂。乳化剂的乳化能力，取决于其分子中亲水及亲油基团的多少。乳化剂乳化能力的差异，一般用亲水亲油平衡值（hydrophile lipophilic balance，HLB）表示。规定亲油性为 100%的乳化剂，其 HLB 为 0（以石蜡为代表），亲水性 100%者为 20（以油酸钾为代表），其间 20 等分，以此表示其亲水、亲油性的强弱。绝大部分食用乳化剂，是非离子表面活性剂，HLB 值 0～20；离子型表面活性剂的 HLB 值则为 0～40。因此，凡 HLB 值<10 的乳化剂主要是亲油性的，而 HLB 值≥10 的乳化剂则具有亲水特征。非离子型乳化剂的 HLB 值与其相关性质及用途见表 10-1。

表 10-1 非离子型乳化剂的 HLB 值与其相关性质和用途

HLB值	所占比例/%		在水中性质	应用范围
	亲水基	亲油基		
0	0	100	HLB 值 1～4，不分散	
2	10	90		HLB 值 1.5～3，消泡作用
4	20	80	HLB 值 3～6，略有分散	HLB 值 3.5～6，W/O 型乳化作用（最佳 3.5）
6	30	70		HLB 值 7～9，湿润作用
8	40	60	HLB 值 6～8，经剧烈搅打后呈乳浊状分散	HLB 值 8～18，O/W 型乳化作用（最佳 12）
10	50	50	HLB 值 8～10，稳定的乳状分散	
12	60	40	HLB 值 10～13，趋向透明的分散	HLB 值 13～15，清洗作用
14	70	30		
16	80	20	HLB 值 13～20，呈溶解状透明胶体状液	HLB 值 15～18，助溶作用
18	90	10		
20	100	0		

三、乳化剂在食品配料中的作用

乳化剂除用作互不相溶的水相和油相乳化而成乳状液之外，在各种食品配料中也有其许多特殊的作用。

1. 乳化剂对碳水化合物的综合作用

大多数乳化剂的分子中有线型的脂肪酸长链，可与直链淀粉连接而成为螺旋状复合物，可降低淀粉分子的结晶程度，并进入淀粉颗粒内部而阻止直链淀粉的结晶。从而防止淀粉制品的老化、回生、沉凝。使制成的面包、糕点等淀粉类制品具有柔软性，起到保鲜作用。这种以高纯度的单硬脂酸甘油酯作用最为明显。

2. 乳化剂对蛋白质的配合作用

蛋白质因组成氨基的侧链极性的不同，而表现出一定的亲水性和疏水性，可分别与乳化剂的亲水基团或疏水基团结合。通过乳化剂与蛋白质的配合作用，在焙烤制品中可强化面筋的网状结构，防止因油水分离所造成的硬化，同时增强韧性和抗拉力（如面条）性质，以保持其柔软性，抑制水分蒸发，增大体积，改善口感。其效果以双乙酰酒石酸甘油酯和硬脂酰乳酸盐最好。

3. 乳化剂与脂类化合物的相互作用

在有水存在时，乳化剂可使脂类化合物成为稳定的乳化液。当没有水存在时，可使油脂出现不同类型的结晶。油脂的不同晶型，会赋予食品不同的感官性能和食用性能。在食品加工中，用作油脂晶型调节剂，有蔗糖脂肪酸酯、斯盘 60、斯盘 65、乳酸单双甘油酯、乙酸单双甘油酯以及某些聚甘油脂肪酸酯。例如，在糖果和巧克力制备过程中，加入乳化剂可以控制固体脂肪结晶的形成和析出，防止糖果返砂和巧克力起霜。

4. 乳化剂的其他作用

乳化剂中的饱和脂肪酸链，能稳定液态泡沫，可用作发泡助剂。相反，不饱和脂肪酸链能抑制泡沫，可用作乳品、蛋面加工中的消泡剂。饱和的单双脂肪酸甘油酯，对淀粉有良好的润滑性，在乳脂糖中加入 0.5%这类乳化剂，可降低切块、成型、咀嚼时的强度和阻力。各种乳化剂在加工食品中的主要作用和用量见表 10-2。

表 10-2 各种乳化剂在加工食品中的主要作用和用量

食品名称	主要作用	建议用量[①]	推荐的乳化剂									
			1	2	3	4	5	6	7	8	9	10
面包、甜点	延迟硬化，缩短打粉时间，提高吸水性	0.2～0.5	+		+		+	+				+
无醇固体饮料	发泡剂	1.0～3.0									+	
饼干类	保证质量，抗结晶作用	0.1～0.5	+					+				
蛋糕	保证容积、提高储气性	1.5～2.5	+	+								+
乳脂糖，太妃糖	保证嚼性，防黏	0.5～1.0	+	+	+		+		+		+	
巧克力	保证质量，降低黏度，防止花白	0.2～0.5		+	+		+					+
胶姆糖	保证质量，防黏	0.2～1.0	+	+	+				+	+		
面条	保鲜，保证挤压和质量	0.5	+	+			+	+			+	
速溶食品	保证质量	0.5～3	+	+	+		+					+
豆腐	消泡和保证质量	0.5～0.8	+		+							
香精	保证分散性和溶解性	2 以上	+	+			+				+	+
冰淇淋	保证干燥和膨胀率	0.2～0.3			+				+	+		+
馒头	可口，保证质量	0.5～2	+		+		+					
谷类制品	络合淀粉，降低黏结和结块	2～4	+									

① 为占总量的百分含量，此仅建议用量，应视各国法规而定。

注：“+”表示推荐使用。1—单双甘油酯；2—山梨糖醇酐酯类；3—蔗糖酯；4—单硬脂酸丙二醇酯或脂肪酸甘油和丙二醇混合酯；5—卵磷脂；6—硬脂酰乳酸钠或硬脂酰乳酸钙；7—乙酸、柠檬酸、乳酸和酒石酸的脂肪酸单甘油酯类；8—二乙酰酒石酸单、双甘油酯；9—聚甘油酯类；10—聚山梨酸酯类。

思考题

1. 食品添加剂的定义是什么？食品添加剂分为几类？
2. 食品添加剂在食品行业中的作用有哪些？
3. 对食品添加剂的要求及选用原则是什么？
4. 食品添加剂的发展趋势是什么？
5. 食品抗氧化剂的作用机理有哪些？常用抗氧化剂有哪些种类？
6. 食品防腐剂（抗微生物剂）有哪些类型和应用？
7. 食品甜味剂有哪些类型和应用？
8. 食品酸味剂有哪些类型和应用？
9. 食品 pH 控制的重要性及其控制方法有哪些？
10. 食品化学膨松剂有哪些类型和应用？
11. 在食品加工过程中为什么要使用食品乳化剂？食品乳化剂有哪些类型？

参考文献

[1] 凌关庭，等. 食品添加剂手册. 3版. 北京：化学工业出版社，2003.
[2] 周家华，等. 食品添加剂. 北京：化学工业出版社，2001.
[3] 金时俊. 食品添加剂——现状、生产、性能、应用. 上海：华东化工学院出版社，1992.
[4] 万素英，等. 食品防腐与食品防腐剂. 北京：中国轻工业出版社，1998.
[5] 郑建仙. 低能量食品. 北京：中国轻工业出版社，2001.
[6] 王璋，许时婴，汤坚. 食品化学. 北京：中国轻工业出版社，2016.
[7] 韩雅珊. 食品化学. 2版. 北京：中国农业大学出版社，1998.
[8] 阚建全. 食品化学. 3版. 北京：中国农业大学出版社，2016.
[9] Fennema O R，Dekker M. Food Chemistry. 4th ed. New York，Basel，Hong Kong：Marcel Dekker Inc，2008.
[10] Peterson M S，Johnson A H. Encyclopedia of Food Science. AVI Westport，1978.
[11] 孙宝国. 食品添加剂. 2版. 北京：化学工业出版社，2014.
[12] GB 2760—2014 食品安全国家标准 食品添加剂使用标准.

第十一章
食品中的嫌忌成分

"国以民为本、民以食为天、食以安为先"，食品安全是关系到人民身体健康和生命安全，关系到经济健康发展和社会稳定，关系到政府和国家形象的大事，是一项反映国家综合实力的重要指标。

食品中的嫌忌成分，指除营养成分和不一定有营养作用，但能赋予食物应有的色、香、味等感官性状的成分以外的一些有害无益成分。根据来源不同，这些成分可分为四大类：一是天然毒物，存在于食品中的天然有害物；二是衍生毒物，食物在贮藏和加工烹调过程中产生的；三是污染物，一些有害的化学物质残留及环境激素类；四是添加毒物，食品加工、贮藏过程中一些化学添加剂、色素的使用。根据具体来源又可分为植物源、动物源、微生物源以及环境污染带入的。也可以将其分为内源性有害物质、外源性有害物质和诱发性有害物质三类。

第一节　食品中的异味

食品中的异味，给消费者带来不愉快的心理和生理感觉，严重者甚至造成中毒，所以它直接影响着食品的质量。异味成分的来源除来自原料本身的成分外，还有食品或原料在贮藏中由于各种因素和微生物作用所产生的异味物质，以及在加工过程中由气味前体物质分解所产生的异味物质。

一、由食品原料本身的成分引起的异味

即使是新鲜的水产品也带有一定的异味，主要是腥臭气。河川鱼腥味的主要成分为六氢吡啶类化合物。此外，在鱼体表面的黏液内均含有δ-氨基戊醛和δ-氨基戊酸，这些化合物都具有强烈的腥味（图 11-1）。其中，δ-氨基戊酸具有血腥味，在鱼体鳃部和血液中存在较多，δ-氨基戊醛是河鱼臭气的主要成分。它们是河鱼体内的赖氨酸在酶的作用下分解而生成的。鱼死后，分解加剧，腥气就更重。

海鱼中的气味来自低级胺，具有腐败腥臭的三甲胺是其主要的臭气成分。新鲜海鱼中以三甲胺的前身氧化三甲胺存在，它是海鱼的排泄物质，无腥臭味。随着鱼类新鲜度的降低，氧化三甲胺被腐败细菌产生的还原酶催化还原成腥臭的三甲胺，见图 11-2。鱼体中三甲胺相对含量为 1×10^{-6}时味道开始变劣，但一般不易觉察，当含量达到 2×10^{-6}时就能嗅出来。

$$CH_2(NH_2)—(CH_2)_3—CH(NH_2)—COOH \xrightarrow{分解酶} H_2N(CH_2)_4CH_2NH_2$$

尸胺

$$H_2N(CH_2)_4CH_2NH_2 \longrightarrow \text{N-H (哌啶)}$$

$$H_2N(CH_2)_4CH_2NH_2 \longrightarrow H_2N(CH_2)_4CHO \quad \delta\text{-氨基戊醛}$$

$$H_2N(CH_2)_4CH_2NH_2 \longrightarrow H_2N(CH_2)_4COOH \quad \delta\text{-氨基戊酸}$$

图 11-1 鱼类腥味主要成分

$$(CH_3)_3N{=}O \xrightarrow[酶]{+2H,\ -H_2O} (CH_3)_3N$$

图 11-2 氧化三甲胺还原成三甲胺反应式

由鱼油氧化分解生成的甲酸、丙酸、丙烯酸、丁酸、丁烯-2-酸、戊酸等，也是构成鱼臭气的成分。

鲜畜肉中含有2%尿素，在一定条件下分解生成氨而带有臭味。

牛奶的膻味来自以丁酸为主的低级脂肪酸；羊奶的膻味主要来自低级脂肪酸中的己酸、辛酸和癸酸；羊肉的膻味主要来源于脂肪，其膻气成分是4-甲基辛酸和4-甲基壬酸。

有些蔬菜中含有的醇类使蔬菜带有青草气味。

二、食品腐败变质产生的异味

有的食品原料在存放时，会发生腐败变质而产生臭气。动物性食品的原料在贮存时，主要由于它所含有的蛋白质、脂肪、卵磷脂、氨基酸、尿素等物质在细菌作用下产生的氨、甲胺、硫化氢、甲硫醇、吲哚、粪臭素、四氢吡咯、六氢吡啶以及脂肪氧化产生的醛、酮等物质，使这类食物具有强烈的腐败性臭味。经过熟制后的食品，更易被细菌作用产生上述物质而腐败变质。海产品在运输贮藏时，除了产生上述腐败性物质外，细菌中的还原酶将氧化三甲胺还原成三甲胺，而使之具有强烈的臭味。

食用油脂或油脂含量较多的食品（特别是猪油及其制品），在贮藏期间，因空气中的氧、日光、微生物、酶等作用，生成不饱和醛和甲基酮，产生恶劣的臭味（即油脂的酸败）。粮食在加工后易被细菌发酵生成有机酸和醛、酮等物质而产生酸馊气味。

蔬菜、水果，特别是新鲜蔬菜、水果，含水量大，贮存期间由于水解作用和呼吸作用，堆放时易发热，微生物生长繁殖加快，使之易腐烂。高分子的有机物质分解为低分子物质，产生各种脂肪酸、醛类和醇类，含氮化合物也能变成胺、含氮杂环化合物，这些物质组成了蔬菜、水果腐败的气味。这些都是在细菌作用下产生的异味。

此外，鲜乳中的脂酶也会使乳脂分解成低级脂肪酸，其中，丁酸具有强烈的酸败臭味。

三、其他因素产生的异味

在加热过程中，由于某些气味前体的分解，也能产生异味，特别是加热不当会引起糖类过度焦化，蛋白质和油脂的分解、炭化等，从而产生刺激性的焦臭味。

水质中的游离氯能与食物中的酚类物质结合成氯酸，产生刺激性臭味，使用放漂白粉较多的饮用水时要注意这个问题。

应当说明的是，食品中的异味除了上面介绍的几类嗅觉异味外，还有一些味觉异味。如涩味和苦味过度时所引起的异味。导致食品涩味的主要化学成分是食品中的鞣质，在一些水果和蔬菜中则是由于草酸和香豆素类、奎宁酸等引起的。鞣质引起涩味感的机制是舌黏膜蛋白被鞣质物质凝固而产生的感觉，草酸等物质引起涩味感的原因也大致相同。

第二节　动植物食品中的天然毒素

一、水产品中的生物毒素

淡水产品的生物毒素种类较少，目前研究较多的是淡水藻类毒素，集中在微囊藻毒素方面。水产品的生物毒素更多的是指海洋水产品生物毒素。已知含有毒素的鱼类大约有600多种，产于我国的大约有170种。在丰富多彩的海洋生物中，已发现数千种有毒生物，其中不少种类不同程度地影响着人类的生活，其中，研究最清楚的是河豚毒素（无论是淡水还是海水产的河豚都含有毒素）。现在全世界每年因有毒鱼贝类引起的食物中毒事件超过2万件，死亡率为1%。

1. 河豚毒素

河豚毒素的分子式为$C_{11}H_{17}N_3O_8$，分子量为319，无色结晶，稍溶于水，可溶于弱酸的水溶液，在碱性溶液中易分解。耐热性较强，100℃时不失去生理活性，220℃以上才分解，变为褐色。

河豚毒素有河豚素（河豚精、河豚戊糖）、河豚酸、河豚卵巢毒素、河豚肝脏毒素。其中，河豚卵巢毒素是已知的分子量较小的、毒性最强的非蛋白质毒素，成人致死量为0.5mg，其毒性是氰化钠的1000倍。人摄取一定量后先有手指、唇和舌的刺痛感，然后恶心、呕吐、腹泻，最后肌肉麻痹、呼吸困难、衰竭而死。致死率很高，湿组织每千克含量达5～30mg时，对食用者就能致命。

河豚毒素除了可以在红鳍东方鲀、豹纹东方鲀、密点东方鲀、紫色东方鲀、杂色膜刺鲀等豚科鱼中存在外，目前在蝾螈、虾虎鱼、日本象牙螺和喇叭螺中也分离出河豚毒素。河豚毒素也是蓝环章鱼毒液的主要有毒成分。

2. 藻类毒素

随着近海海域的富营养化日趋严重，藻类毒素致海产品染毒进而危害人类健康的事件，已成为沿海地区食品卫生的研究热点。这些毒素引起人类中毒的途径是：以海洋微小藻类为食物源的鱼贝类，在食用藻类的同时蓄积了藻类所产的毒素，在毒素未被完全代谢排出前，人们食用贝类即可引起中毒，所以此类中毒被称为贝类毒素中毒。藻类毒素有麻痹性贝类毒素、腹泻性贝类毒素、记忆丧失性贝类毒素及雪卡毒素等。麻痹性贝类毒素专指摄食有毒的涡鞭毛藻、莲状原膝沟藻和塔马尔原膝沟藻而被毒化的双壳贝类所产生的生物毒素；腹泻性贝类毒素的主要成分是大田软海绵酸，其衍生物为鳍藻毒素；记忆丧失性贝类毒素的成分是软骨藻酸及其一系列异构体。

3. 组胺

组胺又名组织胺，分子式$C_5H_9N_3$，分子量为111，无色针状晶体，溶于水和乙醇。组胺是鱼体中的游离组氨酸在组氨酸脱羧酶催化下发生脱羧反应而形成的一种胺类。海产鱼中青皮红肉鱼，如秋刀鱼、金枪鱼、鲐鱼、刺巴鱼、沙丁鱼，含有较高的组氨酸。当这些鱼肉不新鲜、腐败，或者腌制咸鱼的原料不新鲜、腌制不透时，鱼体内的组氨酸会被含脱羧酶活性高的细菌（组胺无色杆菌、链球菌和沙门氏菌）分解，产生高浓度的组胺。组胺一旦在鱼体内形成，即使加热也不能将其破坏。

组胺中毒机理主要是刺激心血管系统和神经系统，促使毛细管扩张充血，使毛细血管通透性增加，使血浆进入组织，血液浓缩，血压下降，心率加速，使平滑肌发生痉挛。主要表现为脸红、头晕、心率加快、胸闷和呼吸急迫等，部分中毒者眼结膜充血、瞳孔散大、脸发胀、四肢麻木和发生荨麻疹，但大多数人症状轻、恢复快，死亡者少。

二、植物性食品的天然毒素

人类生存离不开粮食或蔬菜、水果等众多植物，家畜的饲料以植物为主。在这些众多的植物中，有些含有毒有害成分。人类在漫长的发展历史中，经历了众多危险并总结死亡病例后形成了现在的食用植物体系。但是即使是科学技术高速发展的今天，由于误食有毒植物而引起中毒的现象也时有发生。由植物性食物引起的食源性疾病主要为急性植物性食物中毒。植物中的有毒成分多种多样，毒性强弱不一，有的在加工和烹调过程中可以被除去或破坏，有的则不能。植物性食物中毒存在如下特点：①植物性食物中毒，主要是误食有毒植物或有毒植物种子，或因烹调加工方法不当、没有把有毒物质去掉而引起；②不同有毒植物中引起中毒的物质多种多样，毒性大小差别较大，临床表现各异，救治方法不同，预后也不一样，除急性胃肠道症状以外，神经系统症状较为常见和严重，抢救不及时可引起死亡；③植物性食物中毒以散发为主，集体暴发相对少见。散发多见于家庭，有时集体食堂、公共饮食业也有暴发的可能；④最常见的植物性食物中毒为菜豆中毒、毒蘑菇中毒，可引起死亡的有毒植物包括毒蘑菇、马铃薯、曼陀罗、银杏、苦杏仁、桐油等；⑤植物性食物中毒多数没有特效疗法，对一些能引起死亡的严重中毒，尽早排除毒物对中毒者的预后非常重要。

根据植物中所含有毒物质的性质，可将植物性食物中的毒素大致分为以下几类。

1. 有毒蛋白质类

① 过敏原　过敏原指存在于食品中可以引发人体对食品过敏的免疫反应的物质。过敏原大多是分子量较小的蛋白质，分子量为10000～70000，植物性食品的过敏原往往是谷物和豆类种子中的所谓“清蛋白”，许多过敏原仍未能从种子中纯化和鉴定出来，如花生的过敏原。

过敏的主要特征为皮肤出现湿疹和神经性水肿、哮喘、腹痛、呕吐、腹泻、眩晕和头痛等，严重者可能出现关节肿和膀胱发炎，较少死亡。产生特定的过敏反应与个体的身体素质和特殊人群有关，一般儿童对食物过敏的种类和程度要远比成人多和强。

② 凝集素　凝集素指豆类及一些豆状种子（如蓖麻）中含有的一种能使红细胞凝集的蛋白质，称为植物血细胞凝集素。这类毒素现已发现10多种，包括蓖麻毒素、巴豆毒素、相思子毒素、大豆凝血素、菜豆毒素等。多年前，免疫学家就认识到血凝素能在淋巴细胞中触发DNA的合成。最近又发现它能激活潜伏在人体末梢淋巴细胞中的免疫缺陷病毒-1(HIV-1)。除了诱导核分裂，血凝素还能凝聚许多哺乳动物的血红细胞，改变细胞膜的传递体系，改变细胞的渗透性并最终干扰细胞代谢。摄取富含血凝素的食物1～3h后，即有强烈的恶心、呕吐、腹泻以及虚脱等症状出现，一般发病3～4h后康复。血凝素含量最高的农作物是红肾豆，生的红肾豆含有20000～70000血凝素单位，煮熟后仍有200～400血凝素单位。虽然菜豆等白肾豆中血凝素含量相对较低，但不良的饮食方式也能导致中毒。对食品进

行有效的热处理能破坏血凝素，但加热到 80℃时毒性更大，许多爆发性血凝素食物中毒都是由食物加工不当引起的。

③ 蛋白酶抑制剂　植物中广泛存在能够抑制某些蛋白酶活性的物质，称为蛋白酶抑制剂，属于抗营养物质一类，对食物的营养价值具有较大的影响。蛋白酶抑制剂主要存在于豆类种子中，如大豆、扁豆、豌豆、红豆、绿豆、黑豆、菜豆、豇豆、四棱豆、白羽扁豆和花生等。此外，薯类、谷类和一些蔬菜中也含有少量蛋白酶抑制剂。

蛋白酶抑制剂主要有胰蛋白酶抑制剂、胰凝乳蛋白酶抑制剂和淀粉酶抑制剂。胰蛋白酶抑制剂主要存在于大豆等豆类及马铃薯块茎等食物中，分布极广。生食这些食物，由于胰蛋白酶受到抑制，反射性地引起胰腺肿大。淀粉酶抑制剂主要存在于小麦、菜豆、芋头，未成熟香蕉和芒果等食物中，影响糖类的消化吸收。

2. 有毒氨基酸

主要指有毒的非蛋白质氨基酸。在已发现的 400 多种非蛋白质氨基酸中，有 20 多种具有积蓄中毒作用，且大都存在于毒蕈和豆科植物中。它们作为一种“伪神经递质”取代正常的氨基酸，而产生神经毒性。另外，还有一些含硫、氰的非蛋白质氨基酸可在体内分解为有毒的氰化物、硫化物而间接发生毒性作用。重要的毒性非蛋白质氨基酸是刀豆氨酸、香豌豆氨酸、白蘑氨酸等。值得注意的是蛋白质氨基酸色氨酸，现已发现它的某些衍生物对中枢神经有毒。

3. 生物碱类

生物碱广泛存在于毛茛科、芸香科、豆科等许多植物根、果中，成分极其复杂。依其化学结构可细分为非杂环氮类、吡咯烷类、吡啶哌啶类、异喹啉类、吲哚类和萜类等。典型的生物碱是吡咯烷生物碱。它们能引起摄食者轻微的肝损伤，中毒的第一反应是恶心、腹痛、腹泻甚至腹水，连续食用生物碱食品 2 周甚至 2 年才有可能出现死亡，一般中毒都可康复。由于生物碱大都具有苦涩味，容易使动物产生拒食。引起人体生物碱中毒的主要食物源是：①谷物等农作物被含生物碱的杂草污染，生物碱进入面粉及相关食品中；②食用含生物碱植物的动物所产的奶和蜂蜜等食品；③特殊食疗食品、个别调味料和特殊提取物饮料等。

① 龙葵碱　发芽和绿化的马铃薯含一种称为龙葵素的毒素，又叫茄碱（$C_{45}H_{73}O_{15}N$），龙葵毒素、马铃薯毒素，是由葡萄糖残基和茄啶组成的一种弱碱性糖苷。其广泛存在于马铃薯、番茄及茄子等茄科植物中。在番茄青绿色未成熟时，里面含有龙葵碱。马铃薯中龙葵碱的含量随品种和季节的不同而有所不同，一般每 100g 土豆中含茄碱 5～10mg，在贮藏过程中含量逐渐增加，马铃薯发芽后，每 100g 含茄碱高达 500mg，以外皮、土豆芽、芽孔及溃烂处为多。如果食入超量就会产生恶心、腹泻、腹痛等胃肠障碍，还会产生头眩、胸闷、轻度神经症状等，严重时甚至危及生命。

② 秋水仙碱　秋水仙碱也称秋水仙素。鲜黄花菜中含有秋水仙碱，它本身无毒，但进入人体后被氧化成毒性很大的二秋水仙碱。二秋水仙碱可刺激消化、呼吸系统，引起恶心、呕吐、口干舌燥、腹泻等中毒反应。因此吃鲜黄花菜会引起中毒。

4. 蕈（蘑菇）毒素

野生毒蘑菇中引起食物中毒的物质称为蕈毒素。已发现的蕈毒素主要有鹅膏菌素、鹿花菌素、蕈毒定、鹅膏蕈氨酸、蝇蕈醇和二甲-4-羟基色氨磷酸等。蕈中毒通常是急性中毒，依据其中毒症状分为四类：原生毒——引起细胞破碎、器官衰竭；神经毒——引起神经系统症状；胃肠道毒——刺激胃肠道，引起胃肠道失调症状；类双硫醒毒——食用毒蕈后，除非

72h 内饮酒，否则无反应。最典型的毒素是产生原生毒的鹅膏菌素，这种毒素潜伏期较长(6～48h)，潜伏期后期症状突然发作，表现出剧烈腹痛、不间断的呕吐、水泻、干渴和少尿，随后病程很快进入到不可逆的严重肝脏、肾脏、心脏和骨骼肌损伤，表现出黄疸、皮肤青紫和昏迷，中毒死亡率一般为 50%～90%；个别抢救及时的中毒者康复期至少需要一个月。由于蕈毒素不能通过热处理、罐装、冷冻等食品加工工艺破坏，许多毒素化学结构还没有确定而无法检测，再加上有毒和无毒蘑菇不易辨别，所以目前唯一的预防措施是避免食用野生蘑菇。

5. 木藜芦烷类毒素

这类毒素包括木藜芦毒素、梫木毒素、玫红毒素和日本杜鹃毒素等 60 多种化合物。这类毒素主要作用于消化系统、心血管系统和神经系统，是心脏-神经系统毒素。由于这类毒性食源主要来自某些花草的花蜜制品，又称蜂蜜中毒。人畜常见中毒症状有流涎、呕吐、腹痛、腹泻、心跳缓慢、头晕、呼吸困难、肢体麻木和运动失调，中毒后能在 24h 内康复；严重中毒时还出现角弓反张、昏睡和因呼吸抑制死亡。

6. 有害糖苷类

有害糖苷类又称为生氰配体类，是指由葡萄糖、鼠李糖等为配基所结合的一类具有药理性能或有毒的各种糖苷类化合物。主要存在于木薯、甜马铃薯、菜豆、小米和黍类等作物中。常见的植物性食物中的毒苷有硫苷、氰苷和皂苷三类。

① 硫苷类　十字花科植物如卷心菜、芥菜、萝卜和甘蓝等植物中含有较多的硫苷类物质。各种天然硫苷都与一种或多种相应的苷酶同时存在，但在完整组织中，这些苷酶不与底物接触，只在组织破坏时，如将湿的、未经加热的组织匀浆、压碎或切片等处理时，苷酶才与硫苷接触，并迅速将其水解成糖苷配基、葡萄糖和硫酸盐。糖苷配基发生分子重排，产生硫氰酸酯和腈，硫氰酸酯抑制碘的吸收，具有抗甲状腺作用；腈类的分解产物有毒。

油菜、芥菜、萝卜等植物的可食部分中致甲状腺肿素含量很少，但在其种子中的含量较高，可达茎、叶部的 20 倍以上。在综合利用油菜籽饼粕、开发油菜籽蛋白质资源或以油菜籽饼粕作饲料时，必须除去致甲状腺肿的物质。

② 氰苷类　许多植物性食物（如杏、桃、李、枇杷等）的核仁、木薯块根和亚麻籽中都含有氰苷，如苦杏仁苷、芥子油苷、甾苷、多萜苷等，它们蓄积在植物的种子、果仁和幼叶中，在酶的作用下它们在摄取者体内水解生成剧毒氰、硫氰化合物，最典型的是苦杏仁苷。甜杏仁含有 0.11%苦杏仁苷，苦杏仁中含苦杏仁苷 3%，相当于含氢氰酸 0.17%。苦杏仁苷经共存于组织中的苦杏仁酶或酸水解后，释放出氢氰酸。木薯根、茎、叶中含有毒物质亚麻仁苦苷，摄入生的或未煮熟的木薯，经木薯中的亚麻仁苦苷酶或胃酸水解后，会产生游离的氢氰酸。氰离子进入人体后，能抑制大约 40 种酶的活性。由于氢氰酸迅速与细胞色素氧化酶相结合，阻断了其中三价铁还原成二价铁的递电子作用，使通过细胞色素 a 和细胞色素 c 进行的 80%～90%的生物氧化还原作用停止，致使组织细胞无法利用红细胞所携带的氧，引起组织窒息，产生细胞中毒性缺氧症，对中枢神经系统的作用是先兴奋后麻痹，最后导致呼吸麻痹而死亡。

③ 皂苷类　这类物质可溶于水形成胶体溶液，搅动时会像肥皂一样产生泡沫，故称为皂苷或皂素。皂苷广泛存在于植物界，但食品中的皂苷对人畜经口服时多数没有毒性（如大豆皂苷等），也有少数有剧毒（如茄苷）。茄苷是一种胆碱酯酶抑制剂，人畜摄入过量均会引起中毒，起初舌咽麻痒、胃部灼痛、呕吐、腹泻，继而瞳孔散大、耳鸣、兴奋，重者抽搐、

意志丧失，甚至死亡。茄苷对热稳定，一般烹煮不会受到破坏。

7. 酚类衍生化物

食品原料尤其是植物性原料往往含有一些酚类化合物，其中的简单酚类毒性很小，有杀菌、杀虫作用，但食品中含有复杂酚类如漆酚、香豆素、鬼臼毒素、大麻酚和棉酚等特殊结构的酚类化合物，则显较大毒性，最典型的食物中毒事件是棉籽引发的棉酚中毒。棉酚是一种黄色化合物，溶于乙醇、乙醚及氯仿，不溶于水和低沸点的石油醚。棉酚使人体组织红肿出血、精神失常、食欲不振、体重减轻，影响生育力。

第三节 食品加工、贮藏过程中污染产生毒素

一、有害微生物污染产生毒素

在食品的加工、贮藏过程中，如果操作方式不当，可能会引起微生物的污染和繁殖，导致食物中毒事件发生。由微生物引起的食源性疾患有两方面：一是由有害微生物在食品中代谢分泌的毒素引起的；二是由有害微生物本身引起的。

1. 霉菌毒素

霉菌毒素是霉菌在其污染的食品中产生的有毒代谢产物，可以引起人和动物发生各种病害，比较重要的霉菌毒素有黄曲霉毒素、棕曲霉毒素、展青霉素、伏马毒素及玉米赤霉烯酮等。

2. 细菌毒素

典型的食源性细菌毒素是鲭精毒素和蓝细菌毒素，其中发现在池塘浮渣上污染水产品的蓝细菌毒素对食品卫生危害较轻。食用鲭精毒素含量较高的食品后可引起恶心、呕吐、皮肤潮红、荨麻疹等中毒症状，称鲭精中毒，又叫组胺中毒。一般食用组胺污染食品后 30min 内毒性发作，病期通常在 3h 左右，个别延续几天。组胺污染食品后任何热处理、罐装和冷冻等工艺都无法降低其毒性，爆发性中毒事件多发生在集体食用罐装和冷冻海产品。可能含有组胺的食品主要是组织坏死的鱼类及其制品，这些鱼类包括鲐鱼、沙丁鱼、鲣鱼、黄鳍、竹夹鱼等。现已发现有些干酪、蔬菜、红葡萄酒等也含有组胺。无论在哪种食品中，组胺都是在微生物作用下生成的，例如鱼中的组胺首先是死亡的海产品在组氨酸酶的作用下释放出组氨酸，再在微生物的脱羧酶作用下脱羧形成组胺。

二、食品的腐败变质

食品腐败变质是指食品在一定的环境因素影响下，由微生物作用而发生的食品成分与感官性状的各种变化。能引起食品变质的微生物主要是细菌、真菌和酵母，一般以细菌为主。食品是否变质和变质的程度是由食品本身的性质、微生物的种类和数量以及环境因素这三者共同作用的结果。

各种微生物有不同的特性，许多微生物能通过分泌蛋白酶、淀粉酶、脂肪酶，分解和利用蛋白质、淀粉、脂肪；每种细菌、真菌和酵母对不同营养物质的分解作用表现出一定的选择性。食品的营养成分、水分含量、pH 和渗透压等，对食品中微生物的增殖速度、菌相组成有重要影响，从而决定食品的耐藏性与腐败变质的进程和特征。

① 肉类的腐败变质　肉类腐败变质的类型和变化主要以鲜肉为代表，常见的有：有氧条件下细菌和霉菌引起的肉类腐败；无氧条件下，兼性和厌氧细菌生长引起的肉类变质。

② 鱼类、鲜蛋的腐败变质　常见的有：鱼类的腐败变质；腌制鱼品的腐败变质；鲜蛋的腐败变质。

③ 鲜乳的腐败变质　鲜乳中常见的微生物有细菌、酵母和霉菌，它们能使鲜乳发酵产酸产气，分解鲜乳蛋白质而发生胨化，分解柠檬酸盐而使鲜乳呈碱性反应，产生异味。

④ 水果和蔬菜的腐败变质　果蔬可由细菌引起软腐，产生不良的气味；真菌也会引起腐败、斑点、发蔫或发酸等腐败变质现象。

⑤ 果汁的腐败变质　由微生物引起的果汁变质，常出现以下现象：由于酵母菌的酒精发酵和产膜酵母的生长，果汁会变混浊；由于霉菌的污染，会使果汁产生臭霉味；由于酒精发酵，使果汁中增加了酒精的成分；由于有机酸的发酵，使果汁中许多有机酸不断被分解，乙酸含量增多，从而使果汁的质量下降；由于明串珠菌等在果汁中发酵，形成多糖，而使果汁的黏稠度增加。

三、化学物质造成的食品污染

1. 重金属对食品的污染

环境中的污染物很多，但无疑重金属是其中最重要的一种。重金属指密度大于 $4.5g/cm^3$ 的金属，许多重金属对人体没有功能作用，却能在少量摄入后，对人体呈现毒性作用，因此又称为有毒金属。有些生物可富集重金属，并随生物链由低级向高级发展而逐渐增高，并进入食品。造成食品污染的重金属主要有：

① 铅　铅对人体的危害主要是造成神经系统、造血系统和肾脏的损伤。铅也有致癌、致突变与致畸作用。食品中的铅除来源于工业污染外，容器具和包装材料如马口铁、陶瓷和搪瓷、锡壶、含铅印刷颜料和油墨等也含有铅，在盛装食品的过程中，可将铅转移到食品中。

环境中的铅容易污染的食品主要是蔬菜。由于环境中的铅在土壤中以凝结状态存在，因此通过作物根系的吸收量不大，主要通过叶片从大气吸收，所以蔬菜中铅的含量以叶菜最高，其次是根、茎类、果菜类。

② 汞　食品中威胁人体健康的汞主要是有机汞，如甲基汞和乙基汞。甲基汞在人体内代谢缓慢，可引起蓄积中毒，且可通过血脑屏障进入大脑，与大脑皮层的巯基结合，影响脑细胞的功能。容易受汞污染的食品主要是鱼类，水生生物对汞有富集作用，而生长于土壤中的植物一般不能富集汞，只有用含汞废水灌溉或含汞农药使用不当才会使农作物含汞量增加。汞主要蓄积于鱼体脂肪中，鱼是汞的天然浓缩器，鱼龄越大，体内富集的汞就越多。

③ 镉　环境中的镉可通过水生生物进入食品。目前我国食品受镉污染的形势不是很严重，但随着工业生产的发展，特别是乡镇企业的发展，由于缺乏足够的防治措施，造成镉对环境和食品的污染正逐渐加重，应引起有关部门的重视。

④ 砷　农用化学制剂，包括砷酸铅、砷酸铜、砷酸钠、乙酰砷酸铜和二甲砷酸的大量使用，造成了农作物的严重污染，导致食品中砷含量增高。在动物饲料中大量掺入对氨苯砷酸等含砷化合物作为促生长剂，对动物性食品的安全性也造成了严重影响。

砷可以通过食道、呼吸道和皮肤黏膜进入机体。正常人一般每天摄入砷的量不超过0.02mg。无机砷进入消化道后，其吸收程度取决于其溶解度和溶解状态，以可溶性砷化物的形式在胃肠道中被迅速吸收。有机砷化合物的吸收主要通过肠壁的扩散来进行。吸收进入血液后，95%以上的砷与血红蛋白中的珠蛋白结合，然后随着血液运输分布到机体的各个器官中。砷在体内有较强的蓄积性，皮肤、骨骼、肌肉、肝、肾、肺是体内砷的主要贮存场所。元素砷基本无毒，砷的化合物具有不同的毒性，三价砷的毒性比五价砷大。砷能引起人体急性和慢性中毒、致畸和致突变。以不同方式接触不同形式的砷，还可诱发多种肿瘤。

防止重金属污染食品的措施：①加强食品卫生监督管理。②加强化学物质的管理。禁止使用含有毒重金属的农药、化肥等化学物质。严格管理和控制农药、化肥的使用剂量、使用范围、使用时间及允许使用品种。食品生产加工过程中使用添加剂或其他化学物质原料应遵守食品卫生规定，不使用已经禁用的食品添加剂或其他化学物质。③生产加工、贮藏、包装食品的容器、工具、器械等应严格控制质量。对镀锡、焊锡中的铅含量应当严加控制。限制使用含砷、含铅类金属。④加强环境保护，减少环境污染。严格按照环境标准处理和排放工业废气、废水，避免有毒化学元素污染农田、水源和食品。

2. 农药对食品的污染

受农药污染的食品中，粮食是最多的一类，其次是水果和蔬菜。农药主要通过食物的途径进入人体（通过大气和饮水进入人体的仅占10%），进入人体的农药会对人体产生急性毒性和慢性毒性。其中包括致突变性、致癌性和对生殖产生不良影响。

3. 二噁英及其类似物（多氯联苯PCBs）对食品的污染

氯代二苯并-对-二噁英（PCDDs）和氯代二苯并呋喃（PCDFs）类物质通常总称为二噁英类（图11-3），属氯代含氧三环芳烃类化合物。这类物质是燃烧和各种工业生产的副产物，在环境中广泛存在，化学性质极为稳定，难于被生物降解，易于在食物链中富集。

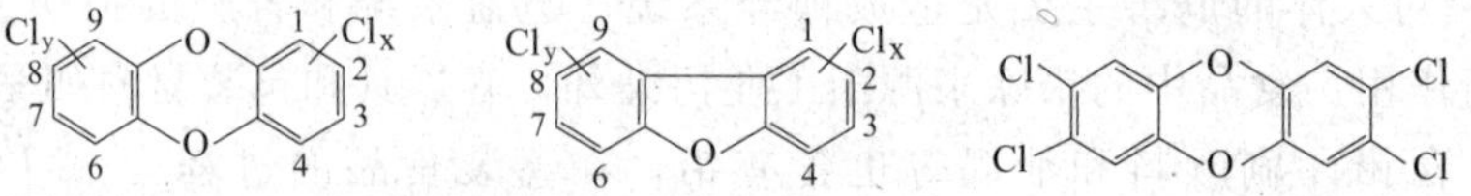

图11-3　二噁英类代表物结构

环境中二噁英来源于含氯化合物的使用，如用氯气漂白纸浆、城市垃圾的焚烧、汽车尾气、氯酚类的光化合反应和生化反应等。

食品中二噁英污染的来源：

① 食物链的生物富集　由于PCDD/Fs的脂溶性及其在环境中的稳定性极高，大多在水体中通过水生植物、浮游动植物→食草鱼→食鱼鱼类及鹅、鸭等家禽这一食物链过程，在鱼体和家禽及其蛋中富集。同时，由于环境大气的流动，在飘尘中的PCDD/Fs沉降至地面植物上，污染蔬菜、粮食与饲料。陆栖动物接触PCDD/Fs的主要途径是食用草料、吞食污染土壤以及接触五氯苯酚处理过的木材。动物食用污染的饲料也造成PCDD/Fs的蓄积，因此，鱼、畜、禽肉类及其蛋类和乳类等成为主要污染的食品。

② 纸包装材料的迁移　许多软饮料及奶制品采用纸包装，由于纸张在氯漂白过程中产生PCDD/Fs，作为包装材料可以发生迁移造成食品污染。

③ 意外事故　如相继发生在日本和中国台湾的米糠油事件就是由PCBs及其杂质PCDD/Fs的污染造成的食物中毒。

二噁英对人体健康有许多不利的影响，如致死作用与消瘦综合征，导致胸腺萎缩、氯痤疮，有肝毒性、免疫毒性、发育毒性、致畸性、致癌性。1997年国际癌症研究中心

(IARC)将2，3，7，8-TCDD列为Ⅰ类致癌物。

4. 兽药及禁用饲料添加剂对食品的污染

兽药是指在畜牧业生产中，用于预防、治疗和诊断畜禽等动物疾病，有目的地调节其生理机能并规定作用、用途、用法、用量的物质（其中含饲料药物添加剂）。

① 抗生素　抗生素多为微生物天然发酵产物或采用化学半合成方法制造的相同或类似的物质，在浓度较低的情况下就能抑制或杀灭某些特异性微生物，是临床应用最多的一类抗菌药物，广泛应用于治疗人和动物的多种细菌性感染。

作为临床治疗用药的抗生素类，常常在短期内使用，主要是通过注射、口服、饮水等方式进入动物体内。如在蜂业生产中，为防治蜜蜂幼虫腐臭病等细菌性病害，常超量使用四环素、土霉素、红霉素等抗生素药剂而造成蜂产品中抗生素残留超标。在兽医临床用药时，常将不同的抗生素联合起来使用，如青霉素与链霉素联合使用，更容易造成抗生素类药物在动物体内残留，导致动物性食品污染。

普通人食用含有抗生素残留的动物性食品后，一般不表现急性毒理作用，但长时间摄入，则在人体内蓄积而产生多种危害，主要有引发过敏反应、使肠道菌群失调、产生毒性作用、导致病原菌产生耐药性等。

② 磺胺类药物　磺胺类药物是一类具有广谱抗菌活性的化学合成药物，具有价廉、食用方便的特点，广泛应用于兽医临床及动物饲料添加剂等领域。磺胺类药物大部分以原形态自机体排出，且在自然环境中不易被生物降解，从而容易导致再污染，通过各种给药途径进入动物体后，可造成药物在动物组织中的残留，并可转移到肉、蛋、乳等各类动物性食品中。人类经常食用有磺胺类药物残留的动物性食品，可能引起磺胺类药物在体内的逐渐蓄积，对人体产生各种毒性作用，引发过敏反应及引起造血系统和泌尿系统的损害等。

③ 激素　激素是由内分泌腺体和散在其他器官内的分泌细胞所分泌具有生物活性的微量物质，它们具有调节、控制组织器官的生理活动和代谢功能的作用。人食用激素残留的肌肉或其他组织后，会使大量激素进入人体而危及消费者的健康。如甾体类激素和非甾体类激素可扰乱人体内分泌系统，导致异性化，引起儿童早熟、肥胖。

5. 包装材料成分迁移对食品的污染

食品包装材料和容器，指包装、盛放食品或者食品添加剂用的纸、竹、木、金属、搪瓷、陶瓷、塑料、橡胶、天然纤维、玻璃等制品和直接接触食品或者食品添加剂的涂料。以下就目前应用较广泛的纸、塑料等食品接触材料成分迁移对食品的污染进行介绍。

纸质包装材料可以制成袋、盒、罐和箱等容器，食品包装纸对食品安全性的影响主要与生产包装纸的纸浆、助剂、油墨有关。造纸用纸浆有木浆、草浆和棉浆，其中以木浆最佳，单从经济和目前实际情况出发，多数采用稻草、麦秆和甘蔗渣等制成草浆和棉浆。这些制纸原料中往往含有残留的农药及重金属等有毒化合物。有些回收纸还含有铝、镉、多氯联苯等物质。此外，在处理回收再生纸的过程中，会添加荧光增白剂，这类助剂具有致癌的可能性。在包装袋上印刷的油墨，存在着重金属、苯胺或多环芳烃类等物质。曾在2005年发生薯片苯污染事件，甘肃省某食品厂发现生产的薯片有股很浓的怪味，经过检测，怪味来自食品包装袋印刷油墨里的苯。

塑料食品接触材料是目前使用最为频繁的一类包装容器。塑料及合成树脂都是由很多小分子单体聚合而成，小分子单体的分子数目越多，聚合度越高，塑料的性质越稳定，当与食品接触时，向食品中移溶的可能性就越小。但在塑料包材中会添加一些加工助剂，如增塑剂、稳定剂、填充剂、着色剂和其他添加剂（润滑剂、固化剂、阻燃剂、抗静电剂），这些助剂都极易从塑料中迁移出来，是塑料包装材料对食品安全性造成影响的主要原因。曾在2011年5月发生食品塑化剂污染事件，当时中国台湾“卫生署食品药物管理局”发现某品牌饮料中含有工业塑化剂DEHP（邻苯二甲酸酯的一种）。经追查，发现厂家使用了含有塑化剂的食品添加剂，导致食品受到污染。2012年11月，我国多家知名白酒企业生产的白酒中塑化剂含量严重超标，原因分析可能来自酒在生产和销售过程中接触塑料导管和瓶盖引起塑化剂超标。

四、食品加工过程中产生的毒素

1. 多环芳烃类化合物（PAHs）

用木炭烧烤牛肉或猪肉，会产生多环芳烃类化合物，附着在肉上。这种芳烃类化合物含有苯并［α］芘，结构见图11-4，是一种重要的化学致癌物，可导致胃癌、皮肤癌、肺癌。据报道，一块木炭烧烤的牛排含有的多环芳烃化合物相当于吸600支香烟。苯并芘主要存在于熏制食品和烧烤食品中，如熏鱼、烟熏肉、烤羊肉串等。熏制时产生的烟是致癌性烃类的主要来源。在家庭烹调时，抽油烟机回收油中苯并芘含量明显升高。肉类食品加热烧焦时，也能产生苯并芘，这是由高温引起食品中各成分的热解作用所致。环境中的PAHs主要来源于煤和煤焦油的燃烧。

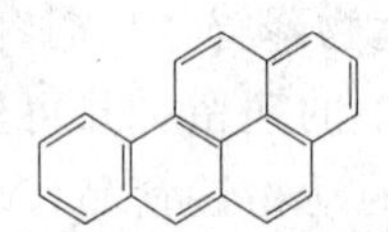

图11-4 苯并［α］芘的结构

2. 杂环胺

对经过高温烹调的牛肉、鸡、鱼等进行检验，结果测出10种致癌化合物。经研究证实，高温烹调或油炸的肉食中含有诱变剂，诱变剂不是由于炭火等热源将肉烧糊所致，而是肉食本身成分在高温下产生的杂环胺。杂环胺是富含蛋白质的食物在烤、炸、煎过程中蛋白质、氨基酸的热解产物，甚至谷类食物烤得过分或烤焦了也会产生。目前已从烹调食品中分离鉴定了近20种杂环胺。杂环胺具有较强的诱变性，大多数已被证明可致实验动物多种器官的肿瘤。要完全去除食物中的杂环胺是不现实的，几乎所有人都无法避免每天从食物中摄取杂环胺，但通过控制加工条件减少其生成量是有可能的。有关研究发现，杂环胺的形成量主要受煎炸、烧烤的温度影响，其次是煎烤时间。煎炸温度小于200℃，或煎炸时间少于2min，杂环胺的形成量就很少；在鱼外面先挂上一层淀粉糊再炸，也能预防杂环胺形成。

3. 氯丙醇

氯丙醇是水解植物蛋白质中出现的污染物。在酱油中污染的氯丙醇主要是3-氯-1,2-丙二醇（3-MCPD，简称3-氯丙醇）和1,3-二氯-2-丙醇（1,3-DCP）。3-氯丙醇的形成与酸水解植物蛋白的加工过程有关，通过传统的盐酸水解工艺加工脱脂植物蛋白往往会形成3-氯丙醇和1,3-二氯-2-丙醇。这两种物质已经被FAO/WHO食品添加剂联合专家委员会（JECFA）第41次会议确定为食品污染物。其他食物或食物成分，如经过高温加工的谷物制品以及麦芽提取物等成分也会检出少量氯丙醇（低于0.1mg/kg）。而传统发酵酱油不会受到氯丙醇的污染。

4. 丙烯酰胺

丙烯酰胺为结构简单的小分子化合物，结构式为 $CH_2=CHCONH_2$，是聚丙烯酰胺合成的化学中间体。聚丙烯酰胺在城市供水、造纸与纸浆加工中主要用作絮凝剂，也在工业废水处理中用来去除悬浮颗粒，还可作为化妆品的添加剂、土壤的调节剂和发芽剂的配方成分。

丙烯酰胺为已知的致癌物，并能引起神经损伤。2002 年 4 月首次发现一些高温烹饪的淀粉类食品中也含有此物，引起了国际社会的高度重视。随后发现一些淀粉类食品，如马铃薯片、法式油炸马铃薯片、谷物、面包等丙烯酰胺的含量均大大超过 WHO 制定的饮用水水质标准中丙烯酰胺限量值。

除了食品本身形成之外，丙烯酰胺也可能有其他污染来源，如以聚丙烯酰胺塑料为食品包装材料时单体迁出、食品加工用水中单体的迁移等。此外，吸烟也是丙烯酰胺的来源之一。

五、食品添加剂造成的毒素

1. 硝酸盐及亚硝酸盐类

食品中硝酸盐及亚硝酸盐的来源，一是由于加工需要添加到食品中，如腌肉制品中作为发色剂；二是施肥过量由土壤中转移到蔬菜中。两者都属生理毒性盐类，亚硝酸盐更甚于硝酸盐。在生物化学条件下，硝酸盐很易还原为亚硝酸盐。

硝酸盐及亚硝酸盐的慢性毒性作用有三种：一是致甲状腺肿——硝酸盐浓度较高时干扰正常的碘代谢，导致甲状腺代偿性肿大；二是致维生素 A 不足——长期摄入过量亚硝酸盐导致维生素 A 的氧化破坏并阻碍胡萝卜素转化为维生素 A；三是它与仲胺或叔胺结合成亚硝基化合物。

亚硝基化合物可分两类，即亚硝胺类和亚硝酰胺类。亚硝胺类是周身性毒素，亚硝酰胺则兼有周身性及局部性毒性作用，主要受害器官是肝和肺。如同食物中其他的嫌忌成分一样，完全消除硝酸盐类是不现实的也没必要，因为人体对特定的成分都有一定的耐受性，况且，亚硝酸盐在肉制品中对肉毒梭状芽孢杆菌还有抑制作用。

2. 食品添加剂的化学及生物化学转化而成的有毒性产物

食品添加剂加入食品及进入人体以后都有转化途径，有些转化产物有毒性。一般可分以下几类：

（1）制造过程中产生的杂质。例如糖精中的邻甲苯磺酰胺、氨法生产的糖中的 4-甲基咪唑等。

（2）食品处理和贮藏过程中添加剂的转化。例如天冬酰胺甜肽转化为二羰哌嗪、赤藓红色素转变为荧光素等。

（3）同食品中的成分起反应生成的产物，如焦碳酸二乙酯形成强烈致癌物质氨基甲酸乙酯、亚硝酸盐形成亚硝基化合物等。

（4）代谢转化产物，例如环己胺糖精在体内代谢转化为环己胺，偶氮染料代谢形成游离芳香族胺等。

（5）无害食品添加剂的有害杂质，也会带来食品中的嫌忌成分。

思考题

1. 食品原料本身的成分会产生什么异味?
2. 食品腐败变质会产生什么异味?
3. 食品在加热过程中会产生什么异味?
4. 哪些水产品自身有毒素?
5. 哪些植物性食品自身有毒素?
6. 根据植物中所含有毒物质的性质，可将它分成几类?
7. 有害微生物污染食品会产生哪些毒素?
8. 食品腐败变质会产生哪些毒素?
9. 哪些有害化学物质会污染食品?
10. 在食品加工过程中产生的毒素有哪些?
11. 由食品添加剂造成的毒素有哪些?

参考文献

[1] 朱模忠. 肉食品毒理学. 上海：上海科学技术出版社，1992.

[2] 朱蓓蕾. 动物毒理学. 上海：上海科学技术出版社，1989.

[3] 许牡丹，毛跟年. 食品安全性与分析检测. 北京：化学工业出版社，2003.

[4] 陈炳卿，孙长颢. 食品污染与健康. 北京：化学工业出版社，2002.

[5] 吴永宁. 食品安全科学. 北京：化学工业出版社，2003.

[6] 杜克生. 食品生物化学. 北京：化学工业出版社，2002.

[7] Krogf P. Food and technology，A serious of monographs. Mycotoxins in food. London：Academic Press. Harecourt Brace Jovanovich，Publishers，1987.

[8] Juneja V K，Sofos J N. Control of foodborn microorganisms. New York，Basel：Marcel Dekker Inc，2002.

[9] 王朔，王俊平. 食品安全学. 北京：科学出版社，2016.

[10] 马永昆，刘晓庚. 食品化学. 南京：东南大学出版社，2007.

[11] 刘红英，高瑞昌，戚向阳. 食品化学. 北京：中国质检出版社，中国标准出版社，2013.

[12] 赵谋明. 食品化学. 北京：中国农业出版社，2012.

[13] 黄泽元，迟玉洁. 食品化学. 北京：中国轻工业出版社，2017.